シェール革命

The Frackers

The Outrageous Inside Story of the New Billionaire Wildcatters

夢想家と呼ばれた
企業家たちはいかにして
地政学的変化を引き起こしたか

グレゴリー・ザッカーマン［著］
Gregory Zuckerman
山田美明［訳］

楽工社

支援、ユーモア、愛情を捧げてくれたミシェルに

シェール層のフラッキングの父、ジョージ・ミッチェル。1976年、3000基目のガス井《せい》の掘削《くっさく》を祝うイベントにて。ミッチェルのチームは、開発が困難な岩石層に亀裂を入れて天然ガスを流出させようと、17年間も悪戦苦闘することになる。

自社を31億ドルで売却した当時のミッチェル。1998年になってようやく、シェール層から天然ガスを大量に採取する方法を発見した。

チェサピーク・エナジーの共同創業者、オーブリー・マクレンドン。テキサス州のイーグルフォード・シェールのガス井にて。シェール革命を予見し、多大な負債を抱えながら積極的な取引を続けた。

チェサピーク・エナジーの共同創業者、トム・ウォード。サンドリッジ・エナジーの創業者でもある。

ハロルド・ハム。幼年時代を過ごしたオクラホマ州レキシントンの家の前にて。

ハロルド・ハムと妻のスー・アン。2012年、《タイム》誌の「世界でもっとも影響力のある100人」を称えるイベントにて。

シャリフ・スーキ。ルイジアナ州にあるシェニエール・エナジーのLNGターミナルにて。

EOGリソーシズの最高経営責任者、マーク・パパ。大物経営者・投資家が集うことで有名な、投資銀行アレン&カンパニー主催のビジネス・カンファレンスの開催地にて。2013年7月。

水圧破砕《はさい》法（フラッキング）。シェール層などの圧縮された岩石層に亀裂を入れ、そこに閉じ込められた原油や天然ガスを流出させる通路をつくる。

ノースダコタ州のバッケン・シェールで働く油井《ゆせい》掘削スタッフ。右端がリズ・アイリッシュ。

ノースダコタ州バッドランズ付近の掘削リグ。

左から右へ、バック・バトラー、著者、バトラーの息子ロドニー。

ペンシルベニア州のマーセラス・シェールの掘削地。

地質学者のテリー・エンゲルダー。マーセラス・シェールの天然ガス埋蔵量を公表して世界を驚かせた。その地域のフラッキング擁護派の人物の家の前にて。

フラッキングの仕組み

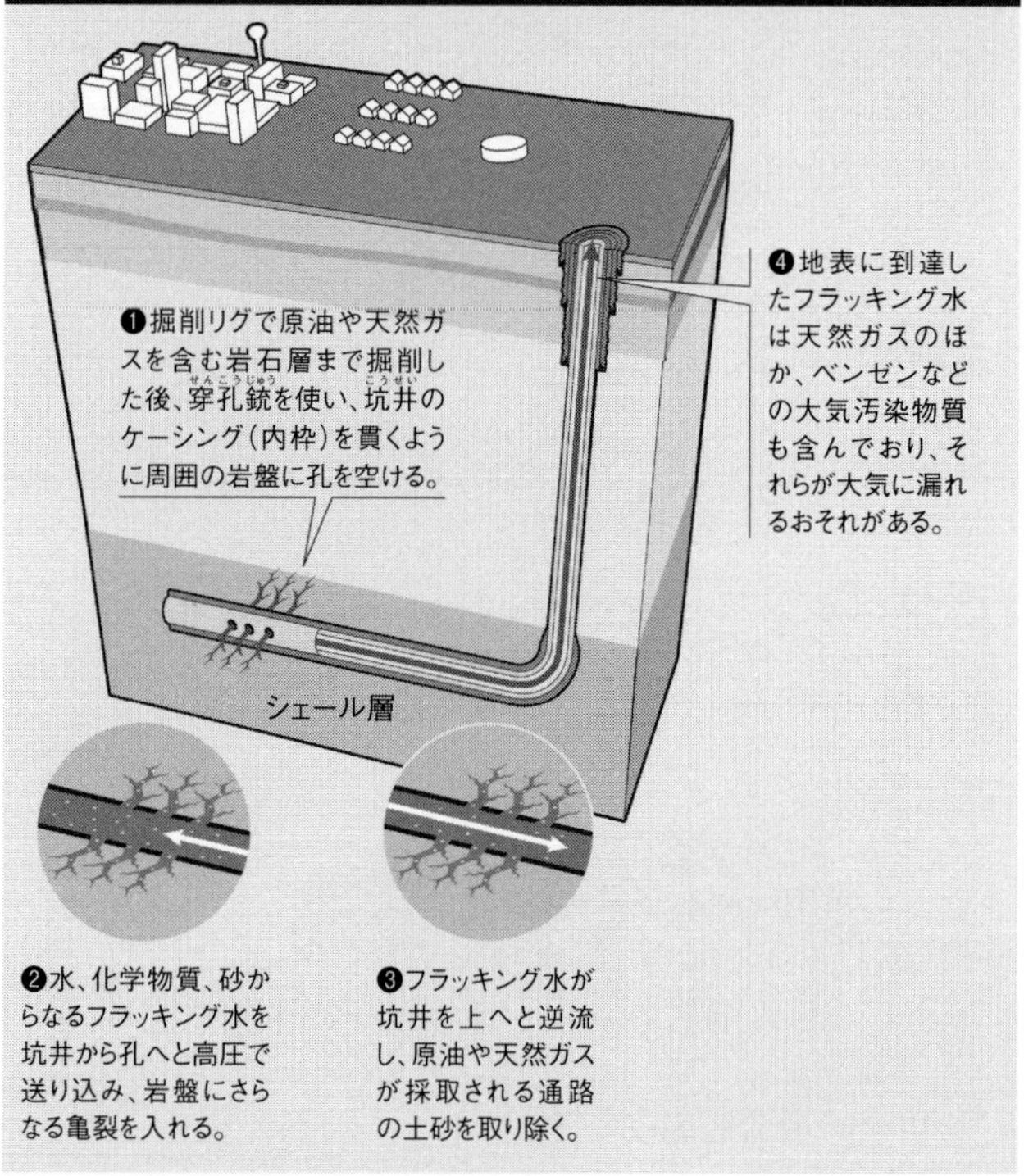
❶掘削リグで原油や天然ガスを含む岩石層まで掘削した後、穿孔銃《せんこうじゅう》を使い、坑井《こうせい》のケーシング（内枠）を貫くように周囲の岩盤に孔を空ける。
❹地表に到達したフラッキング水は天然ガスのほか、ベンゼンなどの大気汚染物質も含んでおり、それらが大気に漏れるおそれがある。
シェール層
❷水、化学物質、砂からなるフラッキング水を坑井から孔へと高圧で送り込み、岩盤にさらなる亀裂を入れる。
❸フラッキング水が坑井を上へと逆流し、原油や天然ガスが採取される通路の土砂を取り除く。

注　図は正確な縮尺ではない。

アメリカの原油生産量（1859〜2020年）

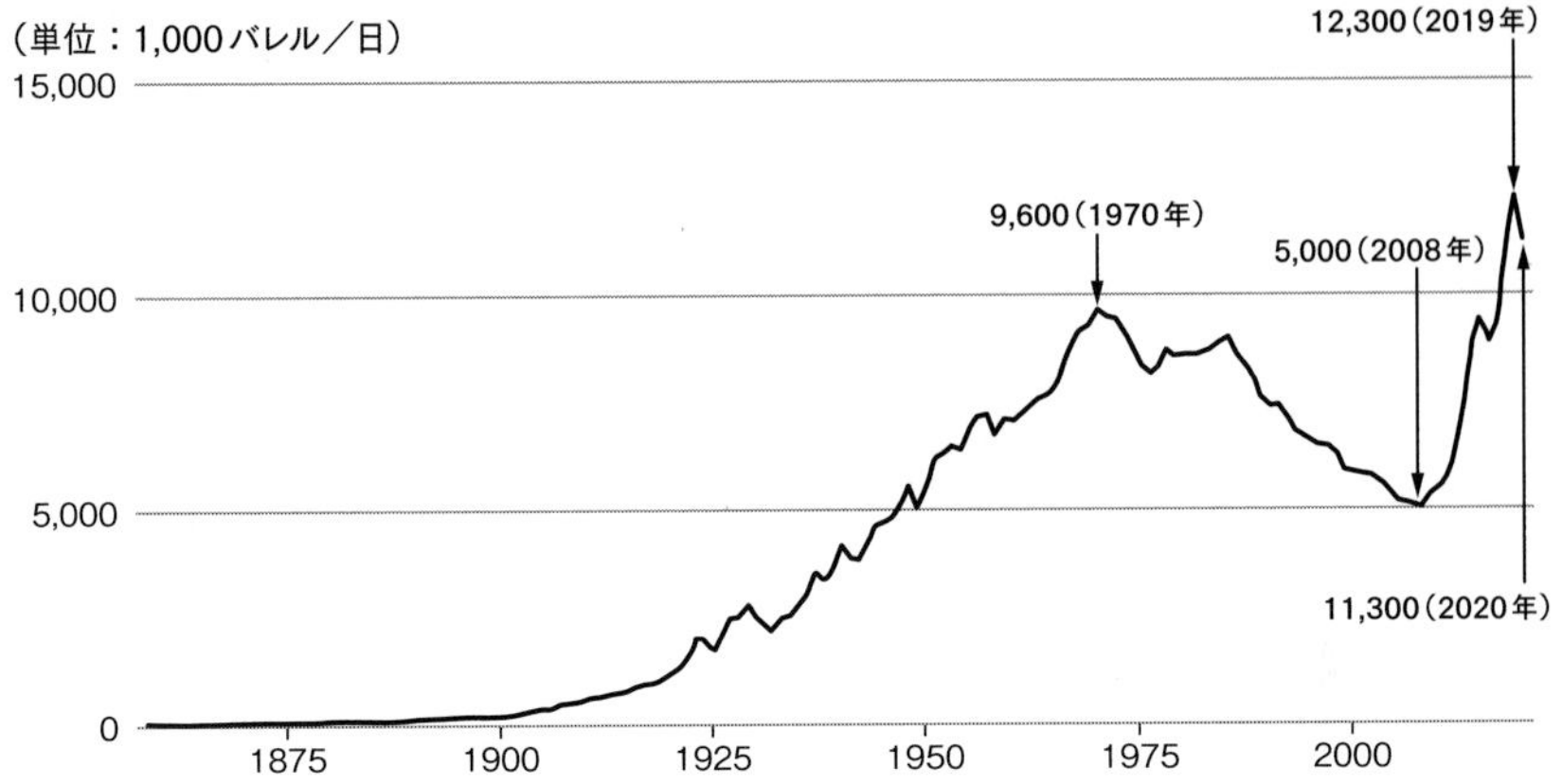

アメリカの天然ガス生産量（1936〜2020年）

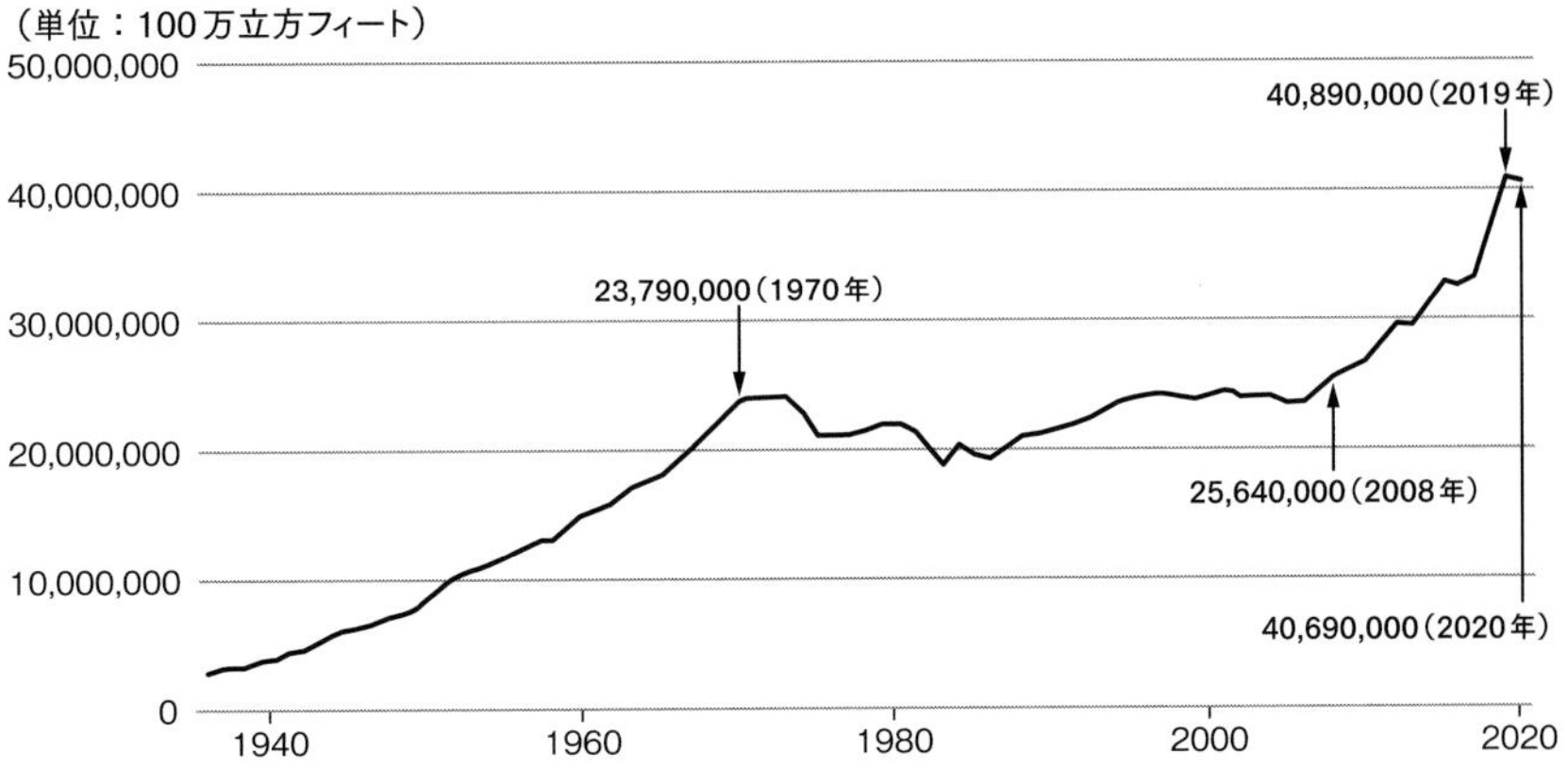

出典：米国エネルギー情報局のWEBサイト（https://www.eia.gov/）の図を基に作成。

注　＊表には、本訳書の原書の刊行年（2013年）以後の生産量の記載も含まれている。

＊表中に、増減把握の目安として、4年分（1970年、2008年、2019年、2020年）の数値を記載した。なお、原油の表中の4年分の数値は、十の位を四捨五入したもの。天然ガスの表中の4年分の数値は、千の位を四捨五入したものである。

アメリカの地図（アラスカ州とハワイ州を除く48州。州以外の地名は、本書に登場する主なものを記載）。

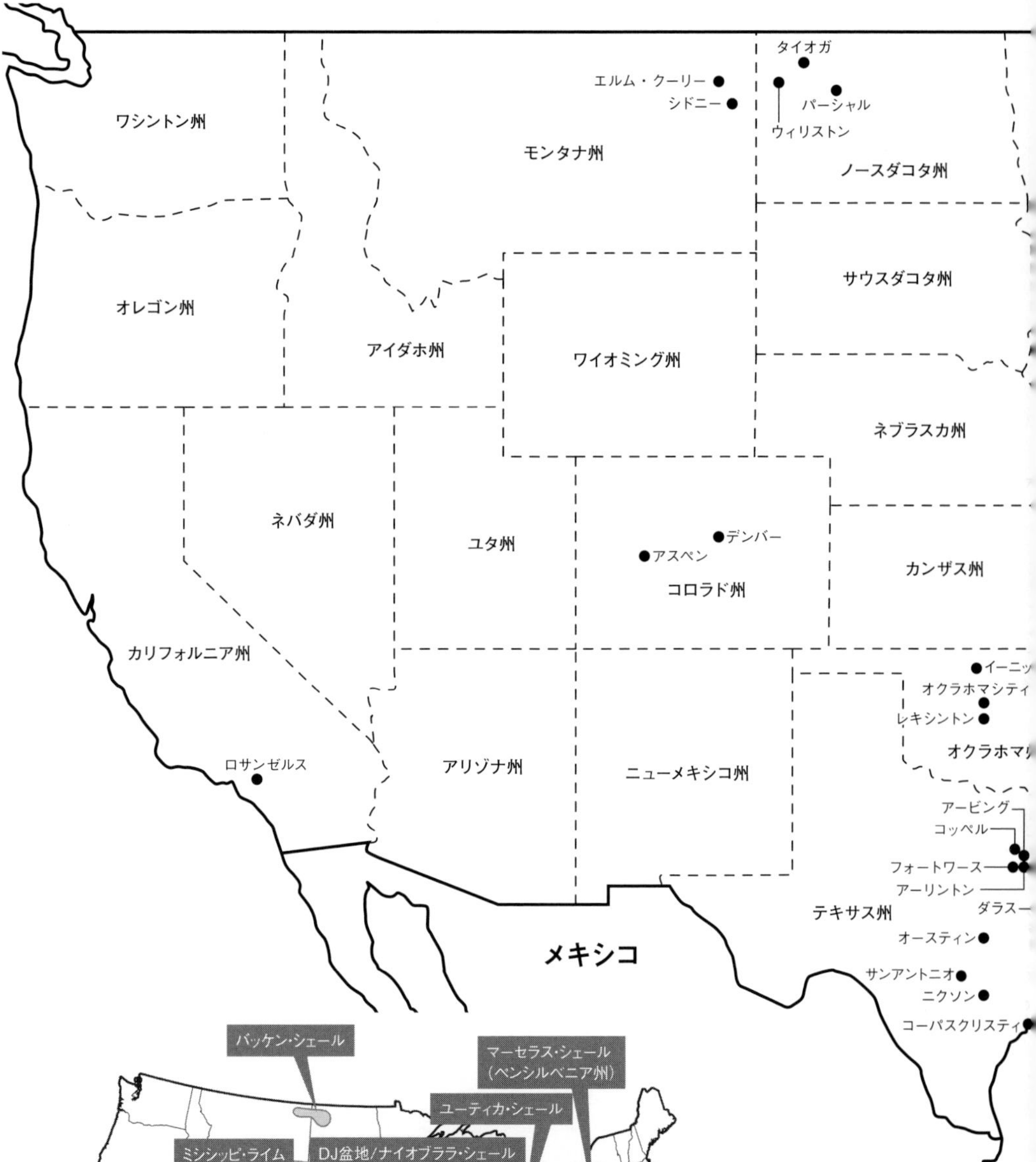

ワシントン州
モンタナ州
エルム・クーリー
シドニー
タイオガ
パーシャル
ウィリストン
ノースダコタ州
サウスダコタ州
オレゴン州
アイダホ州
ワイオミング州
ネブラスカ州
ネバダ州
ユタ州
デンバー
アスペン
コロラド州
カンザス州
カリフォルニア州
イーニッ
オクラホマシティ
レキシントン
オクラホマ
ロサンゼルス
アリゾナ州
ニューメキシコ州
アービング
コッペル
フォートワース
アーリントン
ダラス
テキサス州
オースティン
メキシコ
サンアントニオ
ニクソン
コーパスクリスティ

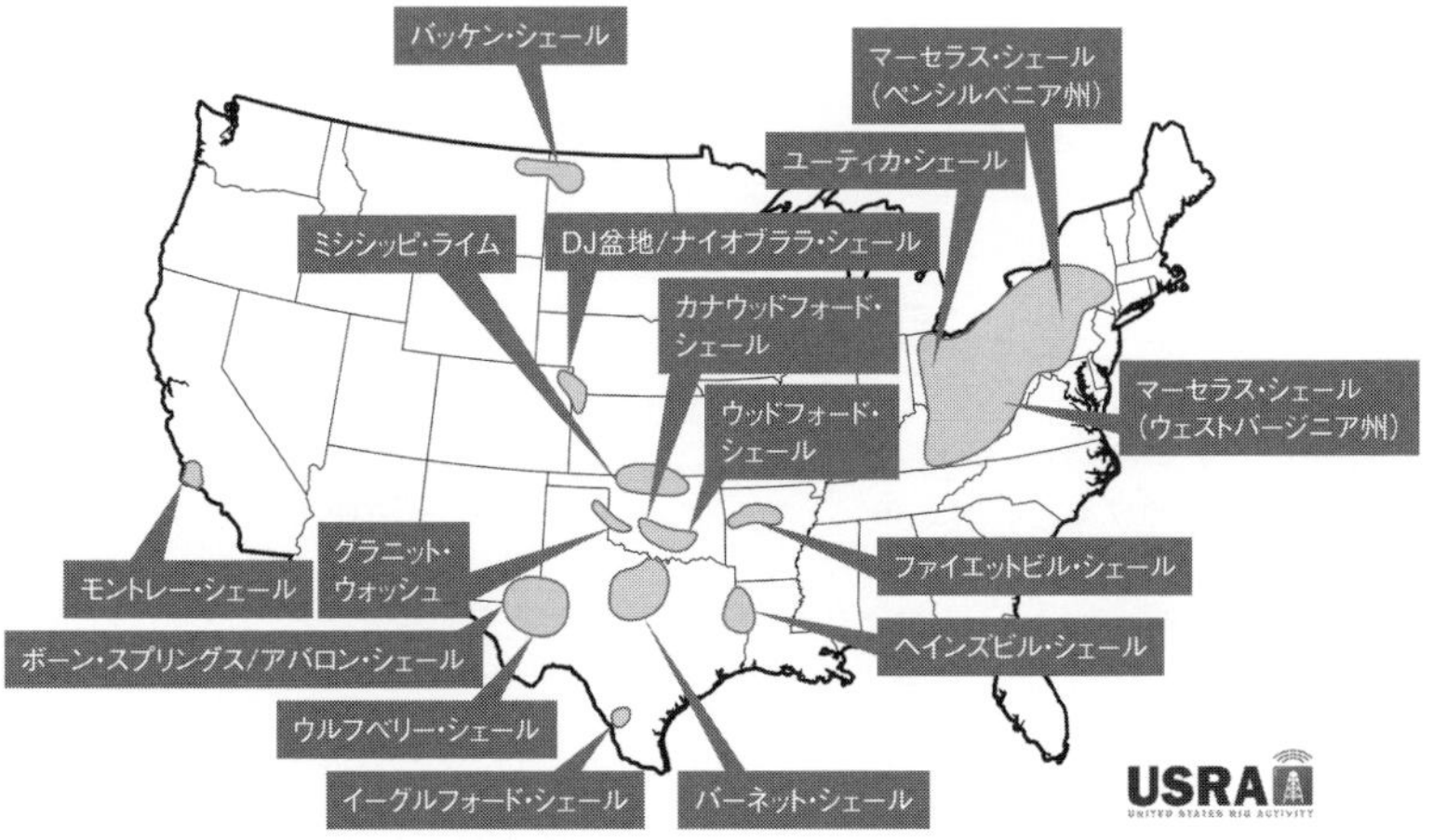

バッケン・シェール
マーセラス・シェール（ペンシルベニア州）
ユーティカ・シェール
ミシシッピ・ライム
DJ盆地/ナイオブララ・シェール
カナウッドフォード・シェール
ウッドフォード・シェール
マーセラス・シェール（ウェストバージニア州）
グラニット・ウォッシュ
モントレー・シェール
ファイエットビル・シェール
ボーン・スプリングス/アバロン・シェール
ヘインズビル・シェール
ウルフベリー・シェール
イーグルフォード・シェール
バーネット・シェール
USRA
UNITED STATES RIG ACTIVITY

原油や天然ガスを含むアメリカの主要なシェール層

主要生産国の石油生産量の推移

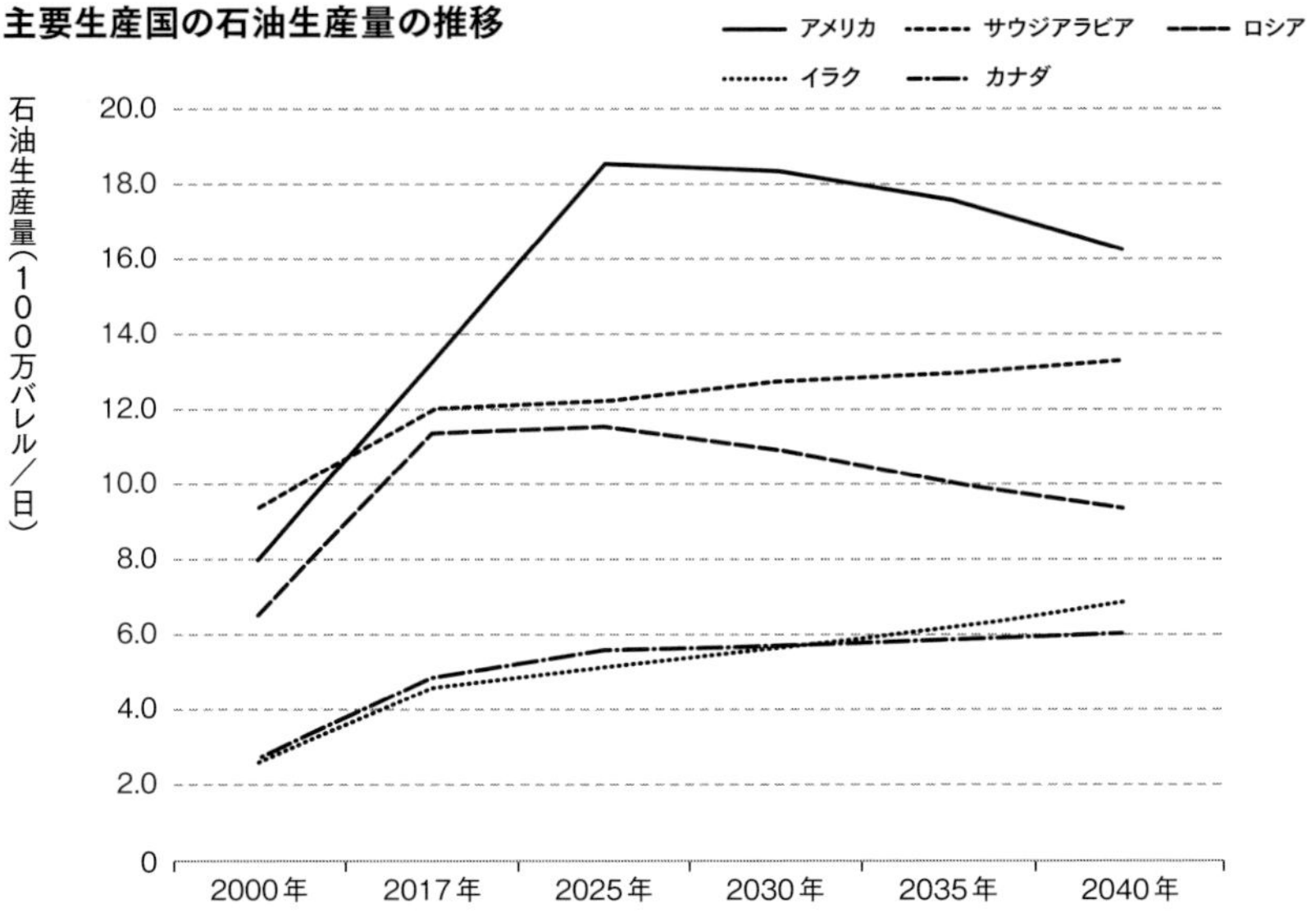

主要生産国の天然ガス生産量の推移

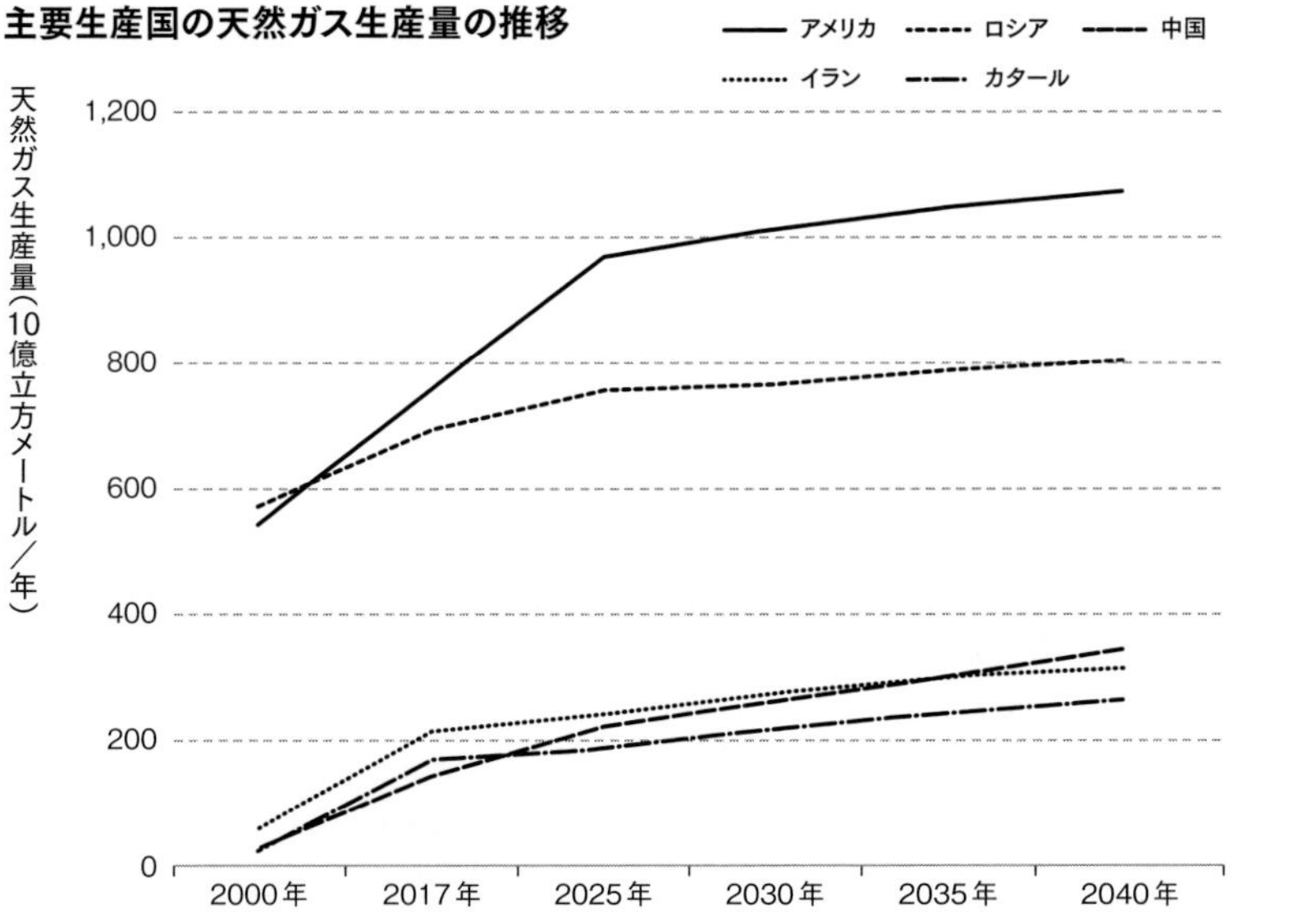

出典：外務省「日本のエネルギー外交」（2019年3月発行）のp.1の図を基に作成（なお、外務省作成の元図は、国際エネルギー機関（IEA）「世界エネルギー展望2018」をベースにしたもの）。

凡例

＊本書は、Gregory Zuckerman『*The Frackers——The Outrageous Inside Story of the New Billionaire Wildcatters*』（二〇一三年、増補ペーパーバック版二〇一四年）の全訳である。原本には増補ペーパーバック版を使用した。

＊〔　〕内は、訳者か編集部による補注。

＊邦訳刊行にあたり、原著にはない以下の項目を補足した。人物写真（P６下）、原油・天然ガス生産量のグラフ（P11、14）、地図（P12〜13上）、および巻末の「原書刊行以後の関連事項」「解説」「索引」。

＊度量衡換算表（参考）：

一マイル＝一・六キロメートル　　一エーカー＝四〇四七平方メートル

一フィート＝三〇・四八センチメートル　　一〇〇〇立方フィート＝約二八立方メートル

一バレル＝一五九リットル

登場人物

ミッチェル・エナジー
ジョージ・ミッチェル　創業者
ダン・スチュワード　シェール層掘削チームの上級幹部
ニコラス・スタインスバーガー　水圧破砕法のエンジニア
ケント・ボウカー　シェール層掘削チームの地質学者
ジム・ヘンリー　ベテラン地質学者

オリックス・エナジー
ロバート・ハウプトフューラー　最高経営責任者
ケネス・ボウドン　地質学者

チェサピーク・エナジー
オーブリー・マクレンドン　共同創業者
トム・ウォード　共同創業者
マーク・ロウランド　最高財務責任者

コンティネンタル・リソーシズ
ハロルド・ハム　創業者
ジェフ・ヒューム　上級幹部・エンジニア
ジャック・スターク　上級幹部・地質学者

シェニエール・エナジー
シャリフ・スーキ　創業者
メグ・ジェントル　戦略企画部長

EOGリソーシズ
マーク・パパ　最高経営責任者
ビル・トーマス　上級幹部

その他
サンフォード・ドヴォリン　ニュージャージー州ニューアーク市の精肉商の息子。バーネット・シェールの掘削に挑む。
レイ・ガルヴィン　シェブロンの上級幹部。シェールガス発掘を決意する。
マイケル・ジョンソン　バッケン・シェールで巨大な油田を発見した七〇代の老人。
バック・バトラー　テキサス州ニクソンの牧場経営者。シェール層の上で暮らしている。
エリザベス・アイリッシュ　家族とともにオレゴン州からノースダコタ州ウィリストンに引っ越した女性。

目次

第二部　競争

シェール革命——夢想家と呼ばれた企業家たちはいかにして地政学的変化を引き起こしたか

序

ウィリアム・バトラーは、不安のあまり安眠できない夜を過ごしていた。

八三歳になる白髪交じりのこの男は、テキサス州南部で牧場を経営していた。だが、さまざまな金融業者から数百万ドルに及ぶ借金をしており、銀行にはほとんど蓄えがない。自分が死んだあと、二人の息子は牧場を経営していけるだろうかと心配だった。

バトラーは、ジョン・フォードの西部劇から抜け出してきたような人物だった。背が高く、肩幅が広く、いつもフランネルのシャツに青いジーンズ、泥まみれのブーツといった姿をしている。「バック」というあだ名で呼ばれ、牧場にいる数千頭もの牛を相手に、年中無休で働いていた。高齢になってからは、九〇〇キログラムに及ぶブラーマン種の牛の男根でつくった杖《つえ》を愛用している。

だが、映画のヒーローにはなれそうもなかった。何年も前から、次々とやって来る地元の小ずるい悪党にだまされ、自由に使える資金すべてを近隣の土地に注ぎ込んでは、問題を悪化させていた。神経質な妻のヴェラには、土地を買ったあとで事後報告するだけだった。

二〇〇九年になるころには事業が苦境に陥《おちい》り、バトラーは神経性疾患に苦しむようになった。ヴェラも心労を和《やわ》らげるため、薬を服用し始めた。

「三〇〇万ドルを超える借金があれば、誰だって心配になる」とヴェラは言う。

それから四年もたたない二〇一三年一月のある暖かい日の午後、私はバトラーの牧場を訪れ、新たに購入したというダッジのピックアップトラックに揺られながら話を聞いた。すると、あの不安に満ちた日々は終わり、新たな生活が始まったという。

バトラーは、緩《ゆる》やかにうねる自分の土地を誇らしげに指差しながら、こう説明した。二年ほど前のある日、大手石油企業コノコフィリップスの代表者が牧場に現れ、この土地で掘削を行なわせてほしいとの申し出があった。その代表者の話によると、この土地の地下一・五キロメートル以上のところに、シェール（頁岩《けつがん》）と呼ばれる岩石の層がある。この岩石に原油が浸《し》み込んでおり、最近になってそれを採取できるようになったという。バトラーの土地は一夜にして、世界的にきわめて貴重な土地に変貌したのだ。

そこは、テキサス州のニクソンという人口二四〇〇人ほどの町だった。バトラーはメキシコ料理のレストランの駐車場にトラックを停めると、明るく光る青い瞳を私に向けた。そして、いかつい顔に安堵《あんど》の笑みを浮かべて言った。「この二年間に起きたことがまるで信じられんよ。何度も自分のほおをつねってみなきゃならん。あまりにできすぎた話だからな」

ニューヨークの経済記者だった私は、ネタを求めてテキサス州南部を訪れていた。私がかぶっている青のぱりっとしたヤンキースの帽子は、バトラーがかぶっているすりきれたカウボーイハットの前では、いかにも場違いだった。バトラーの鼻にかかったテキサスなまりが、ときにまったく耳にしたことのない言語に聞こえる。私はそれまで、株式や債券を取引する男女の記事を《ウォール・ストリート・ジャーナル》紙に書いており、地下資源の採掘などまるで縁がなかった。この調査を始めるまでは、「frack（水圧破砕《はさい》）」という言葉に「fuck（ファック）」以外の意味があることを知らず、子どもたちに使わせないよう注意していたぐらいだ。

しかし、バトラーからその話を聞いた瞬間、ライターにとってこれほど魅力的なネタはないと確信した。似たような話は、ノースダコタ州ウィリストン、ペンシルベニア州ニューミルフォード、オクラホマ州レキシントンでも聞いていた。アメリカで原油や天然ガスがそんな形で発見されることなど、ほんの数年前にはまるで考えられなかった。この発見のおかげで、バック・バトラーら、史上最大のエネルギー革命のさなかにいる人たちの生活は驚くほど一変した。それどころか国全体が、あるいは世界が変わった。

このテーマについて調査を進めるほど、その事実は明らかになるばかりだった。シェール層をはじめ、これまで見過ごされてきた岩石層の掘削《くっさく》が盛んに行なわれ、それが住宅バブルやＩＴバブル以来最大のブームとなって経済を刷新している。ある意味では、このエネルギーブームは、過去のブーム以上に大きな影響を及ぼすかもしれない。シェール層の掘削は世界中で注目を集めているからだ。原油や天然ガスの増産により、政府・企業・市民は今後数十年にわたり多大な恩恵を受けることになるだろう。

それは、以下のような状況を考えてみればわかる。

・二〇〇六年ごろまで企業幹部や政府首脳は、アメリカがエネルギー不足に陥《おちい》るのではないかと心配していた。だが二〇一三年には、アメリカで毎日七五〇万バレルもの原油が生産されており、二〇〇五年の五〇〇万バレルを上まわっている。二〇一二年に史上最大規模の増産を達成したためだ。二〇二〇年には、一日あたり一一〇〇万バレル以上を供給できるようになるという〔その後、二〇一九年に、アメリカ史上の最大値である一日あたり一二〇〇万バレル強を達成。翌二〇二〇年は新型コロナウイルス感染症の影響で落ち込むも、一日あたり一一〇〇万バレル以上を生産〕。これはかつてないほどの量であり、現在のサウジアラビアの産出量さえ超える。

　これほどの原油があれば、数年後にはアメリカは、原油を輸入しなくてもよくなるか、カナダやメキシコなどの友好国に頼るだけですむようになる。過去五〇年にわたりアメリカは、利害関係が異なる国から石油を輸入しなければならない状況にあったが、そんな時代ももう終わる。二〇一三年、サウジアラビアの大富豪アル＝ワリード・ビン・タラール王子は、石油に依存する同国の経済はアメリカのエネルギー増産により危機に瀕《ひん》していると述べた。アメリカが中東の石油に完全に依存していた数年前に比べると、驚くべき変化である。

・シェール層の掘削により、アメリカはすでに世界最大の天然ガス産出国になっている。世界最大級の天然ガス田《でん》を二つも抱えており、天然ガス生産は五年で二〇パーセント増えた。アメリカはいまや数世代分の天然ガスを保有しており、間もなく天然ガスの輸出も始まる〔二〇一六年から開始された〕。エネルギーの供給不足が確実視され、天然ガスの輸入施設の建設が喫緊の課題とされていた数年前からは、とても想像できない。

・緻密《ちみつ》な岩石層からの産出の増加により、二〇〇八年以来、天然ガスの価格は七五パーセント下落している。天然ガスは、家庭の冷暖房、電気や食料の生産、一部の自動車の動力、プラスチックや鉄鋼などの製造に利用できる。そのため、世界恐慌以来最悪の不況にいまだ苦しんでいる消費者や企業は、大規模なガス田の発見により多大な恩恵を受けた。また、アメリカの石油生産が増加したことで、比較的少ないコストでイラン産原油のボイコットが可能になった。今後数年にわたり世界の石油価格の高《こう》騰《とう》を防ぐことができるからだ。

・このエネルギーブームにより、二〇二〇年までに二〇〇万を超える新たな雇用が生まれ、住宅バブル崩壊により失われた雇用を相殺《そうさい》するものと予想される。実際、テキサス州やオクラホマ州、ルイジアナ州で雇用が増加している。同様に、オハイオ州、ワイオミング州、ウェストバージニア州、ペンシルベニア州など、長らく苦境にあえいでいた多くの地域で経済が回復している。ノースダコタ州では失業率がおよそ三パーセントまで低下した。そのため、同州の油田地域の中心部にあるウォルマートでは、時給が二二ドルに達している。また、一部のマクドナルドの店舗では、新規採用した従業員に、三〇〇ドルのボーナスや三二インチ薄型テレビをプレゼントしているという。[*1]

・ほかの大半の国に比べ、アメリカで電気や天然ガスの価格がかなり下がっているため、アメリカが経済を支配する新たな時代が幕を開けることになるかもしれない。企業のアメリカ回帰はすでに始まっている。実際、製鉄、化学製品、肥料、プラスチック、タイヤなどの企業が、生産拠点をアメリカに戻すか、国内の既存の工場を拡大する一方で、外国企業がアメリカに新たな工場を建設している。その結果、中国などの低コスト国に奪われたと思われていた雇用が戻りつつある。製造業が回復し、「メイド・イン・USA」が再び求められるようになると考える専門家さえいる。

・新たに油田やガス田が見つかり、エネルギーの輸出も予想されるとなると、アメリカの貿易赤字が減り、USドルの価値が上がる可能性もある。原油の爆発的増産を受け、防衛の専門家たちの間では、アメリカはもはや、エネルギー供給確保を目的とする軍事行動に参加する必要はないのではないかとの議論が行なわれている。中東の石油にいまだ依存している中国などにその地域の安全保障を任せれば、増大する防衛予算を縮小できるかもしれない。

・中国、ロシア、アルゼンチン、メキシコなどにはシェール層が豊富にあり、今後の開発が期待されている。イギリスなどの政府関係者はすでに、シェール層の開発を国に要請している。一部のアナリストの試算によれば、世界の天然ガス生産は二〇三五年までに五〇パーセント増え、世界中の消費者や企業の利益になるという。

だがその一方で、水圧破砕《はさい》法（「フラッキング」）など、石油・天然ガスの産出に利用される一部の方法が、環境に悪影響を与えているのではないかとの問題も提起されている。フラッキングが、大気や水の質に影響を及ぼすことを心配する専門家もいれば、温暖化を促進したり、地震などの地殻《ち かく》変動を引き起こしたりするのではないかと懸念する専門家もいる。ヨーコ・オノ、ショーン・レノン、アレック・ボールドウィン、ポール・マッカートニー、スカーレット・ヨハンソンなど、ハリウッドの若手俳優やロックスター、メディア王たちが、この重大な問題を訴える運動を展開しており、今後の話題を独占することになるかもしれない。ローリング・ストーンズも、フラッキングを批判する「ドゥーム・アンド・グルーム」という曲を発表している。

環境への脅威は、多くが対処可能であり、やや誇張されてもいる。だが、この方面の対応はあまりに遅く、有害な事故も実際に起きている。規制が緩《ゆる》すぎると言う人もいる。天然ガスの増産により、中国などで利用されている環境に悪い石炭の需要が減るため、地球温暖化の緩和に役立つかもしれないという議論もあるが、この化石燃料の復活により、もっとクリーンな代替《だいたい》エネルギーへの関心が損なわれてしまうおそれもある。この新たな掘削技術の影響を完全に把握するには時間がかかる。一部の企業は、岩盤を破砕して原油や天然ガスを採取する方法について詳細な情報の公開を拒否しているため、それも不安を高める一因となっている。

アメリカで発生し、世界中に広がりつつあるこのエネルギー革命以上に驚かされるのが、あらゆる予想をくつがえしてそのすべてを引き起こした人々の奮闘の物語だ。この現代の山師たちは、専門家や大手石油企業、同僚たちの疑念や冷笑をものともせず、原油や天然ガスを豊富に含んでいると信じて、地下数キロメートルの岩石層を掘削した。その結果、世界の経済・環境・地政学の進路を変えるとともに、かつてないほど短期間のうちに莫大な利益を手に入れた。

ジョージ・ミッチェルは、シェール層から天然ガスを採取する斬新な方法を開発し、二〇億ドルを超える財産を手に入れた。その影響力はいずれ、ヘンリー・フォードやアレクサンダー・グラハム・ベルに匹敵するものになるかもしれない。オーブリー・マクレンドンとトム・ウォードは、五万ドルの資金で始めた会社を、アメリカ有数の天然ガス生産会社にまで発展させた。この会社は、ニュージャージー州の面積のおよそ三倍にあたる一五〇〇万エーカー〔約六万一〇〇〇平方キロメートル〕もの土地の採掘権を保有している。マーク・パパは、不祥事を起こしたエンロンが放棄した事業を引き継ぎ、資産規模四三〇億ドルもの石油会社を築きあげた。

さらに、ハロルド・ハムは、一七〇億ドルを超える財産を蓄え、アメリカを代表する富豪となった。自分の土地にどのアメリカ人よりも多くの石油を所有しており、ルパート・マードックやスティーヴン・コーエン、サムナー・レッドストーン、あるいはスティーヴ・ジョブズの遺産よりも多くの資産を持つ。現在、ハムは離婚調停中だが、この離婚のコストは史上最高額を記録するに違いない。妻はオプラ・ウィンフリー〔有名なテレビ番組司会者〕より多くの財産を受け取ることになるだろう。ハムの右腕として働く男でさえ四億ドルもの資産を有している事実を見れば、当代のイノベーターたちが手に入れた利益がいかに莫大なものかがわかる。

もちろん、シェールブームを牽引した人々のなかには、このエネルギー革命の誕生に貢献しながら成功を収められなかった者もいる。莫大な富をつかみそこね、称賛されるどころかあざけりや軽蔑を受けた人は多い。それに、掘削方法に関する最悪の懸念が立証されれば、こうしたブームの最前線にいる人々も、恩恵をもたらした存在としてではなく、損害をもたらした存在として大衆の記憶に残ることになるだろう。

だがいずれにせよ、とてもかなえられそうにない大望を一途に抱き続けたわずかばかりの山師たちは、みごと望みのものを手に入れた。彼らのなかには、大学の学位を持たず、地質学や掘削の知識さえあまりない者もいた。それなのになぜ、大手エネルギー企業が見捨てた巨大エネルギー鉱床《こうしょう》で成功を収めることができたのか？　実際、エクソンモービルの本社は巨大なシェール層の真上にある。だが、ジョージ・ミッチェルがその地域の岩石層から史上類例のない量の天然ガスを採取しようと努力していたときでさえ、エクソンモービルはその場所に目を向けようとしなかった。

また当時は、連邦準備制度理事会議長のアラン・グリーンスパンが、アメリカのエネルギー供給は減少する一方だと警告を発していた。ウォーレン・バフェットやヘンリー・クラヴィスといった有名投資家も天然ガスの不足を見越した投資を行ない、ウラジーミル・プーチンもロシアの天然ガスが市場を独占すると予想していた。それなのになぜ、金融危機のどん底からエネルギーの新時代が立ち現れたのか？

さらに、政府はすでにクリーンな代替《だいたい》エネルギーに二兆ドルも投じていた。それなのになぜ、民間企業は化石燃料に再び目を向け、アメリカのエネルギー展望を改善できたのか？　フェイスブック初の外部投資家になったピーター・ティールなど、多くの専門家が、アメリカはもはや劇的な技術進歩を起こせないとあきらめていた。それなのに、無名の企業家たちはいかにして、エネルギー生産を急増させるテクノロジーを開発したのか？　莫大な量の原油や天然ガスを埋蔵している同様の岩石層は、中国やロシアなどにもある。それなのになぜ、アメリカでこのエネルギー革命が起きたのか？

本書では、この新たな時代の重要人物五〇人以上に行なった延べ三〇〇時間以上のインタビューに基づき、これらの疑問に答えていく。そして、このエネルギー新時代が、世界の金融市場、経済、軍事活動、国際政治にどんな影響を及ぼすのかを予想する。エネルギー政策を担当する政府の専門家たちは、最近のこの劇的な変化に不意を突かれ、いまだ十分に対応できていない。環境問題の専門家や、石油・天然ガス企業の経営幹部でさえそうだ。シェール革命を引き起こした人々から学べることはまだたくさんある。

この注目すべき時代をリードしてきた人々は、ことあるごとに冒険に身をさらし、世紀の発見のために評判や生活を危険にさらしてきた。その物語は、殺風景な荒野で、がらくただらけのピックアップトラックのなかで、ぴりぴりした会議室のなかで展開された。それはこれからも、世界に影響を及ぼしていくに違いない。

プロローグ

その電話にはがっかりさせられた。

二〇〇七年五月、ハロルド・ハムは、コロラド州デンバーの繁華街にある優雅なブラウン・パレス・ホテル＆スパでディナーを楽しんでいた。ハムの右側には、自身のエネルギー会社コンティネンタル・リソーシズに長年勤めている同僚が二人、左側には、メリルリンチの投資銀行家二人が座っている。この一行は、一〇〇日でアメリカ全土をまわる過酷な旅行を三分の二ほど終え、旅行の終盤にさしかかっていた。その目的は、同社の新規株式公開に先立ち、投資家に株式購入を促《うなが》すことにある。

ロックバンドのツアーの場合、昼はゆったりとしているが夜は忙しい。だが、企業幹部が会社の株式を売り歩く場合、一般的にはその反対になる。ハムや銀行家たちは昼の間ずっと、投資信託会社の責任者を相手に、長らく見過ごされてきたノースダコタ州でいずれコンティネンタルが大成功を収めると主張し続けた。そしていま、ジャケットを脱ぎ、ネクタイを緩め、ディナーやドリンクを楽しみながら、売り口上《こうじょう》をさらに磨《みが》くにはどうすればいいかを議論していた。

ハムは投資家を口説く際に、これまでに乗り越えてきた私生活上の問題にはあまり触れなかった。たとえば、一三人きょうだいの末っ子として、オクラホマ州レキシントンの田舎で極貧の生活を送っていたことなどだ。最近の夫婦生活の問題など論外である。

その代わりに、自分の会社やバッケン・シェールについて、楽観的なメッセージを伝えた。バッケン・シェールとは、ノースダコタ州からモンタナ州やカナダにかけての地下に、一万五〇〇〇平方マイル〔約三万九〇〇〇平方キロメートル〕にわたり広がる有望な岩石層である。ハムは自分が、エネルギー不足に陥《おちい》りつつあるアメリカに新たな石油や天然ガスを提供するエネルギー革命の最前線にいると信じていた。

だが、こうしたセールストークにもかかわらず、コンティネンタルはバッケン・シェールから一日あたりわずか七〇〇〇バレルしか石油を産出していなかった。エクソンモービルが毎日汲《く》み上げている石油の一パーセントにも満たない量だ。これでは、それまで山師たちを失望させてきたその地域から、さらに多くの石油があふれ出す証拠にはならない。投資家にこの会社の株式を売り込むのは、そう簡単にはいかなかった。

それでも、この旅行は順調に進み、あとは数日後にロサンゼルスの投資家との面談を残すのみとなっていた。メリルリンチの銀行家は、これほどコンティネンタルへの関心が高いのなら、新規株式公開では一株一八ドルでも売れるだろうと請け合った。その株式公開を数週間後に控え、満腹になったハムは、上機嫌で食事を終えた。六一歳になり、とび色の髪は薄くなっていたが、その顔にはおどけた笑みが浮かんでいる。

すべては新規株式公開にかかっていた。コンティネンタルはすでに二億五三〇〇万ドルもの負債があり、新規株式公開で得た資金の一部をその返済に充《あ》てる予定だった。それに、バッケン・シェールに埋蔵されていると思われる莫大な量の原油を採取するには、いずれさらに数億ドルの資金を集めなければならない。その原油を探す資金を手ごろなコストで集めるには、株式公開するほかなかった。

ハムは当時を振り返って言う。「バッケンで主役になるには、株式を公開するしかなかった。だがそのころは、産出量がきわめて少なかった」

ホテルの外には、暗闇が忍び寄っていた。そのころにはもう、不動産市場も金融産業も崩壊の危機に瀕《ひん》していた。間もなく全世界の経済が、この八〇年間で最悪の不況を経験することになる。テクノロジーや経営の専門家たちは、アメリカは創造的精神を失い、もはや同国が世界の経済を支配していた時代は終わる運命にあると嘆いていた。今後の経済はインドやブラジル、中国がリードするだろうと予測するエコノミストも多かった。エネルギー産業でも新たな成果はなくなりつつあり、アメリカは今後エネルギー需要をどう満たしていけばいいのかと、ウォール街やワシントンDCに不安が広がっていた。

だがハムは、自分の生涯の夢が間もなく実現すると確信していた。国がもっとも助けを必要としているときに、その救世主になるという夢である。ハムぐらいの年齢の経営者になると、たいていは退職金の交渉をしたりゴルフコースを探しまわったりしている。だがある意味では、ハムの本当の仕事は始まったばかりだった。再びアメリカ全体を活性化できるほどの油田が、すぐ手の届くところにある。

そのとき、メリルリンチの銀行家の一人、クリストファー・マイズの携帯電話が鳴った。マイズは、ハムが見ている前で電話に出た。

「ああ……意外だな……わかった……ありがとう」

ハムは、何か悪い知らせではないかと思った。

「まずいな」とマイズがハムに言う。

ノースダコタ州で調査をしていた競合企業二社が、バッケン・シェールでの探査結果を公表した。それによると、探査はまったくの期待外れに終わったという。これはつまり、コンティネンタルもその地域での成果が見込めないということだ。

もう一人の銀行家が「まんまと獲物を逃したな」と言った。この業界の用語で、みごとな空振りという意味だ。

銀行家二人はハムに提案した。もう新規株式公開をやめるというならそれでもいい。このまま予定どおり株式を公開してもいいが、株式を購入してもらうのはさらに難しくなる。あとはハムの判断次第だ。よく考えてくれ、と。

ハムはこの知らせに動揺し、かろうじて「おやすみ」とだけ言うと、まっすぐ部屋に戻った。

翌朝、ハムは一行に、投資家の気を引くために価格を引き下げざるを得なくなったとしても、予定どおり株式公開を行なうと告げた。投資家もいまはコンティネンタルの取り組みを理解してくれないかもしれないが、いずれは理解してくれると信じていたからだ。

それだけの自信があったのは、自社を含むアメリカの企業数社の努力により、原油や天然ガスの掘削・採取方法が劇的な進歩を遂げつつあったからだ。この飛躍的進歩については、ウォール街の投資家や業界の専門家どころか大手石油企業でさえ、十分に認識していなかった。掘削業者たちは数十年も前から、さまざまな液体をぶつけて岩石層に亀裂を入れ、原油や天然ガスがあふれ出す通路をつくる方法を採用していた。この方法は、水圧破砕法、あるいはフラッキングと呼ばれる。

だが、ハムをはじめとするアメリカの向こう見ずな山師たちは、このフラッキング技術を改良するとともに、それを、地中深くで横に掘削する最新の技術と組み合わせる方法を編み出した。彼らは、原油や天然ガスを豊富に含む、広く長い岩石層を狙《ねら》っていた。かつて地質学者が活用を夢見て果たせなかったシェール層である。ハムは毎日、現場の自社スタッフから掘削状況の最新情報を受け取っていた。スタッフは、地下三〇〇〇メートルほどまで垂直に穴を掘り、そこでドリルビットの方向を転換してさらに三キロメートルほど水平に掘り進めながら、原油があふれる岩石層を探していた。そのスタッフのなかには、地下数キロメートルのところにあるネクタイピンほどの標的にも命中させられると豪語する者もいた。

ハムはこの新たな技術を使い、会社の運命どころか、この国の運命までも変えてやろうと心に決めていた。だがそのためには、協力してくれる投資家が必要だ。

数週間後、コンティネンタルは一株一五ドルに値を下げて株式を公開した。ウォール街では、新規株式公開後に値が急騰《きゅうとう》することはよくある。だがコンティネンタルの株はほとんど動かなかった。数カ月そのままの状態が続き、二〇〇七年九月初めには値が一五ドルをきった。同社の主要メンバーのなかから、株式をすべて売り払う者も現れた。もうこの会社はどうにもならないと思ったのだろう。

それでもハムは、これまで見過ごされてきた地域に大量の原油が眠っており、それを見つける日が近づいていると信じて疑わなかった。だが、それに賛同する人はほとんどいなかった。

何が起ころうとしているかわからないのか？　ハムはそう思うばかりだった。

ノースダコタ州の地下に眠る大量の原油に固執するハロルド・ハムに、周囲の人間が深い疑念を抱くのも当然だった。人生の盛りを過ぎてもなお陽気に夢を追い続けるハムの姿は、アメリカそのものの姿に似ていなくもない。

石油産業はアメリカで産声をあげた。アメリカはそれから一世紀余りの間、世界屈指の産油国として君臨した。当時のアメリカは、天然ガスや石油を無限に供給できるかのように見えた。だが一九七〇年代に入ると、有望な油田を見つけるのが難しくなった。アメリカの石油生産が一九七〇年をピーク（一日あたり九六〇万バレル）に減少に転じると、増大する需要を満たそうと、石油の輸入が急増し始めた。一九七三年にはオイルショックが発生し、アメリカがエネルギーを他国に依存せざるを得なくなったことが、誰の目にも明らかになった。しかもこれらの他国は、必ずしもアメリカの友好国というわけではない。一九七〇年代から八〇年代にかけて、テレビドラマに登場する石油王（『ダラス』のJ・R・ユーイングや『ダイナスティ』のブレイク・キャリントン）は視聴者を魅了したかもしれないが、現実世界の石油採掘業者は、収穫のない掘削ばかりが続き、もはや以前のような威勢を取り戻せなくなっていた。さらに、一九八〇年代から九〇年代にかけては、世界的に石油が供給過剰となり、価格が低迷した。これは消費者にはいいニュースだが、アメリカの山師たちには悪いニュースでしかない。こうして彼らはもう、外国のライバルに太刀打ちできなくなった。

そのため、ダラスやヒューストン、タルサなどエネルギー産業の中心地にいる有力者たちは、ノースダコタ州でのハムの取り組みをまるで理解しようとしなかった。その一方で、同業のオーブリー・マクレンドンは、業界内で称賛と羨望《せんぼう》の的になっていた。独自に改良したフラッキング技術と掘削技術で成功を収めた、オクラホマ州の新興企業の経営者である。二〇〇八年の春も終わろうとしていたころ、自身が設立したエネルギー企業チェサピーク・エナジーの株価が急騰《きゅうとう》し、一躍億万長者になったマクレンドンは、オクラホマシティへのプロバスケットボールチーム誘致を支援して州民を驚かせた。マクレンドンが、《スポーツ・イラストレイテッド》誌の水着モデルを務める親戚のケイト・アプトンと一緒に、コートサイドで試合を観戦する姿が報じられると、嫉妬とともにさまざまな噂が飛び交った。すぐそばの最前列の席にはハムもいたのに、それに気づく者はほとんどいなかった。

二〇〇八年の前半、エネルギー業界やワシントンやウォール街で話題になっていたのは、「ピークオイル」だった。もはや世界のエネルギー供給は限界に達し、これからはエネルギー価格が上昇し、世界の経済的負担が増えるばかりだという、よく知られたややマルサス主義的な見解である。マクレンドンの会社は、大手石油企業がずっと無視してきたシェール層に注目することで、いまだに新たな大発見を続けている数少ない企業の一つだった。

二〇〇八年三月、マクレンドンはニューヨークの高級レストラン《21クラブ》でディナーパーティを開き、ウォール街の富豪など、エネルギー産業の新たな世界に興味を抱く人々を招待した。そのなかには、ジョージ・ソロスやスタンリー・ドラッケンミラーといった大物投資家もいれば、世界的なエネルギー企業の重鎮たちもいた。食事をしながら招待客たちが口にするのは、石油や天然ガスが不足し、価格が上昇する一方の時代が始まったという話ばかりだった。

テーブルの上座からこの会話の様子を見ていたマクレンドンは、自信ありげな笑みを抑《おさ》えきれなかった。この部屋に広がる悲観的な見通しにもかかわらず、マクレンドンの会社が産出している天然ガスの量はどんどん増えている。さらに増産を進めれば、かつての石油王のジャン・ポール・ゲティやロックフェラーのようになれるかもしれない。

ニューヨークの人気レストランから遠く離れた地では、革命が静かに進行していた。著名投資家も、政治家も、エネルギーの専門家も、石油企業のほとんどの幹部も、それに気づいていなかった。この革命は、ジョージ・ミッチェルというテキサス州の山師が事業を存続させる方法を模索していた一〇年前から始まっていた。

その後間もなくして、ハムやマクレンドンなど名もない掘削業者たちが、アメリカどころか世界を劇的に変えることになる。だが、その夜ニューヨークでテーブルを囲んでいた人々は誰も、この先にどんな世界が待っているか知らなかった。

「これから起ころうとしていることに誰も気づかなかった」とドラッケンミラーは言う。

第一部
突破口
The Breakthrough

第一章

柔和な人々は地を受け継ぐが、採掘権は別だ。

――ジャン・ポール・ゲティ〔アメリカの石油王。一八九二～一九七六年〕

ジョージ・ミッチェル、ただ会社存続のために

ジョージ・ミッチェルは歴史を変えようとしていたわけではない。ただ自分の会社を存続させたかっただけだ。

一九九八年の夏のことだった。それまでミッチェル・エナジーは、テキサス州のガス田からパイプラインを通じてシカゴ市へと、毎日大量の天然ガスを送っていた。この契約により、同社は数十年にわたり安定した利益をあげ、創業者のミッチェルは裕福になった。

だがガス田のガスは、ゆっくりとだが確実に枯渇《こかつ》しつつあった。ミッチェル・エナジーの株価が下がり、この産業全体が低迷するなか、七九歳のミッチェルにもその会社にも残された時間はわずかしかなかった。終わりが容赦なく迫ってくる。何としてもそれを避けなければならない。

そこでミッチェルは、ヒューストンの外れにある本社の大会議室に経営幹部を招集し、対応を協議することにした。同社は二〇年近く新たなガス田を探していたが、成果はまるでなく、経営陣は失望を重ねるばかりだった。ミッチェルは、シェール層にたまっている天然ガスを採取するのがいちばんいいと確信していた。シェール層は、ミッチェル・エナジーが取得しているテキサス州北部の土地の地下深くにある。だが、この岩石層をすでに何年も前から掘削しているが、いまだ収穫はなかった。

エクソン、ロイヤル・ダッチ・シェル、シェブロンといった大手ライバル企業はすでに、アメリカ国内の同様の岩石層から原油や天然ガスを採取する試みをあきらめ、アフリカやアジア、ブラジルなど、海外での掘削にシフトしていた。アメリカ国外のどの地点であれ、テキサス州のシェール層よりは有望に見えたからだ。

ミッチェル・エナジー同様、アメリカもエネルギー不足に陥りつつあった。その結果、外国のエネルギーに依存する割合が増え、石油や天然ガスの供給を守るために、それに影響を及ぼす海外の紛争に介入せざるを得なくなった。七年前、ペルシャ湾岸の産油国クウェートをイラクが武力で併合したことをきっかけに始まった湾岸戦争がいい例だ。このままいけばアメリカは、外国のエネルギーとそれを守る軍事活動からますます抜け出せなくなる。その一方で、膨大なエネルギー資源を持つロシアなどは、支配権を強めることになる。

一九九八年、ミッチェル・エナジーの経営幹部会議が始まると、ミッチェルの後継者であるビル・スティーヴンスが口を開いた。この会社は時間を無駄にしている。何らかの形でシェール層から大量の天然ガスがあふれ出てきたとしても、その生産コストは莫大なものになると思われ、とても割に合わない。つまり、テキサス州で土地を賃借《ちんしゃく》してシェール層を掘削しても、その賃借料に見合う価値はない。スティーヴンスはミッチェルら会社の役員に強い口調でそう主張した。

ミッチェルは、息子のトッドからも同じ言葉を聞かされていた。トッドは、この会社の役員にも名を連ねている経験豊富な地質学者だ。シェール層を掘削していれば、いつかは莫大な成果があるのかもしれないが、すでにそのためにかなりの資金を投じている。トッドは昼食の席でも、家族の集まりの場でも、父親と二人きりで会うときでも、それを繰り返し訴えた。会社は驚くほど多額の借金を重ねている。ミッチェルの個人的な負債も、不安を覚えるほどの額に達していた。

ミッチェルがシェール層の掘削に固執するあまり、会社の未来が危機に瀕しているのは間違いないようだった。

ミッチェルは幹部の疑念に辛抱強く耳を傾けていたが、そのまま何も答えることなく会議を打ち切った。幹部たちの不満は募《つの》る一方だった。

その後ミッチェルは、テキサス州のシェール層の掘削に従事している地質学者やエンジニアのもとを訪れた。そして、いずれ彼らがシェール層から大量の天然ガスを採取する方法を見つけてくれるものと信じていると告げた。

「続けてくれ。そこにあるはずなんだ」。現場の人間を鼓《こ》舞《ぶ》しようとそう言った。

だが内心では、不安はふくらむ一方だった。後に当時を回想して、「幹部たちが正しいのではないか、うまくいかないのではないかと思っていた」と述べている。

それでも、そんな懸念を幹部の誰にも伝えることはできなかった。現場で働くチームに相談できなかったのは言うまでもない。これはミッチェルの最後の勝負だった。途中で放り出すわけにはいかない。

「実際のところ、選択肢はなかった。何としてでも天然ガスを取り出さないと」。当時はそう思っていたという。

天然ガスの枯渇は、ジョージ・ミッチェルにとっても会社にとっても死活問題だった。だがミッチェルも、移民だったその両親も、それまでに数々の困難を乗り越えてきた。そんな経験をしてきたミッチェルは、人生最後の勝負でも希望を失うことはなかった。

移民の息子

ミッチェルの父、サッヴァス・パラスケヴォプロスは、ギリシャ南部のネスタニという荒涼とした山村に暮らすヤギ飼いだった。一九〇一年、二〇歳になったパラスケヴォプロスは、五人きょうだいの四番目の子どもがこんな貧しい田舎にいても、わずかばかりの遺産しか相続できないことを知った。もらえるのはせいぜい、水源から遠く離れた四分の一エーカー〔約一〇〇〇平方メートル〕ほどの土地だけだ。そのとき、何かほかのことをしようと心に決めた。

お金もなく、読み書きもできなかったパラスケヴォプロスは、八〇キロメートルもの道のりを歩き、アメリカのエリス島へ向かう貨物船が泊まる港にたどり着くと、その船で働く代わりにただで乗せてもらい、ギリシャ人数千人とともにアメリカへ渡った。英語がまるで話せなかったため下船して現地でうろうろしていると、鉄道労働者の一団につかまり、すぐさまアーカンソー州に連れていかれた。そして、その鉄道労働者とともにテキサス州へ向かう線路を敷く仕事について日々の糧《かて》を得た。アメリカの基盤を築く過酷な仕事だった。

そんなある日、鉄道労働者への給与支払いを担当するアイルランド人のマイク・ミッチェルが、苛立《いらだ》たしげな様子でパラスケヴォプロスに近づいてきた。パラスケヴォプロスという長い変わった名前を書くのが面倒なので、名前を変えろと言う。

「これからは、おれと同じ名前を使え」。そうパラスケヴォプロスに命じた。

それ以来、サッヴァス・パラスケヴォプロスはマイク・ミッチェルになった。ミッチェルはやがてテキサス州ヒューストンに着くと、そこの華やかなホテルのそばでいとこが開業していた靴磨《みが》き屋で働かせてもらった。こうして資金をためると、ガルベストンという街のバッカニア・ホテルの向かい側で、靴磨きとアイロンがけを行なう自分の店を開いた。ガルベストンはヒューストンから八〇キロメートルほど離れたところにあり、当時はギリシャ移民が急増していた。

ある朝、ミッチェルが地元のギリシャ語新聞を読んでいると、カティナ・エレフセリウという魅力的な若い女性の記事が目に入った。その記事によれば、彼女は姉と暮らすため、フロリダ州タンパに行くという。ミッチェルは女性の美しさにひかれ、その記事を切り抜くと、ジャケットのポケットにしまった。そして二年後、タンパまでの旅費をためると、ネクタイを着けてコートをはおり、エレフセリウを探しに出かけた。

タンパに知り合いは一人もいなかったが、ミッチェルはギリシャ人コミュニティのある人物と連絡をとり、やがてその女性を見つけることに成功した。だが女性はすでに、地元の男性と婚約していた。それでもミッチェルは、持ち前の魅力と粘り強さで婚約を破棄させると、同じペロポネソス半島出身のエレフセリウをガルベストンに連れ帰った。二人は一九〇五年に結婚し、四人の子どもをもうけた。その三番目の子どもが、ジョージ・フィディアス・ミッチェルである。ジョージは一九一九年に生まれ、古代ギリシャを代表する彫刻家ペイディアスにちなんでそう命名された。

ミッチェル一家は、密輸や賭博が横行する騒々しい移民地区に暮らしていた（地元の人たちはその地区を「国際連盟」と呼んでいた）[*1]。お金に余裕がなかったため、ジョージは、カモやハトを仕留めたり、ウミマスやサケを釣ったりして家計を助けた。ガルベストンにはガイドーズという由緒ある魚料理のレストランがあり、そこに魚を持っていけば、一ポンド二〇セントで買ってくれた。

生涯英語を話せなかったカティナ・ミッチェルは、新たな移民を数週間も自宅に泊めるなど、地元のギリシャ人コミュニティの世話役を務めた。だが、そのカティナも、ジョージが一三歳のときに脳卒中を起こし、四四歳で急死した。さらにその直後、マイクが自動車事故にあい、脚を複雑骨折した。当時、ジョージの姉クリスティや兄ジョニーは、一人立ちできるほどの年齢になっていたが、ジョージと妹のマリアはまだ子どもだったため、親戚にあずけられることになった。

ジョージは、小学校に通い始めるまで英語も話せなかったが、ガルベストンでは評判のいいボール高校に入学するころには、優秀な成績を収めるようになっていた。当初は、ライス大学に入学して医者になり、母の夢をかなえるつもりだった。ところが、三年生のときに熱心な先生から教わった数学の授業や、夏季休暇中に兄ジョニーとともにルイジアナ州の油田で働いた経験が、ジョージの未来を変えた。

「地図を見て発見するのがおもしろそうだった」とミッチェルは言う。だが、そのころ石油は一バレル一・二〇ドル前後でしか売れず、石油産業は厳しい時代に入りつつあった。

ジョージはテキサスA&M大学に入り、地質学を勉強するかたわら、同大学を代表するテニス選手になったが、お金に困り、授業料を払えなくなることもしばしばだった。そこで、何とかしてお金を稼ごうと、キャンパスで学生たちに菓子を転売した。「売り場をこしらえて、〝ここにお金を入れてください〟と書いた札を掲《かか》げておく。二、三〇種類のチョコレートバーを用意してね。楽しかったよ」

だがやがて、大学のアメリカンフットボール部のメンバーが、料金を払わずにチョコレートバーを持ち去るようになり、何らかの対処が必要になった。お金をもうける新たな手段を考えたほうがいいと判断したジョージは、やがて恋に悩む新入生に、金のエンボス加工を施《ほどこ》した文房具を売ることにした。大学時代最後の年には、それで一月三〇〇ドルも稼いでいたという[*2]。

その年、石油工学の教授がジョージに、印象に残るアドバイスを提供してくれた。「ハンブル・オイルで働きたいのなら、それでもいい。かっこいいシボレーを乗りまわせるようにはなれる」。ハンブル・オイルとは当時の大手石油会社だが、後にエクソンに買収されている。「だが、キャデラックを乗りまわしたいのなら、いつかは独立したほうがいい」

ジョージは一九四〇年、石油工学の学位を取得すると、ルイジアナ州のケイジャン地方にあるアモコの石油掘削現場で働き始めた。だが間もなく、アメリカが第二次世界大戦に参戦した。当初はほかの同年代の若者同様、海外で戦闘に従事するつもりだった。しかし、あまりに多くの友人が海外で戦死していくのを見るにつれ、次第に慎重になった。そこで、とりあえず陸軍工兵部隊に入隊すると、自分がヒューストン地区になくてはならない存在だと部隊指揮官に思わせようと努力を重ねた。大佐とテニスをしたり、その娘とデートしたりするなど、海外に配属されないためなら何でもした。結局、この努力は実を結んだ。何百人もの兵士の管理や作戦の立案などの軍務に携わりながら、ヒューストンなど国内各地で五年近くの従軍期間を過ごしたのである。

当時のジョージは、自分の将来よりも、異性のことや戦闘を回避することばかりを考えていた。真珠湾が攻撃されるまで二週間もないころ、テキサスA&M大学のアメリカンフットボール・チームの試合を観戦したあと、電車でヒューストンへの帰路についた。するとその電車のなかで、魅力的な若い女性シンシア・ウッズとその双子の妹パメラと出会った。姉妹は二人の学生とダブルデートの最中だったが、シンシアのほうはデート相手がすっかり酩酊《めいてい》していたためうんざりしていた。

「その男はフラスコ瓶を傾けてウイスキーを飲んでいた。彼女は怒っていたよ」とミッチェルは言う。

やがてシンシアは、妹のデート相手に、もうこの男の相手をしたくないから、どこかへ追い払ってくれと頼んだ。そこで妹のデート相手は、別の客車でポーカーゲームが行なわれているのを知っていたため、酔っぱらったシンシアの相手をそこへ連れていった。その様子を見ていたジョージは、すぐさま行動を起こしてシンシアに自己紹介し、みごと彼女の電話番号を聞き出した。ヒューストンに戻ると、ジョージとシンシアはつき合い始め、その後、パメラとあのときのデート相手と一緒に結婚式を挙げた。いわゆるダブルウェディングである。

戦後ジョージは、ヒューストンの会社で石油や天然ガスの掘削プロジェクトを担当し、産出量の多い油井《ゆせい》を見つけるのがうまいと地域で高い評判を得るようになった。こうして成功を重ねると、やがてジョージと兄のジョニーは、「山師」としていちかばちか運試しをしてみたいと思うようになった。つまり、破産の危険を冒してでも、自らの手で石油や天然ガスを掘り当てようという、いわば現代の宝探しである。それに成功すれば、あの教授が言っていたようにキャデラックを乗りまわせる。

一九四六年、ミッチェル兄弟は多大な期待を胸に、もう一人のパートナーとともに会社を設立した。独創性のかけらもない「オイル・ドリリング（石油掘削）」という名称の会社である。事務所は、ヒューストンの繁華街にあるエスパーソン・ビルに置いた。

だが問題はすぐに発生した。ジョージとジョニーは、地元の図書館から検層《けんそう》記録の貸出を受ける際に支払わなければならない手数料さえ用意できなかった。地下層を詳細に記録した検層記録は、石油や天然ガスの探査には欠かせない。そこでジョージは、ある地元の企業に頼み込んで、この記録を見せてもらうことにした。ただし借りられるのは、その会社が仕事を終えた時間から、翌日仕事を始める午前八時までの間だけだ。

熟練の地質学者だったジョージは、毎晩午前二時過ぎまでかけて検層記録をじっくり調べ、石油や天然ガスが埋蔵されていそうな場所を探した。ジョージが有望だと思える土地を見つけると、弟より社交的で快活なジョニーの出番となった。ジョニーは資金集めに奔走《ほんそう》し、事務所のあるビルのドラッグストア、繁華街の有名なたまり場、朝食を提供している店などに集まる石油・天然ガス事業の後援者たちに声をかけた。十分な資金がなければ、油井の掘削など始められない。

ジョニーは間もなく、ヒューストンやガルベストンのユダヤ人実業家数名と親しくなった。そのなかには、余剰資金の投資先を探していた大手スーパーマーケット・チェーンのオーナー、ワインガーテン兄弟もいる。こうした投資家たちは、自分たちに代わって油田やガス田を探してくれるミッチェル兄弟に、一月五〇ドルの給与を支払うこと、また掘削する油井ごとにおよそ三二分の一の権益を提供することに同意した。やがて何度か油田やガス田の発見に成功すると、ほかの投資家も進んでミッチェル兄弟に資金を提供するようになった。

「私たちが石油を見つけたと評判になると、向こうから寄ってきた。裕福なユダヤ人一家はみな、石油や天然ガスに進んでお金を賭けた」とミッチェルは言う。

第二次世界大戦後のテキサス州には独立して掘削する山師たちが殺到し、激しい競争が繰り広げられていたが、それでもミッチェル兄弟はみごとな実績を重ねた。投資家たちは、それによりかなりの利益をあげていたが、それでも満足せず、あまりに失敗が続くようなら支援をやめると脅しては、ミッチェル兄弟に発破《はっぱ》をかけた。

ある日、ジョージがガルベストンの投資家ウィル・ジンに、期待をかけていた掘削場所から石油ではなく海水が出てきたと告げると、ジンはこう言い返したという。「おい、海水なんてガルベストンにいくらでもある。（中略）そんなもののためにお金を使うつもりはない」[*3]

「五回続けて失敗したら、投資家は離れていく」とミッチェルは言う。

そんな状況を避けるため、ジョージは常に、きわめて有望と思われる場所を一つ予備にとっておき、失敗が続いたときにはそこを掘削することで、投資家をつなぎとめていた。

間もなく、アメリカ全土から資金が集まるようになった。こうした支援者のなかには、ガルベストンの賭博業界を牛耳る組織犯罪のボス、サム・マセオもいた。また、証券会社E・F・ハットンの創業者の娘で、大手スーパーマーケット・チェーン《ウールワース》の相続人としても有名なバーバラ・ハットンもいた（ハットンは、俳優のケイリー・グラントをはじめ、七人の男性と次々に結婚して話題になった。ミッチェルの掘削の成功により彼女も利益をあげたが、アルコールやドラッグ、無数のプレイボーイに財産を浪費し、死ぬころにはほとんど一文なしになっていたという）。

なかでも重要な投資家だったのが、ロバート・E・スミスだ。自分でもエネルギー会社を経営しており、不動産にも投資していた、ヒューストンでは有名な人物である。スミスは若いころ、軍に入隊しようとしたが募兵官《ぼへいかん》から入隊を拒否された。狩猟事故により、右手の指を二本失っていたからだ。

するとスミスは、募兵官にこう告げた。「引き金を引く指はまだある。この集団のなかでいちばん屈強な男を連れてこい。あんたの目の前で叩《たた》きのめしてやる」。すると募兵官は、即座にこの男の入隊を認めた。[*4]

除隊後、スミスは大手石油会社を二度解雇された。いずれも同僚をなぐったことが原因である。高卒の学歴しかなかったため、山師になろうと決心すると、この地域で次々に掘削を行ない、多大な成功を収めた。後には、プロ野球チームのアストロズのヒューストン誘致にも参加している。

スミスは、ミッチェルの一部の油井について二五パーセントの権益を取得することを条件に、出費に同意した。ミッチェル兄弟はこの契約により、それまでの財政難をかなり軽減できたが、まるで予想していなかった別種のストレスを味わうことになった。

「スミスはやたらと電話をかけてきて、あれこれわめきたてるんだ。投資してくれて助かったけどね」とミッチェルは言う。

やがてミッチェル兄弟は、テキサス州だけでなく、ルイジアナ州やニューメキシコ州でも掘削を行なうようになり、油井ごとの自分たちの権益を増やすよう要求するまでになった。二人の会社の名称には「オイル」とあるだけだが、兄弟は天然ガスも探していた。天然ガスはいわば、エネルギー一家における石油のみすぼらしい継子《ままこ》といった存在だ。正確に言えば、植物や動物の遺骸《いがい》が圧縮されて生まれた軽質炭化水素である〔炭化水素は、炭素と水素からなる化合物の総称〕。温度を下げれば液体になり、多少扱いやすくなるが、二〇世紀後半になるまでは、原油の無駄な副産物としか見なされていなかった。原油のほうが、貯蔵も輸送もはるかに容易だからだ。

石油は重質炭化水素から成り、液体として形成される。この液体という形状のおかげで、自動車やジェットエンジンの動力など、さまざまな用途に利用できる。石油が天然ガスより人気を博した主な理由はそこにある（それでも天然ガスには、家庭での調理や暖房など、独自の用途がある）。

そのため一九五〇年代前半の当時、天然ガスは一〇〇〇立方フィート〔約二八立方メートル〕あたり七セント前後でしか売れなかった。これほどの低価格のため、大半の大手エネルギー企業は天然ガスを無視し、石油を掘削しているときに出てきた場合は、不要物として焼却していた。家庭や発電所や企業に天然ガスを簡単に送れる巨大輸送システムが構築され、需要が高まるのは後の話である。

だがミッチェル兄弟はこう考えた。コストさえ低く抑《おさ》えれば、天然ガスでも利益をあげられる。それに、アメリカの石油化学産業が発展すれば、天然ガス市場も拡大するに違いない。そして何より、ライバル企業は石油にばかり目を向けているため、競合企業が少ない。

「大手は天然ガスなんて気にもしていなかった。望んでいたのは石油だけだ」とミッチェルは言う。

容姿端麗《たんれい》で身なりもよく、華やかな雰囲気を漂《ただよ》わせたジョニーは、エビ茶色の一九四六年型フォードを乗りまわし、ヒューストンのあちこちに出かけては投資家と交渉を重ねた。当時のニュース記事によると、狩猟・探検用の半ズボンにヘルメットといった姿で街中を歩きまわることもあったという。後には、『ジョニー・ミッチェル大尉の秘かな戦い——テキサス一華やかな石油業者のたくましき戦時回想録』という金目当ての通俗本を執筆している（この本には、ジョニーの戦時中の性の遍歴がややぎこちない文体でつづられている。たとえば、こんな感じである。「アイスランドに美しい女性がいないことはない。実際、とびきり美しい女性もいた。現地の女性たちは、魚と引き換えにイギリスから輸入したウールのドレスをまとっている」）。

一九五〇年代からテキサス州でエネルギー事業への投資や掘削を始めたT・ブーン・ピケンスは、こう証言している。「ジョニーは宣伝がうまかった。積極的に動きまわり、実際に取引をまとめていた」

一方ジョージは、背は高かったものの頭がはげかかっており、兄より内向的で気性が激しく、ガス田の発見や掘削ばかりに精力を注いでいた。結婚してすでに子どももいたが、従業員の話によると、つつましい家に暮らしていたという。あの大学教授が言っていたように、ときには古いタイプのピンクのキャデラックを乗りまわすこともあったが、自分の家庭同様、会社の支出にも常に目を光らせていた。

これほど性格が違うため、兄弟でけんかをすることもあった。ある日、ジョージがポケットの破れたスーツを着て仕事仲間のオフィスを訪れると、やはりその仲間に会いに来ていたジョニーと鉢合《はち》わせした。

ジョニーは弟の姿を見て言った。「ジョージ、ひどい身なりだな。新しいスーツや服を買えよ」

するとジョージはすかさず言い返した。「兄貴に貸してる金を返してくれたら、新しい服でも何でも買うよ」

一九五二年のある日、シカゴののみ屋が、ミッチェル兄弟の投資家の一人ルイス・プラスキに、テキサス州北中部のフォートワース近くに有望なガス田があるとの情報を伝えた。こののみ屋はエネルギーに関してはまったくの素人で、ふだんはヒューストンで解体業を営むプラスキらを相手にのみ行為をしているだけだ。しかし、掘削事業の関係者と話をしているうちに、ワイズ郡のヒューズ農場を中心とする三〇〇〇エーカー〔約一二平方キロメートル〕ほどの土地が有望だという予感がしたのだという。プラスキは有力情報をつかんだと思い、すぐにジョージに電話を入れ、その土地について調べるようせきたてた。

だがジョージは疑念を抱いた。それは、一三〇〇キロメートルも離れたところにいる競馬ののみ屋の情報だったからだけではない。のみ屋やプラスキが興奮気味に伝えたその土地は、すでに地元の人間が念入りに調査しており、業界のベテランの間で「山師の墓場」という忌々《いまいま》しい別名で呼ばれていた。

そこでジョージはこう答えた。「どうかな、将軍。そこは長年たらいまわしにされてきた場所なんだ」。ジョージは、アメリカ独立戦争の際にジョージ・ワシントンの命を救った英雄カジミール・プラスキ将軍にちなみ、プラスキを「将軍」と呼んでいた。

「あまり見込みはないよ」

それでもプラスキはあきらめなかった。そのためジョージはその場所の調査を約束し、大学時代に知り合った掘削請負業者のエリソン・マイルズや、その地域を調査してきた地質学者の手を借りて検討してみた。その結果、ジョージも乗り気になり、その地域を掘削してみることにした。

最初の掘削は成功した。次の掘削も成功した。その後の七回の掘削もすべて成功だった。ジョージは「層位トラップ」を探り当てたのだ。層位トラップとは、地下にある天然ガスの巨大な貯留層のことである。結局、のみ屋がつかんだ情報は正しかったのだ。

この発見を最大限利用するため、ジョージの会社はわずか九〇日の間にこの地域の土地三〇万エーカー〔約一二〇〇平方キロメートル〕を取得した。一エーカー〔約四〇〇〇平方メートル〕につき三ドルの価格で、会社や投資家の資金がなくなるまで土地を買い続けたのだ。「石油メジャー」と呼ばれる大手石油企業は、この土地は天然ガスしか出ないため、価値がないと見なしていた。だがジョージは、それでも利益を出せると確信していた。シカゴ周辺など一部の大市場では、ガスの需要が増えつつある。確かに天然ガスは安く、一〇〇〇立方フィートで一〇セントにもならない。二〇一三年の価値に換算すれば、およそ七〇セントである。だがジョージは、その価格でも十分に利益をあげられると考えていた。

フラッキング

ジョージ・ミッチェルは、ワイズ郡のさまざまな岩石層を掘削した。そのなかには、圧縮されて緻密化《ちみつか》したと思われる礫岩質《れきがんしつ》の堆積層《たいせきそう》もあった。このような層は、岩石のなかの細かい穴（細孔《さいこう》）がつぶれているため、そこに含まれる天然ガスを採取するのが難しい。このように岩石の透過《とうか》性《せい》が低い〔ガスや原油が流れ出てきにくい〕ことも、大手石油企業がこの土地を敬遠する理由の一つだった。

だがミッチェルは、石油工学の論文を読んで知っていた比較的新しい掘削技術を試してみることもいとわなかった。その技術を使えば、この緻密な岩石をほぐし、なかの天然ガスを採取することも可能になるかもしれない。油井やガス井《せい》の産出を促すこの技術は、水圧破砕法(「フラッキング」)と呼ばれていた。さまざまな液体をぶつけて岩石に亀裂を入れ、そのなかに閉じ込められている原油や天然ガスを流出させる手法である。

(フラッキングはもともと「fraccing」とつづられていたが、数年後には「c」が「k」に変わり、「fracking」というつづりで一般メディアに取り上げられるようになった。業界関係者は当初、この言葉を嫌っていた。その音が「fucking」という汚い言葉を連想させるうえ、味方の兵士を攻撃する行為を意味する「fragging」にも、やはり否定的な意味合いを持つ「hacking」にも似ているからだ。エネルギー業界のベテランたちの話によれば、「フラッキング」という言葉は、この業界に偏見を持つ人がつくったのだという。実際この言葉は、一九七〇年代後半のSFテレビドラマ『宇宙空母ギャラクティカ』で初めて登場したが、そこでは汚い言葉の代替語として使われている)

岩石に亀裂を入れて原油や天然ガスを採取する方法は、一八六〇年代にエドワード・A・L・ロバーツが開発した。ロバーツは南北戦争の際、北軍の中佐としてフレデリックスバーグの戦いに参加した。その戦闘のさなかに、迫撃砲《はくげきほう》が狭い水路に落ちると水柱《みずばしら》が空高く立ち上がることに気づき、このアイデアをひらめいたという。

それまでは、頑強な岩石層から原油を採取する際には、黒色火薬を使った爆発物を利用していたが、この方法では思いどおりにいかない場合が多かった。ジョン・ウィルクス・ブースはかつて、自分たちの会社が所有するペンシルベニア州の油井の出をよくしようとして黒色火薬を使い、誤って油井を破壊してしまった。それにより石油事業をあきらめざるを得なくなったうえ、南北戦争で南軍が負けた。怒りを募《つの》らせたブースは、ロバート・E・リー将軍が降伏を宣言した数日後、エイブラハム・リンカーン大統領を射殺することになる。

ロバーツは終戦後に故郷に帰ると、ニトログリセリンを使った爆破カプセルを坑井《こうせい》に投下する雷管《らいかん》システム〔発火装置〕を開発した。このカプセルは、爆発の力を、穴の外ではなく側面に向ける。そのため、以前の方法よりもはるかに効果的に、穴の周囲の岩石層に亀裂を入れ、採取する原油を増やすことができる。

当時のアメリカは、一八五九年にペンシルベニア州タイタスビルで石油が発見されたのを機に石油産業が誕生してから、まだ一〇年ほどしかたっておらず、ロバーツの発明を積極的に採用した。ロバーツは、掘削業者がこの雷管システムを使用するごとに二〇〇ドルを受け取り、それにより原油の産出量が増えれば、さらにその利益の一五分の一を受け取った。この料金があまりに高かったため、やがて闇市場が生まれ、夜陰《やいん》に乗《じょう》じてロバーツの雷管システムを利用する事態が横行した。この星空のもとで秘密裏に行なわれる掘削は「ムーンライティング（夜襲）」と呼ばれ、間もなくアメリカの辞書にも掲載されるようになった。

一九三〇年代になると、掘削業者が銃弾で岩盤に亀裂を入れる試みを始めた（いまでも行なっている業者がある）。やがて、二メートル近い機関銃を地下で掃射するのが、油井の側面に穴を開けて原油を採取する一般的な方法になった。一九五〇年代には、スイスの技師ヘンリー・モハウプトがアメリカ陸軍の秘密プロジェクトの一環として開発したバズーカ砲の砲弾も、油井でよく使われるようになった。アメリカやソ連では、圧縮された岩石のなかから原油や天然ガスを採取しようと、核爆発装置を利用したこともあるが、当然そのような方法が人気を博することはなかった。

高圧の液体を使用して亀裂を入れる技術は、かつてのスタンダード・オイル・オブ・インディアナ（現アモコ）が一九四七年、カンザス州グラント郡地下の岩石層で初めて採用した。もう少し前からこの技術が採用されていたという研究者もいる。

だが一九五〇年代前半、ジョージ・ミッチェルがテキサス州ワイズ郡の圧縮された岩石層に取り組んでいたころには、多くのライバル企業がフラッキングに難色を示すようになっていた。それは、フラッキングに関する何らかの論争があったからではない。当時は、それが環境破壊につながるかもしれないことに、ほとんどの人が気づいていなかった。

企業がフラッキングを避けていたのは、費用も時間もかかるからだ。企業は従来の方法を好んだ。従来の方法とは、地中に閉じ込められた原油や天然ガスのたまり場に向けて、ストローを刺すように坑井《こうせい》を掘削する手法である。そうすれば、フラッキング（水圧破砕法）のように「人為的な刺激」を与えなくても、原油や天然ガスを採取できる。数十年にわたり天然ガスの価格が低迷していたため、企業はコスト削減ばかりを模索するようになっていた。とてもフラッキングへの支出を増やせる状況ではない。

新技術をいち早く

だが、ミッチェルには失うものなどほとんどなかった。そこで、ただテキサス州の土地から原油や天然ガスを採取できればいいと思い、フラッキングを試してみた。わずかな刺激さえあればあふれ出す貯留層に刺激を与えるには、フラッキングがちょうどいいのではないかと思ったのだ。調子が悪くなった古いテレビを叩くのと同じ要領である。結果的には、それが功を奏した。一九五〇年代後半には、ワイズ郡のガス田は同社の最重要拠点になった。

ミッチェルは、アメリカで初めてフラッキングを行なったわけではない。ただし、それを採用するのがきわめて早かった。「大手はフラッキングなど眼中になく、手を出そうともしなかった。だが私はそれを、新たなテクノロジーだと思った」とミッチェルは言う。

やがてジョニーがほかの事業に関心を寄せるようになると、会社におけるジョージの支配権は増した。するとジョージは、天然ガスの価格が上昇すると見込み、土地の取得を積極的に進めた。だが、天然ガスの価格は依然として低いままで、会社は資金繰りに窮《きゅう》することが多くなり、長期にわたり掘削を控えざるを得なくなった。

ミッチェルに土地を賃貸《ちんたい》し、定期的にロイヤルティを受け取ることを期待していた土地所有者のなかには、こうした事態に苛立《いらだ》ちを覚える者もいた。一九五六年、不満を訴える地権者が増えたため、ミッチェルは公の場でこの不満に対処することにした。郡民すべてをバーベキューパーティに招待し、住民三〇〇〇人を前に、間もなく数百万ドルをかけて掘削を始める予定なので、もう少しだけ我慢してほしいと述べたのだ。大半の住民は、この約束に満足してパーティ会場をあとにした。[*5]

ところが、一九五七年にエネルギーの価格が下落すると、さらに問題は悪化した。会社はライバル企業とも闘わなければならなかったうえ、この地域からの天然ガスの輸送にも問題を抱えていたのに、支出は増えるばかりだった。ニューヨーク市出身で、ハーバード大学経営大学院を卒業していた上級幹部のB・F・クラーク（通称「バッド」）によれば、当時は不安で仕方がなかったという。幹部クラスのプレッシャーは日増しに高まる一方だった。スタッフはもはや、合議により決定をまとめることができなくなり、決定を無理強いすることが多くなった。オフィスでも廊下でも、あちこちで怒号が飛び交った。

事態が悪化すると、会社の広報を担当していたジョイス・ゲイは、ミッチェルのオフィスのドアのまわりに防音テープを貼り、部外者に怒号が聞こえないようにした。ゲイは当時を回想してこう述べている。「ジョージとバッドはよく廊下で怒鳴り合っていた。バッドが汚い言葉を吐くと、ジョージが相手をオフィスに引っ張り込んでドアを閉めるの。あの人たちは、これはデシベル経営だとジョークを言っていた。（中略）怒鳴ったりわめいたりするのが、あの人たちの経営スタイルだったというわけ」

ゲイはこんな証言もしている。ある日、重要な会議のさなかに、ヒューストンの大手法律事務所ヴィンソン＆エルキンスでこの会社の主任弁護士を務めていた男が、ミッチェルのオフィスを離れ、近くのゲイのオフィスに逃げてきてこう言った。「けんかが終わるまで戻らない」

それから一〇分ほどの間、ミッチェルもほかの幹部も、弁護士がいなくなったことに気づかなかったという。

だがこの苦境も、アメリカ天然ガス・パイプライン社がパイプラインを建設するまでのことだった。このパイプラインにより、テキサス州の北中部地域からオクラホマ州を経由して、テキサス州の北西端まで天然ガスを送ることが可能になった。そこまで運べば、シカゴまで送ることもできる。このパイプライン会社は、ミッチェルの会社から天然ガスを購入する二〇年契約を結んだ。その価格は、一〇〇〇立方フィートあたり一三セントと市場価格よりやや高かった（この契約は一九七七年に更新されている）。

この契約により会社は救われた。同社はそれから数年にわたり、シカゴの天然ガス需要の一〇パーセントに相当する量を供給した。また、さらにフラッキング技術を改良してより大きなガス田で成功を収めたほか、エネルギー省の財政支援制度の恩恵を受けることもできた。高価なフラッキング作業のコストを国と企業で折半し、それぞれが一〇〇万ドルずつ出し合う制度である。

この数年の間に、ミッチェルは少額出資者のほとんどの権益を買い取っていた。たいていの出資者は、多額の負債やキャッシュフローの問題を懸念し、喜んで売ってくれた。実際にこうした懸念があったことは、一九六〇年代のある日、会社の地質学者ハワード・キアッタが地図を買おうとしたときのエピソードを見ればわかる。

キアッタが販売員に「請求書を送ってくれ。会社で払うから」と言うと、販売員はこう返した。

「いえ、ジョージ・ミッチェルの会社の方でしょう? 先にお客様のほうから小切手をお送りください。その小切手を現金化できたら、地図をお送りします」

「どうして?」

「あのミッチェルさんが勘定を払ってくださらないからです」

ミッチェルは、会社のささいな決定にさえかかわろうとして従業員をいらいらさせた。ミッチェル・エナジーの土地取得を担当する上級副社長ジャック・ヨヴァノヴィチは、こう述べている。「ジョージは週に三、四回、多いときには一日に二回もやって来て、あらゆる土地の取得に口をはさんできた。たとえば、会社が一〇分の一エーカーとか一〇分の二エーカー〔それぞれおよそ四〇〇平方メートル、八一〇平方メートル〕にも満たない土地を賃借《ちんしゃく》しようとしているとしよう。そんな土地についてもジョージは、そこで何をするつもりなのか、それをどう行なうつもりなのか、なぜそうするのか、といったことを根掘り葉掘り聞いてくるんだ。私も部下もそれにひどく苛《いら》ついた」

ある日、ヨヴァノヴィチはミッチェルに言った。「なあジョージ、もう放っておいてくれないか」。そして週一回書面で詳細な業務報告を提出すると約束すると、ミッチェルはようやく従業員を煩《わずら》わせるのをやめた。

オイルショックに救われる

一九七二年、社名をミッチェル・エナジーに改めて株式公開すると、のどから手がでるほど欲しかった現金が入ってきた(それでもミッチェルは、議決権株式の七〇パーセントを保有していた)。一九七三年にオイルショックが起きるとエネルギー価格が急騰し、ミッチェル・エナジーの株価も上昇した。

こうして一九七〇年代後半には、ミッチェルの生活も落ち着き、怒号やわめき声もやや少なくなった。当時は、天然ガス産業にとって実りの多い時期で、価格が急上昇するに伴い、会社の収益も増えていった。★

★そのころ、このミッチェルとは何の関係もない同姓同名のジョージ・ミッチェルがメイン州選出上院議員になり、輝かしい経歴をスタートさせている。

このころになると、ミッチェルは一〇人の子持ちになっていた。この子どもたちは、しじゅう会社でのユーモアや話題の種になった。ミッチェル・エナジーで部長を務めていたシャケル・カヤットは、ある日ミッチェルのオフィスに入ると、壁に子どもの写真が一〇枚飾ってあることに気づいた。

カヤットは言った。「ジョージ、なかなかおもしろい趣向だね。子どもの写真を何年かおきに撮って飾るなんて」

ミッチェルは尋ねた。「どういう意味？」

「これは幼いときの写真で、これはそれから五年後ぐらいの写真だろ？」

「よく見てくれよ。みんな違う子だ」[*6]

家族が多くなって困ることもあった。ミッチェルは言う。「家族全員で旅行に行くときには、短い旅行でも、子どもたちの点呼をとっていたよ。人混みのなかに置き去りにすることのないようにね」

後にミッチェルはこう打ち明けている。自分も子どもは好きだが、これほど家族が増えたのは、熱心なカトリック信者だった妻シンシアのせいだ、と（ミッチェル自身は、プロテスタントの米国聖公会の信者だった）。三人の娘と一人の息子をもうけた後、「妻は、もう一人女の子が欲しいとずっと言っていた」が、それから六人男の子が続いたため、「もうあきらめることにした」のだという。

ミッチェルの態度が落ち着くと、仕事に情熱を注ぐこの創業者に、従業員たちは深い敬意を抱くようになった。ミッチェルは本社の廊下を歩きまわり、さまざまな部局に顔をのぞかせては、いま何をしているのか、自分に手伝えることはないかと尋ねた。天然ガスの価格が上がり、ミッチェルも上機嫌だったため、いまでは従業員たちも、会社のボスがオフィスにいきなり現れるのを喜ぶようになっていた。

ミッチェルはチェックのズボンやジャケットを好んで着用し、まるで中古車のセールスマンのようだった。見かけにこだわることなく、献身的に会社に尽くす姿は、従業員たちの労働意欲を高めた。

上級幹部のクラークは言う。「ジョージは派手なことを一切しなかった。仕事、テニス、仕事、テニス、仕事、テニスという毎日だった」[*7]

環境問題、再生可能エネルギー、持続可能性への傾倒

ミッチェルはやがて、この業界の成功者にしては珍しい思想を抱くようになった。数年前に出会った、未来学者で環境活動家でもあるR・バックミンスター・フラーの思想に影響を受けたのだ。フラーは、人類の持続可能性は危機に瀕《ひん》しており、人間社会を存続させるためには、太陽光や風力など再生可能エネルギーに目を向けるべきだと考えていた。ミッチェルは、化石燃料だけでなく、それに代わるエネルギーを追求しなければならないと確信し、さまざまな会議にフラーを招待した。

「彼の言うことが理解できるまでに三、四日かかったが、そのおかげで、いずれこの社会を維持できなくなることがわかった」

さらに一九七〇年代には、デニス・メドウズ〔著書に『成長の限界』（邦訳はダイヤモンド社刊、一九七二年）など〕の著作にも影響を受けた。増加する人口が限りある資源に及ぼす影響を和《やわ》らげるため、世界的な成長の抑制を主張していた科学者である。その結果、持続可能なエネルギー源や食料源の利用を支持するようになった。

間もなくミッチェルは、ヒューストンなどの都市が衰退するのを防ぐ取り組みを始めた。そのために、ブルックリンのベッドフォード＝スタイベサントやロサンゼルスのワッツ地区など、問題を抱えた地域を視察したりもした。当時のインタビューでこう述べている。「アメリカの都市はすべて危うい状況にある。恵まれない人々が集まり、中流階級の白人が郊外に居を移した結果、どの都市も崩壊しつつある」

また、ヒューストンの繁華街から四〇キロメートルほど北の場所に、一万五〇〇〇エーカー〔約六一平方キロメートル〕もの土地を会社で購入し、環境や持続可能性に関する進歩的な見解を取り入れた計画的な都市の建設を始めた。当時は、夜に自宅で子どもたちと精巧な電車のジオラマで遊びながら、新たな都市の森林部分を設計していたらしい。[*8]

だが会社を支援する銀行家たちは、そんなプロジェクトは単なる気晴らしでしかなく、資金を失うだけだと猛反対し、このプロジェクトへの一〇〇〇万ドルの融資を拒否した。しかしミッチェルはあきらめることなく、会社の資金を流用して、さまざまな所得階層の人々が暮らせる「ウッドランズ」の建設を進めた。

この新たな街では、背の高い木々を植え、よどみなく流れる水路をつくるとともに、看板を禁止にした。また、自然な景観が生まれるように、水路には松を並べ、住民には草を刈らせないことにした。

相変わらず不満を述べる投資家や銀行家はいたが、ウッドランズは一九七四年にオープンし、そこがミッチェル・エナジーの本社になった。この街には七面鳥まで放たれたものの、ある従業員が誘惑に抗しきれずに一羽を射殺してしまい、ミッチェルは失望を禁じえなかったという。

ガス田の枯渇

だが一九七〇年代後半、ミッチェルはこうした都市開発や七面鳥よりはるかに深刻な問題に直面していた。会社の生命線となっていたワイズ郡のガス田が、間もなく枯渇しようとしていた。専門家が、あと一〇年もすれば天然ガスの産出は著《いちじる》しく減少すると警告したのだ。

ミッチェル・エナジーは、パイプラインを通じて毎日一億立方フィート〔約二八〇万立方メートル〕の天然ガスをシカゴに供給する契約を交わしていた。だが、今後この義務をどう果たしていけばいいのか、新たなガス田をどこで見つければいいのかがわからず、途方に暮れた。

「以前のような勢いがないのは見ればわかる。ガスの流れが弱くなっているのはわかっていた。あと数年で窮地に陥ることもね」とミッチェルは言う。

一九八〇年代半ばには、石油や天然ガスの価格が低迷するなか、テキサス州の不動産でも失敗を重ね、さらにプレッシャーが高まった。天然ガスの需要は、石炭や原子力の需要を下まわりつつあった。

ミッチェルやそのスタッフは数年前から、ワイズ郡のガス田の枯渇を危惧し、アメリカ全土で新たなガス田を探していた。だが、その努力はおおむね無残な失敗に終わった。たとえば一九七〇年代には、オハイオ州からペンシルベニア州、ニューヨーク州にかけて広がるクリントンと呼ばれる砂岩層《さがんそう》を調査し、その地域で大量の天然ガスを発見した。そこはエネルギー需要の高い東海岸に近いため、幹部たちは大喜びした。

だが、深部盆地ガスと呼ばれるその地域の天然ガスは、一般的な貯留層よりも低い位置にあるうえ、堅い岩盤に閉じ込められているため、採取が難しかった。スタッフはフラッキングに熟達していたが、その努力も無駄に終わった。

土地取得を担当していたジャック・ヨヴァノヴィチは言う。「その地域についてはかなりの時間をかけたが、重大な成果は何一つ生まれなかった」

ロッキー山脈の有望な土地も、やはり期待外れに終わった。そのほか、カリフォルニア州ウィッティアやニューメキシコ州でも調査を行なったが、そのたびに何の成果もなくテキサス州に舞い戻るだけだった。

そんな一九八一年のある日、窮地《きゅうち》を脱する方法を模索していたミッチェルは、自社のベテラン地質学者ジム・ヘンリーが地質学誌に提出する研究論文を目にした。会社のことは何でも知っていないと気がすまないミッチェルは、従業員が専門誌に提出する論文は必ず見せるよう命じていたため、ヘンリーの論文も一足先に読むことができたのだ。それは、ミッチェル・エナジーが取得していたワイズ郡の土地の地下深くで発見された分厚いシェール層に関する論文だった。

地下の岩石層は、パンケーキのようにさまざまな層が積み重なっているが、シェール層は、そのなかでもかなり深いところにある。テキサス州にあるこの岩石層は、二〇世紀の初めごろからバーネット・シェールと呼ばれている。当時その地域を調査していた地質学者が、小川の近くに、有機物〔炭素(C)を含む化合物〕を豊富に含んだ堅く黒い岩石層が露出しているのを見つけ、そばにあったバーネット湧水地《ゆうすいち》にちなんでそう命名した（バーネット湧水地の名称は、テキサス州サンサバ郡の農場経営者ジョン・W・バーネットに由来する）。このシェール層の大半は地表から一・五キロメートル以上離れた地中にあり、フォートワース市を含め、テキサス州北部のかなりの面積にわたり広がっている。

ミッチェル・エナジーのスタッフは、もっと深部にある堆積岩層《たいせきがんそう》まで掘り進める途中で、このバーネット・シェールを通過したことが何度かあった。その際、ドリルビットがシェール層を掘り進めていくと、突然ガスが噴き出すなど、そこにかなりの量の天然ガスが含まれているらしい兆候がよく見られた。だがミッチェルも部下も、当時はほかの掘削業者同様にそれを無視した。シェール層はきわめて緻密なうえ、地表からかなり深いところにある。そこから天然ガスを採取するのは、あまりに難しいと思ったからだ。

掘削業者は以前から、シェール層に天然ガスが含まれていそうな場合でさえ、そこを狙《ねら》っても無駄だと考えていた。

実際、一九七六年には、エネルギー省の東部天然ガス・シェールプロジェクトにより、アパラチア盆地〔北はニューヨーク州から南はアラバマ州にまで至る広大なアパラチア地域に広がる、大きな盆地〕、イリノイ盆地、ミシガン盆地のシェール層にかなりの量の天然ガスがあると判断された。この研究により、シェール層に関心を寄せる動きもあったが、結局は、そこからガスを採取するのはあまりにコストがかかりすぎるとして、開発は見送られた。

それに、それらの地層はアメリカの東部地域にあり、テキサス州から遠く離れているため、バーネット・シェールとはほとんど関係がなかった。そのため一九八〇年当時の掘削チームは、バーネット・シェールを単なる指標としか見ていなかった。もっと有望な石炭紀ミシシッピアン亜紀の地層がそばにあることを示す指標である。このシェール層に注意を向けるそれ以上の理由があるとは思えなかった。

ジム・ヘンリーの論文は、バーネット・シェールを詳細に調べ、そこに原油や天然ガスが豊富に含まれている可能性を初めて示唆《しさ》するものだった。ヘンリーは、業界から軽視されてきたバーネット・シェールに高い価値を見出したこの論文を自慢に思っていた。だがその本人でさえ、この調査結果に小躍りして、この地域の掘削を始めるよう上司に進言しようとはしなかった。

「バーネットの原油や天然ガスについて述べてはいるが、早速出かけていって掘削しようなどと言うつもりはなかった」とヘンリーは言う。

ところが、新たなガス田を見つけようと必死だったミッチェルは、ヘンリーから警告があったにもかかわらず、そこに希望を見出した。すでに会社が取得しているこのシェール層から何とかして天然ガスを採取できれば、あらゆる問題が解決するかもしれない。

それは単なる直感でしかなかったが、考えうる最良の選択肢だった。ミッチェル・エナジーはすでに、この地域の天然ガスを収集・処理するインフラの建設に多額の資金を投じている。それに、ワイズ郡におよそ四〇万エーカー〔約一六〇〇平方キロメートル〕に及ぶ土地を所有している。それなら、その地下深くにあるこの岩石層から天然ガスを採取できるかどうか確かめるぐらいはしてみてもいいのではないか。ミッチェルはそう判断した。

「バーネットには大きな断層がたくさんあるから、うまくいくかもしれないと思った。地殻《ちかく》が何度も動いているから、そういうところからガスをうまく採取できるんじゃないかとね。当時は、バーネット以上にガスを採取できる可能性のある場所はなかった」

ミッチェルは改めてシェール層に目を向けた。確かに、この岩石層にわずかな可能性があることを、業界の誰も気づいていなかったわけではない。だが大半の専門家は、シェール層の掘削に否定的だった。業界ではシェール層は「見かけ倒し」と見なされ、そんなところを掘削するのは時間の無駄であり、もっと有望な岩石層を探したほうがいいと考えられていた。

原油や天然ガスは「貯留層」にあると言われるが、最初から地下のプールのようなところにたまっているわけではない。それらはもともと、さまざまな岩盤のなかに閉じ込められており、岩のなかにできたすき間（孔隙《こうげき》）に隠れている。「石油」を意味する「petroleum」が、ラテン語で「岩」を意味する「petra」と、「油」を意味する「oleum」から成るのはそのためだ。掘削業者は当初、地表に近い岩石層にある原油や天然ガスばかりに目をつけた。だが一九八〇年代になるころには、地表近くの層で大規模な油田やガス田を見つけるのが難しくなった。だからこそミッチェルは、もっと地下深くにあるシェール層を掘削するというアイデアに興味をそそられたのだ。

シェール層にある原油や天然ガスも、ほかの層にあるそれらと同じように、数億年前に大海に生息していたプランクトンや藻類《そうるい》などの遺骸《いがい》や排泄物《はいせつぶつ》が蓄積することにより形成されている。そのため、原油や天然ガスは一般的に「化石燃料」と呼ばれる。

有機物を豊富に含んだ物質は、時がたつにつれてさまざまな堆積層《たいせきそう》に蓄積し、さらにその上に新たな層が形成されると、圧縮されて固化していく。こうしてパンケーキのような地層ができあがる。

こうした有機物質は、地下の強い熱や圧力にさらされると、原油になる。地下深くでさらに強い熱を加えられると、小さな気泡に包まれた無臭の天然ガスになる。この加熱プロセスを通じて、多くの原油や天然ガスが地表へ向け、上へ上へと移動していく（スープの上に油が浮いているのと同じ理屈である）。だが、やがて上層にある岩石層に移動を阻《はば》まれてそこにたまり、貯留層となる。

業界関係者は、以前からシェール層を「根源岩《こんげんがん》〔source rock《ソース・ロック》〕」と呼んでいた。その岩石層が、地表近くで見つかる原油や天然ガスの貯留層をつくる源《ソース》だと知っていたからだ。料理がキッチンで調理され、ダイニングルームに運ばれてくるように、原油や天然ガスも、シェール層で何千年もかけて「調理」され、地表近くの貯留層へゆっくりと運ばれていくのである。

だがシェール層には、まだ多くの原油や天然ガスが閉じ込められたまま残っている。実際、この圧縮された黒っぽい岩石層から、残っているエネルギー源を直接採取することを考えない地質学者などいない。おなかを空かせた一〇代の若者は、辛抱強くテーブルで待つことなどせず、キッチンに駆け込んでいく。それと同じようにこの業界の人間も、原油や天然ガスが地表近くまで移動してくるのを待つぐらいなら、直接シェール層から採取したいと思っているに違いない。

しかし、いくらシェール層に熱い視線を向けても、たいていは苦い失望を味わうばかりだった。実を言えば、一九世紀前半に生まれたアメリカ初の商用ガス井は、ニューヨーク州フレドニアにあるシェール層を掘削したものだった。だがエネルギー企業は、その後間もなくシェール層から離れていった。この岩石層からは、そう簡単に原油や天然ガスを採取できなかったからだ。

確かにシェール層には、原油や天然ガスが保存されているが、この岩石層は圧縮されて緻密化しており、細孔《さいこう》が無数にある。だがこの岩石層は圧縮されて緻密化しており、これらの細孔をつなぐ通路が十分にない。そのため、そこを掘削しても、閉じ込められた原油や天然ガスがあふれ出てこない。

シェール層にある原油や天然ガスの多くは、岩盤の自然破砕《はさい》などを通じて、いずれは地表近くの岩石層まで移動していく。だがシェール層はきわめて強く圧縮されているため、そのプロセスに何百万年もかかる。地質学者はもちろん、アメリカをはじめ世界各地にあるシェール層に原油や天然ガスが残っていることは知っていた。だが、それを採取しようとすると、あまりにコストがかかる。これほど透《とう》過性《かせい》の低い岩石層には、時間も資金も手間もかける価値はない。いくら原油や天然ガスを含んでいたとしても、シェール層がそれを抱えて手放そうとしないのであれば、どうしようもない。

一九八〇年代前半にミッチェル・エナジーのライバル会社に勤務していたエンジニア、ジェイ・ユーイングは言う。「現場では、シェール層は不経済だと考えられていた。開発は不可能であり、十分なガスを採取できない、と」[*9]

さらに面倒なことに、シェール層は地表から三キロメートルも掘り進んだ先にあるため、難度もコストもさらに高くなる。それに、実際にどれだけの原油や天然ガスがシェール層に残っているかわからない。その大半がすでに地表近くまで移動してしまっている可能性もある。大半の専門家は、シェール層に原油や天然ガスを含んだ孔隙《こうげき》が無数にあるという見解に懐疑的だった。

ミッチェル・エナジーの地質学者ダン・スチュワードは言う。「この岩石層にそれほど多くの天然ガスがあるとは誰も思っていなかった。そんな穴はさほど残っていないと教えられていたからね」

だが、こうした疑念が幅広く浸透していたにもかかわらず、ミッチェルはスタッフに、バーネット・シェールの水圧破砕を進めるよう命じた。水圧破砕によりできた亀裂で孔隙をつなぎ、天然ガスが流れ出る通路をつくろうというのだ。フラッキング（水圧破砕法）では、水などの液体を何千リットルも岩盤にぶつけて小さな亀裂をつくり、天然ガスの流出を促《うなが》す。ホースの先を親指でつぶして水圧を高め、威力を増すのと同じ要領である。

一部のスタッフは、岩盤に刺激を与えるこの方法に反対した。それでうまくいくとはとても思えなかったからだ。だがミッチェルは、その疑念に耳を傾けはしたものの、受け入れようとはしなかった。

「とりあえずフラッキングを試してみよう」

ミッチェルは、史上初めてシェール層から大量の天然ガスを採取した人物になろうと決意していた。既存のガス田が枯渇する前にそれを成し遂げ、さらに可能ならば歴史的な大成功を獲得し、業界に衝撃を与えたいと思っていた。これに成功すれば、それが、アメリカが切望していたエネルギー資源を獲得する新たな方法になるかもしれない。

一九八一年、ミッチェル・エナジーはワイズ郡のバーネット・シェールに初めてのガス井《C・W・スレイ#1》を掘削した。結果はまずまずで、さほど華々しいものではなかった。大半の大手石油企業はこの地域を重視しておらず、ミッチェルの行動に関心を抱くどころか、それに気づくことさえなかった。

ミッチェル・エナジーは一九八〇年代の間ずっと、この不安定な産業の浮き沈みに翻弄《ほんろう》されながらも、バーネット・シェールから十分な量の天然ガスを採取する試みを続けた。一九八六年には利益がわずか八四〇万ドルにまで落ち込み、独立系のライバル企業が次々と倒産していった。ミッチェルは支出を抑《おさ》え、バーネット・シェールの探査予算を切り詰めた。十分な産出があるのはこの地域の一カ所だけであり、会社のエンジニアや地質学者の多くは悲観的になっていた。

一九九二年になると、バーネット・シェールがミッチェル・エナジーの既存のガス田の代わりを務められるようにならなければ、もはや天然ガス不足は避けられない状態になった。ミッチェルは部下に、事態を改善するアイデアを求めた。会社はすでに、費用のかかる「大規模水圧破砕法」を試していた。これは、政府が開発を支援した技術を用い、大量の液体と砂を裸孔《らこう》〔掘削によってできた穴〕の側面にぶつけ、シェール層に亀裂を入れてその透過性《とうかせい》を高める〔ガスや原油が流れ出やすくする〕手法であり、同州のほかの岩石層ではうまく機能していた。また、「ゲル化水」による方法も試してみた。こちらは、開いた亀裂がふさがらないようにするため、三八〇万リットルの液体に一四〇万キログラムもの砂を混ぜる手法である。ミッチェル・エナジーはいわば、大地に巨大な浣腸《かんちょう》をしているようなものだった。

こうしてスタッフは、一部の天然ガスの採取には成功したものの、その事業に投じた多大な費用を相殺《そうさい》できるほど前途有望な結果は得られなかった。「シェール層を活かす方法がわからなかった」とミッチェルは言う。[*10] その費用は、三五〇〇万ドル以上にまでふくらんでいた。この会社にとってはかなりの額である。「ひたすら試してばかりいたよ」

ミッチェルもスタッフも手詰まり状態になりつつあった。だがそのころから、バーネット・シェールに賭けるミッチェルの熱意や初期の有望な調査結果が、少しずつ噂になり始めた。そのニュースに、ある人物が関心を寄せた。すべてを賭けてテキサス州で一旗あげようとしていた一風変わった山師、サンフォード・ドヴォリンである。

山師ドヴォリン

ドヴォリンは、ニュージャージー州ニューアーク市のウィークウェイク地区で生まれ育った。近所には、後に小説家として有名になるフィリップ・ロスが住んでいたという。ユダヤ人精肉商の息子だったドヴォリンは、エネルギー事業についてはよく知らなかったが、幼いころから石油業界で財を成す夢にあこがれていた。

後にドヴォリンは、《ダラス・オブザーバー》紙のアン・ジマーマンにこう語っている。「石油について知っていることと言えば、石油というのは大した代物で、誰もがそれを必要としていることぐらいだった。食品加工工場の仕事よりは楽だと思っていたが、とんだ間違いだったね」[*11]

山師とは、稼働中の油井やガス井から数キロメートル離れた場所で、原油や天然ガスを探す独立事業者のことだ。たいていは男で、賭博師でもあり、セールスマンでもあり、地質学者でもある。過剰なほどの自信にあふれ、ほかの人が見逃していた場所、無視していた場所、誤解していた場所で油田やガス田を見つける方法を滔々《とうとう》と述べ、銀行や投資家から資金を募る。成功の可能性がいかに低かろうとその売り口上を繰り返し、やがて資金が集まれば、土地を取得し、坑井《こうせい》を掘削し、原油や天然ガスがあふれ出るのを待つ。

こうした山師が、アメリカの原油や天然ガスの大多数を発見している。一九八〇年代、アメリカでは大規模な油田やガス田を見つけられる可能性がきわめて低くなったため、大手エネルギー企業の大半が外国に拠点を移していた。だがドヴォリンは、一攫《いっかく》千金の夢と、大手企業が見逃した油田やガス田を見つける山師の秘技に魅せられた。ジョージ・ミッチェルなど、それまでに現れた無数の向こう見ずな山師と同じである。

ドヴォリンは、エネルギー業界に知り合いがおらず、何から手をつければいいのかもわからなかった。工学の学位を取得すると、一九五〇年代後半に兄とテキサス州に居を移したが、当初手がけたのは、油井やガス井ではなく、親と同じ家畜市場にかかわる仕事だった。ダラスに身を落ち着けると、ビッグ・D・パッキングという会社を設立し、牛肉の骨を抜く事業を大規模に展開した。だが、やがて資金提供者から財政支援を打ち切られたため、一九六八年にテキサス州タイラーに引っ越した。するとそこには、石油や天然ガス関係の労働者が無数におり、ドヴォリンは子どものころに抱いた夢を思い出した。

いまこそ夢をかなえるときだ。ドヴォリンはそう思った。

しばらくの間は、何もかもうまくいった。恰幅《かっぷく》がよく自信にあふれたドヴォリンは、テキサス州北中部における石油や天然ガスの取引をいくつもまとめあげ、ダラス郊外の高級ベッドタウンだったプレイノで家族（妻と、息子と娘一人ずつ）を養えるほどの収入を手に入れた。そんな一九七六年のある日、見込みのある新たな掘削地をもっと探そうと、地元の石油産業関連の図書館でダラス郡地区の掘削の歴史を調べてみることにした。

大半のエネルギー企業は、ダラス郡のような市街地を避けていた。それも当然だ。人口が過密な地区では、自治体の承認を得るのも、土地所有者から土地を賃借するのも難しい。ジョージ・ミッチェルもかつて、ダラス郡地区の掘削を考えたことがあったが、すぐにあきらめている。だがドヴォリンは、大企業がためらっているそんな郊外地区にこそ、見逃された油田があるのではないかと考えた。

ダラス郡のデータベースにさほど多くのデータはなかったが、やがてドヴォリンは、初期のバーネット・シェール試掘者《しくつしゃ》の間ではよく知られている試掘井《しくつせい》〔まだ知られていない油層を探し当てるために掘られる坑井〕が同郡にあることを知った。後にモービルに買収された会社が二〇年前に掘削したものである。だがデータベースを見ても、その試掘井がどこにあるのか、詳しい場所はわからなかった。そもそも、記録にあるバーネット・シェールの試掘はすべて、そこから二〇キロメートル以上離れたワイズ郡やデントン郡で行なわれていた。ミッチェルが試掘をしていたのもそこである。

だがドヴォリンは間もなく、その試掘井が、ダラス・フォートワース国際空港から延びる道の向かい側の土地にあることを突き止めた。「それがどこにあるか、感覚でわかった」。空港の近くの地表が「油をたっぷり含んでいるように見えたんだ」という。

その試掘井に関する情報から察するに、どうやらそこに天然ガスが存在する証拠があったらしい。だがその試掘井は、すでにふさがれていた。おそらく最初に試掘した業者が、バーネット・シェールの産出量はさほど多くないと判断したのだろう。専門家たちはバーネット・シェールについて、ミッチェルが調査している地区の可能性さえ疑問視していたが、そのほかの地区の可能性となると、それ以上に懐疑的だった。

「バーネットはタブー視されていた。そのときは、どうにもならない試掘井だと思った」とドヴォリンは言う。

それからのおよそ一〇年間、バーネット・シェールの調査は一切行なわなかった。ところが一九八五年、ミシシッピアン亜紀の岩石層を探してフォートワースの北西部を掘削していたときに、たまたまバーネット・シェールを通過した。すると、坑底《こうてい》から出てくる掘削泥水《くっさくでいすい》〔水や油をベースとして人工的に作られる流体。掘削作業中に、不要物排出や機具冷却などの目的で坑井内を循環させる〕を検査・記録する検層の担当者が、そこに原油や天然ガスが存在するおびただしい兆候があることに気づいた。まさに、ジョージ・ミッチェルのスタッフが数年前にバーネット・シェールで検知したような兆候である。

だがその担当者は、この発見を無視した。この岩石層をめぐる失望の歴史を知っていたからだ。ところがドヴォリンは、その発見に興味を覚えた。以前見つけだしたダラス郡の試掘井を思い出したのだ。それに、ジョージ・ミッチェルがフォートワースの近くでバーネット・シェールを掘削しているという噂も耳にしていた。

そこでドヴォリンは、この天然ガスの検出結果を、ミッチェル・エナジー本社の研究者に送ってみた。この会社が本当にバーネット・シェールの掘削を進めているのかどうかがわかるかもしれないとの思惑があってのことだ。間もなくドヴォリンは、ミッチェル・エナジーのある石油エンジニアに電話で連絡をとると、あたかも同社がバーネット・シェールに関心を抱いているのは周知の事実だとでもいうような話しぶりで、その試掘の結果をさりげなく尋ねた。

するとエンジニアは「まだ最終結果は出ていない」と答えた。つまりこのエンジニアは、ミッチェル・エナジーがバーネット・シェールに関心を寄せていることを、うっかり認めてしまったことになる。

ドヴォリンはこの会話に狂喜した。それから八年にわたり、バーネット・シェールのさまざまな地点を調査し、この地域に関する知識を深めた。単独できちんとした掘削ができるだけの資金がなくなると、ほかの業者にも提携を呼びかけた。

だが、どの会社も興味を示さなかった。そうこうしているうちにエネルギー価格が暴落すると、自分の会社を守ることに必死になり、バーネット・シェールにかまけている余裕がなくなった。あらゆる生産設備を売り払っても貯蓄は減るばかりだった。

《ダラス・オブザーバー》紙に当時の様子をこう語っている。

「何年も何年も、『子どものために服を買おうか、自分のために新しいシャツを買おうか』とか、そんなことばかり考えていたよ。妻のパティには、別れる口実になりそうなことが毎日のようにあった」

だがドヴォリンの会社も夫婦も、この危機を乗り越えた。一九九〇年代前半にバーネット・シェールの調査を再開すると、あのダラス郡郊外の試掘井付近で集中的に掘削を行なった。そこで成功すれば、都市につながるパイプラインがすでにすぐ近くまで整備されているため、天然ガスを簡単に輸送できると思ったからだ。

そのころドヴォリンは、ある業界幹部から電話を受け、独立して仕事をしているエンジニアを雇ってみてはどうかと提案された。「私のオフィスに、きみに会ってもらいたい人物がいる。きみと同じように、バーネットに興味を抱いている変人だ」

その男とは、ジム・ヘンリーだった。バーネット・シェールに関する研究論文を発表し、ジョージ・ミッチェルがこの地域に関心を抱くきっかけをつくった人物である。いまはミッチェル・エナジーを去り、個人で開業しているという。こうしてヘンリーとドヴォリンは、協力してこの地域の試掘を進めることになった。

だがそのためには、新たな資金がぜひとも必要だった。一九九四年秋、ドヴォリンはダラス郡のイエローページを引っ張り出し、石油・天然ガス産業に関係するあらゆる業者や人物を調べあげると、それぞれに手紙を送った。その内容は、一攫千金《いっかく》を狙うどんなもうけ話よりも怪しげな、突拍子もないものだった。

「いままさに歴史がつくられようとしている。あなたもそれに参加できる！」

その手紙は、ダラス郡で初めて商業的に採算のとれる天然ガス井の掘削に参加するよう呼びかけていた。だが、エネルギー事業について多少でも知っている人は、すぐさまこの手紙をゴミ箱に捨てた。ダラス郡の土地なんて誰が掘削する？　そこに本当にチャンスがあるとしても、そんなチャンスが朝の郵便で届けられるわけがない。誰もがそう思った。

なかには、頭がおかしいのではないかとわざわざ返信を送ってくる者もいた。ダラスを拠点に石油エンジニアとして四〇年以上も経験を積んできたマイケル・ハートからは、「ダラスに試してみる価値はない」と言われた。

「これはまだましなほうだ。嫌がらせのような手紙をたくさん受け取った」とドヴォリンは言う。

ドヴォリンは、エネルギー業界でよく見かけるプロモーターの典型だった。自分の事業を売り込もうとするほかのプロモーター同様、自分は一生に一度のチャンスを提供しているのだと心から信じており、ほかの人がなぜ自分と同じように考えないのかが理解できない。こうしたとどまるところを知らない情熱に、一部の投資家はうんざりした。

投資家たちが資金提供に慎重になるのも無理はない。エネルギー業界には以前から、説得力のある物語をつむぎ出すカリスマ的なセールスマンがいた。魅力に満ちた言葉を操って投資家の財布のひもを緩め、とても目の届かない地下深くでの事業に資金を提供させる。ドヴォリンが狙いを定めていたテキサス州北部のこの地域は特に、石油や天然ガスのプロモーターが、だまされやすい投資家から多額の資金を巻きあげてきた悪名高い場所として知られ、「プロモーターの天国」というありがたくない名称で呼ばれていた。悪徳プロモーターたちがこの地域に殺到したのは、近くの都市ダラスから裕福な医師や歯科医を招き、ガスフレア〔余剰天然ガスを燃やす際に発生する炎〕など初期の産出物を見せて彼らを感心させることが比較的容易にできたからだ。そして、そんな油井やガス井からの産出があっという間になくなってしまう前に、投資家の小切手を現金化してしまう。ドヴォリンはもちろん、この地域の可能性を心から信じており、投資家をだますつもりなどなかったが、投資家のほうには疑念を抱くだけの理由があったのだ。

それでもドヴォリンは期待を抱き続けた。政府はそのころ、以前は見込みがないと思われていた岩石層での天然ガス探査を奨励する制度を導入していた。ミッチェル・エナジーにとって追い風となったこの制度により、ドヴォリンもまた、バーネット・シェールの掘削に協力してくれるパートナーがいずれ見つかるのではないかと希望を抱いていた。それに、天然ガスは「クリーンなエネルギー源」だと訴えるエネルギー業界の広告キャンペーンが功を奏したのか、天然ガスの需要は増えつつあり、一九九六年には一時的にせよ価格が上がっていた。また、ガス研究所が作成した技術論文によれば、バーネット・シェールの天然ガス埋蔵量は明らかでないにせよ、ミッチェル・エナジーがそこでの天然ガス採取に向けて順調に歩を進めているという。

ドヴォリンはこうした好材料に励まされながら、老後の蓄えを残らず投じて単独で掘削を続けた。金融コンサルタントをしていた息子のジェイソンにも声をかけ、この仕事に協力するよう説得した。

「石油や天然ガスの事業に、確実なことなんて何もない。それだけは確かだ」。ドヴォリンは当時そう語っていた。

大手シェブロンの参入

ジョージ・ミッチェルやそのスタッフがバーネット・シェールで大した成果を出せずにいたころ、ミッチェルやサンフォード・ドヴォリンらは正しい方向に向かっているのではないかと考える大手エネルギー企業が現れた。まるでミッチェルが、眠れる巨人を目覚めさせたかのようだった。シェブロンの上級幹部レイ・ガルヴィンが、ミッチェルに追いつき追い越すことを決意すると、事態はシェブロンに有利に進むかと思われた。

シェブロンの幹部のなかで、ガルヴィンほど人望を集めていた人物はいない。身長一八八センチメートル、ミッチェルと同じテキサスA&M大学出身のガルヴィンは、現場の作業員としてキャリアを始めた、気さくで親しみやすい石油エンジニアだった。スタッフには常に、会社の生産を向上させるアイデアを遠慮なく出すよう奨励し、エンジニアや地質学者の尊敬を集めていた（そのなかには、MBA取得者ばかりでこの業界での経験がほとんどない経営陣に憤《いきどお》りを感じている者もいた）。陽気な性格で、絶えず笑みを浮かべているように見えたことも、この人気に一役買っていた。シェブロン一筋という幹部が多いなか、ガルヴィンはガルフ・オイルから転職してきた変わり種だったため、ほかの幹部とは違う視点を持っていたことも、功を奏したのかもしれない。

一九九二年、ガルヴィンはシェブロン最大の部局であるアメリカ事業部の責任者に就任した。そして業界のさまざまな会議に出席するうちに、シェール層の開発が進んでいることを知った。全米石油審議会はその年初めて、長期ガス供給の見積もりのなかで、シェール層にある程度の天然ガスが埋蔵されていると指摘した。これが多少話題になると、ミッチェルのスタッフは活気づいた。ガルヴィンはこうした動向を見て、技術の飛躍的発展が間近に迫っているのではないかと考え、会社にこう訴えた。シェブロンも、シェール層など、これまでとは違う岩石層の探査を始める必要がある、と。

ガルヴィンは早速、この「非在来型」掘削の研究・導入を推進するグループを組織した。彼は常々、エネルギー企業もほかの分野の企業と同じように、製品の価格管理を行なうよりは、テクノロジーの改善に努力したほうがいいと主張していた。その言葉を実行に移すときが来たのだ。

当時は、シェブロンの経営陣もほかの大手石油企業の幹部も、ハワイとアラスカを除くアメリカ本土四八州にもはや有望な探査候補地はないと確信していた。そのためシェブロンは、カザフスタンやナイジェリア、カナダのニューファンドランド島、アンゴラなどへ拠点を移しており、アメリカでの掘削などまるで考えていなかった。

バーネット・シェールは、アメリカの巨大エネルギー企業エクソンの本拠地の間近にあった。エクソンの本社は、バーネット・シェールの真上、テキサス州アービングにある。ミッチェルやドヴォリンが掘削している場所から、数キロメートルしか離れていない。だが幹部連は、見込みのありそうな外国の掘削地点ばかりに気をとられていたため、すぐ目の前で行なわれていることにほとんど注意を向けなかった。ほかの企業も、大手がバーネット・シェールに関心を寄せない以上、そこが有望であるはずがないと判断した。

だがガルヴィンは、アメリカ国内での掘削に対するこうした偏見など意に介さなかった。シェブロンのなかでもっとも優秀な新進気鋭の八人（エンジニア六人、地質学者一人、地権交渉人一人）を集めて新たなグループを組織すると、シェール層など透過性が低い岩石層での天然ガス掘削の調査を行なわせた。その際には、自立的思考ができるように、このグループをほかの組織から分離し、およそ三〇〇〇万ドルもの年間予算を提供した。一九九三年には、このグループの人員を一一人に増やしている。

このグループの当初の会合で、ガルヴィンはチームにこう語った。「わが社が優位を見出せる場所があるかどうか調べてくれ。シェブロンにとって重要と思えるほど意義のある場所だ」

グループは間もなく、シェール層を掘削すれば大量の天然ガスを生み出せると確信した。ミシガン州のシェール層でフラッキング技術を使って成果をあげると、シェブロンはテキサス州のバーネット・シェールの有望地所の賃借にとりかかった。ジョージ・ミッチェルが失望を抱きつつあるこの場所での成功をもくろんでのことだ。

ガルヴィンは当時をこう回想する。「ミッチェルが別のフラッキング手法を試していることは知っていたから、技術力で優位が見込める場所を選ぼうと考えていた」

ガルヴィンは、世界的な大手エネルギー企業が持つ莫大な資金も、業界トップクラスのエンジニアや地質学者も自由に使うことができた。もはやどう見ても、シェール層掘削を成功させて新たな歴史をつくる先頭に立っているのは、ジョージ・ミッチェルではなくレイ・ガルヴィンだった。ミッチェルはそのころ、バーネット・シェールで大きな壁に直面していた。

ミッチェル・エナジーはさまざまな種類の液体でフラッキングを試みていたが、十分なガスを採取できるまでには至っていなかった。このシェール層の堅さに驚いた同社の地質学者が調べてみると、この岩石層の成分のおよそ半分が、四番目に堅い鉱物とされる石英《せきえい》だった。この岩石層からの天然ガス採取を悲観視する声はますます高まった。[*12]

問題が悪化する場合もあった。バーネット・シェールの一部の区域は、岩石が「自然破砕」されているためフラッキングの必要がなく、そこからガスが採取できるはずだと考えられていた。ところが実際には、こうした区域から天然ガスを採取するのは、ほかの区域から採取するより難しいことが判明した。

やがて、時間と資金を無駄に使うのはやめるようミッチェルに進言してくる者も現れた。彼らはこう主張した。シェール層に大量の天然ガスを採取できるほど多くの孔隙《こうげき》があるとは思えない。ミッチェルは会社の未来を危険にさらしている。石が血を流すことなどありえないように、シェール層が天然ガスを噴き出すこともないのではないか、と。

ミッチェル・エナジーの地質学者ダン・スチュワードは言う。「バーネットしか選択肢がないのなら、会社は深い肥溜《こえだ》めにはまり込んでいるようなものだと言われた。言葉は違うかもしれないがね」[*13]

ミッチェル・エナジーはもはや、いつまでこんな試掘を続けていけるかわからない状況にあった。サンフォード・ドヴォリンや、レイ・ガルヴィン率いるシェブロンが、すぐ後ろに迫っている。

だがその当時、次世代のアメリカの石油王にいちばん近づいていたのは、エネルギー業界での経験がほとんどない男だった。その人物とは、ロバート・ハウプトフューラーである。ハウプトフューラーの会社はすでに、ミッチェルもドヴォリンもガルヴィンも知らない革新的かつ画期的な掘削技術を手中に収めていた。

第二章

新たな王、ハウプトフューラー

一九九三年一一月三日、ダラスの繁華街にあるアドルファス・ホテルのグランド・ボールルームに居並ぶニューコメン協会の会員および招待客数百人を前に、スティーヴ・バートレット市長がロバート・ハウプトフューラーを紹介した。

ボザール様式で有名なこのホテルは、大手ビール会社アンハイザー・ブッシュの創業者アドルファス・ブッシュが建築したものだ。「アメリカの事業の発展」を目的とするニューコメン協会の会員がそのホテルに集まったのは、ハウプトフューラーに賛辞を捧げるためだった。アメリカ最大の独立系エネルギー企業オリックス・エナジーのＣＥＯである。

バートレットは興奮気味に語った。「今晩、アメリカを代表する傑出した企業オリックス・エナジーを称えるこの会合に参加できたことを心からうれしく思います。ロバート・ハウプトフューラーは、自由企業の擁護者かつ支持者であり、（中略）すばらしい先見の明の持ち主でもあります」

次いで、自信に満ちあふれたハウプトフューラーが演壇に立った。オリックスは数々の問題を克服してエネルギー業界の淘汰を乗り越え、確固たる地盤を築いていた。ダラスでもっとも雇用者数の多い五社のうちの一社となり、ハウプトフューラーはもはや市民のリーダー的存在と見なされていた。会社がそこまで成功できたのは、きわめて有望とされていた「水平」掘削という新技術を早々に導入したからだ。

その会合でもこう述べている。「われわれが水平掘削を発明したわけではありませんが、どの会社よりもそれを発展させました」[*1]

ハウプトフューラーは石油業界の新たな王となった。だがオリックスは、岩石層に亀裂を入れて原油や天然ガスを採取していたわけではなく、バーネット・シェールでのミッチェル・エナジーの取り組みなど気にもかけていなかった。オリックスが開発を進めていた掘削技術は、フラッキングを重視していなかった。水平掘削がいずれ、エネルギー業界はおろか世界までも変え、ライバル企業もオリックスに追随せざるを得なくなるだろうと思っていた。

そのためハウプトフューラーは、自分の天下があっという間に終わることなど想像もしていなかった。

社長の娘婿

ロバート・ハウプトフューラーは、ペンシルベニア州のフィラデルフィア郊外に暮らす上位中流階級のプロテスタントの家庭に生まれた。ウィリアム・ペン・チャーター・スクールに通い、一九五三年にはプリンストン大学ウッドロウ・ウィルソン公共政策・国際関係大学院を卒業した。一九三センチメートルという長身を生かし、大学のバスケットボールチームでフォワードを務めていたほか、全米優等学生友愛会の会員でもあり、難解とされる経済学の講義をすぐに理解したという。それから海軍にしばらく入隊した後、ハーバード大学経営大学院でＭＢＡを取得し、クラスの成績上位五パーセントしか得られないベイカー・スカラーを受賞して卒業している。

世間には結婚相手に恵まれる人がよくいるが、ハウプトフューラーもすばらしい結婚相手に巡り会った。一九六三年、彼はバーバラ・ダンロップと結婚した。フィラデルフィアで一、二を争う名士の一人ロバート・ダンロップの娘である。ダンロップは当時、世界有数のエネルギー企業サン・オイルの社長だった（後には同社の会長に就任している）。ハウプトフューラーはこの義父と、あるゴルフの試合を通じて知り合った。二人ともその試合で、スカイトップ・ロッジというリゾート施設を代表するチームに参加していたのである。というのも、ハウプトフューラー家もダンロップ家も、ポコノ山脈にあるこのリゾート施設を定期的に利用していたからだ。ダンロップはその場でハウプトフューラーに、六歳年下の娘バーバラとつき合ってみてはどうかと提案した。バーバラは当時、ボストンの近くにあるウェルズリー大学という女子大に通っていた。

ハーバードを卒業後、ハウプトフューラーはサン・オイルに入社した。意欲に燃える若者にはうってつけの場所である。スノコというブランド名でガソリンを販売しているこの会社の創業は、ペンシルベニア州で現代的な石油産業が産声をあげた一九世紀後半にさかのぼる。学校の教師をしていたジョセフ・ピューという男が、石油・天然ガス企業家に転身し、仲間と一緒にペン・フューエルという会社を設立したのが始まりだ。当時は、ピッツバーグ市にエネルギーを供給する事業を営んでいた。だが一九〇一年、テキサス州ボーモント市近くで有名なスピンドルトップ油田が発見されると、ピューは真っ先にそこへ駆けつけ、自社の油井を掘削した。そしてサン・オイルへと社名を変更すると、兄のJ・エドガーと協力し、テキサス州からニュージャージー州へ石油を輸送する事業を始めた。こうして、数十年にわたりアメリカのエネルギー業界の上位に君臨する時代が始まったのである。

ハウプトフューラーはおよそ二〇年の間に、上級監査人や土地購入の責任者など、さまざまな職種を経験しながら出世を重ねていった。そして一九八四年、ダラスを拠点に原油や天然ガスの探査・生産を行なう事業部の責任者に任命された。その前には、いずれ会社の社長にするとほのめかされたという。

聡明《そうめい》かつ精力的だったハウプトフューラーはスタッフと協力して、この探査・生産事業部の予算配分の見直しに着手した。以前にも、ペンシルベニア大学の卒業生を雇い、数学的手法を使って盆地の地質学的解析作業を向上させたことがあった。業界のベテランの考え方とはまったく異なる、前例のない措置である。それと同様に、探査・生産事業部でも抜本的な改革に取り組み、テキサス州やカリフォルニア州などの石油資産の売却や一連の解雇を通じて、事業の合理化を推進した。[*2]

だが、ハウプトフューラーが瞬《またた》く間に出世を果たすと、サン・オイル内で不満が高まった。社長の娘婿《むすめむこ》という立場のせいで、批判の格好の標的になったのだ。ベテラン社員のなかには、この男に探査・生産事業部を管理する大仕事など任せられない、仕事に熱意を傾けているようには見えないと愚痴をこぼす者もいた。ある地質学者は、探査に関する会合でハウプトフューラーがぼんやりとした表情を浮かべていることに気づき、この人は議論の詳細に関心がないか、会社の仕事に情熱を抱けないのだろうと思ったという。ハウプトフューラーのやる気のなさそうな表情は、一部の専門家たちの不興を買った。

また、ハウプトフューラーがサン・オイルの財務部門の出身だという点を批判する者もいた。現場で実際に原油を探しているスタッフたちである。彼らは、ハウプトフューラーは贅沢《ぜいたく》なオフィスに陣取ってあれこれ意見を述べたり、数字をいじくりまわしたりしているだけだと感じていた。一般的にエネルギー会社には、「エリート管理職」に対する反感が蔓延《まんえん》している。ハリウッドの俳優たちが、演技も脚本の執筆も監督もできないのにスタジオを仕切りたがる「スーツ族」を蔑視するのと同じだ。ハウプトフューラーにとって「財務畑の人間」というレッテルは、容易に拭《ぬぐ》い落とせない烙印《らくいん》となった。

サン・オイルの探査部で働いていた地質学者のケネス・ボウドンは言う。「ロバート・ハウプトフューラーは地質学について何も知らないと思われていた」。ボウドン自身も同感だったらしく、「ハウプトフューラーは自分の上に石油が垂れてきても、それが石油だとは気づかなかっただろう」と述べている。

一方のハウプトフューラーは、社長の娘婿という立場にある以上、自分の価値を証明し、社内での地盤を築いていくためには、人一倍努力しなければならないと感じていた。

水平掘削という技術革新

だが実際のところ、批判的なスタッフも、サン・オイルの探査活動を舵《かじ》取りするハウプトフューラーの地位をねたんでいる余裕などなかった。一九八〇年代は石油事業にとって最悪の時代であり、カリフォルニア州などの主な油田で産出量がピークに達すると、状況はとりわけ悪化した。一九七〇年代のオイルショック後にエネルギー需要が減少すると石油は供給過剰となり、一九八〇年代を通じて石油価格は下落を続け、エネルギー企業の利益を圧迫した。北《ほっ》海《かい》など、アメリカ国外の地域からの供給が増えたことも、石油価格の下落に拍車をかけた。

原油価格の代表的指標とされるWTI価格によると、一九八一年に一バレル三六ドルだった原油価格は、一九八六年にはおよそ一五ドルまで下がった。二〇一三年のドル価値に換算すると、九〇ドル以上から三〇ドル強への大幅下落である。石油輸出国機構（ＯＰＥＣ）の一部の加盟国が、価格の低下分を相殺《そうさい》しようと増産に乗り出すと、ほかの加盟国がそれを批判した。この値崩れにより、アメリカの南西部全域で銀行の閉鎖が相次ぎ、アメリカ政府が一五〇億ドルを超える救済費用を負担しなければならなくなった。

サン・オイルも苦境に陥った。エネルギー資産の価値が下落したため、一九八八年には二億六〇〇〇万ドルもの評価損となった。生産も問題に直面した。サン・オイルは一九八〇年代半ば、テキサス州南部に一万四〇〇〇エーカー〔約五七平方キロメートル〕にわたり広がるピアソール油田の開発を始めた。オースティンやサンアントニオ付近を含め、テキサス州からルイジアナ州にかけて広がるオースティン・チョーク層地域の一画である。だがそれから数年もすると、油井の産出量は激減し、経営陣を苛立《いらだ》たせた。

ハウプトフューラーが神経をすり減らしていた問題は、それだけではなかった。サン・オイルの探査・生産事業部は、事業部内の競争心が強く非協力的なことで有名であり、内輪もめが頻発した。「苦労が絶えなかった」とハウプトフューラーは言う。

こうしたストレスは、体にも悪影響を及ぼした。当時はフィラデルフィアに妻と高校生の息子を残してダラスに赴《ふ》任《にん》していたが、たいていは週末ごとに帰宅していた。だが、この忙《せわ》しない生活スタイルのせいで円形脱毛症になり、やがては全身で抜け毛が目立つようになった。

一九八五年に中国に出張した際には、初めて石油掘削権を売却するという取引相手と深夜までマイタイを酌《く》み交わした後、突然胸の痛みを覚え、真夜中に地元の病院に搬送された。だがその病院は真っ暗で、スタッフは何とかライトを見つけたものの、心電図機器の電極を胸の適切な位置に貼るのにも四苦八苦していた。

「それまでは不安など感じなかったが、あのときはさすがに不安になった」とハウプトフューラーは言う。

その後アメリカに戻ったが、フィラデルフィアの病院で心臓発作を起こし、心臓を切開して四重冠動脈バイパス手術を受けた。回復に数か月を要する大手術である。

だが、ハウプトフューラーが探査・生産事業部の運営に奮闘していた当時、テキサス州の油田で驚くべき技術革新が起こりつつあった。一九八四年のある日、油田の請負業者がサン・オイルの生産スタッフに一つの情報をもたらした。掘削技術の発展により、従来のような縦方向ばかりでなく、横方向にも掘削が可能になった。何年も実験を重ね、多くの不備を解消した結果、いまでは以前よりコストをかけなくても水平掘削ができる、と。

請負業者はこれを「短半径水平掘削」と呼んだ。短い距離だけ水平に掘削できるという意味である。これは、ジョージ・ミッチェルが集中的に取り組んでいた水圧破砕法とは何の関係もない。水平掘削は、地下にある原油や天然ガスの貯留層を探し当てる方法を改善したにすぎない。

水平掘削はすでに、ユニオン・パシフィック・リソーシズという先駆的な企業が手がけていたが、当時はまだ四五メートルほどしか掘削できなかった。だがサン・オイルのコンサルタントは、それを試してみるよう勧めた。コンピューター画像処理が発展し、地下の貯留層の地震解析〔人工的に起こした弾性波を利用して地下構造を解析する技術〕が進歩したいまこそ、水平掘削を試してみる絶好のタイミングだという。

宇宙飛行士が手の届かない惑星を訪れたがるように、地質学者は以前から、原油や天然ガスに満ちた水平に広がる岩石層を横に掘削することを夢見てきた。この水平掘削を使えば、この魅力的な岩石層に眠る秘宝を余すところなく入手できる可能性がある。サン・オイルの生産チームはすぐにそう考えた。

そこでまずは、オースティン・チョーク層地域にある使い古した油井で水平掘削を試してみることにした。するとあっという間に産出量が急増し、枯れ果てようとしていた油井が豊かな油井に変身した。

だが、これが喜ばしいニュースだと思えたのは、一日か二日の間だけだった。スタッフの歓喜はたちまち狼狽《ろうばい》に変わった。サン・オイルが産出を増やしていること、それがいとも簡単に行なわれていることが噂になれば、ライバル企業も水平掘削を導入するようになり、サン・オイルが近場の油井を手ごろな価格で購入できなくなると気づいたからだ。この成功を隠す何らかの策を講じなければ、せっかくのチャンスが台なしになってしまう。

「すぐに操業をやめろ！」。生産部の幹部は油井の作業員に命じた。

そのため、サン・オイルが月末に産出量を州に報告したときに、その油井の産出量が並外れた数字になることはなかった。水平掘削を試した油井も、ほかに九つある使い古しの垂直井《せい》と同程度の産出量である。だが両者には大きな違いがあった。水平井《せい》はそれだけの原油をわずか二日で産出したのだ。しかしその後すぐに水平井の操業を止めたため、この画期的成功について知る者はほとんどいなかった。

サン・オイルがこの事実をひた隠しにしたのには、もっとひねくれた理由もあった。あまりに非協力的な職場だったため、生産部が探査部にこの最新の掘削技術を隠しておき、探査部に手柄を横取りされないようにしていたのである。

だが間もなく、探査部の若手地質学者だったボウドンが生産部の友人から、大変なことが起こりつつあるという情報を入手した。ボウドンは、地球科学の知識を駆使して掘削地を提案する仕事をしており、大規模な油井を開発して会社に足跡を残すチャンスを常にうかがっていた。そのため、地中から原油を採取する新たな方法について情報を得ると、居ても立ってもいられなくなった。

「頭に電球が灯《とも》ったような感じだった。これはコンピューター同様、破壊的なテクノロジーになると思ったよ」とボウドンは言う。

こうして秘密が漏れてしまえば、社内で対立していたチーム同士も、この新たな掘削技術について話をせざるを得なくなる。ボウドンの上司クレイグ・ブルジョワは、ハウプトフューラーら幹部の承認を得て、会社の不安の種だった枯渇しそうな油田ばかりでなく、新たな油田にも水平井を導入することにした。ブルジョワやボウドンも生産チームも希望にあふれていた。だがそんな彼らでさえ、この掘削技術の進歩により歴史の進路がどれほど変わることになるのか知る由《よし》もなかった。

掘削法小史

かつては石油を見つけるのはきわめて簡単で、下を見さえすればよかった。太古の時代には、瀝青《れきせい》と呼ばれる油をたっぷり含んだ半固体の鉱物が、大地の割れ目やすき間から地表に浸《し》み出しており、建築用のモルタルとして利用されていた。聖書にも登場し、エリコの壁を固めたり、バベルの塔のレンガを接着したりするのに使われている。ダニエル・ヤーギンの著書『石油の世紀　支配者たちの興亡』（邦訳は日高義樹・持田直武訳、日本放送出版協会、一九九一年）によれば、ノアの箱舟やモーセのかごの防水処理にも利用されたらしい。当時、瀝青はどこにでもあった。現代の防錆潤滑剤《ぼうせいじゅんかつざい》「WD－40」と同じである。

その後石油は、古代の戦争で使用されるようになり（ホメロスの『イリアス』に記述がある）、中世の時代にはヨーロッパで多目的の治療薬としても用いられた。ヨーロッパでも瀝青が浸み出していたという記録があり、石油を採取するのは比較的簡単だったようだ。ときには農民が手で立《たて》坑《こう》を掘って原油を採取し、それを灯油に精製していた。やがて東ヨーロッパのガリツィア地方で、小規模ながら石油産業が発展し、リビウ出身の薬剤師や金物細工師が灯油を燃やす安価なランプを発明した。ヤーギンによれば、この新たな照明が東ヨーロッパで人気を博し、やがて世界中に広まったという。

　アメリカでは近代に至ってもなお、石油を見つけるのは難しくなかった。ペンシルベニア州北西部の丘陵地帯に暮らす人々は、泉や小川の表面に浮かぶ油水をすくい取ったり、布切れなどにそれを染み込ませたりして採取していた。植物性の油や動物性の油と区別するため、これを「石の油」と呼んでいたらしい。どこでも簡単に見つかる石油は、癒しの力を持つと考えられ、頭痛から難聴まで、あらゆる病気に効く万能薬として重宝された。[*3]

　アメリカやカナダの企業家たちはやがて、この引火性の油を照明に使ったり、自動車や船舶の可動部の潤滑剤に利用したりするアイデアに関心を寄せるようになった。そして、それを商売にするには、もっと石油の供給を増やさなければならないことに思い至った。そのためには、地表まで浸み出してきた石油をすくい取るだけでなく、地下に手を伸ばす必要がある。

　一部の企業家は、地下の石油を見つける手段として、以前から地下の岩塩《がんえん》を採取する際に利用していた掘削方法を採用した。岩塩の掘削技術は、一五〇〇年以上前に中国で開発され、地下一〇〇〇メートル近くに及ぶ坑井もあったという。後にヨーロッパなどで掘削やぐらが使われるようになるが、これも岩塩を採取するためである。

　一八五九年、エドウィン・L・ドレイクが、ペンシルベニア州の小さな町タイタスビルの天然ガスが浸み出ていた場所の近くで、深さ二〇メートルほどの坑井を掘削した。これが、石油を求めて掘削したアメリカで初めての事例である。当時、掘削業者は自分たちがしていることを、「岩塩掘削に似たボーリング（穿孔《せんこう》）」、あるいは単に「ボーリング」と呼んでいた。仕事の内容を表現するためにそんな言葉を使っていたのかもしれないが〔「boring」には「穴を開ける」という意味のほかに、「つまらない」「うんざりする」という意味もある〕、こうした先駆者たちにより世界初の商用油井が誕生した。そのころは、深さ一〇〇メートル前後の穴でもきわめて深いと考えられていた。[*4]

後にジョージ・ミッチェルのチームが集中的に掘削することになるテキサス州北部では当初、原油や天然ガスではなく、水を求めて掘削が行なわれた。テキサス州には自然湖が少なく、水源が限られているため、初期の入植者たちが急成長する町や村を維持していくためには地下水に頼るほかなかったからだ。一九世紀後半からは回転掘削など、革新的な掘削機器・技術が採用されるようになるが、それも水を確保するためだった。掘削中にたまたま油層にぶつかると、喜ぶどころか腹を立てたぐらいである。だが二〇世紀に入ると、事態が一変した。一九〇一年にテキサス州で発見された有名なスピンドルトップ油田など、注目に値する油田の発見が相次いだ。自動車や船舶の燃料の需要が増え、石油が貴重な商品になったからだ。

油田は、アメリカのペンシルベニア州、テキサス州、オクラホマ州、カリフォルニア州などのほか、世界中で見つかったが、その掘削方法は比較的シンプルだった。さまざまな貯留岩層《ちょりゅうがんそう》のすき間にある原油や天然ガスのたまり場を目指して、縦に地面を掘り進んでいく。つまり、たまり場に穴を開けて吸い出すのである。

地面をまっすぐ下に掘り進むこの掘削法でも、ときには油層にぶつかり、巨額の利益をあげることができた。だがたいていは不成功に終わった。多大な費用をかけて坑井を掘っても、原油や天然ガスがほとんど出ないことはざらにある。成功の確率を上げようと科学的な調査も行なわれており、決してでたらめに掘っていたわけではない。それでも垂直掘削にはやや行き当たりばったりなところがあり、失敗して腹立たしい思いをするのが普通だった。

サン・オイル探査部の幹部を務めていたジェリー・ボックスは言う。「従来の掘削法は、訪問販売のセールスマンみたいなものだ。大半の家では断られるが、たまに買ってくれる家もある。だから、気分がハイになるときもあれば、ひどく落ち込むときもある。成功したときは最高にうれしいよ。でも、こういう感情の起伏に対処できないといけない。対処できないのなら、やめたほうがいい」

原油や天然ガスを豊富に含む地下の堆積層のなかには、シェール層のように、水平に大きく広がっている層もある。従来の垂直掘削の問題の一端がここにある。こうした層は、数キロメートルにわたり広がってはいるが、「採算のとれる場所」（掘削する価値があるほど原油や天然ガスが豊富にある場所）は比較的まばらにしかない。従来の垂直掘削では、水平に広がるそのエネルギー鉱床《こうしょう》のごく一部にしか穴を開けられない。

この水平に広がる鉱床のほかの部分から原油や天然ガスを採取しようとすれば、近くに無数の坑井を掘削するしかなく、費用ばかりがかかる。しかしそうしたところで、水平に広がる鉱床からすべての原油や天然ガスを採取できるとは限らない。垂直掘削はいわば、巨大戦艦の一部のみ攻撃するか全く攻撃しないかの二択しかない海戦ゲームのようなものだ。

一九七〇年代に入ると、アメリカで発見される原油や天然ガスの量が減ってきた。アメリカの石油生産は、一日に九六〇万バレルを産出した一九七〇年をピークに、着実に減少を始めた。それに気づいた掘削業者は、より効率的な掘削方法を見つけようと躍起《やっき》になった。水平に広がる鉱床の原油や天然ガスを余すところなく手に入れられる掘削法である。

やがて一部の企業が、より多くの原油や天然ガスを採取しようと、一定の角度をつけて掘削を進める傾斜掘削を始めた。傾斜掘削は、沿岸海域に建設した生産プラットフォームを基点に操業している企業が必要に応じて採用していた掘削法だが、それを陸地にも応用したのである。一九九〇年にはイラクが、クウェートが傾斜掘削を利用してイラクの原油を盗んでいると主張し、クウェートに侵攻するきっかけになった。だが、この傾斜掘削を採用しても、問題が完璧に解決するわけではなく、水平に広がる鉱床の原油や天然ガスを十分に採取することはできない。

一九七六年、地下の石炭層にあるメタンガスの掘削法を模索していたエネルギー省研究局のエンジニア、ウィリアム・K・オーヴァビー・ジュニアとジョセフ・パシーニ三世が、満足できる成果を収め、その掘削法の特許を取得した。特許申請書によれば、最初にドリルビットを「垂直にではなくある程度の角度をつけて」掘り進め、次第に掘削孔をカーブさせ、最終的に「水平」にするという手法である（エネルギー省は後に、実験的な水平ガス井の掘削に資金を提供している）。

やがて水平掘削と呼ばれるようになるこの技術は、傾斜掘削をもとに長年の試行錯誤を経て完成されたが、業界でもそれを知る者はあまりいなかった。一般大衆が知らなかったことは言うまでもない。消費者は一般的に、自分の車に入れるガソリンや自宅の暖房に使うガスがどのように採取されていようが気にしない。その方法が少々ややこしいとなればなおさらだ。

それでも、この技術進歩は計り知れない可能性を秘めていた。地下一〇〇〇メートル近くまでまっすぐ掘り進めた後、徐々に掘削方向を横に向け、最終的には水平に掘削するこの手法により、鉱床のより広い範囲に手を伸ばし、無数の石油・天然ガス鉱床を解放できるかもしれない。

水平掘削がもたらした成功

一九八四年にサン・オイルのコンサルタントが水平掘削を勧めると、ケネス・ボウドンらサン・オイルのチームは、これでようやくアメリカの地下に水平に広がる鉱床を手中に収められると思った。ミッチェル・エナジーのスタッフとは違い、サン・オイルのスタッフにはフラッキングの経験があまりなく、オースティン・チョーク層にある緻密な石灰岩に亀裂を入れる方法もわからない。だが、そうする必要はなかった。原油を貯め込んで水平に広がるこの岩石層はすでに、自然に破砕されている。横に掘削すれば、その岩石層から原油を残らず抜き出せるはずだ。


一九八六年、ボウドンらサン・オイルの探査チームは、オースティン・チョーク層地域の五つの油井で水平掘削を採用した。すると瞬《またた》く間に驚くべき結果が現れた。一カ月分の原油がわずか三日で採取できたのだ。一時間あたり一五〇バレルもの産出量である。間もなく、その油井の一つから渦巻く煙が立ち上った。原油が漏れ、その油井から出た天然ガスとともに燃えたのだ。この煙は一〇〇メートルを超える上空にまで達したため、四つの都市の消防署に電話が殺到し、サン・オイルの掘削現場に五台の消防車がやって来た。一〇〇キロメートルも離れたところから来た消防車もあったという。そのためサン・オイルの幹部たちはきまり悪そうに、たまたま産出量が急増しただけで危険な火事ではないと釈明しなければならなかった。

ボウドンはそのとき、これはすごいと思った。

だがやがて、この幸運が会社に弊害をもたらすかもしれないことに気づいた。探査部と対立していた生産部のチームが水平掘削により増産に成功したときと、まったく同じ結論に至ったのだ。

ボウドンの上司クレイグ・ブルジョワは主任掘削技師を見つけると、こう指示した。「このことは誰にも話すな。

この場所を離れないでくれ。ほかのスタッフも町に行かせないようにしてほしい」

彼らは、わずかな期間しかチャンスがないことを知っていた。サン・オイルが持つ採掘許可証の規定では、企業は月ごとの産出結果を州に報告しなければならない。州に報告すれば、その数字が公表されることになる。ただし、最大一二〇日間は産出結果を明らかにしなくてもいい。したがって、近隣の土地が値上がりする前に賃借《ちんしゃく》契約を結ぼうとすれば、その期間を利用するしかない。

サン・オイルが産出を増やしていること、原油が驚くべきペースで噴き出していることを、ライバル企業に知られてはまずい。そこでブルジョワは、掘削のペースを落とすよう命じた。また掘削リグで働く作業員たちに、一カ月間は近くのトレーラーで寝泊まりするよう指示した。帰宅したときに増産の話を友人たちにしないようにするためだ。秘密を守るのは難しい。実際、掘削している地所の端に見張り場をつくり、サン・オイルの動向を偵察している者もいる。そのためスタッフは、できるだけさりげなくふるまった。

こうしてサン・オイルは、従来どおりの操業を続けながら、ピアソール油田周辺の数十万エーカーに及ぶ未開発地を取得した。取得金額は、一エーカーあたりわずか四〇ドルほどだった。やがて水平掘削の結果を公表すると、ウォール街の投資家たちは歓声をあげた。サン・オイルはこの新たな油井から、一日に二〇〇〇バレルを超える原油を産出した。なかには、会社のこれまでの記録を塗り替えるほどの産出量を示した油井もある。水平掘削を使えば、会社の栄光もこの国の可能性も高められるに違いないと思われた。

サン・オイルは一九八八年、スノコブランドの石油精製・販売事業に専念することにし、探査・生産事業部を分離させて別会社を設立し、ハウプトフューラーにその会社の経営を任せることにした。この新会社がオリックス・エナジーである。オリックスとは、アフリカやアジアに生息する、まっすぐ伸びる二本の角を備えた大型のレイヨウである。ライバル企業は掃除機みたいな名前だとからかったが、ハウプトフューラーは「攻撃性と誇り」を意味していると言って反論した。

「オリックスは、ライオンに捕食されない数少ない動物の一種だ。この世界にはライオンがたくさんいるがね」

オリックスはたちまち、アメリカ有数の独立系石油生産企業となった（石油生産企業とは、石油の輸送や小売客への販売は行なわず、石油の調査や他企業への販売だけに特化した企業を指す）。ハウプトフューラーなど経験のある幹部たちが舵《かじ》を取り、業界の一部で注目を集めつつあった水平掘削という革新的な手段を利用して、競争優位を手に入れたのだ。もはやこの会社が、アメリカの石油・天然ガス生産の再生をリードしていくかに見えた。

「当時は水平掘削をする企業がほかになかったからね」と探査部の幹部ジェリー・ボックスは言う。

ボックスは、ニューヨークやボストンなどで投資家たちに会うたびに称賛され、それにいっそう勇気づけられた。「ほかの企業がまねしたがるような方法を見つけたんだ。すごいことだよ」

水平掘削には莫大な費用がかかった。一つ油井を掘削するのに二〇〇万ドル以上かかる。垂直井《せい》であれば三五万ドル前後である。だがオリックスのスタッフはやがて、六五万ドルまでコストを下げることに成功した。それでもまだ高いが、水平掘削をすれば原油の産出量を大幅に増やせるため、それだけのコストをかける価値はある。また、岩盤を水平に掘り進める距離を増やすことにも成功した。横に一〇〇〇メートル以上掘削できるようになり、さらなる増産が可能になった。

その結果一九八九年には、ピアソール油田の油井は平均して一日あたり一三〇〇バレルの初期生産量を達成していた。わずか数年前の倍以上である。一般的に、原油の産出ペースは時間がたつにつれて下がり、やがて安定していくものだが、最初の年にそれだけの産出があれば大成功だった。なかには、それ以上に産出量の多い油井もあり、一日に原油三〇〇〇バレル、天然ガス二〇〇万立方フィート〔約五・七万立方メートル〕を超える初期生産量を記録した。

ライバル企業もその成功にあやかろうとしたため、オースティン・チョーク層地域で土地取得競争が激化した。当時、投資銀行ピートリー・パークマンのアナリストも、オースティン・チョーク層地域は「アメリカ本土四八州のなかでも最高にホットな投資対象だ」と述べている。[*5] 実際、業界紙《エクスプローラー》の記事によれば、その地域にある人口およそ三〇〇〇人の町ディリーに試掘業者が殺到し、「手持ちの試掘のアイデアをしつこく売り込んでいた」という。[*6]

ここで注目すべきは、この流れの先頭に立っていたのが、エクソンやモービル、アモコといった大企業ではなく、オリックスだったという点だ。こうした石油メジャーは、外国で巨大な油層を見つけることばかりに気をとられ、掘削方法を改良してアメリカの油田からさらに多くを採取しようとは考えなかった。つまり、アメリカに巨大油田はもうないと確信していた。だがそんな大企業もいまでは、オースティン・チョーク層地域の開発に参画する方法を模索していた。

そのころヒューストンでは、ジョージ・ミッチェルもこうした事態に気づき、ミッチェル・エナジーを救うもう一つの拠点にしようと、オースティン・チョーク層地域におよそ四〇〇〇万ドルもの資金を投じた。だがこの地域に手を出すのが一足遅く、失敗により撤退を余儀なくされ、資金を失うだけの結果に終わった。

一九九〇年になるころには、水平掘削の利点がエネルギー業界で幅広く認められるようになっていたが、ハウプトフューラーやオリックスのエンジニアほど楽観的に考えている業界の人間は少なかった。一九九〇年代初めにハウプトフューラーはこう述べている。「この国には水平掘削に適している地層が、ほかにも一〇から一五、もしかしたら二〇ぐらいあると思う。コスト面での経験が役に立った」[*7]

オリックスは天然ガスの探査も推進した。天然ガスは石油や石炭、原子力より環境に優しいため、未来のエネルギーになると考えてのことだ。

当時のオリックスは、何もかもうまく進んでいるように見えた。だが社内では、いまだハウプトフューラーに対する不満がくすぶっていた。それに、ハウプトフューラーはときに、周囲の者が眉をひそめるような奇行を示した。業界の会合に出席するときも、しわだらけのワイシャツを着ていたり、それがズボンからはみ出したりしているなど、身なりがきちんとしていないことがよくあった。また、黒っぽいスーツと茶色の靴を好んで身に着け、靴下がずり落ちているうえにズボンの丈が短いため、見る者が不快になるほどすねがあらわになっていることもあった。一部の従業員はそれを見てあきれ返っていた。

サン・オイルのあるベテラン社員は言う。「経営者になぜ選ばれたのか理解できないほどだらしない」

ハウプトフューラーは育ちがいいにもかかわらず、驚くほどエチケットを知らなかった。ある従業員の記憶によれば、ダラスでも指折りの会員制クラブとして有名なダラス・

ペトロリアム・クラブで同僚とビュッフェを楽しんでいた際、ロールパンをポケットに突っ込んでいたという。

サン・オイルのある幹部もこう述べている。「あの男を食事つきのイベントに連れていくのはやめたほうがいい。食べたものが半分以上口から出てくるから、どうしてもそれを目にするはめになる。あいつは何も気にしていなかったがね」

こうした奇行を大目に見る従業員もいた。かつてオリックスの生産部の幹部を務めていたクリフ・トムソンは言う。「確かに洗練されている感じはなかったけど、当人はまったく気にしていなかった。人の話をよく聞いて、プレゼンの内容もよく理解していた。記憶も正確で、私から見れば何の文句もなかった」

投資家たちもハウプトフューラーの奇行など気にしていなかったらしく、オリックスの産出量が増えるにつれ、その株価は上昇を続けた。

ハウプトフューラーも自社の可能性に自信を抱いていた。一九八九年には、BP（ブリティッシュ・ペトロリアム）から一一億ドルで、イギリス沖の北海油田など海外の石油・天然ガス資産を取得した。

そんな行動に出たのは、大半の大手石油企業はいまだ海外での掘削を重視しており、それにかたくなに抵抗する根拠もなかったからだ。しかし、その資金を捻出《ねんしゅつ》するためアメリカの一部の資産を売却せざるを得なくなると、アメリカでの掘削を重視していた生産部のスタッフから不満の声があがった。ハウプトフューラーが、水平掘削の改良によりオリックスが成し遂げつつある成功を完全には信じていないように思えたのだ。

だがハウプトフューラーはこう述べている。「確かに負債は増えたが、申し分のない取引だと思った。アメリカより海外のほうが未開発地域がたくさんあるからね」

一九九〇年夏、イラクの独裁者サダム・フセインがかつての同盟国クウェートへの侵攻を命じると、石油価格が上昇し、オリックスは文字どおりウォール街の寵児《ちょうじ》となった。株価は五五ドルとなり、わずか二年で倍増した。当時《フォーチュン》誌は、オリックスについてこう記している。「独立系の石油・天然ガス生産企業のなかで最高の称賛を集め」、「業界で話題沸騰中のテクノロジー、水平掘削を主導する立場にある」

失策

ところがそのころ、ハウプトフューラーは致命的な過ちを犯した。一九九〇年、ピュー慈善財団からオリックスの株式のおよそ二〇パーセントを買い戻すよう指示したのだ。ピュー慈善財団は、サン・オイルの創業者の子孫であるフィラデルフィアの名士ピュー一族が設立した七つの慈善財団から成る。この財団は、手持ちのオリックスの株式を売却したがっていた。BPからの資産購入により、オリックスにはもはや、配当にあてる現金がなくなっていたからだ。慈善法では慈善財団に、毎年最低でも資産の五パーセントを支出するよう義務づけているため、どうしても有配《ゆうはい》株《かぶ》が必要だったのである。

オリックスは一〇億ドル近い資金を借り、ピューが持つ株式を一株およそ五〇ドルで買い戻すことにした。これはかなりの負担になるが、オリックスがこのまま成長を続けていけば、いずれ負債は返済できる。そう思ったハウプトフューラーは、ピューがオリックスにではなく公開市場で株式を売却すれば株価が下落するおそれがあると言って、同僚を説得した。また、ハウプトフューラーには別の不安もあった。ピュー財団が株式を保有していると、オリックスの取締役のうち三人をピュー財団の代表が占めることになる。この代表たちが、今後の有望なプロジェクトへの投資に反対するかもしれない。それなら、財団に現金を渡して手を引いてもらったほうがいい。

一部の従業員もこの決断に賛成した。オリックスが株式を買い戻さなければ、株式がライバル企業の手に渡り、合併や大幅な雇用削減を迫られる心配があったからだ。従業員の多くは、業界が厳しい局面にあった時期にほかの石油会社で解雇された経験があり、それを二度と繰り返したくないと思っていた。

だがそれ以外の従業員は、オリックスの負債が増えるのを懸念した。会社はすでに、BPからの資産購入のため負債をため込んでいたが、これにより負債の総額は三〇億ドルを超えることになる。オリックスの時価総額に匹敵する額だ。信用格付会社のムーディーズは、借入が「すでにかなりの額にのぼっている」状況でさらに借入を増やす同社の決定を受け、オリックスの格付を引き下げた。

ハウプトフューラーが義父を助けようとしているのではないかと不満を述べる従業員もいた。義父のロバート・ダンロップはピュー家の一員だと思い込んでいたからだが、実際のところダンロップは、かつてサン・オイルの会長を務めてはいたものの、ピュー家の一員ではない。だが、ダンロップはピュー財団の役員を務めていたうえ、一族の資金を管理する会社の理事でもあった。したがって、やはりこの株式の買い戻しで利益の相反《そうはん》が生じることになる。

　オリックスの大半の従業員は知らなかったが、この買い戻しが行なわれた本当の原因は、ハウプトフューラーが舞台裏の駆け引きに失敗したからにほかならない。後に財団に対して起こされた訴訟《そしょう》によれば、ピュー財団の理事長トーマス・ラングフィットがハウプトフューラーらオリックスの幹部に、財団が持つオリックスの株式を買い戻さなければ、その株式をライバル会社に売却すると言って、オリックスの独立を脅《おびや》かしたのだという。ピュー慈善財団は、シビックジャーナリズム〔ジャーナリストが市民の要請を受けて取材を行ない、市民とともに問題を解決する経過を報道する活動〕を支援するなど、品行方正なイメージがあるが、実際にはこんな脅《おど》しめいたことをしていたのだ。《インスティテューショナル・インベスター》誌のジャック・ウィロビーはこれを、「グリーンメール」になぞらえている。グリーンメールとは、標的にした企業の株式を買い集め、その企業にそれを高値で買い取るよう迫る手法である。

　ハウプトフューラーは当時をこう回想する。「彼らはわれわれの頭に銃を突きつけて、『私たちの持つ株式を買い戻さなければ、その株式をほかの会社に売る』と言った。会社にとって重要なのはこれからだと思っていたから、それを受け入れるしかなかった」。つまり、他社との合併は避けたかったということだ。

　だが後に、それがピュー財団のこけおどしにすぎなかったことが判明した。

　ウィロビーの記事によると、財団の資金を管理する会社の最高執行責任者だったピーター・ブラウンが法廷証言でこう述べている。「わが社の顧問は、オリックスの株式を買ってくれる第三者なんてどこにもいないと言っていたが、その第三者が実際にいるとオリックスの幹部に思い込ませることができた。そのため彼らは、その株式を他社に奪われまいとした」

　さらにブラウンはこう証言している。「オリックスは、（財団が他社に株式を売ろうとしているという）噂が市場に広まることを、病的なまでに心配していた」*8

　ハウプトフューラーは言う。「ピュー財団の理事長はわれわれに、手持ちの株式を売却するつもりだと言っていたが、単なるこけおどしだったのかもしれない。もしそうなら、理事長は嘘をついたことになる」

オリックスが株式の買い戻しを拒否し、公開市場で株式を売却するようピュー財団に申し出ていたとしたら、この売却によりオリックスの株価は下落したかもしれない。だが会社は莫大な負債に悩まされることもないまま、アメリカ全土で水平掘削を続けていけたことだろう。しかし実際には、オリックスは株式を買い戻し、財政状態を悪化させた。「負債まみれになった」とハウプトフューラーも認めている。

ハウプトフューラーは投資家たちに、今後も会社の成長や石油価格の安定が見込めるため、負債は返済できると請け合った。石油価格がこのまま上昇を続けるとは思っていなかったが、下落するとも思わなかったのだ。

転落

ところが、アメリカがイラク軍を制圧し、世界的に石油が不足する不安が解消されると、すぐに石油価格は下落した。その後一九九〇年代が終わるまで石油価格は低い状態が続いたため、オリックスの利益は枯渇し、その株価も下がる一方となった。会社はもはや借金に押しつぶされそうだった。そのうえオースティン・チョーク層地域からの産出も次第に減ると、リストラを進め、給与を凍結せざるを得なくなった。

オリックスはこの事態を打開しようと、テキサス州のほかの地域や、ノースダコタ州のバッケン・シェールやコロラド州のナイオブララ・シェールなど、ほかの有望な岩石層で水平掘削を試してみた。こうした試掘場所のなかには、あのバーネット・シェールもあった。ちょうどジョージ・ミッチェルがその地域の掘削を強化し始めたころである。ミッチェル・エナジーも、オリックスの動向を興味深く見守っていた。するとオリックスのデータも、バーネット・シェールに原油があることを示唆《しさ》していた。ハウプトフューラーが一九九三年にダラスでスピーチした際にあれほど楽観的だったのは、このデータがあったからだった。

だが結局、オリックスの試掘は失敗に終わり、バーネット・シェールに掘削された坑井もふさがれ、遺棄された。その最大の理由は、バーネット・シェールやバッケン・シェールなどの岩石層から原油や天然ガスを採取するのに必要なフラッキング技術に、同社が習熟していなかった点にある。それらの岩石層は、オースティン・チョーク層ほど透過性が高くなかった。

ボウドンは言う。「ほとんどのシェール層を掘削したが、手をつけるのが少し早すぎた。わが社にはフラッキングの技術がなかったからね。技術の飛躍的発展に欠かせない魔法の鍵はそこにあった」

それに、オリックスは水平掘削に熟達していたとはいえ、まだ一〇〇〇メートル程度しか掘削できず、それが効果を半減させていた。

オリックスが掘削場所探しで不運に見舞われ続けたことで、状況はさらに悪化した。同社の地質学者ジェフ・ロバーツは言う。「バーネット・シェールではかなりいいところまでいったんだが、ちょっと北に離れすぎていた。フェンス際《ぎわ》まで届く大きなフライは何本も打ったが、ホームランにはならなかった、という感じかな。（中略）本当にがっかりしたよ」

やがて、新たな坑井で水平掘削を行なう資金も底をついた。オリックスは従業員を解雇し、資産を売却した。アメリカ国内の掘削にかかわる従業員や資産がその対象になった。

「石油価格の下落で、（革新的な掘削技術の）採算がとれなくなった」とハウプトフューラーは言う。

株価の下落を食い止める努力はすべて無駄に終わり、一九九四年には一五ドルを下まわった。ジェームズ・ボンド映画に出てきそうな名前を持つ最高財務責任者エドワード・マネーペニーなど、ほかの幹部たちにも、株価を支える方策は何もなかった。ハウプトフューラーは、ウォール街の寵児《ちょうじ》から嫌われ者に転落した。

「みじめすぎて見ていられない」。一九九四年末、ニューヨークの証券会社ゲインズ・バーランドのアラン・ゲインズは、オリックスについて《ビジネスウィーク》誌にそう語っている。オリックスの株価の下落に賭けて利益をあげていたゲインズは、三年連続でハウプトフューラーに「ジャック・ケヴォーキアン賞」を贈った。これは、企業の自殺的行為にもっとも貢献した経営者に贈られる賞である。「石油価格が上がると思っていた人はけっこういたが、それに全財産を賭けた人がどれだけいる？」*9

やがて、減少する一方の資金をめぐって内部分裂が起きた。生産部の幹部は、オリックスにとって大切な現金を生み出しているのは自分たちだと主張し、予算の増額を要求した。

すると探査部のベテラン従業員が、会社の生死の鍵を握る新たな鉱床を見つけられるのは自分たちだと反論した。

相次ぐ解雇や資産の減少により、ハウプトフューラーは社内でも疎《うと》まれる存在になった。一九八八年から一九九四年末までの間に、オリックスは二〇〇〇人の雇用を削減し、従業員数は一二〇〇人にまで減った。従業員とのぎこちないやりとりもハウプトフューラーのマイナスイメージをさらに悪化させるばかりで、従業員はこのままこの人物に会社を任せておくことに疑問を抱くようになった。

一九九四年秋、六三歳のハウプトフューラーは契約満了の一年前に辞職を決めた。ウォール街のアナリストはそれを好感した。辞職に伴い送別会が催されたが、ボイコットする従業員もいたという。

ライバル企業のなかには、オリックスの経営陣に同情を示す者もいた。ライバル会社アパッチの最高経営責任者レイモンド・プランクは当時こう述べている。「タイミングが悪かった。運に恵まれなければ多くの関係者が姿を消す」[*10]

ハウプトフューラーのあとを継いだボブ・カイザーは、海外での掘削プロジェクトに取り組んで評判を高めていた人物だった。この一年前にオリックスは、当時のエネルギー企業に人気の場所だったメキシコ湾での掘削に、なけなしの資金六〇〇〇万ドルを投じていたが、会社の衰退を食い止めるには至らなかった。[*11]

一九九八年秋、オリックスの株価は一〇ドル強まで下落した。相変わらず低迷する石油・天然ガス価格が、最後の致命的打撃となった。同年一〇月、オリックスは、オクラホマ州に拠点を置くライバル企業カー・マギーによる買収に合意した。クリスマス休暇に入る前、カイザーはいまだ残っている従業員六〇〇人を招集し、新たな会社で仕事を続けられる人もいれば解雇される人もいると語った。

その場にいた三人の従業員の話によれば、カイザーはこんなジョークを言ったという。「このなかに一人、まだ仕事を続けられる人間がいる。それは私だ」。そしてさらに、誰もが自分同様、オリックス売却後の人生に適応していくしかないと述べた。

「私はオクラホマシティに引っ越すつもりだ。妻は新たなかかりつけ医を探さなければならなくなるだろう。みなさんもオフィスに戻って、新たな仕事につけるのかどうか上司に聞いてくれ。それでは、よいクリスマスを」(カイザー自身は、そんなことを言った覚えはなく、買収後の自分の立場は保証されていなかったと述べている。「本当にそんなことを言ったのだとしたら、それは従業員を鼓舞《こぶ》するためだった」という）

オリックスの従業員は口をぽかんと開け、互いに顔を見合わせた。カイザーの心ない発言についてジョークを飛ばす者もいれば、動揺して何も言えない者もいた。間もなく、数百人の従業員が解雇された。カイザーも仕事を失ったという。

こうしてオリックスは、栄光への道を進むかに見えたこの会社にとっても、目覚ましい業績に手が届きそうなところまで来ていた経営陣にとっても、不名誉な敗北を喫した。ハウプトフューラーは、在任期間中に受け取ったオリックスの株式数万株を売却していなかったため、ほかの株主ともども損害を被《こうむ》ることになった。ただし、ポートフォリオを分散させていたため、さほど大きな痛手を受けたわけでもない。

ハウプトフューラーはその後、一九二九年にフィラデルフィア郊外に建てられたペンシルベニア風の石づくりの邸《てい》宅《たく》（寝室が一〇もある）に引きこもり、二〇一三年八月に死ぬまで、そこで妻のバーバラと過ごした。その年の初め、ハウプトフューラーはオリックスでの経験についてこう語っている。「残念だった。石油の価格が思った以上に下がった。それがわかっていたら、あんな賭けには出なかっただろうな。いまだから言えることだがね」

ケネス・ボウドンやジェフ・ロバーツなど、水平掘削の可能性を信じていた一部の従業員は、解雇されるか辞職した。だがその多くは、新たな会社に入ったり独立したりして、そこで水平掘削技術の改良を続けた。こうした地質学者やエンジニアが、アメリカの何百万エーカーもの土地の取得や掘削に貢献し、この国のエネルギー革命において重要な役割を果たすことになる。

ボウドンは言う。「オリックスの経営陣は、エネルギー業界を一変させる革新的なテクノロジーを活かせなかった。石油メジャーのあとを追いかけていれば成功できると思っていた。だが実際には、メジャーがイノベーターのあとを追いかける場合のほうが圧倒的に多い。確かにオリックスはなくなったが、その遺産は、いまだイノベーションを続け、限界を乗り越えようとしている人たちの心のなかに生き続けている」

一方ジョージ・ミッチェルは、ロバート・ハウプトフューラーやオリックスのような過ちを回避できる自信があった。バーネット・シェールから天然ガスを採取する方法が見つかるときが来ると確信していた。

だが間もなく、予想もしなかった強大な敵に行く手を阻《はば》まれることになる。

第三章

ミッチェル・エナジーの不動産事業

一九九三年夏のある日、ジョージ・ミッチェルは真新しいミントグリーンのキャデラックに乗って、記者二人に会いに行った。気分は上々だった。

はげかかった頭をきれいに整えた七四歳のミッチェルはその日、《ウォール・ストリート・ジャーナル》紙の記者にウッドランズを案内することになっていた。ミッチェルがヒューストン郊外に建設した、こだわりの計画都市である。そのころになるとウッドランズは、三万六〇〇〇人の住人が暮らすまでに成長していた。ミッチェルは記者をその場に連れていくと、もう少しすればここの人口は一〇〇万人になると言い、ミッチェル・エナジーがこのプロジェクトに六億ドルも投じた事実を正当化した。

エネルギー価格が低迷し、テキサス州の経済は疲弊していたが、ミッチェルはこのうえなく上機嫌だった。ミッチェル・エナジーはいまだ、相場より高い価格でシカゴに天然ガスを供給する契約を維持しており、そのためにライバル企業ほどの痛手を受けずにすんでいる。その夏には、会社の株価が二七ドルに達し、ジョージ・ミッチェルの純資産は七億ドルを超えた。そのなかには、ミッチェル・エナジーの六〇パーセントに及ぶ株式のほか、故郷のガルベストンにある一七のホテルやレストラン、店舗が含まれる。ミッチェルはこれらの不動産に、六五〇〇万ドルもの私費を投じていた。家計を助けるために狩りや釣りをしていた若いころにはとても想像できなかったほどの財産である。

ジョージ・ミッチェルは、新時代のエネルギー王となって戻ってくると、地元のガルベストンで定期的にパーティを開いた。マルディグラの祭り〔謝肉祭の最終日に開かれる〕では、自らおどけて顔に伝統的な青い猫のペイントを施《ほどこ》した。ミッチェルはまた、さらに一七〇〇万ドルもの私費をかけ、ウッドランズに妻の名前を冠したパビリオンを建設した。そしてこの施設の目玉公演として、ヒューストン交響楽団を定期的に招聘《しょうへい》した。演奏家たちが暑いと不満を漏らすと、屋外ステージに空調機器まで設置したという。

まさに飛ぶ鳥を落とす勢いだった。だがある日、ガルベストンに帰ると、ジム・ヤーブローという地元の名士が不安げな顔で近づいてきた。

ミッチェルは、ウッドランズとガルベストンにかなりの額を投じていたが、個人的に入れ込んでいたどちらのプロジェクトも、さほど利益をあげてはいなかった。それに、その資産の大半は自身の会社の株式が占めていたが、ミッチェル・エナジーはいまだ、バーネット・シェールから天然ガスを採取する方法を見つけておらず、いずれ見つかるという保証もない。そのため、会社をいつまで存続させていけるのかという不安は常にあった。

「ジョージ、私は毎晩、きみやきみの財産のために祈っているよ」。ヤーブローはミッチェルに会うなりそう言った。[*1]

翌年の秋になると、ヤーブローの懸念が現実味を帯びてきた。ミッチェル・エナジーの株価が下落を始め、やがて一七ドルへと三分の一以上下がった。投資家のなかには、ミッチェルが不動産を重視するようになったのは、エネルギー事業が失速しつつあるからではないかと考える者もいた。ミッチェルがこれほどの時間を牧歌的なコミュニティの構想に費やす理由が、それ以外に思いつかなかったからだ。実際、バーネット・シェール以外でのミッチェル・エナジーの天然ガス産出量は、過去一〇年でほぼ半減していた。それにウォール街には、シェール層からいずれ天然ガスを採取できるようになると考える者は一人もいなかった。

開発の難しい岩石層の掘削に挑むミッチェルに疑念を覚えたとしても無理はない。アメリカには、原油や天然ガスが豊富にあると言われながら、試掘が不成功に終わって業者を大いに落胆させた地域が無数にある。バーネット・シェールもそんな地域と同じで、結局は期待外れに終わるのではないかと思えたのだ。

たとえば、ミネソタ州の一部は以前から、原油や天然ガスが大量にあると考えられてきた。記録を見るかぎり、同州で最初に天然ガスが発見されたのは、一九世紀後半のことらしい。当時の報道によれば、フリーボーンという小さな町で偶然ガス鉱脈が見つかり、掘り当てた瞬間「勢いよくガスが噴き出すものすごい」音がしたという。地元の新聞の一八八五年の記事にはこうある。その土地を所有していた幸運な男は、新たに発見したこの天然ガスをどうしようかと思案した。さまざまな選択肢を考慮しながらパイプに火をつけると、突然「ほおひげが燃え上がり、床屋の手を借りることなくきれいにカットされた」

　このほおひげのニュースを聞きつけ、掘削業者がその地域に殺到した。ミネソタ州のほかの地域でも原油や天然ガスの発見が報じられ、さらに熱狂をあおった。地元の実業家が資金を提供し、試掘のプロが掘削を始めた。なかには、占い棒を使って掘削地点を選ぶ者もいた。占い棒とは二又《ふたまた》に分かれた枝や棒で、原油や天然ガスのありかを教えてくれると言われていた。いわば、にせの金属探知機である。

　数年後、有名な「占い師」が二五〇ドルの報酬を受け、オハイオ州からミネソタ州にやって来た。『ミネソタ州の地質学・博物学的調査』によれば、この男が「その土地にさしかかると、特定の場所でとても耐えられないほど激しいけいれんや震えに襲われた」という。だが残念ながら、そのあたりでいくら試掘をしても何も見つからなかった。一九七九年に地元紙が新たな石油探査について取材した際、ミネソタ州地質調査センターの元所長はこう述べている。「金ならラスベガスで使え。成功して故郷に帰れる可能性を考えたら、そのほうがはるかにいい」

　それに、これまで無視されてきた岩石層でいちかばちかの勝負をしたのは、ジョージ・ミッチェルが初めてというわけではない。たとえば、一九〇〇年代以降、オイルシェール（油頁岩《ゆけつがん》）が豊富にあるコロラド州、ユタ州、ワイオミング州への関心が、薄れては高まる状態が繰り返されてきた。オイルシェールは、シェールオイルと名前は似ているが、こちらは有機物を豊富に含む岩石を指し、高濃度の油母《ゆぼ》を含んでいる。油母とは原油の前駆《ぜんく》物質で、「一〇代の原油」とも呼ばれる。それから何百万年も圧力を加えられて、ようやく原油になるからだ。*2

　政府の報告書によれば、これらの州の岩石は、世界全体の原油の埋蔵量に匹敵するエネルギーを含んでいる。そのうえ、地表の近くにあって見つけやすいという。第一次世界大戦が行なわれていたころ、《ナショナル・ジオグラフィック》誌はこう予測した。オイルシェールが「いかなる需要も満たせるほどのガソリンを提供」してくれるため、「自動車を所有する人はいつまでもドライブを楽しめるだろう」[3]

だが、この岩石への熱狂的な関心は次第に消えてなくなった。オイルシェールを加熱して油母を採取するのに膨大なコストがかかるうえ、この採取が環境に悪影響を及ぼすからだ。

アメリカのあちこちで繰り返されたこうした失敗の経験を見れば、専門家や業界関係者たちが、バーネット・シェールに取り組むジョージ・ミッチェルを非現実的だとからかうのも納得できる。世界的な石油企業は一九八八年から一九九二年までの間に、アメリカ国外での探査・開発に一五〇〇億ドルを超える資金を投じてきた。国内に投じてきた資金よりおよそ五〇パーセントも多い額である。これはつまり、アメリカに残された価値がいかに少ないか、外国の地がいかに魅力に富んでいるかを示している。

〝ジョージ、シェール層の掘削がうまくいくことを祈っているよ。何か見つけたら教えてくれ。われわれはアフリカで大もうけしてくるから〟大手企業はそう言っているようだった。

ミッチェルは、さまざまな地域で不成功が繰り返されたことも、非在来型の岩石層の掘削が何度も失敗に終わったことも知っていた。だが、バーネット・シェールの初期試験の結果は希望を抱かせるものだった。それにミッチェルもそのスタッフも、すでにほかの場所では、開発の難しい岩石層に亀裂を入れ、そこから天然ガスを採取することに成功している。それを、今度はテキサス州のシェール層で実現すればいいだけだった。

いずれにせよミッチェルには、ほかにいい選択肢がなかった。「細孔《さいこう》からガスを抜き出し、パイプラインに流し込むしかないと思っていた。ガスを見つけようと必死だったよ。うちにとってシカゴはすばらしい市場だ。それを失うわけにはいかなかった」

ミッチェルの挑戦には、会社を存続させる以上の意味があった。契約により高報酬を保証された野球選手でも、ベンチに戻されたり大敗を喫したりすれば癇癪《かんしゃく》を起こすことがある。それと同じようにミッチェルの自尊心も、油田やガス田を見つけられるかどうかにかかっていた。石油や天然ガスに身も心も捧げている山師たちはみなそうだ。そのため、大企業からばかにされても、心の炎はいっそう燃え立つばかりだった。

だが投資家や同僚たちは、ミッチェルの事業の焦点があまりに定まらないため、シェール層の掘削も成功させられないのではないかと不安に思っていた。ミッチェルは、バーネット・シェールのプロジェクトを主導する一方で、ウッドランズのささいな設計にまでかかわっていた。一九九三年には、会社が掘削する一五〇以上の坑井《こうせい》それぞれを承認すると同時に、ウッドランズのおよそ九〇キロメートルに及ぶ自転車・歩行者専用道路沿いに野草を植えるプロジェクトを指揮していた。そのうえさらに、ガルベストンのホテルのソーダスタンドに置くアイスクリームの選別さえ自分で行なっている（ハーゲンダッツではなく、テキサス州に本社を置くブルー・ベル・クリメリーズのアイスクリームにした）。

一九九三年七月、証券アナリストのトーマス・ルイスはこう述べている。「ミッチェルは改造車にばかり時間をかけ、家庭用のステーションワゴンにはまるで手をつけないアマチュア整備士のようだ」*4

投資家は次第に、ミッチェル・エナジーの収入の二〇パーセントも稼いでいない不動産事業を煩《わずら》わしく思うようになった。ミッチェルがどんな夢を見ているにせよ、いずれか一つの事業を選んでそれに専心し、これまで以上の成果を出すよう求める声が高まっていた。

その年の暮れ、ミッチェルの右腕として、会社の探査・生産部門の責任者を務めていたドン・コヴィが、飛行機でヨーロッパへ向かっている間に心臓病で死亡した。シェール層の掘削を熱心に支持していたコヴィを失い、バーネット・シェールのプロジェクトはさらなる打撃を被《こうむ》った。

そこでミッチェルは一九九四年、会社の実権の一部を手放すことにし、この業界のベテランでミッチェル・エナジーの後継者と目されていたW・D（ビル）・スティーヴンスに、社長と最高執行責任者の座を譲った。会長と最高経営責任者は引き続きミッチェルが務めたが、バトンは次の世代へ引き継がれた。

その結果、ミッチェルは七五歳にして、シェール層の秘密を暴こうとする孤独な取り組みを阻《はば》む、予想外の新たな敵に立ち向かわなければならなくなった。もはやこの挑戦が終わるのも時間の問題だった。

エクソンから来た男

ビル・スティーヴンスは、一九九二年になって突然、それまで勤めていたエクソンを辞職した。この大手石油・天然ガス企業で三〇年以上働き、同社の上級幹部職とされるアメリカ事業部の部長にまで昇り詰めていた人物である。一般従業員からの人望も厚く、まさに華々しい出世街道を歩んでいたところだった。

だが一九八九年三月、同社の巨大タンカー《エクソンバルディーズ》号が座礁《ざしょう》し、原油流出事故を引き起こすと、スティーヴンスのキャリアもその巻き添えを食った。タンカーが積んでいた二五万バレルもの原油がアラスカ沖の氷海に流れ出し、アメリカ史上最大の環境災害を引き起こしたのだ。

アラスカからの原油輸送を管理する部門を指揮していたスティーヴンスは、流出から四八時間もたたないうちに現地へ飛び、その後の影響への対処に最善を尽くした。連邦議会で証言した際には、エクソンの対応を擁護したが、会社の危機管理計画が不十分だったことは認めた。後にこの事故を題材に製作されたテレビ映画『*Dead Ahead*』にも、彼の姿が描かれている。

当時の報道によれば、この大事故の後、スティーヴンスはコストや人員の削減をめぐって経営陣と対立するようになったという。そして一九九二年二月、三五年勤めた会社を辞職した。[*5]

エクソンを辞職して間もなく、スティーヴンスはミッチェル・エナジーの取締役に迎え入れられ、たちまちジョージ・ミッチェルやその一族の信頼を勝ち得た。会社の資金の使い方を厳しく問いただし、その意思決定プロセスを改善し、厳しい時代が目前に迫っていると役員たちに遠慮なく警告したからだ。会社がこのまま新たなガス鉱床を見つけられず、残りの産出分を安い市場価格で販売しなければならないとしたら「どうなると思う」？　そう尋ねられると、ミッチェルもほかの役員も、状況が想像以上に切迫していることを理解せずにはいられなかった。

一九九四年、ミッチェル・エナジーの社長、最高執行責任者、探査・生産部門のトップに五九歳のスティーヴンスが就任した。すると投資家たちは、これで会社はようやく不動産から手を引き、石油や天然ガスの掘削に専念するようになるだろうと考えた。そして、大半の大手エネルギー企業同様、投資を外国にシフトしてくれるのではないかと期待を寄せた。

スティーヴンスがシェール層掘削プロジェクトを縮小す

るという期待には、それなりの根拠があった。彼は以前から、バーネット・シェールへの取り組みを縮小する運動をひそかに展開していた。あの岩石層からの天然ガス採取はコストがかかりすぎ、とても成功するとは思えないと役員や幹部に訴えていたのだ。

バーネット・シェールの大半は掘削に向かない「何の価値もない土地」だと、スティーヴンスは考えていた。そのため、ミッチェルがシェール層の掘削を拡大する計画を持ち出すと、ときには露骨に失望をあらわにした。取締役会の席でミッチェルに直接異議を唱えることはなかったが、その代わりに息子のトッドに警告した。目前に迫る重大な危機を息子に訴えれば、父親のジョージもそれに耳を傾けてくれるかもしれないと期待していたのだろう。

トッド自身も、バーネット・シェールの可能性に大きな疑問を感じていた。何らかの理由で天然ガスの価格が上がりでもしないかぎり、シェール層の掘削は費用がかかりすぎて利益にならないと、以前から父親に話していた。そんなときにスティーヴンスの警告を聞いたため、トッドは会社の将来についてますます不安を抱くようになった。

そのためトッドはやがて、この会社での自分の仕事は、「現在の状況がいかに切迫しているかを父親にわからせる」ことにあると考えるようになったという。

ある日、またしてもスティーヴンスから警告を受けたトッドは、父親のもとへ行き、社長から聞いたばかりの言葉を伝えると、こう尋ねた。「どこが納得できないのか教えてくれないか？」だがジョージは、笑顔で息子を追い払うだけだった。心配性の男たちに気勢をそがれるのが嫌だったのだ。

それでもたいていは、スティーヴンスもトッドも不満を心のなかに押し隠していた。ジョージ・ミッチェルは言う。「死に物狂いでガスを探している私を怒らせたくなかったんだろう」

だがやがてほかの従業員にも、スティーヴンスがバーネット・シェールのプロジェクトに不満を抱いていることが知れわたった。社内では次第に、シェール層での取り組みは、成功しそうもないのに会長が個人的に入れ込んでいるだけのプロジェクトだと思われるようになった。ニコラス（ニック）・スタインスバーガーを始め、バーネット・シェールのプロジェクトを指揮していた幹部たちは窮地《きゅうち》に立たされていた。

バーネット・シェールに賭ける

一九九五年、ニック・スタインスバーガーはバーネット・シェールのフラッキング事業を指揮する地位に昇進し、期待に胸を躍らせた。インディアナ州出身のこの男は、子どものころから工学や地質学に多大な興味を抱いていた。七年生のときに書いた作文の題材に、大手石油会社の合同事業である「THUMSプロジェクト」を取り上げたほどだ。一九六〇年代後半に石油大手五社がカリフォルニア州ロングビーチの地下を掘削したこと、地下から抜き取った原油や天然ガスの代わりに水を流し込み、街の地盤沈下を防いだことを書いたという。

「こんなにすばらしい学問はないと思った。山や大地がどう形成されたのかとか、そんなことを知るのが本当におもしろかった」と当時を振り返る。

両親は、息子が好奇心を深めつつある学問とはまるで縁がなかった。父親はリベラル寄りの政治学の教授であり、母親は看護師だった。だがそれでも二人は、息子に好きな道を歩ませた。

スタインスバーガーは、オースティンにあるテキサス大学で石油工学を勉強すると、エンジニアとしてミッチェル・エナジーに入社した。一九九〇年代の初めまでは、会社の数千もの油井やガス井を管理する仕事に従事していたが、一九九五年秋、バーネット・シェールの坑井のフラッキングを担当していたジム・アディソンがウッドランズの本社へ異動になると、その後任に指名された。

その当時すでに、シェール層で天然ガスを採取する挑戦は社内で不評を買っていたため、スタインスバーガーの新たな地位は、何かの褒賞《ほうしょう》というよりブービー賞のようなものだった。「あのころは、バーネット・シェールから遠ざかるのが昇進だった」と、アディソンの異動を回想して悲しそうに言う。

会社はその地域に二〇〇を超える坑井を掘削していたが、貴重な資金を使うばかりでほとんど利益はなかった。天然ガスの価格は低迷し、業界全体が苦境に陥り、バーネット・シェールから相当量の天然ガスを採取できる見込みも薄い。その年の初めごろに開かれた幹部会議でスタインスバーガーは、経営陣が陰鬱《いんうつ》な気分に包まれているのをはっきり感じ取った。

「あと数年掘削したらあきらめようかな」。ある幹部はそう言った。

　スタインスバーガーは当時をこう振り返る。「経営陣は近いうちにバーネット・シェールのプロジェクトを見捨てるつもりだった。誰もがあらゆる業務に厳しい目を向けていた。業界全体が沈み込んでいたからね」

　物腰が柔らかく、三一歳という年齢より若く見えるスタインスバーガーはそれでも、この会社にもできることはあると大きな希望を抱いていた。シェール層から天然ガスを採取する方法を見つけられるといまだ信じている数少ない幹部のなかには、ジョージ・ミッチェルもいた。だが、そのころにはもうミッチェルは、会社の日々の業務の運営に携《たずさ》わっていなかった。

　もはやミッチェル・エナジーで力を握っていたのは、ビル・スティーヴンスだった。スティーヴンスがバーネット・シェールについて、ミッチェルとはまったく異なる見解を抱いていることは誰もが知っていた。

　ある日の午後、会社の掘削プロジェクトについて話し合っていた際、スタインスバーガーはスティーヴンスから、シェール層は「手のつけようがなく」、時間の無駄だと言われた。「スティーヴンスはエクソン出身だから、シェール層に価値はないという大企業の考え方を受け継いでいた。メジャーには、辛抱強く時間をかけてシェール層をものにしようという気がない。アンゴラなどにある場外ホームラン級の油井にしか興味がないんだ」

　一方、スティーヴンスはこう主張する。「考えるべきは、バーネット・シェールで水圧破砕法を行えるかどうかではない。それをコスト効率よく実施して利益をあげられるかどうかだ。われわれの仕事は穴を掘ることではなく、利益をあげることなのだから」

　スタインスバーガーやその部下は、引き続きバーネット・シェールの掘削に取り組み、そこに閉じ込められた天然ガスを外に逃がす亀裂や穴を生み出そうと、さまざまな液体やゲルを岩石にぶつける実験を繰り返した。岩盤を砕くために使っていた液体はほとんどが水だが、それに加え、開いた亀裂がふさがらないようにするための砂や、砂を送り込んだり岩盤をほぐしたりするさまざまな化学物質や粘度の高いゲルを混ぜていた。ゲルは、グアーという植物の種子をすりつぶしたものを使った。インド北西部の極貧の村で収穫される小さなマメの一種で、値は張るものの、坑井の奥まで砂を送り込むための増粘剤《ぞうねんざい》の役目を果たしてくれる。

ミッチェル・エナジーは、何も特別なことをしていたわけではない。アメリカ各地で堅い岩石層のフラッキングに取り組むほかの業者も、水、砂、化学物質から成る同じような混合液を使っていた。ただしスタインスバーガーらは、化学物質や添加剤の新たな組み合わせを試していた点に違いがあった。

ジョージ・ミッチェルは言う。「ありとあらゆる物質を試したよ。重水《じゅうすい》、油、プロパン、エタン、何でもだ」

結局のところ、スタインスバーガーもほかの業者も、シェール層のフラッキングには望みどおり成功した。だが、出てくる天然ガスの量が少なすぎた。手の届くところに解決策があるようには思えず、スティーヴンスらがこのプロジェクトからいつ手を引いてもおかしくない気がした。

「いつまでもシェール層にかまけていられるわけじゃない。プレッシャーを感じたよ」とスタインスバーガーは言う。

一九九五年、長年にわたりミッチェル・エナジーの重要な顧客だったアメリカ天然ガス・パイプライン社が、ミッチェル・エナジーから天然ガスを購入する二〇年契約を打ち切った。契約が満了する二年前のことである。ミッチェル・エナジーは、高値での購入を保証してくれていた顧客を失った。とはいえ、ガス井の産出は減少しているものの、シカゴ地区に天然ガスを販売できなくなるわけではない。だがこれからは、その販売価格は安い市場価格に基づいたものになる。いまや天然ガスの価格は、一〇〇〇立方フィートあたり二ドル前後にまで落ちていた。これほど悪いタイミングはない。

不運はさらに続いた。一九九六年三月、ミッチェル・エナジーの天然ガス事業が近隣の井戸水を汚染しているとして、八人の原告グループが訴訟《そしょう》を起こし、ワイズ郡の陪審《ばいしん》員《いん》が原告の訴えを認めた。四〇〇万ドルの損害賠償金、および二億ドルの懲罰的《ちょうばつてき》損害賠償金がミッチェル・エナジーに科されると、この会社ももうおしまいだと言われた。ミッチェル・エナジーの資産は当時、九億ドルを割っていたからだ。従業員の士気は下がり、同社の株価も下がった。ただしこの判決は、後に覆《くつがえ》されている。

それ以前からジョージ・ミッチェルは、この会社にはエネルギー事業と不動産事業の両方を続けていくだけの資金がないことを認めていた。シェール層から天然ガスを産出する方法も、とても見つかりそうにない。そのため、エネルギー事業を売却して不動産事業に専念するアイデアを口にするまでになっていた。ところがこの訴訟事件が起き、エネルギー事業の売却もできなくなってしまった。

ミッチェルは結局、バーネット・シェールの掘削に専念することに決めた。スティーヴンスらがどう考えているにせよ、会社の完全崩壊を回避するために残された選択肢はそれしかなかった。エンジニアや地質学者を鼓舞《こぶ》しようと、彼らと絶えず連絡をとり合った。もはや、シェール層から天然ガスを採取するアイデアに頼るほかない。

ミッチェルは夜に自宅で家族と過ごしているときも、どうすればいいのかを考え、ときに悲観的になった。「いろいろと考えたよ。ガスがたくさんあるというのに、なぜそれをものにできない？　お金を浪費しているとまわりから言われて、くじけそうになることもあったが、何らかの解決法があると信じていた」

残された時間はあまりなかったが、それでもあきらめなかった。一九九六年に天然ガスの価格が上がると、バーネット・シェールでの費用のかかる掘削も多少は受け入れてもらえるようになった。だが、十分なガスが採取できなければ意味がない。

かつては陽気で楽観的だったミッチェルも、いらいらして怒りっぽくなった。その地域の掘削グループが、ある坑井の掘削をあきらめ、月曜午前の会議でミッチェルにその理由を説明すると、打ち続く失敗にとうとう堪忍袋の緒が切れ、怒鳴り声をあげた。「おまえら、この坑井でやろうとしていることに本気で取り組んできたのか？」[*6]。さらに失敗が重なると、ミッチェルは悪態をつき、不満をぶちまけた。バーネット・シェール部門の幹部だったダン・スチュワードの話によれば、「ひどい言葉を使って、われわれは使いものにならないとはっきり」言ったという。

ミッチェルは、自分の心のなかにもふくらんできた疑念を周囲には決して伝えず、天然ガスを採取する方法が必ず見つかるはずだと訴え続けた。「試験結果が手元にある。あそこには莫大な量のガスがあるんだ」と言っては、エンジニアに発破《はっぱ》をかけた。

常識外れの方法、スリック・ウォーター・フラッキング

スタインスバーガーは、バーネット・シェールに掘った

坑井のフラッキングを監督していたある日、フラッキング水のなかのゲルと化学物質がきちんと混ざり合っていないことに気づいた。ミッチェル・エナジーはこの業務をＢＪサービシズという請負業者に任せていたが、そのスタッフが坑井に送り込んでいるのは、岩盤のフラッキングに一般的に使われる粘度の高いゼリー状の物質ではなく、もっと液状の物質だった。ジョージ・ミッチェルやその部下にとっては、またしても不運な出来事だ。

「単なるミスだった」とスタインスバーガーは言う。

だがスタインスバーガーが確認してみると、フラッキングの結果は驚くほどよかった。ミッチェルのスタッフはそれを知って、たまたま運がよかったのだと思った。間違って不完全な水っぽい液体を使ってしまったのに、かなりの量の天然ガスが出てきたのだ。

それでも確信は持てなかった。水っぽい液体でも、一般的に使われる高価なゲルと同じ程度のフラッキング効果があるのだろうか？

そのころスタインスバーガーは、費用のかかるバーネット・シェール掘削プロジェクトが打ち切られるのを防ごうと、コストを削減する手段を模索していた。岩盤のフラッキングについては、前任者がすでにある程度のコスト削減を実現していた。さらにもっと費用を削減できれば、解決策を見つけるまでの時間を稼げるかもしれない。

数週間後、スタインスバーガーはテキサス州アーリントンで開催された業界のイベントに出席し、テキサス・レンジャーズの試合を観戦した。会場でバーベキューやビールを楽しんでいたとき、ユニオン・パシフィック・リソーシズ（ＵＰＲ）というライバル会社で働く友人のマイク・マイヤーホーファーを見かけたので声をかけてみると、マイヤーホーファーはこんな話をしてくれた。ＵＰＲでは、テキサス州東部のコットンバレーと呼ばれる地域の砂岩層《さがんそう》を掘削しているが、そのフラッキングには、水を主成分とする混合液を使っており、化学物質やゲルはほとんど混ぜていないという。

スタインスバーガーはこの話に興味を抱いた。水っぽい液体を使って効果のあったあの坑井を思い出したからだ。

そこで早速、ＵＰＲのオフィスを訪問し、マイヤーホーファーやその上司であるレイ・ウォーカーがどのような作業をしているのか見せてもらう約束をとりつけた。同じテキサス州の企業でも、ミッチェル・エナジーとＵＰＲとでは掘削している地域が違ったため、スタインスバーガーへの情報提供に喜んで応じてくれたのである。

　カンザス州などでは二〇年以上にわたり、水だけでフラッキングが行なわれていた。これは「リバー・フラック」と呼ばれる。地元の川の水や砂を直接利用する場合が多いからだ。UPRも同じように、水に少しだけ砂を混ぜた液体を使用していたが、それに少量のポリマー（同一種の小さな分子が多数結合してできている、分子または物質。重合体）を加えていた。これは水の面摩擦を抑え、流動性を高める潤滑剤の役目を果たす。このフラッキング水を高圧でぶつけ、緻密な岩盤を砕《くだ》いていた。

　スタインスバーガーは、コストのかかる化学物質やゲルを減らし、もっと水の割合を多くした混合液を使おうと決意して、ミッチェル・エナジーの本社に戻った。まさに大博打《ばくち》だったが、ほかの坑井でもこの安価な液体でガスを産出できる可能性はある。UPRが水で薄めたこの混合液で成功を収めつつあるのなら、ミッチェル・エナジーでもうまくいくのではないか。スタインスバーガーは同僚にそう主張し、この新たな手法を「スリック・ウォーター（滑《なめ》らかな水）」フラッキングと呼んだ。ポリマーを混ぜて流動性を高めた水を利用しているからだ。

「このスリック・ウォーター・フラッキングを試してみない手はない」。スタインスバーガーはウッドランズの本社で生産の専門家たちに訴えた。

　だが大半の幹部は、スタインスバーガーの頭がおかしくなったのではないかと思った。UPRのように、砂岩層に水を使うのは理解できる。しかしシェール層は岩石の性質が異なり、大量の水を使うことはできない。彼らはこう指摘した。シェールは粘土を含んでいる。いわば泥が固まったような岩石だ。粘土は水を吸うとふくらむ。ふくらめば、小さな亀裂もすべてふさがり、ガスが流出できなくなる。子どもの粘土に水をかけるとどうなるか見てみるといい。粘土が水を吸い上げてしまう。

　社内には、スタインスバーガーのいないところで疑念を口にする者もいれば、面と向かって懸念を述べる者もいた。とりわけ、ミッチェル・エナジーのフラッキングを主導していた石油エンジニア、スティーヴン・マケッタは強硬に反対した。生産部門の幹部十数名が集まる半年に一度の重要な会議でも、スタインスバーガーを批判した。

　そのやり取りを見ていた二人の同僚によれば、マケッタはこう言ったという。「そんな方法がうまくいくなら、お

れは学位を捨てるよ」★

★マケッタは、スタインスバーガーのアイデアに疑念を抱いていたことも、スタインスバーガーにそう言ったことも否定している。

その会議の出席者のなかでもいちばん若かったスタインスバーガーは、この辛辣《しんらつ》な批判にたじろぎつつも反論した。このアイデアにはマイナス面がほとんどない。時間と多少の資金さえもらえればいい。それに、うまくいかなければいつでも以前のゲルに戻せる。

マケッタは言い返した。「そんなばかばかしいアイデアがうまくいくものか」

やがてマケッタは、スタインスバーガーに話しかけてこなくなった。スタインスバーガーのキャリアは間違いなく悪い方向へ向かっていた。

危険に身をさらしている。スタインスバーガーはそんな気がしたという。

ミッチェル・エナジーは坑井のフラッキングに、BJサービシズやハリバートンなどさまざまな企業を雇っていた。こうした企業の専門家たちも疑念を表明した。彼らはスタインスバーガーにこう述べた。ゲルがなければ、開いた亀裂がふさがらないようにするための砂をどうやって岩盤に送り込むのか？　そもそも、水が岩に接する必要などない。確かに、フラッキング用のゲル状液体は大量の水を含んでいるが、温度が高い地下に送り込むとゼラチン状の物質になるため、これまでも水が岩に接することはなかった、と。

外部の専門家には、ゲルを推奨する理由があった。ゲルを使ったフラッキングであれば、ゲルを使わないフラッキングよりおよそ二〇万ドルも多く請求できるからだ。いずれにせよ業界の誰もが、フラッキングにゲルや化学物質は欠かせないと考えていた。

スタインスバーガーも、従来の方法を否定しているわけではなかった。だが、これまでの方法ではうまくいきそうになく、何とかしてコストも削減しなければならない。それなら、ゲルを使わず、化学物質を減らし、もっと水を増やす方法を試してみる価値はある。つまり、ミッチェル・エナジーが生き延びて後日また挑戦できるように、会社の資金をなるべく節約しようとしたにすぎない。

「私たちはさまざまな化学物質を投入していた。それほどたくさん試したわけではないが、どれもうまくいかなかった」

ミッチェル・エナジーの幹部たちは、この新たな方法によりバーネット・シェールからの天然ガス産出量が減ることを懸念していた。だがやがて、会社の貴重な資金を節約できるのならと、減産を受け入れる覚悟を決めた。

スタインスバーガーのスタッフは反対派の意見に耳を貸すことなく、この新たな液体で実験を始めた。この方法では、ゲルを使って砂を地下深くまで送り込み、岩にぶつけて亀裂を入れ、その亀裂をできるだけ広げ、開いたままの状態にする従来の方法とは違い、使用する砂の量を減らし、シェール層に微細な亀裂を入れる。天然ガスならきっと、大きな幹線道路がなくても、小道や脇道さえあれば外に出てくるに違いない。

このときに使用した混合液にも、従来の混合液同様、天然ガスの流出を促すさまざまな化学物質が投入されていた。女性用化粧品に使われるポリマーや、スイミングプールの殺菌に使われる塩酸などである。だが、従来の混合液では、化学物質や砂がおよそ一〇パーセントを占めていたのに対し、新たな混合液では、それらがおよそ〇・五パーセントしか含まれていない。ほかはすべて、昔ながらの単なる水である。砂を少量混ぜただけの水を使用していたため、スリック・ウォーター・フラッキングは「ライト・サンド（少量の砂）」フラッキングとも呼ばれた。

ミッチェル・エナジーの幹部は言う。「常識外れのアイデアだったが、あいつには度胸があった。ほかの誰も思いつかないようなことをしたんだ。石油業界に〝肝っ玉〟賞なんてものがあるなら、あいつにあげるよ」

一九九七年五月、スタインスバーガーは幹部連の許可を得て、三つの坑井でこの新たな手法を試してみた。予想していたとおり、主に水を使うフラッキング法を採用したことにより、コストは坑井一基あたり三〇万ドルから八万五〇〇〇ドルに激減した。だが、天然ガスの産出については、期待を抱かせるほどの成果はなかった。スタインスバーガーは言う。「私のことをまぬけだと言う人もいた。そういう人たちは、以前うまくいったのは偶然だと思っていた」

一部の幹部からは、ばかばかしいアイデアで時間と資金を浪費するスタインスバーガーの解雇を求める声もあがった。この会社でのキャリアが終わるのも時間の問題だった。

すると、スタインスバーガーの妻キャスリーンが将来に不安を抱き始めた。自分もパートタイムの看護師として働いているが、二人の幼い子どもを育てなければならないうえ、住宅ローンの支払いもある。スタインスバーガーは当時、エネルギー業界はもう落ち目だから、いまの会社を解雇されたら、別の業界でエンジニアの仕事を探すと妻に伝えていた。キャスリーンはそれを聞き、別の街への引っ越しを覚悟した。

スタインスバーガーは落胆の日々を送った。夜に帰宅すると、真っ直ぐ二階の寝室に向かい、家族に会うのを避けた。将来が不安になるあまり、なかなか眠れなくなった。

「本当に最悪の時期だった。誰も助けてくれなかったからね。ミッチェル・エナジーに就職してから一五年の間にリストラが四回あったけど、次のリストラが目前に迫っていた」

その年、ビル・スティーヴンスは、ジョージ・ミッチェル最愛の計画都市ウッドランズの開発を担当していた部門の売却に踏み切った。その売却益四億六〇〇〇万ドルを使って負債を減らし、株式を買い戻し、残りを探査費用に充《あ》てた。不動産部門を手放したことに投資家たちは大喜びしたが、会社はもはやエネルギー供給事業だけになり、バーネット・シェールに希望を託すほかなくなった。だがスティーヴンスは、その事業さえ手放す方法を模索していた。

是が非でも掘削を成功させる必要があった。一九九七年、ウッドランズにあるミッチェル・エナジー本社で毎週水曜日の午前に開かれる定例会議の席で、ジョージ・ミッチェルはこれまでの成果に不満を述べ、スタインスバーガーやそのスタッフに「もっと気合を入れろ」と述べた。

会社はすでに、一六年以上の長きにわたりこの地域に二億五〇〇〇万ドルもの資金を投じてきたが、成果はほとんどなかった。ミッチェルは苛立《いらだ》ち、上級幹部のダン・スチュワードにある日こう言った。「この難局を打開しようという気がないのなら、やる気がある人間に替えるまでだ」。会議では、こうした悪態や不平を並べるミッチェルの姿がよく見られた。

スタインスバーガーは言う。「会長は誰にでもきつくあたった。みんな会長を怖れていたよ」

シェブロンの躍進と限界

そのころ、ミッチェル・エナジーの幹部たちが知らないところで、レイ・ガルヴィン率いるシェブロンは躍進を続けていた。ミシガン州の圧縮された岩石層がある地域で掘削を始めたほか、有望だとされていたテキサス州南部のイーグルフォードと呼ばれる地域で、いち早く掘削に着手していた。

一九九五年当時、ガルヴィンはシェブロンの北米生産部門の責任者に就任していた。同社の最重要人物五人のなかの一人であり、取締役会のメンバーでもある。そしてアメリカ国内の事業に年間五〇〇〇万ドルもの資金を投じ、シェール層など開発が難しい岩石層を利用する方法の解明に取り組んでいた。まさに、シェールガスの暗号を最初に解いて新たな歴史を開くのにうってつけの立場にあったと言っていい。

ガルヴィンはそのころ、シェール層を利用する方法を突き止められないでいるジョージ・ミッチェルが、もうあきらめて会社の売却を考えているという噂を耳にした。そこでミッチェルに手を差し伸べようかと考えたが、すぐにその考えを捨てた。シェブロンには独自の方法で成功できる自信があったからだ。ガルヴィンのチームはいわば、ゴールラインに迫りつつある短距離ランナーであり、そばで倒れていく競争相手など眼中になかった。

とはいえ、シェブロン内の誰もが、ガルヴィンのチームの取り組みに賛同していたわけではない。ガルヴィンらが「非在来型」天然ガスチームを自称するようになると、「非営利型」グループと称したほうがいいのではないかとからかう者もいた。アイデアは独創的かもしれないが、実質的にはシェブロンに何の利益も生み出さない可能性が高い、と。

一九九六年、同社の海外部門の幹部がアメリカに視察に来た。そしてケント・A・ボウカーなど、ガルヴィンのもとで働く地質学者たちと会い、シェブロンが目をつけている海外の拠点での仕事に引き抜こうとした。その幹部は、アメリカで掘削を続けても無駄だと遠慮なく言った。

「きみたちを気の毒に思うよ。アメリカにはもう大した獲物は残っていない」

この幹部は、相手を侮辱しようとしてこんなことを言ったわけではない。ボウカーらを海外部門に招き入れようとしただけだ。しかし、それを聞いてボウカーはかっとなった。アメリカのシェール層などの可能性を心から信じていたからだ。自分たちは何の望みもないプロジェクトに取り組んでいる負け犬の群れだと言われると、うんざりした。

そのため誘いを断り、ここで満足していると答えた。

だが、少々不安になったボウカーは、バーネット・シェールの天然ガスの埋蔵量について以前の推計値を再検証してみることにした。ちなみに、それまでのミッチェル・エナジーの調査の詳細は、エネルギー省やガス研究所（新たなエネルギー技術の開発を支援する非営利団体）に報告されていた。当初ジョージ・ミッチェルは、ライバル企業が自分たちの計画に気づくことを怖れ、詳細を伝えるのを拒んでいた。だが、社内の幹部から、これらの機関の支援を得られるかもしれないからと言われ、情報提供に同意したという。それに、さまざまな許可を申請するには、テキサス州鉄道委員会に報告書を提出する必要もあった。そのため調査データの大半は、すでに誰もが入手できる状態にあった。

エネルギー省やガス研究所も、アパラチア地域のシェール層に関する以前の分析に基づいた調査を行ない、ミッチェル・エナジーの調査同様に、バーネット・シェールにかなりの天然ガスがあることを確認していた。とはいえそれは、誰もが驚くほどの量ではなかった。

だがボウカーは、以前に公表された数字を子細に検討しているうちに、重大な事実を発見した。以前の調査に不備があったようなのだ。「これが正しいとはとても思えない」と同僚にも語っている。

エネルギー省やミッチェル・エナジーが比較対象として使ったアパラチア地域のシェール層に比べると、バーネット・シェールはさらに地下深くにあり、もっと高い圧力にさらされている。それにミッチェル・エナジーは、時代遅れの不完全な技術や設備を利用していたようでもあった。ボウカーは、シェブロンの最新の技術や設備を使えば、バーネット・シェールの天然ガスの実際の埋蔵量をより正確に導き出すことができるのではないかと考えた。

だがチームには、それを実現するための時間がもうなかった。チームを率いるレイ・ガルヴィンは間もなく、シェブロンの管理職の定年である六五歳になろうとしていた。後任に予定されていたピーター・ロバートソンは、シェール層から大量の原油や天然ガスを採取できるとはまるで思っていない。シェブロンはもう、このチームの運用にしびれを切らしつつある。そう考えると、残された時間はもうわずかしかない。

ガルヴィンは、このチームの仕事に愛着を抱いていた。ボウカーらが、シェール層から天然ガスを採取する方法をもうすぐ見つけてくれると信じていた。だが、手をつけるのが遅すぎた。

一九九七年二月末日、レイ・ガルヴィンはシェブロンを定年退職した。最後の最後まで全力を尽くしたが、職を明け渡さないわけにはいかず、シェール層開発チームは最大の支援者を失った。ガルヴィンには、シェール層から天然ガスを採取する完璧な方法を初めて発見した人物になれる見込みが十分にあった。あと数年遅く生まれていたら、実際にそうなっていたかもしれない。

ガルヴィンが退職したあとも、ボウカーらのチームはバーネット・シェールの調査を粘り強く続けた。その結果、この地域の岩石層には、ミッチェル・エナジーの推計値を何倍も超える天然ガスが埋蔵されている可能性が高いことを発見した。ジョージ・ミッチェルは、自分の土地の地下にある金鉱の本当の大きさに気づいていなかったのだ。

ボウカーは言う。「そのとき、バーネット・シェールは誰も想像できなかったほどの利益をもたらしてくれることに気づいた。そんな瞬間こそが、調査地質学者の生きがいなんだ。巨大な炭化水素鉱床の存在を誰よりも先に見つけたときがね」

シェブロンのチームは、最大のライバルの想像をはるかに超える価値がある秘宝へと、トレジャーハンターのごとく邁進《まいしん》した。早くこの秘宝を手に入れなければ、ミッチェル・エナジーのスタッフがバーネット・シェールの本当の価値に気づいてしまう。それに、新たな上司から、この厄介者チームの解散をいつ命じられるかわからない。

当時ミッチェル・エナジーは、バーネット・シェールが広がる地域のうち、フォートワースの北にある主要な土地をほとんど取得していた。そこでシェブロンは素早く行動に移り、フォートワースの南、ジョンソン郡にある残りの土地およそ五万エーカー〔約二〇〇平方キロメートル〕を手に入れた。

だがガルヴィンのあとを継いだピーター・ロバートソンは、この展開に何の関心も示さなかった。チームは当時、シェール層を開発する技術に取り組んでいた。だがそれは、画期的な成果をもたらす可能性はあったものの、長期にわたる投資が必要になる。ロバートソンらシェブロンの幹部は、それに難色を示した。

間もなくこのプロジェクトが終わりそうなことは、掘削チームのメンバーにもわかった。この価値ある秘宝に手を伸ばすのをあきらめ、会社を辞める者もいた。それからしばらくしてロバートソンはチームを解散した。

数年前、ガルヴィンが前任者から地位を引き継いだ際、前任者はガルヴィンの方針に口を出そうとはしなかった。ガルヴィンもその態度を踏襲《とうしゅう》した。「首を突っ込みすぎるのはよくないと思った。私が非在来型天然ガスに情熱を注いでいたことは、ピーターもその直属の部下たちもよく知っていた。私の在職期間中に彼らを説得できなかった自分が悪いんだ」

それにシェブロンは、メキシコ湾沖の深海油田など、もっと有望な場所に多額の資金を投じる必要もあった。「ピーターの肩を持つようだが、会社の事業部門の幹部の大半は、利益が保証できるわけでもないプロジェクトに年間五〇〇〇万ドルも使うチームに、いい感情を抱いていなかった」

ボウカーは、シェブロンを離れたくなかった。だが、このまま会社にとどまっていれば、いずれ海外に派遣され、チームのこれまでの取り組みをばかにしてきた嫌な人間たちと、会社の中核プロジェクトを任されることになりかねない。妻は男の子を出産したばかりで、テキサス州にとどまりたがっていた。そもそも、ニュージャージー州のプリンストンから妻をテキサス州に連れてきたのは自分なのだ。それなら、新たな仕事を探すほかない。

ボウカーは当時を振り返って言う。「みな嫌な予感がしたのか、どんどん離れていったよ。私もシェブロンに残っていたら、西アフリカに飛ばされていたかもしれない」

一方ロバートソンは、チームを解散した自分の判断を後悔していないという。「当時、石油は一バレル一一ドルだった。厳しい時代だったよ。だから、うまくいっているカザフスタンの油田などを重視し、アメリカでは予算を切り詰めることにした。（非在来型の石油や天然ガスを掘削しなくても）大丈夫だと思ったんだ」

だがボウカーは残念でならなかった。偉業を成し遂げる寸前までいきながら、辞職せざるを得なかったからだ。「シェブロンにはそれだけの辛抱強さがなかった」とボウカーは言う。

地質学者ボウカー

ケント・ボウカーは、アメリカの油田地帯からは遠く離れたデトロイト郊外で生まれ育ったにもかかわらず、地質学に多大な興味を抱いていた。ただし、ミシガン州の小規模なリベラルアーツ・カレッジであるエイドリアン大学に入学したときには、アメリカンフットボールを存分に楽しむつもりだったらしい。だが練習初日、筋骨《きんこつ》たくましい先輩から、学業に情熱を注いだほうがいいのではないかと言われたという。「選手たちがすごい勢いでぶつかってくるものだから、これなら勉強に集中したほうがいいかなと思った」

一九九八年初め、ボウカーはミッチェル・エナジーの面接を受けた。同社の幹部たちは以前から、業界の会議などで披露される彼の知識に感銘を受け、ボウカーを引き抜きたいと思っていたところだった。面接を担当した人事部長は、ひととおり話をすると、会社の方針について何か質問はあるかとボウカーに尋ねた。

だが実際のところ、ボウカーには何の質問もなかった。とはいえ、世間話をするのも気が引ける。彼はすでに、ミッチェル・エナジーの地質学者を何人も知っており、バーネット・シェールでの取り組みもよく理解しており、そこで働きたくてたまらなかった。

それなのに、気まずい沈黙が続いた。ボウカーは何か言ったほうがいいと思い、あたりさわりのなさそうな質問を考え、唯一思いついたことを口にした。「就業時間は決まっているんですか？　それとも（シェブロンのように）フレックスタイム制を導入しているんですか？」

すると人事部長が眉をひそめた。ボウカーはまずい質問をしたことに気づいた。

「フレックスタイム制は導入していない。仕事があるときには（時間に関係なく）来てもらわなければならないがね」

ボウカーは、早く出社するのも遅くまで残業するのもかまわないと告げた。ちょっと聞いてみただけだった。だがそれが不興を買い、採用の合否の通知は後日となった。

人事部長はその後、バーネット・シェールの掘削を担当しているグループの上級幹部ダン・スチュワードのもとを訪ね、ボウカーについてこんな懸念を伝えた。ボウカーはこの会社に向いていないのではないか。終業時間について聞いてきたのは、働くのが嫌いな証拠なのではないか。「これでは使いものにならない」

スチュワードはそれを聞いて驚いた。シェブロンで働いていたころのボウカーを知っているが、長時間労働を嫌がるような人物には見えなかったからだ。そこで、面接の結果がよくなかったとしてもボウカーを採用すべきだと人事部長に訴えた。こうしてケント・ボウカーは、かろうじて夢の仕事を手に入れた。

当初、この仕事は申し分のないものに見えた。ミッチェル・エナジーはバーネット・シェールで天然ガスを探している。これは自分がシェブロンでしてきたことだ。またミッチェル・エナジーのチームは、シェール層に莫大な量のガスがあると信じている。これも自分と同じだ。それにボウカーは、ウッドランズにあるミッチェル・エナジーの本社からわずか数キロメートルほどの場所に住んでいた。シェブロン時代は繁華街への通勤に辟易《へきえき》していたが、これからは一〇分ほどしかかからない。

そして何よりも、あのジョージ・ミッチェルのもとで働ける。ボウカーは以前から、バーネット・シェールの重要性に気づいていないシェブロンの幹部連よりも、ミッチェルに敬意を抱いていた。まさに最高の職場だった。

ボウカーはぜひとも入りたかった会社に入った。だが身近な人たちは、この転職をまるで喜ばなかった。たとえば母親は、自分も友人もシェブロンならよく知っているが、ミッチェル・エナジーなど聞いたこともないと言い、この転職にがっかりしていた。ボウカーのやる気をそぐ要因はほかにもあった。ボウカーの前任だった地質学者は、バーネット・シェールでの仕事を嫌がり、一刻も早くその仕事から逃れたがっていたという。だがボウカーは、こうした周囲の疑念をすべて無視した。バーネット・シェールから莫大な量の天然ガスを採取できることを証明するチャンスが、ようやく訪れたのだ。

ところが入社三日目に、こんな出来事があった。ボウカーはコカ・コーラを買いに、近くの休憩室まで行った。するとそこに、社長のビル・スティーヴンスがいた。ボウカーは胸を躍らせ、自己紹介した。

「社長、つい最近、シェブロンからこちらへ入社しました」

エクソンの元幹部だったスティーヴンスは、シェブロンよりエクソンのほうが優れているがね、と軽いジョークでそれに応えた。

ボウカーはこのからかいにひるむことなく、バーネット・シェールを担当するチームの主任地質学者に任命されたことを伝え、こう続けた。「社長、(バーネット・シェールでの事業拡大について経営陣に)話せる日が来るのを楽しみにしています。心からわくわくしているんですよ。(そこでの掘削を)改善する方法について、いくつかアイデアがあるんです」

するとスティーヴンスは、ボウカーの顔の前に手を突き出して話をさえぎった。「もういい。そんな類《たぐ》いの話は聞き飽きた」

ボウカーの記憶によれば、スティーヴンスはこう言ったという。バーネット・シェールに取り組んでも時間を無駄にするだけだ。あそこでこれ以上掘削を続けても意味はない。どこかほかの場所に時間をかけたほうがいい。

ボウカーは茫然《ぼうぜん》として自分の机に戻った。ミッチェル・エナジーは、シェール層から天然ガスを採取する方法の解明に尽力しているものとばかり思っていた。ところが社長は、バーネット・シェールに可能性があるとは思っていない。シェブロンの幹部たちと同じだ。「バーネット・シェールの地質調査のために雇われたのに、入社三日目にして社長から、そんなところの地質調査などするなと言われた。それも遠慮なくはっきりとね」

ボウカーは、スティーヴンスに言われたことを直属の上司たちに伝えた。すると上司たちは、ボウカーを安心させようとこう言った。確かに、スティーヴンスは会社での影響力を高めつつある。しかもその男が、バーネット・シェールの可能性を信じておらず、このチームの取り組みにも賛同していない。だが、ジョージ・ミッチェルはいまだ、このチームを応援してくれており、会社の株式の五五パーセントを保有している。スティーヴンスのことは気にしなくていい、と。

だがボウカーは安心できなかった。

「でも、あの人が社長なんですよね」と不安げに応じるだけだった。

ボウカーは、バーネット・シェールを担当する五人のチームに入れられた（そこにはスタインスバーガーもいた）。チームは、大喜びでボウカーを受け入れた。これまでにチームのメンバーが出会った誰よりも、非在来型天然ガスの掘削に関する技術訓練を受けており、シェール層の開発に情熱を傾けていたからだ。ボウカーが加われば、シェブロンがバーネット・シェールでこれまで行なってきたあらゆる作業を参考にできる。

だがやがて、ボウカーのあまりに遠慮のない口調に抵抗を覚えるメンバーも出てきた。この男は、地質学者としてはまじめなのだが、やや自信過剰なところがあった。いつもいらいらしていると思っていたメンバーもいる。自分の取り組みを認めなかったシェブロンに対する怒りがいまだ収まらないのか、しばしば同僚に不満を訴えていたからだ。

実際、チームに入ってわずか数日しかたっていないにもかかわらず、ボウカーはチームのメンバーにこう告げた。このチームは、アパラチア地域のシェール層をもとにバーネット・シェールの天然ガスの埋蔵量を推計することで、大きな過ちを犯している。そのようなやり方はまったくの的外れだ、と。

そしてさらにこう続けた。シェブロンのデータによれば、バーネット・シェールにはこの会社が想像しているよりははるかに多くの天然ガスが含まれている。ミッチェル・エナジーの推計はどこかが間違っているに違いない。「この会社には、シェブロンほどの技術がないからね」

「だからどうなんだ?」。チームのあるメンバーが尋ねた。「わからないのか? バーネット・シェールにはあなた方が思っているよりも多くの天然ガスがあるんだ。(中略)獲物はもっとでかい」

するとチームの一人が腹を立てた。「もういい。メジャー出身の秀才かどうか知らんが、おれたちをばかにしやがって」

ボウカーは、この会社の分析について悪く言うつもりはなく、もとにしたガス研究所のデータが間違っていたのだと説明した。「ここにいるのはみな学者かエンジニアなんだから、データだけを見てくれ」

だが、腹を立てた男の機嫌は直らなかった。結局、ミッチェル・エナジーでのボウカーのキャリアは幸先の悪いスタートを切った。当時を回想してこう述べている。「入社したばかりのときにスティーヴンスにあんなことを言われて苛立《いらだ》ち、これまでのデータは全部間違っているなんて言ってしまった」

ケント・ボウカーのような地質学者の意見は、このように拒絶される場合もあれば、大企業に受け入れられる場合もある。地質学者は楽天家で夢想家だ。どの岩石層に原油や天然ガスがあるかを知っており、その埋蔵量がどれほどなのかを算定して採取を呼びかけることを仕事にしているが、失敗しても責められるとは限らない。高みを目指し、大発見を求めた結果だからだ。

一方、エンジニアは現実主義者だ。あいまいさや失敗をよしとせず、地中からエネルギーを採取することだけを考える。ケント・ボウカーのような地質学者が、巨大な天然ガスの鉱床《こうしょう》を発見したと主張して行動を促しても、さほど関心を抱かない。しばらくある地域に取り組んでいるときに新参者が現れ、間違ったやり方をしていると言われても、聞く耳を持とうとしない。

ボウカーはある日、自分の上司ダン・スチュワードと、その上司のジョン・ヒベラーに会い、あまり押しつけがましくない言葉で自分の意見を述べてみた。少し言葉のトーンを抑えれば、説得力が増すのではないかと考えたのだ。スチュワードのオフィスで上司二人の向かい側に座ると、最新の科学に基づいたシェブロンのデータを提示し、シェブロンが取得しているフォートワースの南の地域には、ミッチェル・エナジーが考えているよりはるかに多くの天然ガスがあることを説明した。フォートワースの南のシェール層に大量の天然ガスが存在するというシェブロンの推計が正しいのであれば、フォートワースの北のシェール層に存在する天然ガスも、ミッチェル・エナジーが推計していた量よりはるかに多いはずだ。

そしてボウカーはこう告げた。「つまり成果が出ないのは、間違った場所を掘削しているか、試掘の方法が間違っているかのどちらかです。私は、間違った場所を掘削しているとは思いません」

ボウカーとしては、できるかぎり柔らかい口調で話したつもりだったが、それが功を奏したようだ。スチュワードもヒベラーも、以前よりボウカーの意見を受け入れる姿勢を見せた。バーネット・シェールにこれまでの推計よりもはるかに多くの天然ガスが含まれているのだとしたら、会社が現在採取している量ではあまりに少なすぎる。それなら、その地域を掘削するもっといい方法を見つける必要がある。

ボウカーは言う。「驚いたと思うよ。この岩石層に莫大な量のガスが閉じ込められているんだからね。ちょっとやそっとの量じゃない。世界クラスの量だ」

ボウカーの言葉が正しく、なおかつシェール層から天然ガスを採取する方法がわかれば、バーネット・シェールによりこの会社もこの国も一変する。ミッチェル・エナジーの幹部はようやくそれに気づいた。

「この分析を見て、バーネット・シェールに対するこれまでの考え方がすっかり変わった」とスチュワードは言う。

ボウカーの分析は、このシェール層だけでなく、アメリカ各地に広がる同様の岩石層も莫大な量のエネルギーを保有している可能性があることを示唆していた。こうしてボウカーは上司の許可を得ると、数百万ドルもの資金を元手に、バーネット・シェールに大量の天然ガスが存在することを証明する科学的調査にとりかかった。

だがこの新たな資金を捻出《ねんしゅつ》するため、会社のほかの部門の予算は削減された。天然ガスの価格はいまだ低迷したままだったため、そうなるとまたも痛ましいリストラを行なうしかなく、従業員が解雇された。残った従業員も窮地に立たされた。従業員数はもはや、三年前の一三〇〇人からわずか八〇〇人ほどに減少していたが、それでも会社はバーネット・シェールへの投資を続けた。しかしなかには、損失を取り戻そうとさらに無駄金を注ぎ込んでいてはいずれ破滅するだけだ、と考える者もいた。

「ほかの従業員は、われわれに腹を立てているという感じではなく、むしろばかにしていた」とボウカーは言う。

ミッチェルにせよその部下にせよ、シェール層にどれだけの天然ガスがあるのか確実なところはわからなかった。その時点ではまだ、新たなスリック・ウォーター・フラッキングにより経費を節約できることをニック・スタインスバーガーが証明しただけで、その方法で大量の天然ガスを採取できるかどうかもわかっていなかった。

会社の命運は、地中から大量の天然ガスを手ごろなコストで採取する方法を見つけられるかどうかにかかっていた。

第四章

一九九八年、決定的瞬間

ニック・スタインスバーガーはフォートワースの自分のオフィスで、苛立《いらだ》ちと不安を募《つの》らせていた。

一九九七年八月のことだった。嫌な汗をかいていたが、テキサス州の猛暑のせいではない。スタインスバーガーは、ミッチェル・エナジーがバーネット・シェールに掘削したガス井数十基のその日の産出結果を確認していた。そのなかでも注目していたのが、水を主成分にした新たな混合液でフラッキングを行なってきた三基のガス井である。だがこれらのガス井も、最初から並みの産出量しかなく、スタインスバーガーやその上司を落胆させていた。

スタインスバーガーにかかるプレッシャーは日増しに強まった。そのため、何かいい知らせはないかと、日々の産出結果を絶えず注視していた。

すると一九九七年の後半に、ある奇妙な事実に気づいた。一般的に使用されているゲル状物質でフラッキングを行なっていたガス井では、天然ガスの産出量が急減していた。天然ガスがある程度採取されたあとは、どのガス井もたいていはそうなる。ところが、スタインスバーガーがスリック・ウォーターでフラッキングを行なったガス井は、これまでとほぼ同じレベルで天然ガスの供給を続けており、ほとんど減少していない。

これらのガス井から出ている天然ガスの量は、実際のところそれほど多いわけではなかった。それでも、数週間にわたり日々の産出結果を確認したところ、産出量の減少はほとんど見られない。スタインスバーガーはこの事実に驚いた。同僚の大半はそんな結果など気にもかけず、他社のライバルたちも相変わらず小ばかにしている。だがスタインスバーガーは、そこに何らかの糸口があるのではないかと思った。

新たな混合液でフラッキングを行なったガス井について、スタインスバーガーはこう回想している。「あのガス井にはだまされたよ。最初からあまり出なかったが、いつまでもずっと出続けたんだ」

この結果を受け、上司のマーク・ホイットリーはスタインスバーガーに、さらに数基のガス井で新たなフラッキング水を試してみる許可を与えた。そのころまでにスタインスバーガーは、この新たなフラッキング法に改良を施《ほどこ》し、液体を送り込む馬力を向上させていた。そうすれば、岩盤に入る亀裂を増やせるかもしれない。また、砂の量を最初は少なくし、フラッキングを進めるにつれて少しずつ多くしていく方法が効果的なことにも気づいていた。

スタインスバーガーは、これらの新たなガス井を見捨てる気になれず、一九九八年の初夏までその産出結果を見守った。現場の作業員からは毎朝、前日の産出量の測定値が送られてきたが、翌朝の報告が待ちきれないときには現場主任に電話をかけ、その時点での産出量を尋ねた。自分の目で確認しようと、五〇キロメートルも離れたガス井に直接出かけたこともある。まるで、初めての子どもの出産を待ちながら、病院の待合室を行きつ戻りつしている父親のような心境だった。

ある日、《S・H・グリフィン#3》と呼ばれるガス井の産出結果を吟味《ぎんみ》していると、驚くべき事実に気づいた。このガス井は最初から優秀だった。一日におよそ一五〇万立方フィート〔約四・二万立方メートル〕もの産出量を達成し、会社がバーネット・シェールに掘削した三〇〇のガス井のなかでもトップレベルの成績を記録していた。しかしこのガス井も、ほかのガス井同様、いずれ産出量が減少すると誰もが思っていた。ところが、それから九〇日が過ぎても、《グリフィン》はこれまでと変わらないペースで天然ガスを供給し続けた。バーネット・シェールに、九〇日後に一〇〇万立方フィート〔約二・八万立方メートル〕の産出を記録したガス井はない。それなのに《グリフィン》はそれをはるかに超える産出を続けている。「こんなことは前例がなかった」とスタインスバーガーは言う。

だが、産出がその後減少する不安はあったため、ほかの仕事で気を紛《まぎ》らわし、はやる心を抑えた。だが、それからさらに三〇日後の産出結果を確認して目を疑った。《グリフィン》は、相変わらずのペースで大量の天然ガスを産出していた。まるで、流れが尽きることのない川のようだ。

信じられない。

スタインスバーガーはこの驚異のガス井について同僚に触れまわった。かつて経験したことがないほどの流量だった。ミッチェル・エナジーがシェール層の掘削に注いできた労力が報われ、正当化されるときが来たのだ。

「決定的な瞬間だった。バーネット・シェールで最高のガス井が、スリック・ウォーター・フラッキングにより生まれた。まさに私の子どもだよ！」

やがて、新たなフラッキング法を試したほかのガス井でも、並外れた産出結果が確認されるようになった。スタインスバーガーやその上司は、ある驚くべき結論に至った。スリック・ウォーターは、それまで使用していた化学物質やゲルの混合液より安価なだけでなく、どういうわけか効果も高いということだ。

専門家の見解がどうあれ、実際には、このシェール層にぶつけられた水を吸って粘土がふくらむことはなかった。というのは、バーネット・シェールには、ほかのタイプのシェール層ほど粘土が含まれていなかったからだ。そのため、高圧の液体をぶつけると、岩がふくらむどころかガラスのように砕《くだ》け、天然ガスが噴き出したのである。

また、従来の混合液で使われていたゲルは、むしろ岩盤に入った亀裂をふさぎ、天然ガスの流出を妨《さまた》げていた。一方、水を主成分とする液体の場合、縦横無尽に岩盤のなかに入り込むため、小さなひびの複雑なネットワークが形成され、それが天然ガスの流出を促した。その結果、シェール層にできた自然の亀裂や、「アッパー・バーネット」と呼ばれるバーネット・シェールの上の岩石層からも、天然ガスを採取できた。

こうしてスタインスバーガーらは、フラッキングに適した液体を発見した。シェール層掘削の鍵となるこの液体は、偶然の産物にほかならない。従来の混合液を大量の水で薄め、経費を節約しようとしただけだった。

一九九八年九月、ミッチェル・エナジーのエンジニアはゲル状の混合液を完全に放棄し、すべてのガス井のフラッキングをスリック・ウォーターに切り替えた。さらに、この発見を活かそうと事業の拡大を決意し、二週間ごとに一基の割合でガス井を増やしていった。

そのころ、ガス井の日々の産出量の報告を受けていたジョージ・ミッチェルも、突如として驚異的な量の天然ガスが産出されるようになったことを知った。当時を回想してこう述べている。「それはわくわくするさ。うまくいったんだと思うだろう?」

だがミッチェルも、この成果が成功に結びつかないかもしれないという不安から、ウッドランズのオフィスで喜びを必死に抑えていた。ほかの幹部もやはり、あまり期待を抱きすぎないようにしていた。その年にはジョセフ・カッチンが、ミッチェル・エナジーの幹部とのインタビューをまとめた書籍『*How Mitchell Energy & Development Corp. Got Its Start and How It Grew*(ミッチェル・エナジーの創業と成長)』を出版したが、そこには、同社が当時取り組んでいた事業への言及が一カ所しかない。ジョージ・ミッチェルがさりげなく、バーネット・シェールについてごく簡単な説明をしているだけだ。

ジョージ・ミッチェルらがそれほど慎重になっていたのも無理はない。一九九八年後半、ミッチェル・エナジーの株価は一〇ドルを切り、わずか一年の間に半分以下になっていた。ミッチェルが二人の記者にウッドランズを案内していた一九九三年夏と比べれば、六〇パーセント以上の下落である。会社は出費をまかなうため借金に借金を重ねており、これ以上資金は借りられそうにない。そのような状況のなか、シェール層に対する疑念は深まる一方だった。バーネット・シェールから天然ガスの産出がないわけではないが、大した量ではなく、まったく利益を生み出してくれていない。一九九八年の取締役会で、バーネット・シェールへの支出を抑制する必要があるとスティーヴンスやトッド・ミッチェルが訴えると、それに異を唱える役員はほとんどいなかった。

そのほか、ロシアの債務不履行《さいむふりこう》問題により金融市場が揺らぎ、経済が減速する可能性もあった。しばらくの間、天然ガスの価格が上がる見込みはなさそうだった。

ジョージ・ミッチェルはまた、従業員たちの知らないところで個人的な問題にも悩まされていた。以前からミッチェルの家族は、会社の株式を売却しようとはしなかった。ガルベストンへの投資や慈善団体とのさまざまな約束など、多額の資金が必要なときには、その株式を担保に資金を借りていたからだ。当時は、一〇の銀行に数百万ドルもの借金があった。

だが、ミッチェル・エナジーの株価が急落し、担保《たんぽ》としての価値が低下すると、銀行は借金の返済か新たな担保の追加を求めてきた。だがミッチェル家には、どちらの要請にも応える手段がない。そこで、支出をできるだけ切り詰めることで突然の財政危機を乗り越えようとした。一家は、銀行から資産を差し押さえられる瀬戸際にあった。

「家族にとっては厳しい時期だった。しっかりしなければいけないと思って頑張ったよ」とトッド・ミッチェルは言う。

ジョージとトッドは、ヒューストン交響楽団など、さまざまな慈善団体と話し合いの場を設け、約束を果たせるようになるまでもう少し待ってほしいと懇願した。「ほかにどうしようもないんです」とトッドは申し訳なさそうに訴えた。

約束を果たさなければ、ミッチェル家は慈善団体との契約事項に違反することになる。慈善団体に訴えられれば、世間に醜態をさらすことになりかねない。

トッド・ミッチェルは当時を回想してこう述べている。

「困ったよ。直接会いに行って、状況が変わったと言う以外に手はなかった」

貧しい家庭で育ったシンシア・ミッチェルは、夫にかかる重圧が日増しに高まるのを感じていた。仕事から帰ってくるジョージは、いつでもぴりぴりしているように見えた。そのためシンシアは、極端なまでに支出を切り詰めた。それまでは孫の大学生活の足しにと小切手を切っていたが、それもやめた。家族の財務を管理していたトッドは、それを聞くとすぐに両親の家を訪ね、切り詰めているとはいえ、まだある程度の余裕はあると母親を安心させた。

「母さん、孫娘が大学に通うのを援助できないほどではないからね」

そのころからシンシアは奇妙な行動を起こすようになり、家族はとまどいや悲しみに苛《さいな》まれた。後にシンシアは、アルツハイマー病と診断されることになる。だが当時のジョージは、妻に何か気がかりなことが起こりつつあるとしか思えず、心労は増える一方だった。

ミッチェルはヒューストンの事務所に引きこもることが多くなり、まだウッドランズにあった本社にはほとんど立ち寄らなくなった。七九歳にもなれば体もおかしくなる。ちょうど妻がアルツハイマー病でぼんやりし始めたころ、ジョージも前立腺がんと診断され、つらい治療を受けた。

バーネット・シェールでは、ミッチェル・エナジーのスタッフがシェール層から天然ガスを採取する完璧なフラッキング法を発見し、無数のエンジニアらが失敗を重ねてきた場所で成功を収めつつあった。開発がきわめて困難なこの岩石層からの天然ガス採取は、ここ数十年のエネルギー業界における最大の成果だったと言っていい。しかし、投資家もライバル企業も業界の専門家も、それにさほど関心を寄せなかった。というより、この飛躍的進歩に注目する人はほとんどいなかった。そもそも、バーネット・シェールにそれほど大量の天然ガスがあるとは誰も信じておらず、そんなところに時間をかけても無駄だと思っていたのだ。

ボウカー、一世一代のプレゼンテーション

ケント・ボウカーは、バーネット・シェールに対する一般的な考え方を覆《くつがえ》すチャンスがついに到来したと思った。だがそのためにはまず、自分の会社の上級幹部の考え方を変えなければならない。

一九九九年の晩春、ボウカーは一年にわたる懸命な調査の末、バーネット・シェールに莫大な量の天然ガスが含まれている証拠をようやく手に入れた。その結果を直属の上司たちに知らせると、上司たちはそれをジョージ・ミッチェルに伝えた。だがボウカーは、上司たちが自分の調査について十分に理解しているのかどうか、その重要性をミッチェルにきちんと説明できたのかどうか不安だった。

「あのシェール層にどれだけの天然ガスがあるか知っているのは、自分だけだと思っていた」とボウカーは言う。

やがて、ウッドランズの本社でジョージ・ミッチェルら上級幹部に調査結果を説明するよう依頼があった。ようやく、バーネット・シェールにどれだけの天然ガスが埋蔵されているかを世界に知らしめるチャンスが訪れたのだ。

ミッチェル・エナジーの本社にやって来たボウカーは、やる気に満ちていた。プレゼンテーションの内容はすべて頭のなかに入っている。エネルギー業界の幹部を相手に水準の高いプレゼンテーションをするこつはシェブロン時代に学んでおり、それなりに自信もある。

バーネット・シェールに莫大な量の天然ガスが含まれていることを幹部たちに証明できれば、会社はそこに注ぎ込む資金を増やす。その天然ガスを十分に利用できるようになれば、会社の歴史が変わる。業界やウォール街だけでなく、世界が注目するようになるかもしれない。だがプレゼンテーションに失敗すれば、ミッチェル・エナジーはシェ

ブロン同様、歴史的なチャンスを逃すことになる。

幹部をそう簡単に説得できないことは、ボウカーもわかっていた。これから会う幹部のなかには、いまだバーネット・シェールでの取り組みに多大な疑問を抱いている人物もいる。それに、ある同僚の話によると、ジョージ・ミッチェルは集中力が持続しないことが多く、あまり聞き上手なタイプではない。「簡潔に説明しないと、そっぽを向かれる」との忠告を受けていた。

ボウカーはほか数名と連れ立って、本社の五階にある会議室へと長い廊下を歩いていった。誰もが普段よりこぎれいな服装をしており、ネクタイにジャケットという姿の者もいる。会議室に入ると、早くも一五人の幹部が、オーク材の長い会議用テーブルのまわりに集まっていた。この会議には、技術スタッフのメンバーも参加することになっており、ニック・スタインスバーガーやダン・スチュワードの姿もあった。ボウカーの調査結果をチェックするために雇われた外部の専門家もいる。

ボウカーはこれまでのキャリアを通じて、エネルギー企業数社の会議室に入ったことがあり、友人にこう言っていた。会議室の壁に絵画を飾っているような会社は、新たな鉱床の探索よりバランスシートの操作を重視しているにせものの会社だ、と。

ミッチェル・エナジーの会議室を見まわすと、壁には画鋲《がびょう》で地図が無数に貼られている。

これはいい兆候だ。

やがてジョージ・ミッチェルが、隣の部屋から会議室に入ってきた。息子のトッドがつき添っていたが、いかにも地質学者らしく、肩にバックパックを掛けている。それを見て、ボウカーのやる気は一段と高まった。ジョージが、大ニュースが聞けるものと期待して急遽《きゅうきょ》息子を呼び寄せたに違いないと思ったからだ。

トッドは学者だから、きっと理解してくれるはずだ。ボウカーはそう思った。

だがボウカーは、自分が思っている以上に不利な状況に置かれていた。トッド・ミッチェルは何年も前から、バーネット・シェールには否定的だった。実際のところ、この会議にトッドを呼んだのはジョージ・ミッチェルではなく、この会社の社長ビル・スティーヴンスだった。ボウカーの説明に、ジョージが熱烈な関心を寄せる可能性もある。それに対抗するため、テーブルにもう一人懐疑派を置いておきたかったのだ。

トッド・ミッチェルは言う。「父は障害など何とも思わない傾向がある。そこでビルは私に頼ってきた。（中略）私なら父を説得できると思ったのだろう」

やがてプレゼンテーションの時間になった。ボウカーはまず、バーネット・シェールの初期の調査のもとになった圧力計算が不適切だった理由の説明から始めた。少なくとも一〇年以上は着ているであろうスポーツジャケットを羽織ってテーブルの真んなかに座っているジョージ・ミッチェルだけに意識を集中していた。粋なスーツに身を包んでミッチェルの右隣に座っているスティーヴンスには一瞥《いちべつ》もくれなかった。

ボウカーは自分の調査結果をもとに、バーネット・シェール一トンごとに含まれる天然ガスの量が、これまでの推計値よりはるかに多い可能性があると考える根拠を説明すると、こう訴えた。ニック・スタインスバーガーが編み出した新たなフラッキング法を、会社が取得しているバーネット・シェールの土地全域で実施すべきだ。そうすれば間違いなく、大量の天然ガスが噴き出してくる。ミッチェル・エナジーは、これまで以上に天然ガスを採取できるまたとない歴史的チャンスを手に入れたのだ、と。

だがジョージ・ミッチェルは何の反応も示さなかった。息子のトッドもそうだ。ボウカーは、こちらの話を相手がきちんと理解しているのかどうか不安になった。

ボウカーはさらに、バーネット・シェールの岩石一トンあたりの天然ガス埋蔵量の推計値など、いくつかの数字を提示した。

それを聞いているジョージ・ミッチェルは、どこかもどかしそうな様子だった。ボウカーが、いかにも専門雑誌に出てきそうな用語を使って説明していたからだ。ミッチェルは業界のベテランだったが、少なくともそのときの彼には、この説明はあまりに専門的すぎた。ミッチェルが前のめりになってこの説明を聞いていたのは、バーネット・シェールに全社を挙げて取り組むべきかどうかを判断するためだ。岩石層の特質に関する説明など聞く気はない。

ミッチェルは苛立《いらだ》たしげに口を挟《はさ》んだ。「それはつまりどういうことだ？　平方マイルで説明してくれ」

ミッチェル・エナジーは、バーネット・シェール上の土地をおよそ五〇〇〇平方マイル〔約一万三〇〇〇平方キロメートル〕取得している。その一平方マイルごとにどれだけの天然ガスがあるのかをミッチェルは知りたがった。一平方マイルごとの埋蔵量を示す単純な数字である。岩石一トンごとにどれだけの天然ガスがあるかなど、どうでもよかった。

ボウカーはそんな単位で考えたことがなかった。そこで電卓を借り、幹部が見守るなか、数字を打って計算を始めた。そしてしばらく後に顔を上げると、この地域には一平方マイルごとに推計一八五〇億立方フィート〔約五二億立方メートル〕の天然ガスがあると告げた。ミッチェル・エナジーのこれまでの推計値より四倍以上多い数字である。同社はこれまでに、バーネット・シェールに蓄《たくわ》えられた天然ガスを三〇パーセントほど採取していると思っていたが、まだおよそ七パーセントしか採取していないのだ。

ボウカーはプレゼンテーションを終えた。

ものすごい量！

同席していたコンサルタントは、意見を求められると、ボウカーの説明に瑕疵《かし》がないことを全面的に認めた。静寂に包まれるなか、誰もがジョージ・ミッチェルに注目し、その反応を待った。するとその顔にかすかな笑みが浮かび、それが満面に広がった。会社が取得している土地の地下にどれだけの宝が埋蔵されているかを理解したのだ。ミッチェルはうれしそうに両手を広げて叫んだ。

「ものすごい量だ！」

トッド・ミッチェルもボウカーに笑顔を見せた。ボウカーのプレゼンテーションを受け入れ、父親の情熱に従うことにしたのだ。それは、経営陣もバーネット・シェールに全力で取り組むという意味でもあった。

バーネット・シェールは、一般的に思われているより多くの天然ガスを内蔵している。スタインスバーガーの努力のおかげで、それを採取する方法もわかっている。いまやミッチェル・エナジーは、比類ないチャンスを手に入れた。アメリカにおける石油や天然ガスの供給不足を不安視する専門家が増えていた当時、それは国にとっても朗報だった。

だが、この大きなチャンスをつかむためには、この地域の土地をもっと取得する必要がある。手ごろな価格で土地を手に入れるためには、ミッチェル・エナジーがこの地域の掘削を拡大しようと躍起になっていることを周囲に悟《さと》られてはならない。そこでミッチェルは、再び声を張り上げた。切迫感と深刻さを帯びた声でこう告げたのだ。「これは創業以来最大の秘密だ。誰にも話すな！」

会議の出席者たちは意気揚々と部屋を出ていった。ただし、ビル・スティーヴンスだけは別のドアから退出し、一人違う方向へ向かった。

山師ドヴォリンの命運

そのころ、妥協を知らないニューアーク出身の山師サンフォード・ドヴォリンも、独自に前進を続けていた。この男もミッチェル同様、シェール層から天然ガスを採取しようと努力を重ねていた。バーネット・シェールには世界に供給できるほどの天然ガスがあり、裏庭を掘削させてくれる土地所有者さえいればそれを証明できると確信していた。

一九九六年、ドヴォリンはダラス郊外、ダラス・フォートワース国際空港から五分ほどのところにあるコッペル市での掘削を狙《ねら》っていた。この街は天然ガスのパイプラインに近く、天然ガスが見つかれば容易に販売できる。それに、ミッチェル・エナジーのガス井からわずか二五キロメートルほどしか離れていない。ジョージ・ミッチェルがこの地域を狙っているのなら、そのあたりも有望に違いない。

しかし新興都市コッペルの住人は、石油や天然ガスの掘削にはほとんど関心がなかった。若い裕福な住人たちはすでに、二五万ドルもの価値があるレンガづくりの家に暮らしていた。街の交差点にはきれいに石が敷き詰められ、前世紀末の優雅な街灯が並んでいる。[*1] もはや街には、ガス井もサンフォード・ドヴォリンも必要なかった。そもそもほとんどの住人は、いまさら郊外で石油や天然ガスを掘り当てることなどありえないと考えていた。地下に石油や天然ガスがあるのなら、すでに誰かが掘り当てているはずだと思い込んでいたのだ。

だが一年後、ドヴォリンはビルとアデルファというカジェホ夫妻と出会った。コッペル市の住人だった二人は、自分の土地での掘削を承認してくれた。カジェホ夫妻は、ダラスではよく知られた弁護士で、移民の支援に生涯を捧げていた。特に妻のアデルファは、南メソジスト大学法科大学院を卒業した三番目の女性になった後、三〇年にわたりメキシコ系アメリカ人などの人権を守る活動をしていた。この夫妻はたまたま、軽工業開発地区に指定された一三〇エーカー〔約五三万平方メートル〕の空閑地《くうかんち》を所有していた。当時その土地は、近隣の農場に賃貸《ちんたい》されて牛の放牧に使われており、掘削にはうってつけだった。

夫妻は、ドヴォリンに採掘権を賃貸すると、たちまちこの男と親しくなり、その成功を熱心に応援した。もちろん、自分の土地でドヴォリンが天然ガスを発見すれば、採掘権を貸与した夫妻にとっても利益になる。だが、この応援には金銭以上の意味があった。

プエルトリコからニューヨークに移住してきたカトリック教徒の子孫であるビル・カジェホは、《ダラス・オブザーバー》紙にこう述べている。「私たちはミシュプチャ（イディッシュ語で「家族」の意）だった。まずは、家族ぐるみの親しいつき合いがあった。ビジネスはそのあとだ」

夫妻はそれが奇妙な関係だったと認めている。ビル・カジェホの言葉はさらにこう続く。「ニューヨークのプエルトリコ移民と、メキシコ系のテキサス州民（アデルファ）と、ニュージャージー州から来たユダヤ系の石油業者なんて、おかしな三人組だよ。（中略）でも、テレビでよく言われるように、そんな家族もあるんだ」

ドヴォリンはそれからさらに一年をかけてコッペル市の役人を説得し、カジェホ夫妻の土地を掘削する許可を得た。だが当初は、出資者を一人も見つけられなかった。大した実績もないのに疑問の余地がある土地を狙っている、一匹狼の風変わりな山師なのだから無理もない。そのため、この掘削に自分の全資産を投入するほかなかった。その坑井は《カジェホ#1》と命名された。

カジェホ夫妻はドヴォリンの財政難を少しでも和《やわ》らげようと、ドヴォリンが天然ガスを発見した場合に分け前を増やしてもらうことを条件に、採掘権の賃貸料を免除してやった。間もなく、ファウンデーション・ドリリング&エクスプロレーションという小さな会社が掘削の資金を提供してくれることになり、掘削計画が本格化した。

一九九七年初め、サンフォード・ドヴォリンは息子のジェイソンとともに掘削にとりかかった。その作業は当初、ものすごい騒音をまき散らし、一部の近隣住民の不興を買ったが、自分たちの地元で夢を追い続けるドヴォリンを応援する者もいた。当時アデルファ・カジェホはこう述べている。「金銭のためではなく、ただ家族の健康だけを神様に祈っていた。確かに、ガスが見つかれば私の利益にもなる。でも神様には、ドヴォリン親子のために成功させてあげてくださいとお願いしていた。二人は全財産を賭けていたから」

ミッチェル・エナジーのチームでさえ、ドヴォリンを応援した。同社の幹部は、人口が多いダラス・フォートワース地区でのわずらわしい掘削を避けていた。だが、ドヴォリンが同じバーネット・シェールの天然ガスの採取に成功すれば、投資家たちがミッチェル・エナジーの掘削に寄せる関心も高まり、低迷する同社の株価も上がるに違いない。それに、ドヴォリンの経験から何かを学べるかもしれないという思惑もあった。

ドヴォリンはこの掘削で岩盤のフラッキングを試みたが、ジョージ・ミッチェルと同じ問題にぶつかった。だが試行錯誤の末、やはりミッチェルのチーム同様、ゲルを減らして水の割合を増やした混合液にたどり着き、ある程度の成果を得た。

この掘削に手を貸していたジム・ヘンリーによると、ドヴォリンはよく、掘削チームを集めて地元のステーキ・レストランに連れていき、そこでランチをおごっていたという。徹夜で働いたチームのメンバーに、バーベキューを提供したこともある。

ヘンリーは言う。「サンフォードは、奥さんや子どものことを尋ね、食事をたらふく提供しては、その勘定を全部持った。地元の人間のなかには、強いなまりのあるニュージャージー州出身のユダヤ人に不審を抱く者もいたかもしれないが、気前がよく親切だったから、すぐに人気者になった」

ドヴォリンとその家族は、現地に置いたトレーラーのなかで暮らしていた。ダラスの総菜屋で買ったベーグルや白身魚のサラダをむしゃむしゃ食べながら、そこからフラッキング・チームの仕事ぶりを見ていることもあった。

「あれはベーグルとは言えない代物だったけどね」とドヴォリンは言う。

政治家やミッチェル・エナジーの社員が視察に訪れると、ドヴォリン一家は「コッペルのガス井」と記されたTシャツをプレゼントした。ミッチェルのエンジニアは、そのあまりの楽天家ぶりにとまどい、あきれたという。

ドヴォリンはその後、近隣をさらに掘削する許可を得た。掘削が進むと、やがて見慣れない男たちがうろつきまわり、地所に忍び込もうとするようになった。ドヴォリンがどれほどの成果をあげているのかを確かめに来ているようだった。

同じようなことは、ミッチェル・エナジーの掘削現場近くでも起きていた。かつては、逃げようとする不審者の脚を目がけて発砲することもよくあったという。だが自信満々だったドヴォリンは、この招かれざる客にそんなことはしなかった。

「そいつらに手を振って呼びかけたよ。『おおい、何を知りたいんだ?』ってね」★

★バーネット・シェールでは山師や掘削業者の間で激しい競争が行なわれており、こうしたスパイ活動もよく見られた。バーネット・シェールに積極的に投資していたトレヴァー・リース＝ジョーンズに対して起こされた訴訟［本書の登場人物とは関係ない］によれば、リース＝ジョーンズの会社チーフ・ホールディングスは、「スパイ」など、「有刺鉄線のフェンスを越えて私有地に忍び込み、貴重な情報を盗んでいく図々しい情報屋」を雇い、「競争相手の掘削現場への大胆な侵入や偵察」を行なっていたという。ちなみにこの訴訟を起こしたのは、リース＝ジョーンズに不満を抱いた出資者だった。リース＝ジョーンズは、この訴訟のなかで少なくとも一度は、現場から得た情報を「特殊作戦報告」と呼んでいる。こうして収集した情報のなかには、特定の土地の価値の社内見積に関するものもあった。たとえばデボン・エナジーは、取得したバーネット・シェール上の土地を高く評価する見積書を作成していた。リース＝ジョーンズ配下の情報屋は、その見積書を発見すると、リース＝ジョーンズにこんなメールを送った。「デボンの誰かの頭がおかしいか、われわれが金持ちになるかのどちらかだ」。先の訴訟は結局、示談《じだん》で解決した。

一九九七年四月、ミッチェル・エナジーがバーネット・シェールの掘削を本格化させる一年あまり前、ドヴォリンの坑井で天然ガスを掘り当てたらしい兆候があった。それも、かなりの量の天然ガスである。

ドヴォリンは、この坑井の初期調査結果のコピーを指差しながら記者にこう語った。「この知らせに、まともに考えることもできないぐらい興奮している。大きなガス田がある。とてつもなく大きなガス田だ」

ドヴォリンは、人生を変えるほどの量の天然ガスが間近にあると確信すると、ダラス郡西部で新たな土地を賃借《ちんしゃく》し、さらに一〇〇の坑井を掘削する計画を立てた。資金の問題はあったが、この驚くべき発見の噂が広まれば、いずれ出資者が現れるだろうと思っていた。早速いくつかの坑井の掘削にとりかかると、数カ月もしないうちに、そこからも予想どおり天然ガスが出てきた。あれほど疑問視されていたダラス郡で、初めて天然ガスの採取に成功したのだ。

だが徐々に、その喜びもしおれていった。確かに予想どおり天然ガスは産出されているが、驚くほどの量ではなかったからだ。都市での掘削は予想以上に費用がかかり、コストは増大する一方だったが、天然ガスの価格は一向に上がらない。それが苦境に拍車をかけた。ドヴォリンは粘り強く掘削を続けたが、高いコストを相殺《そうさい》できるほどの利益はとうてい得られなかった。その当時まだ、バーネット・シェールのそのあたりの掘削に欠かせない水平掘削に習熟していなかったことも、マイナス要因となった。

以前ミッチェル・エナジーの幹部を務めたこともあるジム・ヘンリーは言う。「あの男なら大量の天然ガスを採取できると思ったんだがね。彼のアイデアは、地質学的に見ても確かなものだったし、実際そのあとにやって来た業者たちは成功を収めている。少々時代の先を行きすぎていたんだろうね」

やがてドヴォリンは、出資者のファウンデーション・ドリリングとの厄介な法廷闘争に巻き込まれた。もはやその土地で試掘を続ける資金もなくなり、賃借していた土地を手放すほかなくなった。何とも悲惨な運命である。しばらくはコッペル市の坑井の現場作業員として働いていたが、間もなくその仕事も首になった。

「すべて終わってみれば、もうけたのは弁護士だけだった。あまりにひどい成り行きに、泣き崩れそうになったよ」とドヴォリンは言う。

当時ドヴォリンは、バーネット・シェール上の五〇〇〇エーカー〔約二〇平方キロメートル〕の土地を、一エーカーあたり平均五〇ドルで賃借していた。それから一〇年もしないうちに、この土地は一エーカーあたり二万二〇〇〇ドル、総計一億一〇〇〇万ドルで売買されることになる。そのころになると、ドヴォリンが掘削するつもりだったダラス・フォートワース国際空港付近の土地は、およそ二億ドルで賃貸されていた。チェサピーク・エナジーなどの大企業が、ダラス地区には大量の天然ガスがあると確信するようになったからだ。まさにドヴォリンが投資家に説明していたとおりである。

だが、ドヴォリンも息子のジェイソンも、そのころにはもう掘削事業から足を洗っていた。

二〇一三年初めのインタビューで、ドヴォリンはこう述べている。「もう七三歳だ。過去を思い出して悪態ばかりついているような余生は送りたくない」

サンフォード・ドヴォリンはダラス・フォートワース地区での主導権を失い、もはやミッチェル・エナジーなどの企業が躍進するのを見守るほかなくなった。テキサス州で一攫《いっかく》千金を果たすどころか、エネルギー業界によく見られるもう一つの典型例になってしまったのだ。世紀の掘り出しものに近づきながら、結局それを手にできなかった山師である。

「いちばん残念なのは、結局自分たちが正しく、努力もしたのに、利益をあげられなかったことだ。数百万ドルかせぐどころか、数百万ドルまきあげられた」

ドヴォリンは現在、テキサス州郊外にある一八五平方メートルの家に暮らしている。二〇〇三年型のキャデラックに乗り、息子と一緒に有望な土地を探しては、地下資源の探査会社に転売しているという。そう簡単な商売ではない。「簡単な仕事ならガールスカウトがやってるよ」と冗談を言う。

ドヴォリンはいまだ、息子と大もうけする夢をあきらめてはいない。次に来ると予想される掘削場所を探すつもりなのかもしれないし、ほかの業者から請け負って掘削をするつもりなのかもしれない。新たな掘削ツールの開発や改良を続けながら、幸運が訪れるのを待っている。

「いずれ振り子は戻ってくる」とドヴォリンは言う。

ミッチェル・エナジー、自社売却を探る

一九九九年、天然ガスの価格の見通しが改善されると、ミッチェル・エナジーの株価も少しずつ上昇を始めた。そのころミッチェルは、ボウカーのデータをもとに、バーネット・シェール上の土地の取得を強化していた。また、取得していた土地でさらなる掘削を行なうとともに、一部の古いガス井に改めてフラッキングを実施した。それまで考えていた以上に多くの天然ガスがあることがわかったからだ。

一部の従業員の話によると、ミッチェルがさらに多くの土地を賃借しようとすると、スティーヴンスは難色を示したという。実際、ある日取締役会が終わると、トッド・ミッチェルともう一人の幹部のもとへ行き、切羽詰まった感じでこう述べている。「父親に（バーネット・シェールの中心部以外の土地の）取得をやめるように言ってくれ」。常日ごろから、中心部は有望だが、ほかの部分は掘削に時間や費用をかける価値がないのではないかと考えていたからだ。

スティーヴンス自身は、自分の意見が社内のほかの人間と食い違うことを気にかけてはいなかった。「私たちはみな、同じ最終目標を目指していた。だが、会社での役割が違えば、考え方も異なる。私はバーネット・シェールだけでなく、会社のほかの事業とのバランスを考えていた」

その後も土地の取得は続いた。だが、すぐにでもこれら

の土地からこれまで以上の天然ガスを産出しなければ、バーネット・シェールから撤退しようと主張する幹部が出てくるに違いない。さらに悪いことに、一九九九年一〇月当時、ジョージ・ミッチェルはすでに会社の経営から手を引いていた。もはや八〇歳になり、自分のがんは抑え込んでいたものの、妻のシンシアのアルツハイマー病が進み、それがジョージにとって重い負担になっていたからだ。

バーネット・シェールでの優位をうまく活かそうとするなら、多額の現金が必要になる。だが、会社にとって過酷な時期を乗り越えたばかりのミッチェル・エナジーに、そんな資金はない。

そこでミッチェルは不本意ながら、これまでの拡大路線をやめ、会社をライバル企業に売却することを考え始めた。バーネット・シェールの埋蔵量に関するボウカーのデータを見せれば、会社が取得している土地が魅力的に見えるに違いない。また、スタインスバーガーの改良されたフラッキング法があれば、この岩石層から大量の天然ガスを採取できる可能性もある。高額で買い取ってくれる企業があるのなら、売却してもいい。

ミッチェルはそう思い、有名投資銀行のゴールドマン・サックスとチェース・マンハッタン銀行に売却の仲介を依頼した。ミッチェル・エナジーの幹部たちも、ライバル企業の人間がオフィスに入り、一カ月にわたり自社の資産や不動産に関する情報を検討するのを承認した。ただしミッチェルは投資銀行に、低迷するミッチェル・エナジーの株価よりも高い価格で買い取ってくれる企業があった場合にのみ売却すると伝えていた。「私たちは、割増金を受け取るだけの働きをしてきたんだから」という。

だが、ミッチェル・エナジーに興味を示してくれる会社は現れなかった。ライバル企業はいずれも同じ意見だった。確かにこの会社のチームは、バーネット・シェールで興味深い仕事をしており、多大な将来性をうかがわせはする。だが、バーネット・シェールは非在来型の土地だ。今後の産出がどれだけ増えるのかも、いつまで続くのかも予想できない。結局のところ、この業界では短期的な産出量の増加はよくあることであり、たいていは徐々に収まってしまう。エクソンモービルやコノコなどの大企業を見ても、これまでずっとバーネット・シェールでのミッチェル・エナジーの取り組みを無視し、テキサス州の土地や目新しい掘削法に賭けようとしなかったではないか、と。

あいつらにはまだわからないのか？　ミッチェルはそう思った。

だがミッチェル・エナジーの収益は、二〇〇〇年一月三一日に終わる会計年度では一億ドルを切っており、その前年度は五〇〇〇万ドル近い赤字だった。同社の幹部たちは、バーネット・シェールのほかの地域には天然ガスがたくさんあると訴えたが、これらの新たな土地はまだ掘削もしておらず、実際のところはわからなかった。一九九八年にアメリカ地質調査所が行なった最新の調査では、バーネット・シェールの天然ガスの埋蔵量はわずか一〇兆立方フィート〔約二八〇〇億立方メートル〕しかないと判定されていた。これは、天然ガスの産出量が増加している事実を反映していない昔ながらの推計にすぎなかったが、当時の業界には信頼できる判断基準がそれしかなかった。

当時デボン・エナジーの会長と最高経営責任者を務めていたラリー・ニコルズは言う。「鼻であしらったよ。とてもうまくいくとは思えなかったからね」*2

一九九九年には天然ガスの価格が依然として低迷し、一般的な指標である一〇〇〇立方フィートあたりの価格の平均が二・三〇ドル前後でしかなかったのも悪影響を与えた。これほどの低価格では、いくら楽観的なライバル企業でも買収意欲をそがれる。

ケント・ボウカーは、ミッチェル・エナジーが無視されたもう一つの理由をこう説明する。「ウッドランズの小さなオフィスには、風変わりな人間しかおらず、天才が一人もいなかった。オクラホマ州立大学やテキサス工科大学の出身者たちだけで会社を続けてきたんだ。白衣を着た博士号取得者もいなければ、ハーバードを首席で卒業した秀才もいなかった」

ライバル企業から買収を断られるたびに、ジョージ・ミッチェルは激怒した。ちょうどそのころは、インターネット・ブームが頂点に達しようとしていた時期にあたり、ドット・コムという名前がつく企業ならどこでも、驚くほどの価格で株式を公開していた。それなのに、こうした企業の動力源となるエネルギーを提供している自社には、まったく買い手がつかない。

「信じられん！」と怒鳴り声をあげることもあった。

ミッチェルは買収を断られることに納得できなかった。オフィスでかんしゃくを起こしては、何の資産も持たないＩＴ企業がこれほど注目を集めていることに憤慨し、「うちにはバーネットがあるのに！」と叫んだ。買収候補企業からそっけなく断られたびに、あるいは新たなドット・コム企業が数十億ドル規模の新規株式公開を行なうたびに、怒りを募《つの》らせた。「こんなばかな話があるか！」。そう怒鳴る父親を、トッドは必死でなだめた。

二〇〇〇年四月、ミッチェル・エナジーはとうとう売却を断念する旨を公表した。このような撤回は外聞のいいものではない。ジョージ・ミッチェルは精神的に打ちのめされた。「相手の企業をまるで説得できなかった」と言う。

だがミッチェルは、買収候補企業から鼻であしらわれたことに希望の兆しがあるのではないかと考えた。業界はいまだバーネット・シェールに懐疑的だ。ということは、この地域の土地の取得をさらに進めても競争にはならない。

結局ミッチェルは、土地の取得を再開した。だが、念のためライバル企業にはこの新たな土地の取得を秘密にしておこうと、仲介業者には誰が土地を取得しているのかを伝えなかった。こうしてミッチェル・エナジーは間もなく、数年前にシェブロンがあきらめて手放した土地を含め、一八万エーカー〔約七三〇平方キロメートル〕以上に及ぶバーネット・シェール上の土地を賃借した。これにより同社が保有する土地は、およそ六〇万エーカー〔約二四〇〇平方キロメートル〕に達した。

これだけ土地を増やし、新たな産出があれば、ミッチェル・エナジーはより魅力的な買収対象になるに違いない。ミッチェルもほかの上級幹部もそう判断した。それに、天然ガスの価格もようやく回復の兆しを見せていた。

この計画はうまくいきそうに思えた。ところが、こうしてライバル企業から買収の声がかかるのを待っている間に、会社に亀裂が生まれ、分裂の危機にみまわれる事態となった。その年のある日、経営陣から従業員にメールで、社長のビル・スティーヴンスがビジネス系ケーブルテレビのＣＮＢＣに出演するとの通知があった。だが、その番組を見た従業員は、驚きのあまり声を失った。スティーヴンスがバーネット・シェールを「黒い墓石」と表現したからだ。「この会社の最大の資産についてそんなことを言うのか？」。ある従業員は同僚にそう語ったという。

スティーヴンスは冗談のつもりでそう言ったのかもしれないが、従業員たちはこの話題に少々敏感になっていた。実際シェールは強く圧縮されているため墓石のように見え、業界では一般的にそう呼ばれていた。だが、バーネット・シェールに何年も取り組んできた従業員からすれば、スティーヴンスのコメントは侮辱以外の何ものでもなかった。スティーヴンスはほかにも従業員の気にさわるようなことを言った。一九九九年の会議ではある地質学者が、すでに一部のガス井で新たな水平掘削法を試している事実を挙げ、バーネット・シェールでもっと水平掘削を推進すべきだと提案した。するとスティーヴンスは、「バーネットでもっと水平掘削をしたいのなら、私を殺してからにしろ」と苛《いら》立《だ》たしげに言い放ち、会議を終わらせてしまった。

スティーヴンスが会議室を出ていくと、ケント・ボウカーは信じられないといった面持ちで別の地質学者にこう言ったという。「じゃあスティーヴンスには死んでもらうしかないな」

だが結局、バーネット・シェールでさらに水平掘削が行なわれることはなかった。

「もちろん冗談だったよ」とボウカーは言う。

それから一年後、スティーヴンスは業界紙《オイル&ガス・ジャーナル》とのインタビューで、またしても従業員の怒りを買った。そのなかで、天然ガスが簡単に見つかるようになったという話をしたのだ。「探査チームのメンバーに笑いながらこう言っているよ。『地質学者は必要ない。ガスなんて探さなくていい。そこにあるんだから』とね」

スティーヴンスはおそらく、自社が保有するシェール層上の土地なら、地質学の高度な知識がなくても天然ガスを採取できるから、これほど魅力的な買収対象はないと言いたかったのだろう。だがスティーヴンスにいい感情を抱いていない従業員は、これもやはり侮辱だと受け取った。バーネット・シェールの開発に携わっていた上級幹部ダン・スチュワードは、このインタビュー記事を読んで帰宅すると、妻に辞職したいと訴えた。

だが妻は「うちには四人も子どもがいるの。つべこべ言わないで」と返したという。

やがてスティーヴンスに対する不満が、ジョージ・ミッチェルの耳にも届くようになった。だがミッチェルは、地質学者やエンジニアの苛立ちに同情を抱きながらも、息子ともどもスティーヴンスに好意を寄せていた。ウッドランズの売却など、ミッチェルにはとてもできない苦渋の決断を行なってきたこの男を高く評価していたからだ。ミッチェル親子から見れば、ビル・スティーヴンスは完璧な悪役を演じていただけだった。

トッド・ミッチェルは言う。「ビルは抱き締めたくなるような友好的な人間ではないからね。父がバーネットにこだわるあまり、二人が緊張関係にあったのは確かだ。でもビルは、危機的状況にあった会社を引き継いでくれた。（中略）この男なら会社の地盤をより強固なものにしてくれると思っていたよ」

　しかし、こうした社内対立はたちまち問題視されなくなった。ミッチェル・エナジーの天然ガス生産が急増していたからだ。会社の売却に奔走《ほんそう》していた一九九九年夏ごろの同社の一日の天然ガス生産量は、およそ一億立方フィート〔約二八〇万立方メートル〕だった。ところが二〇〇一年夏になると、それが三億立方フィート〔約八五〇万立方メートル〕近くにまで増え、間もなく三億六五〇〇万立方フィート〔約一〇〇〇万立方メートル〕を超えた。わずか二年で驚異の二五〇パーセント増である。エネルギー業界の歴史を見ても、これほどペースの早い増産は類例がほとんどない。すべては、バーネット・シェールに取り組んできた同社の小チームの画期的な努力により、シェール層から天然ガスを採取する方法が改善されたからにほかならない。

　ミッチェル・エナジーの本社では、バーネット・シェールのガス井の責任者たちでさえ、自分たちの苦労がついに報われつつあることに驚きの声をあげた。探査チームのあるメンバーは言う。「生産量が急増した。想像をはるかに超えていたよ」

　やがて噂はこの地域や石油・天然ガス業界に広まり、ライバル企業はミッチェル・エナジーで何が起きているのかを知りたがった。「いったい何がどうなっているのかと不思議に思い始めたんだ」とミッチェルは言う。

　二〇〇〇年九月下旬、フォートワース石油情報センターがバーネット・シェールをテーマとするシンポジウムを開催した。同センターは、ここ一〇年の業界の低迷を受けて資金不足に陥っていたうえ、最近の竜巻で建物が甚大な被害を受けていた。そのため、このシンポジウムでいくらかでも資金を工面しようと考えたのだ。

　主催者側は、一九五ドルの入場料を設定し、それでも業界関係者が押し寄せるだろうと期待して、一二五の席を用意した。ところが開催日になると、主要石油会社の代表者を含め、二〇〇人以上がセンターに殺到した。会場に入れなかった人が講演や発表を聞けるように、急遽ホールにスピーカーとモニターが設置されたが、そこにさえ入りきれなかった人もいたという。いずれも、ミッチェル・エナジーの産出が急増した理由を知りたがっていた。[3]

そこにいた人々だけではない。新興独立系エネルギー企業デボン・エナジーの会長ラリー・ニコルズは、この一年前には、持ちかけられたミッチェル・エナジーの買収取引を拒否していた。だが、そのミッチェル・エナジーの天然ガス産出量が突然増えたことを示すデータを見てびっくりした。いったい何が起きたのか、ミッチェル・エナジーが何をしたのか、まるでわからなかった。

「なぜこんなことになっているのか、会社のエンジニアに問いただしたよ。どうしてミッチェルの産出量が増えているんだ、とね」[4]

デボンの幹部は、ミッチェル・エナジーがバーネット・シェールで何をしているのかを知ろうと、同社のチームに直接連絡をとった。それから数カ月もすると、デボンの幹部はすっかりシェール層の可能性を確信するようになった。こうして、外国よりもアメリカでの掘削に専念する二つの独立系エネルギー企業を経営していたニコルズとミッチェルとの間に、個人的な絆が形成された。

そのころになると、シンシア・ミッチェルのアルツハイマー病の症状が本格化し、ジョージ・ミッチェルもその子どもたちも、以前にも増して会社の売却を望むようになった。そこでミッチェルは買収合戦を引き起こそうと、アナダルコ・ペトロリアムなどの会社に買収を打診した。

「これらのガス井にフラッキングを行なえば、二、三倍のガスを採取できる。現にわが社はそうしている」。そう買収候補企業に訴えた。

だが、ほとんどの企業は依然として懐疑的で、シェール層での増産は短期的な現象にすぎないと思っていた。そのため、ミッチェル・エナジーを現行の株価以上の価格で買収しようとする企業はいまだなく、ジョージ・ミッチェルをまたしても苛立たせた。

「シェール層からガスを分離できると言っても、アナダルコは信じてくれなかった。こちらの言うことを信用してくれないんだ」

ミッチェル・エナジーが成し遂げた奇跡を目撃していながら、誰も自分の目を信じていないかのようだった。

ニコルズは言う。「当時は、シェール層を掘削してうまくいくなんて誰一人思っていなかった」[5]

二〇〇一年八月になってようやく、デボン・エナジーがミッチェル・エナジーを三一億ドルで買収するとともに、同社の四億ドルの負債を引き受けることに同意した。ジョージ・ミッチェルが希望していたとおり、当時のミッチェル・エナジーの株価より二〇パーセント高い額である。「デボンを説得したんだ。わかってくれたよ」とミッチェルは言う。

デボンはそんなリスクの高い土地を高額で取得して大丈夫なのかと、多くの関係者がこの買収を疑問視した。バーネット・シェールの掘削が本当にうまくいくとは思っていない人々のなかには、ミッチェルに近い者もいた。買収が公表された後、以前からバーネット・シェールに懐疑的だったビル・スティーヴンスは、ダン・スチュワードにこう言った。「みごとホームランをかませたな」

スチュワードによれば、「ビルはさも安心したようにそう言った」という。

いずれにせよジョージ・ミッチェル率いるチームは、バーネット・シェールの暗号を解読し、シェール層のような開発が難しい岩石層でも金鉱になりうることを証明してみせた。その後、テキサス州のバーネット・シェール地域はアメリカ最大の陸上天然ガス田となり、二〇一三年にはアメリカの全エネルギー供給量のおよそ六パーセントを占めることになる。ミッチェルは、シェール層の天然ガスが、エネルギー不足に陥りつつあるアメリカの救世主になると信じ、それをみごとに実現した。これをきっかけに無数の山師たちが、同様のガス田を見つけようと、シェール層があるほかの地域に向かったのは言うまでもない。

買収が完了すると、ジョージ・ミッチェルの総資産はおよそ二〇億ドルになった。その後ジョージと息子のトッドは、アメリカ各地にあるほかのシェール層の土地を取得し、さらに財産を増やした。だが、やはりジョージは変わり者だった。ほかでもないクリーンエネルギー研究に数百万ドルを寄付するとともに、環境に悪影響を及ぼす企業の取り締まりを呼びかけたのだ。

ミッチェルはどうやら、シェール層の掘削やフラッキングにより天然ガスを大量に採取できるようになり、エネルギー供給に余裕ができたため、その間に信頼に足る再生可能エネルギーを見つけたほうがいいと考えたらしい。二〇〇八年には《フォートワース・スター＝テレグラム》紙にこう述べている。「二酸化炭素は抑え込まなければいけない。深刻な問題だからね。いま考えるべきは、化石燃料から再生可能エネルギーへの移行をどう進めるかだ」[*6]

ビル・スティーヴンスも成功を収めた。ミッチェル・エナジーをデボンに売却した二年後、ＥＯＧリソーシズの役員に迎え入れられたのだ。アメリカのエネルギー業界に新風を巻き起こすことになる新興の石油・天然ガス探査会社である。

だが、エネルギー産業の歴史に残る重要な発見を実際に成し遂げた人物たちは、ミッチェルやスティーヴンスほどの成功を収められなかった。二〇〇一年のクリスマスの数日前、ケント・ボウカーの上司だったダン・スチュワードは、デボンの幹部とともに、合併したばかりの会社に関する予算項目を吟味《ぎんみ》していた。するとその会話のなかで、新たな上司になった男から突然、合併作業が完了してしまえばもう出社する必要はないと言われた。スチュワードは以前から、バーネット・シェールでの取り組みを全面的に支持していた。それなのに、新たな会社で数カ月過ごしただけでオフィスを明け渡すよう命じられたのだ。

ニコラス・スタインスバーガーも事情は変わらない。シェール層から天然ガスを採取する完璧なフラッキング水を発見した人材だというのに、ミッチェル・エナジーが売却された年に受け取った給与はわずか一〇万ドルほどで、画期的な発見に対する賞与は一切なかった。せいぜい、保有していたミッチェル・エナジーの株式を現金化して、さらに一〇万ドルほどを手に入れた程度である。結局スタインスバーガーは、一年余りデボンで働いた後にそこを離れ、ほかのエネルギー会社を転々としながら出世を重ねていった。彼が開発したフラッキング法はアメリカ各地で無数の企業に模倣されたが、そのおかげで、地元のインディアナ州に暮らすリベラル寄りの両親から質問攻めにされる機会も増えた。両親のもとに、フラッキングは環境に悪影響を及ぼしているという噂が届くようになったからだ。

ケント・ボウカーも、ミッチェル・エナジーが売却された年に受け取った給与は、普段と同じおよそ一二万ドルだった。やはり保有していた同社の株式およそ二万ドル分を現金化できたものの、バーネット・シェールの本当の天然ガス埋蔵量を導き出した功績に対する報酬は一切なかった。それが同社の高額売却につながったにもかかわらずである。

合併が公表されてから数カ月がたったころ、ボウカーは、ミッチェル・エナジーの従業員の雇用継続・解雇の判断を担当していたデボンの幹部の面談を受けた。ところが、ボウカーがミッチェル・エナジーでの自分の役割を説明し始めると、デボンの幹部はつまらなそうな表情になり、数分後にはボウカーの目の前で居眠りを始めた。

　ボウカーはそれを見て、この会社で意義ある仕事を与えられることはないと気づき、デボンを辞職すると、バーネット・シェールに強い関心を示すもっと小規模な会社に就職した。

「出ていく時期だったんだよ」とボウカーは言う。

オクラホマ州の二人

　そのころ、近くのオクラホマ州に、ジョージ・ミッチェルの成功に特別な関心を寄せている二人の若い男がいた。オーブリー・マクレンドンとトム・ウォードである。二人はまだ、開発の難しい岩石層を掘削する新たな時代が到来したとは考えていなかった。バーネット・シェールでの成功がほかでも通用するとは思えなかったからだ。

　だがこの二人には、アメリカのためにエネルギーの新たな時代を切り開こうとするそれなりの理由があった。一攫《いっかく》千金を成し遂げる自信にあふれていた彼らは、自分たちの信念にすべてを賭けることにした。それが後に、衝撃的な結果をもたらすことになる。

第二部
競争
The Race

第五章

共同創業者

オーブリー・マクレンドンもトム・ウォードも、ジョージ・ミッチェルが何か特別なことを発見したとは思っていなかった。確かにミッチェル・エナジーのスタッフは、テキサス州に広がるシェール鉱床《こうしょう》から大量の天然ガスを採取する方法を見つけた。だがマクレンドンとウォードが経営しているエネルギー会社は、オクラホマシティ〔オクラホマ州の州都〕にあった。二人が大学を卒業した数年後に設立した会社である。主に水を使うミッチェル・エナジーのフラッキング法がほかの地域の岩石層にも応用できるのか、できたとしても手ごろなコストで成果をあげられるのか、それはまだわからなかった。

むしろマクレンドンとウォードは、水平掘削など、原油や天然ガスを見つける新たな手法に関心を寄せた。ミッチェル・エナジーのチームが水平掘削を試すことはあまりなかったが、マクレンドンとウォードはたちまちこの手法のとりこになった。水平掘削を早くから導入していたオリックスなどのほうが、本当に大切なことに気づいていたのではないかと考えたのだ。

一九九九年の初めごろになると、マクレンドンとウォードは、天然ガスの価格がこれから上向いていくと確信するようになった。天然ガスを掘削する企業が減り、供給量は徐々に少なくなっているが、新たに需要が増える兆しが現れつつある。たとえば、大手電力会社が天然ガスの利用を増加させており、ほかの企業もそれに追随しようとしているという噂があった。二人の強気な見方を裏づける情報である。

「古典的な需要と供給の関係だよ」。ウォードはある日マクレンドンにそう告げたという。

そこで二人はある計画を思いついた。アメリカ各地ですでに天然ガスを産出しているガス井を取得し、そこに水平掘削などの最新技術を適用して産出量を増やせば、かつてないほどの財産を手にできるのではないか？　二人は巨額の資金を投じて、アメリカ全土で可能なかぎりの土地をなるべく早く取得することに決めた。かつてない規模の土地を確保すれば、この千載一遇のチャンスをものにできると考えたのだ。

だが一つだけ問題があった。マクレンドンにもウォードにも、それに必要な資金がなかった。この問題は二人に終生つきまとった。

トム・ウォード、不遇な環境から

トム・ウォードは、オクラホマ州北西部にある人口一〇〇〇人ほどの町、シーリングで生まれ育った。ウォード家は、世界恐慌やダスト・ボウル〔一九三〇年代にアメリカ中南部を襲った砂塵嵐〕の時代もオクラホマ州で生活を続けた。この悲惨な時代には、同州の五〇万人近い住人が職を求めてカルフォルニア州などに引っ越していった。子どもだけにはいい人生を送らせようと、ほかの州に暮らす家族や友人に子どもを預ける家庭もあった。

だがウォード家はそこに残り、オクラホマ州の厄介な土地の耕作を続けた。この苦しい時期の記憶は、一家全員の心の奥深くに刻み込まれた。そのため数年後には、いつでも何らかの食べものにありつけるようにと、一部の親族が自宅のそばに菜園をつくった。とはいえ、たいていはかろうじて生きていけるだけの食料しかなかった。

トム・ウォードの祖父ウィリアム・ウォードは、とりわけ大変な時代を過ごし、町で雑用をこなして家族を支えた。だが三〇歳になるころから、アルコールの快楽を覚え、家族や友人を困らせた。しらふのときは気さくなのだが、アルコールを飲むとたんにけんか腰になるからだ。

毎週日曜日になるとよくウィリアムは、礼拝が行なわれている最中の教会に転がり込み、信者席の最前列に倒れ込むように座って涙を流した。当時まだ若い牧師だったオーヴィル・ホワイトは、そんな姿を見ると説教を中断し、信者たちが何かできることはないかとウィリアムに尋ねた。

するとウィリアムはいつも「アメージング・グレースを歌ってほしい」と答えた。神の許しと贖罪《しょくざい》を称えるキリスト教の聖歌である。また、この歌には特別な意味があった。

数年前に死んだウィリアムの母親の葬儀で歌われたのだ。

信者たちは、苦しむ隣人に深く同情し、その気持ちを引き立てるように聖歌を歌った。ウィリアムは信者席でそれを聞きながら、さらに涙した。そしてホワイトから祝福を受けると、礼拝が終わる前に出ていってしまうのだった。

ウィリアムの妻レヴァは地元のレストランでは評判のウェイトレスで、昼間は気さくな会話で客を楽しませ、夜になると自宅で酔っぱらった夫の面倒を見た。そんな仕事が一段落すると、孫のトムと一緒にその日のチップを計算し、そのコインを使ってトムに数え方を教えた。病気になっても仕事を決して休もうとしない祖母の姿は、トムの労働倫理に強い影響を与えたようだ。

「家にいても職場にいても病気に変わりはない。それなら職場にいたほうがいいでしょ」とよく言っていたという。

トムは幼いころから、父親のジョディもアルコール中毒であることに気づいていた。しばらくの間ジョディは、一〇年物の《オールド・チャーター》というバーボンを浴びるように飲みながらも、家業である馬の調教の仕事を何とかこなしていた。当時は、一日に二リットルがあたりまえだった。仕事場にまで酒びんを持っていき、息子の目の前で動けなくなるまで飲んでいたらしい。その口がコルク栓代わりのようなものだった。

ジョディもその父親同様、しらふのときは親切で優しかったが、どうしてもアルコールをやめられなかった。ジョディをはじめ、ウォード家の男たちの評判はあまりにひどく、問題のあるこの家族には嫁《とつ》がないよう注意されていた女性もいたほどだ。

「父は生きている間ずっと酔っぱらっていた。びんから直接ぐいぐい飲んでね。恥ずかしかったよ」とトムは言う。

トムの母親の実家には多少財産があったため、一家はその助けを借りて、町で一、二を争うほど立派なレンガづくりの家を建てた。それでも貧しかったことに変わりはなく、四人きょうだいの末っ子だったトムでさえ、父親や兄たちが経営している家業に駆り出された。実際、八歳のころから、父が近くのトラックで馬の調教をしている間に、厩舎《きゅうしゃ》の掃除などの雑用をこなしていたという。

やがて過度の飲酒がたたり、ジョディが仕事をこなせなくなると、兄のロニーが家業を引き受け、まだ幼かったトムも兄の手伝いをした。平日の学校の前や後、あるいは週末には、馬を歩かせてトラックをまわり、クールダウンをサポートした。競走馬は気が立っていることが多く、小さな少年には大変な仕事だった。

「扱いにくい馬もいて、よく攻撃してきた。死ぬかと思ったよ」とトムは言う。

ジョディは四〇代で肝硬変と診断され、四八歳のときに心臓麻痺で死んだ。トムが一六歳のときのことである。父親の急死により、ロニーが大学を辞めて本格的に家業を継がざるを得なくなると、それに伴ってトムの仕事も増えた。

こうした家庭の問題から逃れようと、トムは本をむさぼり読み、アーネスト・ヘミングウェイやエドガー・アラン・ポー、O・ヘンリーの小説に慰めを見出すようになった。また、同級生に比べると小柄だがすばしっこく、負けん気が人一倍強かったトムは、スポーツで才能を発揮し、さまざまな競技を通じて家庭生活のストレスを解消した。高校では陸上のほか、野球チームでは外野手を、バスケットボールチームではポイントガードを務め、スター選手として活躍した。アメリカンフットボールのチームではハーフバックやディフェンシブガードを務め、あまりやる気のない相手チームの選手数名をゴールラインまで押しやったこともある。それから数十年がたったいまでもシーリングには、トムが高校三年生のときに六度のタッチダウンを決め、チームを勝利に導いた試合を覚えている住民がいる。

スター選手として人気者になるにつれ、トムは自信をつけていった。ウォード家はもはや、アルコール中毒に悩まされるだけの一族ではない。そのころになると近所の人も、アルコール中毒を依存症や病気と見なし、トムやそのきょうだいに同情や理解を示すようになっていた。

指導を受けるべき父がいなかったトムは、さまざまなコーチに頼ったり、地元の牧師であるオーヴィル・ホワイトの家で午後を過ごしたりした。食堂で地元の老人たちとテーブルを囲み、一緒にコーヒーを飲みながら話を聞くこともあった。老人たちは、トムがまだ若く、不遇な家庭環境にあったにもかかわらず、トムに関心を寄せ、敬意を払ってくれた。

そのころのガソリンは安く、トムは毎週土曜日の夜になると友人たちと一緒に車に乗り込み、町中を走りまわった。車を連ねてゆっくりと走らせ、近所の人たちに手を振ったりクラクションを鳴らしたりしてから、アイスクリームを求めて地元のデイリー・キングまで突っ走っていく。その様子はまさに、映画『アメリカン・グラフィティ』のドラッグレース・シーンさながらだった。

トムも友人たちも当然アルコールには手を出したが、トムだけはスポーツに悪い影響が出るのを怖れ、ドラッグや過度の飲酒を避けた。「スポーツがいちばん大事だったからね。飲酒はからだに悪いと思っていた」とトムは言う。

だがそのころ、キリスト教のカリスマ刷新運動がシーリングでも活発になり、トムの心に変化をもたらした。巡回牧師がやって来て、イエスが与える許しや支援について説くと、トムは畏敬《いけい》の念を抱きながらその姿を見つめた。そしてその牧師が異言《いげん》〔宗教的高揚状態にある人が外国語または意味不明な言葉を話す行為〕を話し、近所の人々が聖霊により洗礼を受けるのをまのあたりにすると、宗教的な目覚めを経験した。

後に友人に語ったところによると、トムはその経験により「謙虚」になったという。それから数週間もしないうちに、それまでの行動を改め、宗教に身を捧げるようになった。当時を回想してこう述べている。「あの牧師が私の目を開いてくれた。そのとき使命を感じて、イエスに従おうと心に誓ったんだ」

シーリングでは当時、現地の在郷《ざいごう》軍人会による野球チームを組織しようとする計画があったが、人数が少なすぎたため、五〇キロメートルほど離れた町ウェイノーカで野球チームが結成された。そのチームの試合を見に行ったトムは、そこで地元出身のかわいらしい少女シュリー・ファーガソンと出会った。当選すれば豪華なケーキがもらえるラッフルくじのチケットを販売していたのだ。やがて二人はデートを重ねるようになった。トムはファーガソン家の人たちと一緒にいると心が休まる気がした。この家族はいつもお互いにいたわりの気持ちや愛情を示し合っていたからだ。トムにはこれまでそんな経験がなかった。

「彼らはノルウェー人だった。私の家族はそれほど感情を表に出さない。生活が苦しいと、愛情を表現できなくなる。生きていくだけで大変だからね」

トムはやがて聖書の勉強を始め、シュリーやその両親と一緒に礼拝に参加した。まるでシュリーの家族の一員のようになり、彼らが所属する伝統的なプロテスタント教会にも入信した。「一緒にいると心が落ち着いた」という。

卒業を一年後に控え、学業にさほど興味がなかったトムは進路に悩んだ。このまま町に残り、魅力的な仕事だと思っていた時給四ドルのトラック運転手になるべきか、それとも地元の大学に行くべきか? 結局トムは大学を選び、ノーマンにあるオクラホマ大学に進学した。高校の卒業生四〇人ほどのなかに、大学に進学した者はわずかしかいなかった。

トムは毎週末、中古の一九七四年型ビュイック・リーガルに乗ってウェイノーカにやって来てはシュリーに会った。シュリーは一歳年下なので、まだ高校生だった。やがてシュリーが卒業すると、二人は結婚した。そのときトムはまだ一九歳だった。当時のオクラホマ州では、二〇歳の誕生日前に結婚するカップルは珍しくなかった。だがトムは、そんな事情とは関係なく、早く大人の生活を始めたいと思っていたようだ。

「それまでの生活環境のせいで、若いころからほかの人より成熟していたんだと思う。そのころにはもう社会に出る覚悟ができていた」

だがトムは大学に通っていたため、その間はシュリーが地元の花屋で働き、夫の学費を支援した。シュリーは言う。

「そのころの目標は暖炉を持つことだった。私たちにはそれさえ大変なことだったから」*1

トムは母方のおじの影響を受け、オクラホマ大学では石油土地管理を専攻した。おじは土地の仲介業で財を成し、一族のなかではもっとも裕福な暮らしをしていた。だが、トムは学問にさほど関心を持てなかった。大学時代をこう回想している。「退屈だったね。だからいつも働いていた。（中略）地元の馬牧場でね。大学はおもしろくなかったけど何とか三年半通い、残りの三コマは通信教育で取った」*2

一九八一年に大学を卒業すると、土地仲介会社に就職した。おじが設立し、最近になってウォード家の兄が買い取った会社である。そこで、石油・天然ガス探査会社に代わって土地所有者から採掘権を賃借《ちんしゃく》する「地権《ちけん》交渉人」の仕事をした。この仕事を選んだのは正解だった。大学ですでに仕事の知識を備えていたうえ、エネルギー事業が活況を呈していた時期だったからだ。トムは妻とシーリングのそばの町に引っ越し、新たな生活を始めた。

だが、一九八〇年代前半に石油や天然ガスの価格が急落すると、エネルギー業界は一気に不景気に陥《おちい》った。仕事がなくなり、トムは職を失った。自分で土地仲介事業を始めようにも、そんな資金はなかった。

二二歳になった一九八二年夏には、人けのないオクラホマの畑で小麦を刈っていた。そんな仕事しか見つからなかった。だが家には、歩き始めたばかりの幼児がいる。シュリーは少しでも家計の足しにしようと、当時住んでいた八〇平方メートルほどの家で託児所を開いた。しかし生活が改善する見込みはなく、トムは落胆するばかりだった。

そんな生活が数カ月続くと、トムは小麦の刈り取りにうんざりし、もう一度エネルギー業界で一旗あげたいと思うようになった。問題はそれをどう成し遂げるかだ。

ある晩トムはふと、母方の祖父の話を思い出した。オクラホマ州西部に土地を持っていた祖父は、エネルギー会社から再三にわたり、その土地の採掘権を賃貸《ちんたい》してほしいと言われていた。そのたびに祖父は、よりよい条件を引き出そうとして断っていたが、企業が条件を甘くすることなどめったにない。自分で土地を掘削することもできたが、結局祖父はそれもあきらめ、近隣の土地に支払われている最高額で土地の採掘権を賃貸せざるを得なくなった。

このなかば強制的とも言える土地の採掘権の賃貸借《ちんたいしゃく》は、合法的なものだった。オクラホマ州の法律では、石油や天然ガスの掘削を望む業者があれば、土地所有者はその業者に土地の採掘権を賃貸するか、自分で土地を掘削するかしなければならなかった。現在でも同州の土地所有者は、土地の採掘権の賃貸を拒否して掘削を妨害してはならないことになっている。反抗的な土地所有者によりエネルギー生産が滞《とどこお》ることのないようにするため、そのような法律を採用している州はほかにもある。政府が土地収用権を通じて土地を接収できるのと同じである。

この祖父の話を思い出したトムの頭に、こんなアイデアがひらめいた。まずは、大企業が石油や天然ガスを採取したがっているオクラホマ州の土地を探す。そして、祖父と同じように、その土地の採掘権の賃貸を頑固に拒否している土地所有者に連絡をとり、企業が提示してきた採掘権料よりも少しだけ高い額を提示して、採掘権を手に入れる。そうすれば、その土地の採掘権に多少高い額を払ったとしても、利益をあげられるに違いない。大企業が狙《ねら》っているような土地の近くにはたいてい、すでに原油や天然ガスを産出している油井やガス井があり、その土地からも産出できる可能性が高いからだ。

一九八二年秋、トムは土地の賃貸を頑固に拒否している住民のリストを手に入れ、片っ端から電話をかけた。やがて説得力のある売り口上を身につけると、たちまち成功を収めた。さらに、州内で成績のいい掘削地域を地図で色分けして、その近隣の住民にも賃貸を持ちかけ、初年度だけで八万三〇〇〇ドルの利益をあげた。兄の土地仲介会社で働いていたころの収入の倍以上である。

「いいアイデアを思いついたものだよ」とトムは言う。

トムは当初、採掘権をほかの業者に売却していたが、やがて採掘権を取得した土地で自ら掘削を行なうようになった。いずれにせよ重視していたのは、大手石油会社がすでに成功を収めている地域だった。一九八四年、資金が十分に集まると、家族はオクラホマシティに引っ越した。そこなら、石油・天然ガス業界の情報も手に入りやすい。

間もなくトムは、その街に自分と同じ戦略を採用している人物がいることに気づいた。そのライバルも、自分と同じように土地所有者や石油会社と積極的に交渉を行ない、成功を収めていたが、その存在はこの業界にいるほかの誰よりも際立っていた。その若者がオーブリー・カー・マクレンドンである。見るからに、いずれ偉業を成し遂げそうな男だった。

オーブリー・マクレンドン、名家の一員

一九五九年、トム・ウォードが生まれる三日前にオクラホマシティで生まれたマクレンドンは、オクラホマ州のエネルギー事業で成功を収めた富裕な一族の出身だった。大おじには、オクラホマ州知事を務めた後、上院議員となって絶大な権力を振るったロバート・カーがいる。カーはまた、石油・天然ガス事業のパイオニアであるカー・マギーの共同創業者でもあった。後に、ロバート・ハウプトフューラーのオリックス・エナジーを買収する企業である。マクレンドンの母キャロル・カーは、このロバート・カーのめいだった。

オーブリーの父ジョーは、裕福ではなかったにもかかわらずオクラホマ大学へ通い、働きながら大学を卒業した（途中で二度休学し、第二次世界大戦と朝鮮戦争に従軍している）。キャロルと出会ったのは、その大学にいたころである。彼女は女子学生クラブの会長を務めるなど、キャンパスのリーダー的存在だった。ジョーは卒業後カー・マギーに入社すると、まるで家族経営の会社だとでも言わんばかりにみるみる出世した。

オーブリーは、オクラホマシティの郊外にある上位中流階級が暮らすベルアイルで育った。家族は、近所にはめったにない二階建ての二〇〇平方メートルほどの家に暮らし

ており、裕福というほどではなかったが経済的には何の不自由もなかった。友人たちはみな、オーブリーが名家と血のつながりがあることを知っていた。

小学校時代からの友人チャック・ダーは言う。「オーブリーは子どものころから大物扱いされていた。カー家の一員だからね。誰でも知っていたよ」

子どものころのオーブリーは気さくで人気があったが、その当時から鋭敏な知性の兆しを見せてもいる。ベルアイル小学校では、いつもほかの子どもより多くの本を読んでおり、読んだ冊数を教師が定期的に報告するとクラス中がどよめいた。ヘリテージ・ホール中等・高等学校でも、成績はオールAだった。ちなみにこの学校は、オクラホマシティでもっとも優秀とされていた大学進学者向けの私立学校である。その一方で、驚くほど負けず嫌いでもあった。九歳のころ、校庭でアメリカンフットボールの試合をしていたときに、激しいタックルで親友の鎖骨を折ってしまったこともあるという。

将来エネルギー業界の大物になるような人物は、子どものころから科学や地質学、工学に興味を示すことが多い。オーブリーも地理が好きだったらしく、後の人生を暗示している。両親と車でどこかへ出かけるときには地図を持っていき、父親が運転する道をたどった。「生まれつき芸術や科学の才能を持っている子がいるが、私の場合は土地や地理がいつも気になった」という。[*3]

高校では、一年で身長が二〇センチメートルほど伸びて一八八センチメートルになり、アメリカンフットボール・チームでワイドレシーバーを務めた。運動神経がよく、背が高くスマートなうえに、どことなく俳優のリチャード・ギアに似ており、当時は人気のチアリーダーだったメアリー・アン・ブラウンと交際していた。

また、リーダーの素質にも恵まれていたようだ。最終学年時には、クラスの委員長や卒業生総代《そうだい》となり、さまざまなクラブのキャプテンも務めた。この高校のチームは「チャージャーズ」と呼ばれていたため、オーブリーに「ヘッド・チャージャー」というニックネームがついたほどである。

さらに、相手を意のままに説き伏せることができるほど口がうまく、相手は言われるがままに危険なことさえした。たとえば高校時代、オーブリーは《七七年度最上級生酔っぱらい同盟》なる飲酒クラブを創設した。同級生の記憶によれば、Tシャツを製作して連帯意識を高め、入会を希望する者に、八オンス〔約二四〇ミリリットル〕の強いアルコールを一気飲みするよう命じたという。

　ある友人はこう述べている。「あいつに言われると、誰でも一気飲みしなければいけないような気になった。うまく言いくるめられてしまうんだ」

　ただし、オクラホマ州の名家と血のつながりがあるとはいえ、富豪のような生活とは縁がなかったようだ。父親のジョーは三五年間カー・マギーに勤めていたが、エネルギー事業のなかでも退屈でつまらない分野で働いていた。精製・販売部門、つまり、どこからどう見ても地味な会社直営ガソリンスタンドの運営や、そのほかさまざまな製品の販売である。そのため石油や天然ガスを掘り当てたことはなく、大して裕福にもなれなかった。

　オーブリーは言う。「子どものころに父と石油やガスの掘削リグを見たことはなかったね。ガソリンスタンドの汚いトイレばかり見ていた」

　子どもと過ごす時間に不自由することがなかったジョーは、息子のスポーツチームのコーチもしていた。家庭ではいつものんびり過ごしており、オーブリーの友人の話によれば、まるでコメディアンのようにしじゅう笑みを浮かべていたという。

　一方、教師を務めていた母親のキャロルは、まったく違うタイプの親だった。きわめて厳格でしつけに厳しく、息子には親の言うことを聞き、勉強に励むよう命じた。旧友のチャック・ダーは言う。「あいつの母親の前で下手なことはできなかった。大きくなればなるほどあの母親が怖くなった」

　マクレンドン家をよく知るエネルギー業界幹部のダン・ジョーダンは、オーブリーの母親は育ちが違ったと述べている。「カー家は厳格だからね。（中略）家族に厳しくあたる」

　オーブリーは確かに、ほかの友人よりは財産に恵まれていたかもしれないが、好きなものを何でも買えるほどではなかった。そのため欲しいものがあれば、クリスマスカードの訪問販売や新聞配達などのアルバイトをした。また、三歳年上のシャノン・セルフが庭の芝刈りをしているのを聞きつけると、それに対抗して自分も芝刈りの仕事を始めた。当時はエネルギー業界が活況を呈し、この地域の経済は景気がよかったため、芝刈り一時間で一〇ドルも稼げた。こうして、夏休みには毎週自転車でペン・スクエア銀行まで行って稼ぎを貯金し、三〇〇〇ドル近くたまると初めての車を購入した。黒の一九七七年型オールズモビル・カトラスである（残りの三〇〇〇ドルは両親が出してくれた）。「私が高校と大学にいた八年の間に、石油価格は一バレル三ドルから三九ドルに上がった」とオーブリーは言う。

高校を卒業すると、歴史を専攻し、ノースカロライナ州のデューク大学に入学した。学業にも社交にもまじめに取り組んだ。シグマ・アルファ・イプシロン友愛会に入ると、気さくで人あたりのよかったオーブリーは積極的な活動を展開した。一年の仮会員時には親睦《しんぼく》委員を、三年時には勧誘委員を務めている。

後にデューク大学の広報誌にこう語っている。「スポーツができるやつ、できないやつ、パーティ好きなやつ、天才など、全国からいろんなやつらが集まっていた。一生懸命勉強したし、一生懸命遊んだよ」

オーブリーはこの時期に、交友関係の構築を進めた。ある友愛会のイベントでは、ラルフ・イーズという学部生と会話を始めると、これまでの経歴について次々と質問を浴びせた。やがて二人は終生変わらぬ友情を結び、やがてイーズがアメリカ有数の投資銀行家になると、その関係が大いに役立つことになる。

イーズは言う。「オーブリーは活力も知性も備えていて、大学の授業が終わったあとも、本や雑誌を読んでいた。いつも何かしら読んでいたね。あのころ《エコノミスト》なんて誰が知ってた？　私たちは知らなかったよ」

その知的好奇心にイーズは舌を巻いた。「こちらが知っていることを何でも知りたがった。それもすぐにね」

オーブリーは失敗したときでさえ、それを成功に変えた。よくフォーマルなイベントを開催していたが、そういう機会にいつもうまく立ちまわっていたわけではない。ある友愛会のパーティで、エスコートする女性が見つからないことがあった。だがその場で、やはり一人で来ていたらしい魅力的なブルネット〔栗色の髪〕の女性ケイティ・アプトンを見つけた。オーブリーの仲間がアプトンをエスコートする予定だったが、その男が、パーティの前にオーブリーに連れていかれたバーベキュー・ディナーで腹をこわしてしまったのだ。

「私にチャンスがめぐってきたから、それをつかんだまでさ」とオーブリーは言う。

もちろん、計画的にそうしたわけではないが、オーブリーは目の前のチャンスをみごとにつかみ取った。ケイティに近づくと早速会話を始め、ケイティがミシガン湖畔《こはん》の小さな町の出身であること、祖父が家電大手ワールプールの共同創業者フレデリック・アプトンであることを知った。二人は間もなくつき合うようになった。

オーブリーが確実に成功への道を歩んでいるように見えたため、同級生もそのまねをした。たとえばオーブリーは、地元の恵まれない少年を友愛会の会員が指導する、デューク大学の「ビッグブラザー」プログラムに参加していた。そのためキャンバスでは、自分に割り当てられたテリーという少年を従えている姿がよく見られた。オーブリーは友愛会のほかの仲間にも、このプログラムに参加するよう勧めた。オーブリーが四年生のときに一年生だったジョン・ランダ・ジュニアは、自分がプログラムに参加したのは彼の勧めがあったからだという。「オーブリーはみんなの模範だった。何でもうまくこなすから、いろいろと勉強になった。親切で思いやりがあり、一緒にいると楽しかった」

一九八一年に大学を卒業したオーブリー・マクレンドンは、ダラスに引っ越して大手会計事務所のアーサー・アンダーセンに就職するつもりだった。当時は、一九七三年のオイルショック以来原油価格が一三倍も上がり、アメリカ全体の経済は低迷していたが、南西部だけはエネルギー産業のおかげで、まだ景気がよかったからだ。ところが、マクレンドンがダラスに向かおうとする直前になって、おじのオーブリー・カー・ジュニアから電話があり、自分が経営するオクラホマシティの会社で経理の仕事をしないかと誘われた。ジェイテックス・オイル&ガスという小さな石油・天然ガス会社である。

「アーサー・アンダーセンより三〇〇〇ドルも多い給料をくれるというから、オクラホマシティに帰ったほうがいいと思った」という。ケイティ・アプトンとはすでに結婚していたため、妻を説得して故郷に戻ることにした。

マクレンドンは、ジョージ・ミッチェルのような生まれながらの山師というわけではない。ただ条件がよかったからその仕事を選んだにすぎない。それでも、デューク大学の四年生のときに石油業界の仕事について多少考えたことはあった。《ウォール・ストリート・ジャーナル》紙で、エネルギー業界で大もうけをした二人の若者の記事を目にしたからだ。

後に《ローリング・ストーン》誌にこう語っている。「二人は株を売って（中略）一億ドルもの現金を手に入れた。

それを知ってこう思ったよ。『油井を掘削したら、たまたまそれが当たったんだな』とね。大いに興味をかき立てられた」

おじの会社の経理部で九カ月働いた後、土地の取得や賃借を担当する土地管理部に異動となった。トム・ウォード同様、マクレンドンはそこで自分の天職を知った。マクレンドンは歴史や地理や数学が好きだったが、土地にはそのすべてがある。それに、地下に鉱物がある土地の所有者を探すのは、どこか探偵の仕事にも似ている。

だが間もなく、石油事業の厳しい現実に直面した。トム・ウォードが最初に勤めていた会社と同じように、ジェイテックスも経営難に陥《おちい》り、やがて新たな仕事を探さなければならなくなったのだ。妻のケイティはワールプールの相続人の一人だったが、彼女が保有している持ち分がさほど多いわけでもなく、マクレンドン夫婦にその利益が流れてくることもなかった。

一九八〇年代は、石油の過剰供給と需要の減少により、国内のエネルギー産業にとっては史上最悪の時代となった。ある推計によれば、石油・天然ガス会社の九〇パーセントが廃業し、無数の石油エンジニアが、もっと有望な事業で勝負しようとこの業界を離れていったという。この時代を、エネルギー産業の「強制収容所」時代と呼ぶ人もいるほどだ。もはや、新たな油田やガス田を発見する資金を獲得しようと投資家を説得するのは困難になった。資金を獲得できるのはせいぜい、ある程度の産出が確実視されている油田やガス田の掘削だけだ。そのような場所ならリスクも少なく、資本もさほど必要ない。アメリカの山師の黄金時代は終わり、雇用市場は閉ざされてしまったかに見えた。

マクレンドンは後に、オクラホマシティの《ジャーナル・レコード》紙にこう述べている。「銀行の仕事もない。石油やガスの会社も社員を募集していない。街には何の仕事もなかった。でも街を離れたくなかったから、こう考えることにした。『数年一人であちこちをまわって、この事業について勉強しよう』」

一九八二年、マクレンドンはタイプライターと地図を数枚購入すると、オフィスを借り、独自に地権《ちけん》交渉人の仕事を始めた。大手探査企業がすでに掘削している地域の周辺にある土地の採掘権を賃借《ちんしゃく》する仕事である。魅力的で社交的な彼には、まさにうってつけの仕事だった。石油価格の低下により多大な損失を被《こうむ》ったあとだけに、競合企業が姿を消していたことも功を奏した。自分の名前が地権者によく知られていたのも利点となった。

当時マクレンドンとライバル関係にあったテッド・ジェイコブズは言う。「マクレンドンはこのあたりにしっくりなじんでいた。オクラホマ州出身だったし、カー家の一員というネームバリューがあったからね」

マクレンドンは地域の有望な土地を探し、その所有者を説得して採掘権を賃借すると、それを大手石油会社に転売した。トム・ウォードとまったく同じ手法である。掘削が成功したという話を聞きつけると、その情報をもとに周辺の土地を調べあげ、賃貸してくれそうな土地を探し、それらをまとめて大企業に転売することで利益をあげる。

ジェイコブズはこうも述べている。「オーブリーはつまり、パンくずをたくさん拾い集めていたんだ。（中略）どんな人とも取引してね。そしてそれをまとめて、一斤《いっきん》のパンをつくりあげた」

手を組む

だが一九八三年春ごろ、ウィル・ロジャース・ワールド空港近くの土地の採掘権を狙って交渉をしていると、同じ土地を狙うトム・ウォードと出くわすことが多くなった。そこである日、ウォードにこんな提案をした。

「手を組まないか？」

ウォードは同意した。こうして二人は、会社もオフィスも別々のまま、対等な共同経営者として協力することになった。二三歳の若者同士の握手だけによる契約である。それから六年間、二人はさまざまな取引をまとめた。そのころから採掘権は、転売するのではなくそのまま保持することが多くなった。だが資金不足のため、ほかの業者が行なう掘削に、ある程度の資金を提供して参加させてもらうことしかできなかった。

つまり当時のマクレンドンとウォードは、いわゆる「ノン・オペレーター」だった。自分で掘削する「オペレーター〔共同プロジェクトの計画・実施において中核的な役目を担う企業。作業当事者〕」ではなく、ほかの業者の掘削や生産に参加するだけの業者である。それでも利益にはなるが、裕福にはなれない。友人の話によれば、そのころのマクレンドンの年収は三万ドルに満たないこともあり、不動産屋で働いていたケイティのほうがもっと稼いでいたという。

だが一九八九年五月、二人はとうとう自力で石油や天然ガスを掘削できるだけの資金を手に入れた。これでようやく真の富を手に入れられる。マクレンドンは、かつて芝刈りの仕事を競い合い、いまは弁護士になっている旧友のシャノン・セルフに頼み、二人の会社を合併した。

新会社はとても長続きするようには見えなかった。二人は相変わらず別々のオフィスで仕事をした。マクレンドンのオフィスは郊外にあるレンガづくりの建物のなか、ウォードのオフィスはその近くに自身が所有する建物のなかである。そのため重要な相談も電話やファックスで行ない、同じ部屋に集まって話をすることはなかった。しかも資金はわずか五万ドル、あとは従業員が八人いるだけで、所有している油田やガス田は一切ない。低迷するエネルギー市場では、きわめて不安定な状況である。さまざまな出費がかさんだせいで、そのなけなしの資金もほとんどが開業初日に消えた。

後のマクレンドンの話によれば、二人はこの会社に自分たちの名前をつけたくなかったという。厳しい時代だったため、失敗するおそれも十分にあったからだ。そこで地理好きのマクレンドンが、自分がよく行くお気に入りの場所だったチェサピーク湾にちなみ、チェサピーク・エナジーと命名した。

二人は対等の共同経営者という立場だったが、情熱的かつ社交的で、投資家や金融業者とも気さくに話ができるマクレンドンが、会社の会長および最高経営責任者になった。内向的かつ思索的《しさくてき》で、掘削現場で作業員と一緒に仕事をすることを好んだウォードは、会社の社長および最高執行責任者を務めた。

二人には、事業に投資できるほどの財産があるわけではなく、次の事業の狙い目を見抜けるほどの眼力もなかった。それでも、投資家を引きつける独自の方法を考えついた。一九八〇年、アメリカ政府は「非在来型燃料税額控除《こうじょ》」という優遇措置《そち》を導入した（一般的には「第二九項」と呼ばれた）。アメリカが石油輸入に依存している状況を懸念して設けられたこの制度は、コストがかかるシェール層や石炭層からのエネルギー生産を推進することを目的としていた。

そこでマクレンドンとウォードは、この税額控除の要件を満たす土地にターゲットを絞り、ダラスで開業している医師や弁護士など掘削に投資してくれそうな人々に、こうした土地への投資には税制優遇措置があることを強調した。

こうして一〇〇万ドルの資金を集めると、一九八九年六月二七日、オクラホマ州グレイディ郡に、チェサピーク・エナジー初となる坑井《ニュービー1－1》を掘削し、その近くにさらにもう一つ坑井を掘削した。

そのころマクレンドンは、弁護士のシャノン・セルフを通じてニューヨーク市に暮らすベルファー家に連絡をとり、チェサピーク・エナジーへ投資させることにも成功している。著名な慈善家で、民主党への大口献金者としても知られる一家である（ベルファー家は後に、エネルギー関連の資産をまとめてエンロンに売却した。その資産の価値は、エンロンが不正を告発され二〇〇一年に破産保護を申請した際に、二〇億ドル近く下落した）。

当時は、多くのベテラン山師がエネルギー産業低迷の時代に受けた傷から回復しておらず、いまだチェサピーク・エナジーと張り合えるほどの資金を確保できない状態にあった。そのため同社が支配的な立場を獲得することが多く、土地を所有している業者は、ある程度の資金を工面してチェサピークの掘削に参加させてもらうか、チェサピークに土地を売却するかの選択を迫られた。なかには、実績もほとんどない若い事業者に掘削させるために、この不況時になけなしの資金を支払わなければならないことに不平をもらす業者もいた。

マクレンドンとウォードは、原油や天然ガスを見つけるのがうまく、産出量がほとんどない空井戸《からいど》を掘ることがほぼなかった。しかもそれ以上に、掘削の利益率を上げるのがうまかった。オクラホマ州ではエネルギーを探し求める企業が減っていたため、チェサピークは掘削請負会社から積極的な売り込みを受けた。そのため、こうした会社にかなり強気な態度をとることもできた。ある土地で掘削液などを提供する企業を雇う際には、八社から見積もりを取ったという。ライバル企業はせいぜい三社ほどである。

チェサピークは途方もなく安い料金しか支払わず、しかも勘定を支払うのが他社より遅くなることを事前にはっきり伝えていた。

たとえば、資金繰りが苦しくなってきたためチェサピークに勘定を支払ってもらおうとしたある企業に、マクレンドンはこう言い放った。「五カ月間は払えないと言いましたよね。申し訳ないが、そういう契約なので」

マクレンドンは誰にでも率直にそう言い、契約書にはっきりそう書いてあると訴えた。一部の請負業者はそれを素直に受け入れたが、なかにはこうしたやり方に腹を立てる業者もいた。

チェサピークが当時よく雇った掘削会社を運営していたダン・ジョーダンは言う。「愛憎半ばする関係だったね。あの会社は請負業者に強気で接し、値引きをさせた。だがこのあたりには、チェサピークほどの大物はいなかった。誰も掘削しない時代に掘削する勇気があった。だからこそ困難な時代を乗り越えられたんだ」

だが、信頼関係に基づくビジネスに慣れていた業者のなかには、チェサピークのやり方を不快に思う者もいた。ジョーダンは続けてこうも述べている。「オーブリーのような男は、ニューヨークでなら目立たないかもしれないが、オクラホマでは目立つ。まだ若いのに、ずけずけと本音を言うからね。みなあの二人のことを悪く言っていたが、本当は太刀打ちできなくてねたんでいたんだ。（中略）そんななかでオーブリーとトムは、革新的で斬新《ざんしん》な掘削法を試していたよ」

マクレンドンとウォードは、赤字になってもさらに土地の取得を続けた。そのため会社はやがて巨額の負債を抱えるようになり、危険な状況に陥った。「毎日が瀕死《ひんし》状態だった」とウォードは言う。

これほどの負債があれば誰でも不安になる。だが友人の話によると、マクレンドンはこの会社や自分自身に多大な期待を抱いていたという。その期待を実現するためには、多額の借金をしてでも土地を取得するしかなかった。

ウォードはどうかと言えば、チェサピークが借金を返済できなくなったら、妻のシュリーと故郷に戻り、落ち着いた静かな余生を過ごせばいいと考えていた。そう考えると、さらに借金を重ねる勇気がわいた。それに、どのみち多額の借金に頼る以外に選択肢はなかった。「最初から財産なんてなかったんだから、借金でもしなければ何もできなかった」

だが石油や天然ガスの価格の低迷が続いた一九九〇年代初め、二人の幸運続きもついに終わりを迎えた。ある日ジョーダンが、勘定を支払ってもらおうとチェサピークのオフィスにやって来た。ジョーダンの会社はチェサピークに雇われて八つの現場で掘削を行なっており、一五〇万ドルもの金額が未払いのままだった。チェサピークの支払いが遅いのはわかっていたが、一部の勘定は七カ月以上も遅れており、ジョーダンの会社の出費もたまっている。

「トム、きみらにとっても大変な時期だというのはわかっているが、いますぐお金が必要なんだ」

ジョーダンがそう言うと、ウォードはこう応じた。「そちらの苦労がわからないわけではないんだが、こちらにもコーヒー一杯飲む余裕さえないんだ。でも、一つ考えていることがある」

株式公開

ウォードの話によると、二人は会社の株式公開を望んでいるという。株式を投資家に売れば、これまでの勘定を支払い、事業を維持していけるだけの資金が手に入る。ただし、その前にまず会社のバランスシートをきれいにしておかないと、投資家はチェサピークの株式に興味を示してくれない。そこで二人は、ジョーダンら勘定の支払いを待っている業者に、受取勘定《うけとりかんじょう》を長期手形にしてもらえないかと頼んだ。そうすれば、短期的な支払いを遅らせ、会社のバランスシートを健全に見せることができる。

だが一九九二年、チェサピークがアーサー・アンダーセンに監査を依頼すると、その監査人は、財務諸表が健全であることを証明する「無限定適正意見」の表明に難色を示した。おそらくは多額の負債のためだろう。これでは株式公開できないため、チェサピークは何とかして株式公開に持ち込める意見を手に入れようと、プライスウォーターハウスにもう一度監査を依頼した。

その結果、窮地《きゅうち》を脱する計画はうまく進み、一九九三年二月にチェサピークは無事株式を公開した。マクレンドンとウォードは、二人が権益を持っていた六〇〇余りの油井やガス井をチェサピークに拠出する一方で、会社が新たに坑井を掘削するごとにその坑井の二・五パーセントの権益を取得できる権利を手に入れた。

チェサピークの最高財務責任者を務めていたマーク・ロウランドは、この株式公開についてこう述べている。「何の野心もなかった。ただ金が欲しかっただけだ」

マクレンドンとウォードの二面性

マクレンドンとウォードには、仕事を始めた当初から二面性があった。マクレンドンは、オフィスでは気さくな人物だった。いつも楽観的で、従業員からも好かれ、ファーストネームで呼ばれていた。学生時代の友人から連絡があるとすぐに折り返し電話を入れ、相手が困っているときには何も言わずに援助してやった。ウォードも気前がよく、さまざまな慈善団体に多額の小切手を切り、従業員にもボランティア活動に参加するよう勧めた。オフィスで聖書を読んでいる姿もよく見られた。

だがビジネスとなると、マクレンドンもウォードもそれほど親切ではなかった。株式公開をするころにはすでに、さまざまな土地取引で不当に扱われたりだまされたりしたと主張する人々から何件も訴訟を起こされていた。株式公開をした数週間後には、そのような訴訟がさらに一件増えた。やはりオクラホマ州で一旗あげようと奮闘していたエネルギー事業者ハロルド・ハムとの法廷闘争である。

一九八八年、ウォードはハムにある提案を持ちかけた。チェサピークはそのころ、オクラホマ州西部の有望な土地を所有していたラルフ・プロットナー・ジュニアというオペレーターとの取引をまとめていた。当時ハムは、中規模の石油・天然ガス探査・生産会社コンティネンタル・リソーシズのほか、掘削請負会社を運営していた。そこでウォードはハムの会社に、プロットナーの土地の掘削を請け負わないかと打診してみた。

ハムはこの提案に乗り気ではなかった。当時はエネルギー業界にとって苦しい時代であり、どんな掘削であれ請負料を踏み倒されることだけは避けたかった。だがハムは、プロットナーとの仕事に不安を感じていた。一三〇キログラムを超える巨漢だったプロットナーは地元出身のエネルギー事業者で、社交的な性格をしていたが、高校までの学歴しかなく、すねに傷を持つ身でもあった。

一〇年近く前、プロットナーは知人の女性に対するオーラルセックスの強要と強姦未遂の容疑で起訴されていた。その証拠とされたのが、女性自身の主張と、プロットナーの腕時計に着《つ》いていたとされる女性の自宅のドアの塗料片である。プロットナーは強硬に容疑を否認し、女性は自分を脅迫しようとしているのだと主張した。

やがて審理が開かれ、この事件の証拠を検査したワシントンDCのFBI鑑識課の検査官ロバート（ボブ）・ウェブが、証言のため現地に呼ばれた。ウェブは、黒いカウボーイブーツをはき、いかにも西部らしい身なりで法廷にやって来た。おそらく陪審員《ばいしんいん》の心証をよくしようとしてのことだろう。

鑑識課で一緒に仕事をしていたフレッド・ホワイトハーストは、後に《GQ》誌にこう述べている。「ボブはいかにもFBI捜査官らしい姿をしていた。きりっとしていて、トライアスロンの選手のように壮健だった」

ウェブは鑑識の専門家だったようだが、その証言に疑問を抱く者もいた。ホワイトハーストもその一人である。「ボブとは親しい間柄だけど、あの塗料片の件については、（中略）自分でも何を言っているのかわかっていなかったんじゃないかな」[*4]

プロットナーは両方の容疑で有罪判決を受けた。だが潔白を主張して上訴し、控訴審では強姦未遂については逆転無罪を勝ち取ったものの、オーラルセックスの強要では有罪となり、五年近く服役した。刑務所での生活は過酷だった。監房は天井から雨漏りがし、ゴキブリやネズミが無数にいた。同部屋の囚人がほかの囚人をバットで殴り殺す事件もあった。

この服役中に妻との離婚が成立し、およそ七〇〇平方メートルもの豪邸を含め、ほとんどの財産を失った。刑務所にいる自分の姿を五歳の息子カイルに見られることに耐えられず、息子に面会に来ないよう伝えていたため、それも苦しみの一因になった。この息子は、プロットナーが出所してから数年後、地元のゴス系のグループに入った後に自殺した。まだ一七歳だった。プロットナーはこの事件をあの裁判沙汰や服役のせいにした。

出所後、プロットナーは石油・天然ガス関連の小さな取引をまとめながら、キャリアを再建していった。そのころにたまたま取得したオクラホマ州西部の土地に、やがてマクレンドンやウォードが目をつけた。そこでウォードが、ハムの会社に掘削を依頼したのである。ハムは最初ためらったが、事業の低迷に悩んでいたため仕方なく掘削を引き受けると、作業を開始した。

ところが、この取引に関与した三人の人物の話によると、坑井の掘削作業がすみ、そこにパイプを設置するころになって急に、マクレンドンやウォードがこのプロジェクトへの関心を失ってしまったらしい。間もなく二人はプロットナーに、技術的な理由によりもうこの土地に興味はなくなったと告げた。

プロットナーは言う。「パイプを設置する段階になって、もう協力しないと言ってきた。変だと思ったよ」

しかも、ハムの証言によると、ハムがエスクロー勘定《かんじょう》

〔商取引の際に信頼の置ける第三者を仲介させて取引の安全を図る決済方法〕の口座から掘削請負料を受け取ろうとすると、その口座には一銭もなかったという。およそ五〇万ドルが未払いとなったハムは激怒し、マクレンドンとウォードがこの口座の金を持ち去ったと非難したが、二人は自分たちの行為に非難されるべき点はないと言うばかりだった。現在もマクレンドンとウォードは、オペレーターではない自分たちがハムに請負料を支払う責任はなかったと主張している。マクレンドンに至っては、エスクロー勘定の口座などなかったとも述べている。

それでもハムの怒りは収まらなかった。

「会社が苦しい時期だったから、私にとっては大金だった。誰だって掘削料金を払ってくれなければ怒るだろう」とハムは言う。

プロットナーの弁護士チャールズ・ワッツは、チェサピークの経営者二人は取引をまとめたあとになって不安になったのではないかと考え、こう述べている。「二人はおそらくそのころ、さまざまな土地に関心を寄せ、その土地の価値が下がるとすぐに手を引いていたんだろう。（中略）この取引でも丸損するのを防ごうとしたんだ」

ハムは怒りに任せ、マクレンドンとウォードを告訴した。

だがハムの話によれば、裁判が始まる前に、チェサピークが今後の掘削事業でなるべくハムの会社を利用するという条件で、両者の和解が成立したという。それでもハムは、マクレンドンやウォードの態度を忘れることができず、結局もう二度と一緒に仕事をしないことにした。

「あのあとは、ずっと二人を避けていた」とハムは言う。

一方プロットナーは、この取引の失敗によりもっと深刻な損害を受けていた。価値が下がった土地とともに取り残され、やがて破産保護を申請せざるを得なくなったのだ。

プロットナーも、自分の土地に関心があるふりをしてだましたと主張し、マクレンドンとウォードを告訴した。だがプロットナーの弁護士の話によれば、裁判が始まると、被告側の弁護士はプロットナーの過去の事件を持ち出し、その信用を傷つけようとした。だが判事は、過去の有罪判決はこの訴訟に関係ないと判断し、被告側がそれを陪審員に訴えるのを認めようとしなかったという。

やがて粋《いき》なスーツに身を包んだマクレンドンが証言台に立つと、被告側の弁護士が、プロットナーから詐欺容疑をかけられて動揺したかと尋ねた。

その場にいた二人の人物の話によると、マクレンドンはこう答えたという。「はい、動揺しました。これまで不適切な取引行為により告訴されたことがありませんでしたので」

その返事を聞いて、プロットナーの弁護士だったワッツは即座に反論した。法律文書の分厚い束《たば》をつかむと、これまでにマクレンドンとウォードに対して起こされた数々の訴訟の詳細を、丹念にゆっくりと読みあげたのだ。

プロットナーは言う。「オーブリーもトムもいいやつだった。いまでもそう思う。だがオーブリーは実に堂々とした切れ者だった。(中略)陪審員を出し抜こうとしたんだ」

チェサピークが株式公開をした時点では、まだこの裁判の結果は出ていなかった。だが当時は、プロットナーが多額の賠償金を勝ち取れる可能性は低いと思われていた。チェサピークの目論見書《もくろみしょ》にも、同社は「重大な悪影響」があると思われるいかなる訴訟にも関与していないと記されている。たとえ賠償金を支払わなければならなくなったとしても、支払いの責任を負うのはマクレンドンとウォードであってチェサピークではないだろうとも言われていた。

だが一九九三年二月一二日、州裁判所の陪審は被告に対し、利子や弁護士費用を含め、二二〇万ドルの賠償金をプロットナーに支払うよう命じる判決を下した。意外なことに、マクレンドンやウォードだけでなく、チェサピークの一部門にも責任があるとの内容だった。

ワッツは言う。「陪審員たちは、プロットナーには好感を抱いたが、ウォードやマクレンドンには好感を抱かなかった。二人が嘘をついていると思ったんだ」

マクレンドンとウォードはいまも、われわれはプロットナーへの支援をやめる判断をしただけであり、そうする権利があったと主張している。

「私が嘘をついたと思われていたようだが、そんなことはない」とウォードは言う。

マクレンドンはさらにこう述べている。「トムと私は無実だ。たまたまそばにいただけだよ」

ウォードはこの裁判を振り返り、「向こうが主張しているようなことはしていないが、そうは思ってもらえなかった」とも語っている。

この判決によりチェサピークの株価は下落し、もはやこの若い会社が資金を工面できるのかどうかも怪しくなった。マクレンドンとウォードは弁護料を全額自分で負担し、一部の反対を押し切って上訴した。だが株主たちが、新規株式公開の目論見書に係争中の裁判に関する適切な警告がなかったと主張して訴訟を起こしたため、チェサピークの株価は下がる一方だった。ちなみにこの訴訟は、後に和解が成立している。

その年の終わりには、チェサピークの株式は四ドルに満たない価格で取引されていた。同年の新規株式公開で最悪のパフォーマンスを見せた企業という不名誉な地位まで獲得した。

それから数年後、プロットナーに汚名を返上するチャンスがやって来た。ＦＢＩ捜査官のホワイトハーストが内部告発を行ない、プロットナーの強姦未遂事件に関する鑑識課の検査に重大な問題があったことを指摘したのだ。それを受けて司法省が調査を行なうと、鑑識課の仕事がきわめてずさんで、ほかの事件でも証拠を適切に管理・検査していなかったことが判明した。

ところが、プロットナーがＦＢＩを提訴すると、オクラホマシティの連邦裁判所判事がそれを却下した。それを機に、プロットナーに再び悪運が巡ってきた。一九九七年夏のある晩、若妻マーガリータと家にいたプロットナーは、突然元気がなくなり、ぼんやりとした態度を示すようになった。妻は知らなかったのだが、その日はプロットナーのいまは亡き息子の誕生日だった。押し寄せる辛い記憶に苛《さいな》まれていたのだが、息子が死んだことを新妻に伝えていなかったため、一人黙々と耐えていたのだ。マーガリータがなぜ落ち込んでいるのかといくら尋ねても、プロットナーは答えようとしない。それを繰り返していると、やがてプロットナーが怒鳴りだした。すると、それを聞きつけた隣人（警官だった）が警察に通報した。

マーガリータやプロットナーの弁護士の証言によれば、警察が来たときには、暴力が振るわれた証拠は何もなかったという。だが警官は、その家の金庫のなかに、プロットナー家に代々受け継がれてきた猟銃のコレクションがあるのを発見した。プロットナーは銃所持により、宣誓釈放違反として逮捕された。

ダラスの軽警備刑務所に収監されてから数日後には母親が死に、プロットナーの苦しみはさらに増した。二年の服役の間、石油事業の代行権限をおばに与えると、おばはマーガリータと対立し、嫌気が差したマーガリータはやがて離婚を余儀なくされた。だがプロットナーとの関係はその後も続き、二〇一三年にプロットナーが脳卒中を患《わずら》ったときには、健康が回復するまでマーガリータが看病している。

「彼は本当にいい人。いろいろあったから」とマーガリータは言う。

プロットナーの弁護士チャールズ・ワッツは、チェサピーク裁判の後に思いがけない経験をした。チェサピークが賠償金の支払いを命じる判決に対して上訴していたころ、ワッツはオクラホマシティの新たな教会に入信した。その教会には足を洗う儀式があった。キリスト教の一部の宗派で、復活祭の前日に行なわれている儀式である。ワッツはこの儀式があまり好きになれなかったが、しぶしぶ受け入れた。

その儀式の際、見知らぬ人に足を洗ってもらうことを気まずく思いながら、ふと目を上げると、目の前にトム・ウォードが立っていた。ワッツはちょうどそのころ、裁判でウォードとマクレンドンを激しく攻撃し、二人をあしざまにののしり、賠償金の支払い命令を取り下げさせようとする二人を打ち負かしたばかりだった。

だがウォードは、恨みを抱いているようには見えず、「足を洗ってもいいですか?」と尋ねてきた。そしてワッツに手を差し伸べ、「当教会へようこそ」と言った。

ワッツはいまだ、ウォードとマクレンドンがプロットナーをだましたのだと思っていた。それでも、思いがけず温かいもてなしを受けるうちに、ウォードと親しくつき合うようになった。後にはマクレンドンにも、オクラホマシティの発展に貢献してくれたことに感謝するとともに、裁判時の態度を謝罪する手紙を送っている。

絶体絶命

プロットナーへの賠償金の支払いにより、チェサピークはまたしても絶体絶命の窮地に陥った。もはや会社の株式には何の価値もない。だがマクレンドンとウォードには、まだ事態を楽観できる理由があった。

というのは、それまでに二人が優良な土地を取得していたからだ。そのなかには、豊かな産出量を誇るオクラホマ州南部のショレム・アレヘム油田もあった。この奇妙な名前には興味深い歴史がある。地元にはこれをネイティブ・アメリカンの言葉だと思っている人もいるが、実際にはビル・クローンにちなんで名づけられたものらしい。アードモア市の日刊紙《デイリー・アードモレイト》の記者で、誰からも好かれていた社交的な男である。

疲れ知らずのジャーナリストだったクローンは、各地の油田を訪れては作業員から話を聞き、新たな油田を発見したニュースを伝えたり、一九二〇年代の石油ラッシュの記録をまとめたりしていた。そんな取材の際には、作業員に会うといつも、ユダヤ人の伝統的なあいさつに従い、「シャローム・アレイヘム」と声をかけていた。「あなたに平安あれ」という意味である。クローンはどこでも好かれたため、このあいさつは現場で人気となった。このあいさつに対する返事「アレイヘム・シャローム」もはやった。「あなたにも平安あれ」という意味である。

新入りの作業員がこの耳慣れない言葉を聞いてとまどったような顔をすると、クローンは近くの店でラズベリー・ソーダをおごり、その言葉の意味を説明してやった。クローンはやがてショレム・アレヘム協会を設立し、アードモアのあるホテルのロビーをその活動場所とした。とはいえ、現場の作業員が集まり、酒を飲み、葉巻を吸うだけの集まりである。言い伝えによれば、クローンがある日、新たに掘削した油井にやって来て現場の作業員たちと話をしていると、突然原油が空高く噴き出してきた。そこで作業員たちは、この一風変わった友人にちなんで、そこをショレム・アレヘム油田と名づけた。クローンは後に記者をやめ、山師になったという。*5

実際のところ、チェサピークの従業員たちは、ショレム・アレヘム油田の名前の由来など知らなかった。だがこの油田は原油を大量に産出し、会社の立て直しに大きく貢献した。

やがてチェサピークは、オリックス・エナジーなどの進歩的な企業が岩盤を横に掘り進める技術を用い、すでに枯れかかっていたテキサス州の油田から原油を採取していることを知った。まだ若く、新たな技術に抵抗がなかったマクレンドンとウォードはすぐに、この水平掘削が石油・天然ガス生産に革命をもたらす可能性があることに気づいた。二人はさらに、三次元地震探査と呼ばれる新たな地質図作成技術も導入した〔地震探査は、人工的に起こした弾性波を利用して地下構造を調べる技術〕。

すると間もなく、テキサス州からルイジアナ州にかけて広がる未開発の石灰岩層、いわゆるオースティン・チョーク層で、期待できる成果があがった。当初ウォードのチームは、六五度の角度で掘削していたが、やがてドリルビットをきちんと水平に向ける技術を習得すると、この岩石層のファースト・ショット油田などでみごとな成功を収めた。

その当時、大手の石油・天然ガス企業はこの地域を無視し、新興企業が開発するままに任せていた。オースティン・チョーク層地域では、ユニオン・パシフィック鉄道の子会社であるユニオン・パシフィック・リソーシズ（ＵＰＲ）が、ギッディングス・ガス田で初めて水平掘削を採用している。この会社はそれから数年にわたり、アメリカではエクソンやコノコ、シェルといった大手企業を上まわる天然ガスを産出した。

オースティン・チョーク層の石灰岩は自然に破砕《はさい》されていたため、水平に掘削すれば、すぐに原油や天然ガスが噴き出した。ミッチェル・エナジーがそのころ掘削していた同じ州のバーネット・シェールとは違い、水圧破砕する必要がなかったのだ。

当時ＵＰＲで生産管理を担当していたダレル・チュメラーは言う。「あのころは二七基稼働していたが、一日に一〇〇〇バレル産出できない油井は価値がないと考えていた」*6

マクレンドンとウォードはＵＰＲより先に一部の土地を取得していたため、オースティン・チョーク層の最初期のガス井でたちまち成功を収めた。チェサピークのナバソタ・リバー・ガス田は後に、同社史上最大の利益をもたらしたガス田として社史に名を残すことになる。わずか一〇〇ほどのガス井から、六〇〇〇億立方フィート〔約一七〇億立方メートル〕の天然ガスを産出したのだ。

一方、ほかの企業は大半が、引き続くエネルギー業界の低迷に苦しんでいた。経験豊富な掘削エンジニアを解雇する企業も多かった。そこでウォードは、こうしたエンジニアのなかから最良の人材を雇い入れ、オースティン・チョーク層地域の開発を推進した。新たに入ったメンバーが、チェサピークの水平掘削法を改良すると、同社が採取する原油や天然ガスの量はさらに増えた。そこでマクレンドンとウォードは、ルイジアナ州境方面へテキサス州の土地の取得をさらに進めていった。その姿はまるで、敵軍を味方に引き入れながら敵の領地へ進軍していく将軍のようだった。

一九九四年の初めごろには、チェサピークの油田やガス田がかなりの生産量を記録するようになり、株価も上がり始めた。同年の初めには五ドルにも満たなかった株価が、一九九六年一一月には七〇ドル近くに達した。チェサピークの株式はその時期の最優良株となり、同社の市場価値は一〇億ドルを超えた。

だが、マクレンドンとウォードがそれで満足することはなかった。州境を超えて数百キロメートル先まで広がるルイジアナ州の土地に目を向け、掘削に適していそうな場所を探った。岩石層の質は数キロメートルごとに変わるため、先へ先へと進んでも確実に成功できるとは限らない。だがチェサピークは以前、州境を越えてすぐのルイジアナ州南部での掘削に成功していた。それなら、その近くの場所も原油や天然ガスに恵まれていると想定し、開発を進めてみる価値はある。

やがて、オースティン・チョーク層に二人が関心を抱いているという噂が流れると、モリス・クレイトンなど、業界のベテランたちが助力を申し出てきた。クレイトンはそれまで、ハント兄弟の地権交渉人の仕事をしていた。ハント兄弟とは、一九七〇年代に銀市場を独占して名を成し、石油の利権にも手を出していた二人組である。テキサス州出身のクレイトンは当時、ミシガン州、ノースダコタ州、モンタナ州、ワイオミング州、テキサス州、ルイジアナ州など、アメリカ各地の地権交渉で活躍していたが、いまではエネルギー産業の低迷を受け、仕事を見つけるのにも苦労していた。そんなときに、チェサピークがオースティン・チョーク層地域の掘削に意欲を見せているとの噂を聞きつけたのだ。

二人が実際に会ってみると、クレイトンは身長一八三センチメートルと、一七〇センチメートルもないウォードが見上げるほど大柄で、丸眼鏡をかけた顔はジェイソン・アレクサンダーに似ていた。コメディドラマ『となりのサインフェルド』でジョージ・コスタンザ役を演じた俳優である。だが、おじけづいたのはクレイトンのほうだった。ウォードがあまりに早口で、それまでに会った誰よりもエネルギッシュだったからだ。ウォードはクレイトンを質問攻めにし、以前扱っていた土地や新たな水平掘削技術に関する情報を求めた。

クレイトンは言う。「ゆっくり話をする地域で生まれ育ったものだから、あのときはもっとゆっくり話してくれとずっと思っていた。トムはまるで消火栓だった。こちらの顔をまっすぐ見て、率直な質問を次々に浴びせてくる。興奮で声が上ずっていたよ」

当時は、新たな掘削技術を伝えてくれる新聞もウェブサイトもないうえ、オリックスなどのオペレーターは情報を隠していた。ウォードは、情報は現場作業員に聞くのがいちばんいいことを知っていたため、早速クレイトンを偵察に派遣した。クレイトンは、掘削現場の作業員やトラック運転手、地元のバーなどにたむろする労働者に話しかけ、水平掘削の方法を向上させているのはどの企業か、新たな土地を取得しようとしているのはどの業者かと尋ね、手に入れた情報をすべてウォードに報告した。

「トムは、私が知っていることなら何でも知りたがった。水平掘削の最新技術について見聞きしたこととかね」とクレイトンは言う。

ある日の夕方、クレイトンはウォードから電話を受け取った。ウォードは差し迫った口調で、オクシデンタル・ペトロリアムがルイジアナ州のオースティン・チョーク層地域の土地を賃借しているという噂を聞いたと告げた。まさにチェサピークが新たな掘削場所として目をつけていた場所である。

ウォードはクレイトンに、「ラピッズ郡に行ってそこの水平掘削の様子を見て」、できればそのあたりの土地を賃借してきてほしいと頼んだ。オクシデンタルが有望な土地を確保してしまい、チェサピークが多くの土地を賃借するチャンスを逃してしまうのではないかと不安になったのだ。

「わかった。二、三日中に行くよ」

「わかっていないな。いますぐに行ってほしいんだ」

クレイトンは八時間近くピックアップトラックを運転し、夜の一二時ごろにようやくルイジアナ州にたどり着いた。だが問題の地域はほとんど人けがなく、ライバル企業の油井をどうやって見つければいいのかわからない。交番があったので、そこにいた保安官に、最近このあたりで業者が掘削をしている場所がないか尋ねてみた。すると保安官は、途方に暮れていたこの男を哀れに思ったのか、漆黒の闇に包まれた森の奥深くにある油井まで案内してくれた。

クレイトンはその現場ですぐにトレーラーを見つけた。ドアをノックしたが返事がない。周囲には誰もいないようだ。窓からなかをのぞいてみると、大きなコンピューター用モニターがつけっぱなしになっており、この油井の産出に関する詳細が表示されている。クレイトンはペンを取り出すと、それをすべて書き留めた。そして近くの公衆電話に向かい、コレクトコールでウォードに電話をかけた。深夜だったにもかかわらず、ウォードは同僚たちと電話のそばで待っていた。

クレイトンが油井の産出情報を報告すると、ウォードはすぐに新たな指令を伝えた。「三〇人をそちらに向かわせよう」

クレイトンは、なるべく早く、できるだけ多くの土地を買い集めるよう命じられた。チェサピークがルイジアナ州に進出するときが来たのだ。マクレンドンとウォードは、一〇〇万エーカー〔約四〇〇〇平方キロメートル〕以上の土地の取得を命じ、何百もの地点で掘削に乗り出した。

「これを機にテキサス州を越えてルイジアナ州に進出できると思った」とウォードは言う。

当時のウォードは、この事業を推進するため、ほとんどの時間をオフィスで過ごした。オフィスに収納式ベッドを備えつけたほどである。午前一時か二時ごろまで働き、そのままベッドに潜り込んで数時間眠ると、シャワーを浴び、午前五時には仕事を再開していた。

油井で原油が噴出し、スタッフが避難しなければならないようなときには、ウォードはすぐさま現場に飛び、居場所がなくなった現場作業員に歯磨き粉や消臭剤などの日用品を提供した。こうした行動により、現場の士気はさらに上がった。

一九九六年後半まで、チェサピークの株価は上昇を続けた。投資家は大喜びし、同社が保有する石油鉱床の大半が「証明されてはいるが開発されてはいない」事実には目を向けなかった。これは、同社がルイジアナ州に保有している鉱床のように、大量の原油があるとの確信はあるが、まだ何も産出していない鉱床を指す業界用語である。[*7]

だが、ルイジアナ州の油井で産出が始まると、奇妙な現象が起きた。最初は勢いよく原油が噴き出すものの、瞬《またた》く間に産出量が減少してしまうのだ。ルイジアナ州で働くチェサピークのスタッフは、間もなく給与も受け取れなくなった。現場に苛立ちが募り、自分たちの給与をクレイトンがギャンブルに使っているのではないかと疑う作業員も出始めた。

クレイトンは言う。「あのころはひどかったよ。現場にいる六五人全員が飢え死にしそうだった」

だが作業員たちは、チェサピークに怒りの矛先を向けることもできなかった。仕事が少なくなっていたうえ、会社との契約には従業員の生活を保障する内容が一切なかったからだ。やがてチェサピークのオフィスで話し合いの場が設けられた。

マクレンドンはその場で、クレイトンや従業員数名にこう述べた。「きみたちはすばらしい仕事をしている。土地もたくさん手に入れてくれた。現地の状況を改善するためにどうすればいいか、何か提案はあるかな？」

すると、このプロジェクトのリーダーの一人が言った。

「一つ提案があります。給料を払ってください」

マクレンドンは言葉の意味がよくわからないようだった。ルイジアナ州のスタッフが給与を受け取っていないことを知らなかったらしく、当時アシスタントを務めていたデューク大学時代の同級生ヘンリー・フッドに説明を求めた。

「少し支払いが遅れているんだと思う」とフッドはきまり悪そうに答えた。

マクレンドンはその日のうちに給与を支払った。だがマクレンドンもウォードも、生産が減少していくのを不安げに見守るしかなかった。そのうえ、ルイジアナ州の油井から大量の水が出てきて、その処分にも悩まされた。

ルイジアナ州の土地は、すぐ近くのテキサス州の土地とはまったく違った。ルイジアナ州の岩盤にはさほど亀裂が入っておらず、岩盤の細孔《さいこう》から原油や天然ガスを採取するには手間も費用もかかる。一九九七年末までに、チェサピークはルイジアナ州のほとんどの土地を手放さざるを得なくなり、二億ドル以上もの評価減を計上した。

「同じような土地が広がっていると思ったんだが、甘かった」とウォードは言う。

チェサピークは再び、オースティン・チョーク層地域の価値を誇張していたと非難する株主に告訴された。この裁判は何とか乗り切ったものの、絶体絶命の状況にあることに変わりはなかった。
マクレンドンとウォードはオクラホマ州に撤退し、残りの資金を在来型の天然ガス層に使うと約束した。原油の掘削をあきらめ、単純でつまらないガス田に専念するということだ。「業界の寵児《ちょうじ》になったこともあれば、嫌われ者になったこともあったが、そのころはただ普通の会社になりたかった」とマクレンドンは言う。[*8]
チェサピークはそれまでに、土地の取得や掘削のために借金を重ねており、負債総額は一〇億ドルに達していた。だが、その大半は数年間支払いを待ってもらう確約を得ていたため、時間的な余裕はあった。そこでチェサピークは、それから六カ月足らずのうちに、八億ドルを費やして複数の企業を買収し、総計およそ八〇〇〇億立方フィート〔約二三〇億立方メートル〕もの埋蔵量のガス鉱床を取得した。在来型天然ガス生産企業に生まれ変わろうとしてのことだ。
だが、この買収もさほど効果はなかった。石油や天然ガスの価格は依然として低迷し、チェサピークの株価を押し下げていた。アジア通貨危機〔一九九七年〕で経済が停滞したのに、OPECが加盟国の石油生産を抑制できず、市場に石油が過剰にあふれていたからだ。一九九九年二月には、チェサピークの株価はわずか七〇セントまで落ち込み、会社の市場価値はおよそ七五〇〇万ドルしかなくなった。

マクレンドンとウォードはベテラン地権交渉人のラリー・コショウに会い、チェサピークに雇い入れようとしたが、コショウは首を縦に振らなかった。「バランスシートを見たが、きみたちはもう破産しているよ」

マクレンドンもウォードもそうは思わなかった。チェサピークが保有している天然ガス資産は、市場が考えているよりも価値があると信じていた。だが株価には悩まされた。二人はそれぞれ、銀行から何百万ドルも借りて、会社の株式を大量に購入していたからだ。もはや二人は会社同様、破産寸前の状態にあり、銀行から支払いを催促されていた。

とはいえ、当時のアメリカ経済は好調だったため、マクレンドンもウォードもある程度は支払いを待ってもらえた。そこでマクレンドンは、最高財務責任者のマーク・ロウランドを連れてニューヨークに飛び、カール・アイカーンなどの著名投資家数名にチェサピーク株を買ってくれるよう嘆願した。だがアイカーンは一時間ほどオフィスで話し合った後、こう判断した。

「まだ十分に安くなってはいないな」

つまり、一株七五セントになってもなお、チェサピークはまだ買い得ではないということだ。確かに、アイカーンが喜ぶようなただ同然の価格ではない。

ほかの投資家はさらに否定的だった。一九九九年当時はテクノロジー、インターネット、バイオテクノロジーが大人気で、天然ガスになど誰も投資しようとしなかった。実際、天然ガスの価格は一〇〇〇立方フィートあたり二ドル未満、石油価格は一バレル一二ドル前後でしかなく、一九九〇年代最低のレベルにあった。そのうえ専門家たちは、エネルギーが供給過剰の状態にあり、需要も引き続き弱いため、一九八〇年代同様これからも価格の低迷は続くと予想していた。

そのころにはもう、アメリカで操業している油井やガス井は五〇〇基を切っていた。この一年間で一〇パーセント以上の減少である。エネルギー企業は廃業するか、価格が上がらない天然ガスの探査をやめていた。だがマクレンドンとウォードは、そのような事態を見てこう思った。それなら、専門家が何と言おうと、これから供給は減っていくばかりではないか、と。

一方、天然ガスの需要は伸びていくように思えた。一〇年にわたり低価格が続いたため、電力会社などは、安価な天然ガスの利用を増やし、石炭などほかのエネルギーの利用を減らしていこうと考えるようになった。エネルギー省のエネルギー情報局の推計によれば、天然ガスは今後、新世代の発電所からの需要が増えるため、アメリカ全土で年間三〇兆立方フィート〔約八五〇〇億立方メートル〕の供給が必要になるという。天然ガスの需要が増え、供給が減りつつあるのなら、価格は当然上がっていくはずだ。チェサピークの幹部たちはそう考えた。

この仮説を検証するため、マクレンドンとロウランドはカリフォルニア州サンノゼに飛んだ。そしてアメリカで急成長を遂げている電力会社の一つ、カルパインを訪れ、会長兼最高経営責任者のピーター・カートライトと執行副社長のアン・カーティスに話を聞いてみた。カルパインはそのころ、天然ガスを燃料とする新たな発電所を多数建設し、世界最大の発電会社を目指す計画を公表していた。マクレンドンとロウランドは、カルパインがこの計画にどれほど本腰を入れているのかを確かめたかったのだ。

カルパインの食堂で行なわれた会談の間、カルパインの幹部二人はまるで会談に集中していないようだった。ロウランドの話によれば、五分おきに二人のどちらかが席を立ち、会社の株価をチェックしていたという。だが戻ってくるたびに、カルパインは天然ガスの利用を拡大して電力生産を増やすつもりであることを強調した。

たとえば、カートライトはこう述べた。「わが社のビジネスモデルは、天然ガス価格がしばらく二ドル前後に留まるという想定に基づいています。安い天然ガスは豊富にありますし。それを利用する発電所をつくれば、多大な利益を生み出せる、と。

マクレンドンとロウランドはその言葉に喜びを抑えきれなかった。カルパインは、一日に一五〇億立方フィート〔約四・二億立方メートル〕もの天然ガスを消費する生産設備を構築するつもりだという。当時アメリカで消費されていた天然ガスの三分の一に相当する量である。カルパインがそれほどの量を消費し、他社もその先例に従えば、価格は間違いなく上がる。

オクラホマシティへの帰途、ロウランドはマクレンドンに言った。「あの二人は、ガスの価格がこれからもずっと安いという可能性に本気で賭けるつもりだ」

チェサピークのオフィスで待っていたウォードも、会談の様子を聞いて胸を躍らせた。ほかの業界関係者はみな、需要は弱く、価格は下がる一方だという考え方にとらわれている。だが実際には、アメリカはかつてないほど天然ガスに依存した経済に移り変わろうとしている。

マクレンドンとウォードには、まだひともうけできるチャンスがあった。二人は、アメリカにある優良天然ガス資産をなるべく早く取得する戦略をたてた。価格が上向きそうなことに他社が気づく前に、素早く行動する必要がある。ガス鉱床の探査には、最新の水平掘削技術を採用するつもりだった。

そのころ、かつて二人と法廷闘争を繰り広げたハロルド・ハムも、アメリカのエネルギー方程式を変える独自の計画を練っていた。マクレンドンやウォード同様、エネルギー価格が上向くと確信していたからだ。

だがハムは、マクレンドンやウォードとは違い、アメリカで本当に将来性があるのは天然ガスではなく石油だと思っていた。そのうえ、自分の行く末はおろかアメリカの行く末さえ変えるほどの原油を発見できる予感さえ抱いていた。

第六章

成功したければ、早起きして仕事に励み、石油を掘り当てることだ。

――ジャン・ポール・ゲティ

ハロルド・ハム

ハロルド・ハムには、マクレンドンやウォードとの共通点がたくさんあった。二人と同じようにオクラホマ州出身であり、同じ州でエネルギー会社を経営している。また、二〇〇〇年当時この三人はいずれも、大手石油企業や業界の専門家とは違い、アメリカには有効利用できるエネルギー源がまだ豊富にあるのではないかと考えていた。

だが、マクレンドンとウォードは大量の天然ガスを探す方向へ向かったが、ハムは別のエネルギー源に目を向けた。石油である。アメリカどころか世界に影響を及ぼすほどの原油を発見したいと思っていたハムは、次世代の大油田を求め、アメリカのさまざまな土地を調査してまわった。アメリカにはエネルギー自給を実現できる可能性があると信じ、周囲にもそう述べていたという。

実際、ノースダコタ州にあるこれまで見過ごされてきた岩石層を例に挙げ、会社の最高財務責任者ロジャー・クレメントにこう述べている。「石油なんてどこにでもある。それこそどこにでもだ」

だが、アメリカに未開発の原油が豊富にあったとしても、ハムにそれを見つけるチャンスを与えてくれる投資家はほとんどいなかった。ハムの会社であるコンティネンタル・リソーシズの本社は、オクラホマシティから一六〇キロメートルも離れた小さな町イーニッドにあった。

一九九九年になると資金繰りが苦しくなり、探査の専門家を解雇し、残りの従業員全員の給与を切り詰めざるを得なくなった。あまりに事態が悪化したため、ハムは、OPECが価格を不当に低くしていると主張し、OPEC加盟国から輸入する石油に関税を課すよう政府に要請さえした。しかしそんな運動をしても、大手企業から当惑やあざけりの言葉を投げかけられるだけだった。

オクラホマ州で営業する小規模な石油・天然ガス企業は、ハムのこうした行為をほめ称えた。ハムはまさに、「独立系」のエネルギー企業の声を代弁する存在だった。だが、ヒューストンやダラス、オクラホマシティに本社を構えるエネルギー大手の幹部たちは、巨大な油田の発見というハムの夢など一顧《いっこ》だにしなかった。

オクラホマ州で活躍した石油業界のベテラン、ロイ・オリヴァーは言う。「ハロルドが世界をリードしたわけじゃない。いろいろやってお金をもうけようとした、よくいるまじめで気のいい男にすぎないよ。あいつは天才だなんて誰も言わなかった。(中略)まともな投資家なら、ハムにではなく、その逆に賭けていたはずだ」

いずれ会社にとってもこの国にとってもいい時代が来るというハムの夢は、根拠に乏しく非現実的だと見なされていた。石油業界に新たな大物が現れるとしても、それは絶対にハロルド・ハムではないと思われていた。実際に会って話を聞くと、疑念はさらに強まった。ハムは貧しい家庭の生まれで、大学にも行っておらず、オクラホマ人らしく母音を伸ばしてゆっくりと話す癖があった。そのため会社を始めた当初から、その話しぶりで相手の眉をひそめさせることがよくあった。

ハムの弁護士で古くからの友人でもあるアラン・ドヴォアは言う。「いかにもどろくさい話し方をするから、まぬけな田舎者だと思われていた」

だがハム自身は、まわりが何と言おうと、自分は非現実的な夢を抱く貧しい田舎者でしかないとは思っていなかった。その愛想のよい表情の奥には、並外れた野心や猛烈な闘志が秘められていた。それに気づいていたのは友人や同僚だけだった。

「ハロルドは確かに田舎者だ。でも、絶対にまぬけではない」とドヴォアは言う。

実際、二〇〇〇年になるころにはすでに、大半の人々が予想していた以上の成果をあげていた。アメリカで大手ライバル企業より多くの石油を発見し、この国の歴史に不滅の足跡《そくせき》を残すというハムの自信は増すばかりだった。

田舎の赤貧家庭

ハロルド・ハムの父親リーランド・アルバート・ハムは、

アメリカ側について独立戦争を戦ったイギリス人入植者トーマス・バックランド・ハムの子孫だった。リーランドは、自分の人生ではほとんど成功を収められなかった。三歳のときに父親を失い、結婚は二度失敗した。三番目の妻ジェーン・エリザベス・スパークスと結婚すると、夫婦はオクラホマ州の小さな町アグラで農場を借りて牛馬を育てた。だが、ハロルド・ハムの姉ファニーの話によると、ある年、うかつにもえさのなかにガラスの破片を混ぜてしまい、牛数頭が死んだ。リーランドは残りの牛だけでは生活できなくなり、結局はそれも売り払った。

家族はその後、八キロメートルほど北にある、信号が一つしかない小さな町レキシントンの小さな家に引っ越した。ハロルドはそこで一九四五年一二月、一三人きょうだいの末っ子として生まれた。リーランドと妻はその地域のさまざまな農場で小作人として働き、連邦政府の食糧支援に頼りながらぎりぎりの生活を続けた。

多くの少年にとって最初の思い出と言えば、夏の暑い日にアイスクリームを食べに出かけたことや近所の友人と野球をして遊んだことだろう。だがハロルドの最初の思い出は、夏の暑いさなか、近所で畑仕事をしている両親を手伝ってトマトを収穫したことだった。地面から発せられる強烈な熱が、薄っぺらい靴を通して伝わってきたのを覚えているという。五歳のとき、漏電《ろうでん》による火事で住んでいた家が全焼した。だがこの悲劇のおかげでいいこともあった。家族の再建を支援しようと近所の人たちがお金を出し合い、ハロルドには靴をプレゼントしてくれたのだ。ハロルドにとっては初めての新品の靴だった。

後にハロルドは同僚に、「初めて新品の靴をはいたときはわくわくしたね」と語っている。

新しく建てられた家は、見かけが立派なだけの、掘っ立て小屋のような代物《しろもの》だった。ベッドルームが二つあるだけで、電気も水道もない。そのうえ、キリスト教の一宗派「長子たちの集会」に小さな教会を建設してもらおうと、リーランドが土地のおよそ半分を寄付したため、ただでさえわずかしかなかった土地がさらに狭くなった。

近所の人々の記憶によると、リーランドとジェーンはもの静かで信心深い夫婦だったらしく、教会の会員以外の住民とはあまりつき合わなかったという。信者たちは教会の厳しい教義に従い、医学よりも信仰療法を信じていた。

リーランドには趣味に充《あ》てられる自由な時間などなかっ

たが、子どもは好きだったようだ。ジェーンとの間に一三人子どもがいたほか、前の二回の結婚の際にできた息子が一人いた。さらに、数年後にジェーンが死ぬと四度目の結婚をし、もう一人子どもをもうけることになる（リーランドは、自分の子ども一五人だけでなく、少なくとも九人の子どもの養父になった。地元の死亡記事によれば、死亡時には七〇人の孫と四二人のひ孫がいたという）。

リーランドは、家では鷹揚《おうよう》かつ穏やかで、子どもたちと価値観や宗教について話をした。ときには隣の教会で、無償で説教を行なうこともあった。「父はいつも働いており、正直者で頭もよかった。でも、何かを成し遂げようとする意欲がなかった」とファニーは言う。

ジェーンはもっと厳しかった。滞《とどこお》りなく毎日が過ごせるように、ハム家の子どもたちにベッドメーキングや、床の掃除や雑巾がけなどの家事を教えた。また家庭菜園をつくるなど、ほとんどお金がないときでも、子どもたちが清潔で栄養の行き届いた生活を送れるよう心がけた。

ファニーは言う。「母はよく怒り、すぐに子どもたちを叱った。それでも、みごとに子どもたちを育てあげた。（中略）母のおかげで、私たちは何とかやっていけるようになったの。まじめに働くことを教えてくれたから」

礼儀正しく誠実な少年だったハロルドは、家庭が貧しいことも、テレビを見るのに隣の家に行かなければならないことも大して気にしなかった。というのも、この地域には裕福な家庭などほとんどなかったからだ。リーランドはいつも、少しでもお金が余れば、もっと貧しい暮らしをしている近所の人たちに分けてやっていた。住む家もなくなった人を一人か二人、家に泊めていたこともある。実際、レキシントンは収入などほとんどない人口二〇〇〇人ほどの田舎町で、そこに暮らす人々の多くがハム家同様に苦しい生活を送っていた。車でわずか四〇分ほどの距離しか離れていない裕福なオクラホマシティとは、まるで別世界である。

ハロルド・ハムは言う。「自分の家が貧しいなんて知らなかった。子どものころは楽しかったよ。ほかの子たちと同じように、親の手伝いをして働いていたけどね」

子どものころのハロルドには、妙な癖があった。旧友の話によれば、一緒に遊んでいるときにブーンという妙な音をよく出していたため、幼いころから「バズ」〔「ブーンという音」を意味する〕というあだ名で呼ばれていた。

だが、その町で一緒に生まれ育った人たちの記憶によると、ハロルドは引っ込み思案でおどおどしており、一人でおとなしくしていることが多かった。その代わりに、一風変わったペットとよく一緒にいたらしい。たとえば、家の裏庭でコヨーテを育てたり、4Hクラブ〔農業・家政などの学校外教育を提供する青少年育成団体〕の品評会に黒い子牛を出品したり、カラスをかわいがったりしていた。姉の話によると、カラスは家のなかで飼っていたらしく、少しは言葉を教えることもできた。だがある日、カラスを新鮮な空気に触れさせようと外に出すと、オクラホマの強い日差しを浴びて体が熱くなってしまった。心配になったハロルドが、すぐにカラスを家のなかに入れ、濡《ぬ》らしたタオルをかけたところ、窒息死してしまったという。

　とはいえ、遊んでいる時間はあまりなかった。両親は地元の地主に雇われて農作物や家畜の世話をしており、子どもたちは家計を助けるためにそれを手伝わなければならなかった。毎年秋になると、家族そろって荷物を抱え、綿花《めんか》摘《つ》みの旅に出かけた。二四〇〇キロメートル以上離れたブレアやアルタスといった町のほか、テキサス州にまで足を延ばすこともあった。ハロルドは幼いころから、畑を耕し、雑草を抜き、綿花を摘み、スイカを収穫するなど、大変な作業をよく引き受けた。「私が綿花を摘んで、それを道の真んなかにあけると、父がそれをかき集める。それの繰り返しだった」[*1]

　旅をしながら働いていたときは、畑のそばに地主が所有している小さな家で過ごした。近所に住んでいた友人チャーリー・マッコウンは言う。「どこの家もお金に余裕がなく、みんな働かなければならなかった。でもバズはみごとな労働倫理を身につけていた。積極的に仕事に取り組んで、不満一つ漏《も》らさなかった」

　ハロルドらきょうだいは、九月に学校が始まっても、仕事が落ち着くまで学校に行けなかった。学校に行けるようになるのはたいてい、初氷《はつごおり》が張ったあとかクリスマスシーズンごろである。このような小作人の子どもはハロルドだけではなかったが、だからといって気が楽になるわけではなかった。「ほかの子に追いつくのが大変だったよ」とハロルドは言う。

　高校一年生のとき、ハロルドは町の野球チームのエース投手になった。どう曲がるかわからないカーブボールを兄から教えてもらったからだ。ある年のトーナメント戦では、連投続きで肩がずきずき痛んだが、コーチには内緒で投げ続けた。「負けず嫌いだったからね」
ハロルドはそれまでに、文句を言わず我慢することを学んでいた。それを教えてくれたのは、中学時代の実技講師ジム・ハンターだった。「ジムは傷だらけで、髪もなく、歯も欠け、そこら中に痛みを抱えていた。(中略) どれもこれも、第二次世界大戦中にナチの捕虜収容所にいた看守のせいだ。それでもジムは悲観的な人間にならず、永遠に忘れられない人生の教訓を教えてくれた」[*2]

石油産業との出会い

ハムが高校二年生のころ、ハム家はレキシントンから二〇〇キロメートル以上離れたイーニッドという町に引っ越した。野球シーズンに連投したせいでまだ腕が痛く、放課後に野球をする気にもなれなかったハロルドは、それよりも仕事をしたほうが家計の足しになるのではないかと考え、適当な仕事を探すことにした。

一九六〇年代前半のイーニッドは、ちょっとした石油ブームに沸いていた。地元の銀行家ハーバート・チャンプリンが創業したチャンプリン・リファイニングの本社があったのもそこである。チャンプリンは当初、石油を掘り当てるなどというリスクの高い事業には及び腰だったが、妻に説得され、開業資金として二万五〇〇〇ドルを出資した。するとこの会社はやがて、株式を公開していない企業としてはアメリカで最大の「総合」石油企業となった。総合石油企業とは、石油の探査・生産から精製・販売までを手がける企業を指す。

ハロルドは、チャンプリンが経営する二四時間営業の大きなガソリンスタンドで働き始めた。そこはトラックの補修やサービスも手広く行なっており、ハロルドは高校に通いながら、時給一ドルで、ガソリンを入れたり、パンクしたタイヤを直したり、トラックを洗ったりする仕事に励んだ。

当時のイーニッドは石油事業の拠点になっていた。ハロルドは、近くのヘネシーでフラッキングをしている作業員にディーゼル燃料や潤滑油《じゅんかつゆ》などを配達しに行った際に、油井を掘削する様子をよく目にした。そのなかには、油井の産出量を増やすためリバー・フラックを行なっている現場もあった。ミッチェル・エナジーのニコラス・スタインスバーガーがスリック・ウォーター・フラッキングを開発するきっかけになったフラッキング法である〔105頁参照〕。そのため若いころから、この新たな技術を使えば「岩盤に亀裂を入れられることを知っていた」という。

　ハロルドはこうした現場で、石油業界のベテラン作業員に出会い、その気前のよさや並外れた個性に圧倒された。生まれ故郷でつつましく暮らしている人たちとはまったく違っていたからだ。たとえば、働き始めて間もないころ、ガソリンスタンドを経営していたチャールズ・ポッターが目の前で財布を開き、お金がいるなら貸そうかと声をかけてきた。それから数カ月後、ハロルドは会社のトラックを運転し、可搬式《かはんしき》掘削リグの巨大なタイヤのパンクを直しに行った。タフ・ドリリングという会社を経営するずんぐりしたしわがれ声の男「タフ」・カニンガムが使っていた掘削リグである。ハロルドがタイヤの修理に苦労し、なかなか作業を終わらせられないでいると、やがてカニンガムが近づいてきた。ハロルドは罵声《ばせい》を浴びせられるのを覚悟した。

「おい、坊主」。カニンガムがそう呼びかけると、ハムは緊張に身を強張《こわば》らせた。するとカニンガムはこう言った。

「助けを呼んでやるよ。一人でやろうとしなくていい」

　カニンガムはハロルドを気に入り、面倒を見るようになった。ハロルドは油井で働くほかの作業員とも親しくなり、彼らの話に耳を傾け、石油や天然ガスを見つける方法を学んだ。ハロルドにこの業界の仕事を最初に教えてくれたのは、自分の見方や考え方を喜んで話してくれたこうしたベテラン作業員たちである。

　地元の石油産業が発展するにつれ、ハロルドのまわりでも大金を手にする者が現れるようになった。だがこうした人たちは、さらに大もうけしようと、稼いだお金をすぐさま次の事業に投資した。そんな自信や熱意をそれまで目にしたことのなかったハロルドは、意欲にあふれ自由に生きる男たちに深い感銘を受けた。

「石油業界の人たちはまったく違っていた。みな堂々として魅力にあふれていたよ。そんな人たちは見たことがなかった」とハロルドは言う。

　一方、レストラン《デニーズ》の外で銀行家たちに出くわしたときには、正反対の印象を受けた。銀行家たちは駐車場に集まり、ランチで誰がどれだけパイを食べたか、誰がどれだけの勘定を払うべきかを話し合っていた。

　ハロルドは言う。「石油や天然ガスの現場で働いている男たちなら、何も言わずに勘定書をひったくるだろうね。彼らはばかがつくほど気前がよく、私に何でも教えてくれた」

父親からは掘削現場の荒くれ者に近づくなと注意されていたが、ハロルドは彼らに好意を抱いていた。「ああいう場所に行って驚いたよ。現場はいい人ばかりだった。父には絶対に彼らの話はしなかったがね」

ハロルドの毎日は過酷だった。放課後になるとガソリンスタンドに向かい、そこで午後二時から一一時まで働き、それから家で宿題をした。そして朝早く起き、へとへとに疲れきった状態で学校に行き、また同じ一日を繰り返す。土曜日にはまる一二時間働き、週の労働時間は平均して六〇時間に及んだ。

情熱を傾けられるものを

ある朝、ハロルドが寝ぼけながら登校すると、講堂に行くよう指示された。そこでは全校集会が行なわれようとしていた。間もなく、フランコーマ・ポッタリーのジョン・フランクという男が、白い作業着を着て現れた。フランコーマ・ポッタリーとは、オクラホマ州サプルパにある置物や食器類で有名な陶器会社である。フランクはステージの前に座ると、ろくろを回し、粘土の塊《かたまり》を赤ん坊のようになでまわした。

やがて美しい花瓶ができあがると、それを見ていた一〇〇〇人の生徒に話しかけた。「私は陶芸が好きです」。そして、好きな仕事を選んだから成功できたと述べ、こう締めくくった。「情熱を傾けられるものが見つかれば、みなさんもきっと成功できます」

その日の午後、ハロルドはパンクを修理しながら、自分はどんな仕事なら情熱を傾けられるだろうかと考えた。トラックにガソリンを入れる仕事でないことはわかっていたが、それ以外に何も思い浮かばない。

「何日も悩んだよ。情熱を傾けられるものが何かわからなかった」

だがある日ふと、石油を掘り当てる仕事しかないことに気づいた。石油の掘削現場の作業員たちがうれしそうにお金をこの事業に注ぎ込んでいたこと、いつも気前がよく親切だったことを思い出したのだ。ハロルドは当時をこう回想する。「あの人たちみたいになりたかった。一発掘り当てれば、こうした豊かさがすべて手に入ると思った」

ハロルドは、石油・天然ガスの探査事業について勉強することにした。高校三年生のときには、ジャン・ポール・

ゲティやビル・スケリーなど、オクラホマ州の石油産業の立役者たちをテーマにした論文を書いた。

間もなく卒業を控えていたある日、ガソリンスタンドで働いていると、近くで運送会社を営んでいる男がやって来て尋ねた。

「卒業したら何をするつもりなの？」

ハロルドには答えられなかった。大学に行く余裕はなく、お金を稼がなければならないことがわかっているだけだ。男が仕事を紹介すると、ハロルドはすぐそれに飛びついた。こうして間もなく、ジョニー・ギアという男が経営する、石油会社にさまざまなサービスを提供する会社で働くことになった。ハロルドに与えられたのは、タンクローリーを運転して、石油や天然ガスの掘削場所に水を運ぶ仕事である。石油の探査ではないが、油井やガス井とつながってはいる。

これこそ自分が望んでいた仕事だ。ハロルド・ハムはそう思った。

「油田で働くことにあこがれていたからね。油田は広大で、さまざまな業者が入り込んでいる。そんな業者のために働くことにすっかり魅了されていた」

その仕事を大事にしていたのには、もう一つ理由があった。ハムの幼なじみのガールフレンド、ジュディス（ジュディ）・アン・ミラーが妊娠し、一七歳のときにすでに彼女と結婚していたからだ。ハムの姉によれば、この結婚に異例な点があるとすれば、それはジュディがカトリックである点だけだったという。当時のオクラホマ州では、若いころから実社会に身を投じることが珍しくなかったように、高校在学中に結婚することも珍しくなかった。

それから数年後、上司のギアが酒浸《びた》りになり、仕事に支障を来すようになった。そのころになるとハムは、会社の運営を任され、当初は三台しかなかったタンクローリーを一〇台に増やしていた。だがギアの飲酒のせいでドライバーが仕事を辞めてしまい、会社を運営していくのが難しくなっていた。

ハムはギアに好意を抱いていたが、仕事も好きだった。そのため上司に腹を立て、ある日ギアを脇に連れ出してこう言った。「今度酔っぱらって会社に現れたら、ぼくが給料をもらうのもそれが最後になりますからね」

数日後、ギアが酩酊《めいてい》状態で現れたため、ハムは会社を辞めた。それから数カ月間はチャンプリンが経営する大きな精製所で働いたが、楽しくはなかった。ほかの人の仕事を手伝ってはいけないという労働組合のルールが理解できず、仕事中に居眠りをしているくせに労働組合の会議の場で偉そうに文句を言う従業員が許せなかった。何より油田が恋しかった。

二〇歳で独立

間もなくハムは、ある情報を聞きつけた。地元の男が、この地域で石油の掘削を行なっている人たちにサービスを提供しようと「ボブテール・トラック」（トレーラーのないトラック）を購入したが、その支払いに苦労しているという。そこでこの男と交渉し、その支払いを引き継いでトラックを手に入れると、連帯保証人を探して一〇〇〇ドルを借り、二〇歳のときに自身の会社、ハロルド・ハム・タンク・トラックスを開業した（後にハム&フィリップスに改名）。そしてオクラホマシティから二〇分ほどのところにある小さな借家に居を移し、妻や二人の娘とともにこの新たな生活を成功させようと努力を重ねた。

一九六六年当時、競争は厳しかったが、ハムの会社はライバル企業よりいい成績をあげた。ほかの業者がやりたがらないようなきつい仕事や汚い仕事も引き受け、ときには真夜中に起きてタンクを掃除したり掘削場所に水を運んだりしたからだ。防水長靴をはき、柄の長いモップを手に、石油タンクのなかに潜り込み、その底にたまっている沈殿《ちんでん》物《ぶつ》や泥をかき出す仕事は、特にきつかった。友人の話によれば、疲労のあまり、タンクに手を突っ込んだまま眠ってしまうこともよくあった。翌朝、タンクに石油が注入され、手が石油に浸《ひた》るころになってようやく、びっくりして目を覚ましたという。

明るく気さくで、勉強熱心だったハムは、いずれは石油や天然ガスの探査をしたいと思い、業界のベテランの知恵を借りながらその事業の秘訣《ひけつ》を探った。油井やガス井の掘削のプロからも、坑井の仕上げや関連サービスの専門家やベテランからも話を聞き、検層記録の読み方、岩盤の分析の仕方など、探査事業のこつを教えてもらった。

また、忙しいながらも自由になる時間が多少はあったため、自宅に書斎をつくり、地質学や地球物理学の本を借りてきて勉強した。そのころ、母親ががんで死んだ。宗教的な理由から、医者には診せなかった。幼い子どもたちを養い、石油関連事業を運営し、独学に励んでいたさなかに、母親の死は相当な衝撃をもたらした。

「一トンものレンガが落ちてきたみたいだった」とハムは言う。

それからは、いっそう仕事に励むようになった。当時はがたがたの車を使い、借家に住んでいたにもかかわらず、貯金はあまりなかった。「自分の持ち家に住んで、新しいピックアップトラックを手に入れたかった」という。

だが、しばらくすると事業が上向き、従業員を雇ったりトラックを増やしたりすることも可能になった。品質のよい機器を使いながら、ほかのライバル企業のように過剰な請求をすることもなかったため、顧客に信頼されるようになったからだ。やがて会社は、油井の掘削液を輸送・提供する地域最大の企業となり、テキサス州などほかの州の顧客まで獲得した。

こうしてハムは、家族のなかでは唯一ある程度の財産を築きあげたが、それだけでは満足できなかった。自分の夢は、あのガソリンスタンドで出会った男たちのように石油を探すことであって、タンクローリーを掃除することではない。だがその夢を実現するには、かなりの資金が必要になる。

「ひと昔前の一攫《いっかく》千金物語を実現する仕事をしたいという強烈な願望があった。この仕事をしている人たちはみな、世界を一変させる発見をして日々の生活から解放されたいと思っているが、その点では私も何ら変わりはない」

二二歳になった一九六七年、ハムは石油探査会社を設立し、二人の娘の名前にちなんでシェリー・ディーン・オイルと命名した。これまでの会社も続け、ほかの業者の掘削も請け負いはしたが、自分で石油や天然ガスを探す仕事がようやく始まった。

最初の油井の掘削に最適の場所として目をつけたのが、一九四三年にロイヤル・ダッチ・シェルが掘削した古い油井である。ここはかつて爆発事故を起こし、掘削リグが全焼した後に放棄されていたが、数年後に再掘削され、ある程度の原油を産出していた。

そこに狙いを絞ったのは、その油井は産出が安定していたため、地下に巨大な貯留層《ちょりゅうそう》があるのではないかと思われたからだ。油井の記録を見ると、透過性が高い（原油が容易に流れ出してくる）と思われる岩石層を縦に貫くように掘削されている。ということは、その層の岩盤に原油が豊富に含まれている可能性が高い。だが、ほかの山師も大手企業もそれに気づいていない。そこでハムは徐々に、ゲティ・オイルなどさまざまな企業からその周辺の土地を一〇〇〇エーカー〔約四平方キロメートル〕以上取得すると同時に、一〇万ドルの資金を借りて、最初の油井の掘削に挑んだ。探査経験などまるでない若者とは思えないほどの自信にあふれていた。

「うまくいくことは最初からわかっていた。ただそのころは金がなかった」とハムは言う。[*3]

その油井は一九七一年から、一時間あたりおよそ二〇バレルの割合で原油の産出を始め、以後四〇年以上にわたり安定して原油を生産することになる。さらに二番目に掘削した油井も、一時間あたり七五バレルの原油を産出した。実際のところそこは、六〇〇万バレルもの原油を有する大きな油田の端にあたっていた。設立したばかりの会社は、月に三万七〇〇〇ドル以上の利益をあげるようになった。

ハムはこの利益を使い、近くの大学で開かれている地質学や鉱物学や化学の講座に通った（ただし、学位を取るほどの時間的余裕はなかった）。また、当時まだ二五歳と若かったため、コンピューター・マッピングや（後の水平掘削につながる）傾斜掘削など、初期のテクノロジーを積極的に採用した。

こうした努力は周囲からばかにされたものの、ハムには石油や天然ガスを見つける並外れた才能があったようだ。当時、その地域で農場を経営していたラルフ・ブラッドリーは、自分の土地を掘削させてほしいと言ってきたハムにこう返した。「ここに石油があると思っていることが信じられんよ」。ブラッドリーは妻とともに、ほかの場所を探すようハムに勧めた。この老夫婦は、毎日古いシボレーに乗って町まで出かけ、家まで水を運んでくるという生活を送っていた。

だがハムはそんな忠告を無視し、九万ドルを借りて掘削を進め、一日に二〇〇〇バレルも産出する油脈《ゆみゃく》をみごと掘り当てた。その土地を貸していたブラッドリー夫妻は、多額のロイヤルティを受け取ると、孫たちが暮らすアイダホに引っ越していった。

ハムはまた、油井を掘削する会社を買収し、ほかの探査会社に雇われて掘削を行なう事業も展開していた。一九七三年と一九七九年のオイルショックを受けて石油価格は高《こう》騰《とう》していたため、自身のタンクローリー会社や掘削会社の仕事は増えるばかりだった。[*4]

ときには自分の貧しい生い立ちをうまく利用し、ライバル企業を出し抜くこともあった。一九八一年、同じくタンクローリー会社を経営していたボブ・ムーアが、自社の買収をハムに持ちかけてきた。当時ムーアの会社で働いていたアート・スワンソンの話によれば、ムーアはイーニッドにやって来ると、一時間以上にわたりハムに自分の会社の話をした。どんな顧客がいるか、どこから従業員を引き抜いてきたか、といった内容である。ハムは、ムーアが事業の詳細について説明するのを黙って聞いていた。

ところが、いざムーアの会社の買収の話になると、ムーアのようなベテランと交渉できるような身分ではないとほのめかすようなことを言った。「私にできるのはタンクローリーの運転ぐらいだ。大学にも行ってないんだから」

スワンソンはその帰途、ハムは最初からムーアの会社になど興味を持っていなかったことに気づいた。何も知らないふりをしてムーアの心を開き、この機会にライバル会社から重要な情報を仕入れようとしただけなのだ。

スワンソンは言う。「頭の回転の速い男で、何も知らないふりをしているだけだった」。ハムは結局ほかのタンクローリー会社を買収し、ムーアの会社は倒産した。

一九八二年には、三〇〇〇万ドルを超える額で掘削会社を売却した。その直後には、オクラホマ州やテキサス州でエネルギー会社に高リスクの貸付を行なって利益をあげていた大手のペン・スクエア銀行が倒産し、全国の銀行に多大な損失をもたらし、エネルギー業界に激しい淘汰を引き起こしている。

ハムは、当時無数にいたオペレーターの一人として、石油や天然ガスの探査で多大な成功を収めた。それでもこの地域から離れようとすることはなく、一九八三年にはイーニッドで一六の油井の掘削を始めている。少なくともそのころは、ハムにとっても家族にとっても、この地域で石油王になれればそれで十分だったのだ。ある日、ハム夫妻がイーニッドの一五キロメートルほど東に購入した家に、父が訪ねてくることになった。ハムは、父親を車に乗せて自宅まで連れてくると、ボタンを押してガレージを開けた。

すると父が息子に尋ねた。「いったいどうやってガレージを開けたんだ?」

「ガレージに開閉装置がついているんだ」とハムが答える。

「でも線がつながってないだろ?」。父は茫然《ぼうぜん》としながらも、そのとき初めて息子が出世したことを知った。

だがハムは、こうして財産の味をしめると、もっと欲しくなった。そのころは、ペン・スクエア銀行の破綻により地元の掘削業者の資金確保が難しくなっており、ハムの競争相手が少なくなっていた。しかし、やがてハムにも悪運が巡ってきた。一九八三年には、この地域で生産量の多い油井を見つけようとして、一七基連続で空井戸《からいど》を掘った。この失敗続きにより、会社は一〇〇〇万ドル以上の損失を被った。それでも、掘削会社を売却して得た現金がまだ残っていたが、それも減るばかりになると、さすがに危機感を抱かずにはいられなくなった。このままのペースで行けば、あと一年余りしか掘削できない。

ハムは自宅の居間にジュディを座らせ、現在の生活が危機に陥っていることを伝えた。だがぎりぎりのところで、会社を存続させていけるだけの石油を掘り当てた。

「石油に救われたよ」とハムは言う。

この出来事は強烈な印象を与えた。他業者が天然ガスに乗り換えるようになっても、ハムが石油にこだわった理由の一端はここにある。これを機にハムは、石油を大量に産出する可能性のある地域を探そうと専門家を雇い、ノースダコタ州、モンタナ州、ワイオミング州の土地に目を向けた。

ハムは自分の目で確かめたいと思い、実際にワイオミング州南西部にあるロック・スプリングスに出かけた。そのときにはオーバーオールを着て、ふくらはぎが半分ほど隠れる極寒地用《ごっかんち》ミッキーマウスブーツ〔米海軍の甲板用防水ラバーブーツ〕をはいていたが、それでも冬の厳しい寒さに耐えられなかった。ガイドを務めてくれたのは、この地域の掘削現場に水を輸送する会社を経営している男だった。その男は、同じような服装だったが、オーバーオールのポケットにウイスキーの瓶を忍ばせており、それで何とか寒さをしのいでいたという。

こうした調査の末、結局モンタナ州のミッドフォーク油田で何度か掘削を行なったが、結果はさほど喜ばしいものではなかった。それでも、一九八〇年代の石油不況をそれほど悪くない状態で乗り切った。そのころになると、エクソンやアトランティック・リッチフィールドといった大手企業は海外に目を向けるようになり、地元のライバル企業のなかには経営難に陥るところも出てきた。

一九九一年、ハムは自社の名称をコンティネンタル・リソーシズに改名した。この時期にはライバル企業が次々とオクラホマ州から撤退していったため、優秀な人材を雇い入れやすくなった。サン・オイル（後に設立されるオリックス・エナジーの親会社）などで働いていたイーニッド出身の若手エンジニア、ジェフ・ヒュームもその一人である。また、それらの会社が見捨てた土地を買い集めることもできた。一九八五年には、ペトロ＝ルイスという大会社との取引をまとめ、五〇〇以上の油井やガス井を取得した。そのなかには、エイムズという町の油井もあった。コンティネンタルのある幹部によると、「ペトロ＝ルイスが売却した油井やガス井のなかでもくずだと思われていた」油井だという。

ハムらコンティネンタルのスタッフは、これまでわずかな産出しかなかったにもかかわらず、ペトロ＝ルイスの油井・ガス井周辺の土地に関心を寄せていた。当時のライバル企業は、コストを怖れ、地中の奥深くまで掘削しようとはしなかった。だがハムは、それを試してみるよう部下に命じた。彼らは、公的に入手可能な情報を収集してコンピューターに入力し、原油や天然ガスの鉱床が隠れていそうな場所の地質図を作成していた。また、当時最新の技術だった三次元地震データも収集・解析していた。

ある日、探査部長のレックス・オルソンがハムに地図を見せ、地下三キロメートルほどのところにおかしな構造物があると指摘した。その構造物は、巨大な牛のひづめ跡のような形をしている。オルソンは「どうやら隕石痕《いんせきこん》らしいね」と言う。古代の隕石がつくりあげたクレーターである。「どうもそのようだな」とハムが言う。

会社のスタッフが二七〇〇メートルほど掘削してみると、実際にそれがあった。数億年前に地球に落下した隕石が生み出した、直径およそ一三キロメートルに及ぶ古代のクレーターである。科学者の後の推計によれば、直径三〇〇メートルほどの隕石が時速一一万キロメートル以上で地球に衝突し、そのときのエネルギーで、地表の温度が一瞬にして二六〇度にまで上昇したという。だがハムにとって重要なのは、そのクレーター（後にエイムズ・ホールと命名された）に原油が豊富に含まれていたことだ。コンティネンタルはこうして、産出量の多い無数の油井を手に入れた。これらの油井はその後、一八〇〇万バレル以上の原油を産出し、多大な利益を会社にもたらすことになる。[*5]

業界の大物になる

一九八七年、当時四二歳だったハムの総資産は一六〇〇万ドルに達した。だが、こうした成功の陰で家庭問題に悩み、多大な不安を抱えていた。コンティネンタルの発展をひたすら追い求めるあまり、家庭生活を顧《かえり》みなかったからだ。その年、ハムとジュディは離婚した。

間もなくハムは、タルサで企業弁護士やエコノミストとして活躍していた三一歳のスー・アン・アーナルとつき合い始めた。ハムの友人たちの話によれば、以前オリンピックに出場したフィギュアスケート選手ドロシー・ハミルに似た、小柄でかわいい女性だったという。離婚から六カ月後の一九八八年四月、ハムはスー・アンとラスベガスの教会で結婚式を挙げた。二人の間には、やがて娘が二人生まれた。

そのころからハムは、小さな町の掘削業者ではなく、エネルギー業界の大物にふさわしい服装をするようになった。「彼女が夫の服を選び、立派な外見に仕上げ、そのイメージを洗練させたんだ」とある友人は言う。

だがそれから一一年後、この結婚生活は危機を迎える。州裁判所の記録によれば、当時コンティネンタルの要職を兼任していたスー・アンに対し、ハムから離婚届が提出されている。だがロイターの報道を見るかぎり、この離婚届は間もなく撤回されたようだ。[*6]

友人の証言によると、一九八〇年代後半ごろからハムは、自分の話し方を気にするようになったという。ハムは小さな町の農家の出身であり、正規の教育は高校までしか受けていない。そのため、適切な発音を教えてもらう機会がなく、ボキャブラリーも少なかった。そんな彼でも、自分の会社の従業員や少人数の人々と話をするときには、情熱や自信にあふれ、説得力もあった。だが、大勢の集まりや業界関係者の前で話すとなると、言葉に詰まり、自分の考えていることを伝えられなくなってしまうのだった。

こうした点は、しばらくはさほど問題にならなかった。ハムには、掘削請負事業で得られる利益のほか、これまでに掘削した油井からあがる利益もあった。そのため、チェサピークの株式を買ってもらおうと苦労していたマクレンドンやウォードとは違い、投資家から探査資金を引き出す必要がなかったからだ。ところがコンティネンタルが発展し、オクラホマシティやオクラホマ州の業界幹部と接触したり、公の場で話をしたりする機会が増えると、そのつたなくぎこちない話し方が目を引くようになった。そのため当時のハムは、インタビューやスピーチを断ったり、業界メディアを避けたりしていたという。

ハムはよく、初めて会う人に、現地の田舎者という印象を与えた。一九九一年に起こされたオクシデンタル・ペトロリアムとの訴訟の際には、相手側がハムを三日連続で証言台に立たせ、言葉に詰まるのを待つ作戦に出た。裁判に出席していたある人物の話によれば、ハムは証言の際に、間違った時制を用い、口ごもりながらぼそぼそと話していたという。オクシデンタルの弁護士は、ハムをうまく誘導し、契約の日付を不正に操作したかのような言質《げんち》を引き出そうとさえした。

だが、ハムの弁護士アラン・ドヴォアは陪審員に、ハムがオクラホマのあか抜けない田舎者だという点をオクシデンタルが悪用しようとしていると訴えた。結局のところ、陪審員はそれを認め、訴訟はハムの勝利に終わった。だがこの一件は、ハムが当時周囲にどう思われていたのかを如《じつ》実に物語っている。

ある旧友は言う。「ハロルドは文法がめちゃくちゃで、何を言いたいのかわからないこともあった。動きが荒っぽいうえに、オクラホマなまりが強く、間違った言葉を使う。(中略)そんなふうではとても利口には見えない。でも実際に話をよく聞いてみると、実に頭がいいことがわかる」

まるで闘犬

自信を喪失したハムは、侮辱を受けることに敏感になり、不当な扱いを受けたと思うとすぐにけんか腰になった。同業の会社や関係者と口論になったことは無数にある。あるときには、天然ガスの価格が不当に引き下げられていると確信し、天然ガスの生産に上限を設けて価格の引き上げを図るよう州政府に直談判《じかだんぱん》している。

当時コンティネンタルの最高財務責任者を務めていたロジャー・クレメントは言う。「まるで闘犬だったよ。もう誰も訴訟を起こそうとは思わなくなった。会社をつぶしてでも仕返しをしかねない勢いだったからね」

友人たちによれば、ハムがけんか腰になったのは、学歴もなく物腰も洗練されていないことを理由にばかにされるのを怖れ、自分はいいように利用されるだけの人間ではないことを周囲に示したかったからではないかという。ハムの弁護士で友人でもあったドヴォアはこう述べている。「ハロルドは軽く見られていた。洗練されていないという理由だけで、頭が悪いとか、業界に精通していないと思われていた。だからこそハロルドは、『おれをペテンにかけようとしても無駄だ』というイメージを植えつけた。業界の大物になるためには、自分が他人につけ込まれるような人間ではないことを相手に示す必要があった」

その一方で、自分の明らかな欠点を自覚していたハムは、それを克服しようと決心した。石油を発見する方法を独学したように、自信を持ってきちんと話をする方法を学ぶことにしたのだ。まずは、地元のデイル・カーネギー研修センターで、スピーチと身のこなし方の講座を受けた。次いで、経営の第一人者であるジョン・マックスウェルの著書を読み、自身の指導力の強化を図った。すると、スピーチも自信もたちまち向上した。講座が修了したあとも、ほかの講座を受けて自身のステップアップを目指すとともに、コンティネンタルの中間管理職全員に同センターでの受講を義務づけた。

ハムがばかにされる理由はほかにもあった。一九九五年ごろのある日、ハムはイーニッドの格納庫に出向くと、単《たん》発《ぱつ》飛行機〔エンジンが一基だけの飛行機〕のコックピットに乗り込んだ。ところが、エンジンがどうしても始動しない。そこで、スターター代わりになるのではないかと思い、はしごをかけてプロペラのところまで登り、プロペラを勢いよく回すと、突然エンジンが始動した。ハムは辛うじてその場を離れたが、飛行機は猛スピードで滑走路を走っていき、やがて凄まじい勢いで格納庫に激突し、その扉を大破させたという。それからの数年間、知人たちはこのエピソードを持ち出してハムをからかい、オクラホマシティのあちこちにこの笑い話を伝えた。するとハムは、この話題に神経を尖《とが》らせるようになり、しまいには飛行機の製造会社を告訴した。ある友人の話によれば、彼がかかわったほかの多くの訴訟同様、この訴訟も勝利を収めたらしい。

だが、こうした点で自信を失うことはあったものの、新たな岩石層の探査には自信を持って大金を投じられる、業界でも数少ない存在であることに変わりはなかった。石油業界が不況により淘汰されても、ハムは依然として壮大な夢を抱き続けた。同僚には、安全なフォワードパスではなく危険なロングパスを好むクォーターバックのように、ハイリスク・ハイリターンだけを狙いたいと語っていた。

ハムのもとにはやがて、同じような歴史的大発見を夢見る地質学者やエンジニアが集まってきた。その一人がジャック・スタークである。

地質学者スターク

一九九二年、ジャック・スタークはハムとの面接のため、イーニッドに車を走らせていた。悪運につきまとわれていたそれまでの人生が、ようやく終わりを迎えようとしていた。オハイオ州ノーウォーク出身で穏やかな物腰のスタークは、子どものころから大好きだった海洋学者のジャック・クストーにあこがれてボウリング・グリーン州立大学に入学した。だが間もなくして、オハイオ州の内陸にあるこの大学は、海洋学を学ぶのにふさわしい場所ではないことに気づいた。そこで、化石や岩石や地質にも興味があったため地質学の講座を取ってみると、それがけっこうおもしろく、将来は地質学関係の仕事につこうと心に決めた。

こうしてスタークは、家族のなかで初めて大学を卒業すると、フェルプス・ドッジがコロラド州デンバーに設立した子会社に就職した。原子力発電の燃料になるウランを採掘する会社である。スタークは、この会社の費用で大学院の学位まで取得し、もはや将来は安泰であるかに見えた。デンバー郊外の山麓《さんろく》の丘にある会社に犬を連れて出社しながら、自分は完璧な仕事を見つけたと思っていた。上司から仕事を高く評価されたときには、なおさらそう思えた。

ところが一九七九年、スリーマイル島の原子炉の炉心が一部溶融《ようゆう》する事件が起きると、原子力発電やウランに対する国の関心は一気に冷えた。スタークはそれを機に、フェルプス・ドッジの別の子会社に移った。今度はアリゾナ州で金を探す仕事である。当時、金の価格は上昇していたため、この異動は有利かと思われた。だが一九八一年、金相場が急落し、またしても職を探さなければならないはめになった。

スタークはあるエネルギー会社に職を得て、そこで出世も果たした。だが一九八〇年代の間に石油価格は低下し、探査のペースも鈍化していった。悪運はもはやなじみのものになりつつあった。スタークは渋い表情でこう回想している。「川にはまらないように、飛び石伝いに流れを渡っている感じだった」

スタークは、エネルギー業界が低迷していてもその業界に留《とど》まり、さまざまな石油会社で職を見つけた。だが、そこでの仕事がいつも楽しかったわけではない。働いた企業は、いずれも規模は大きかったかもしれないが、もはやアメリカ国内での石油や天然ガスの探査に消極的になっているように見えた。それどころか、国内の資産の売却やオフィスの閉鎖を積極的に進めていた。

　一九九二年春、スタークはイーニッドにあるコンティネンタルのオフィスに向かっていた。動脈瘤《どうみゃくりゅう》で死亡したレックス・オルソンに代わる探査管理者の面接のためである。だが、その道中の風景を見れば見るほど、不安が募《つの》った。道端にあるのが、空きビルや空き家ばかりだったからだ。エネルギー不況やペン・スクエア銀行の破綻からいまだ立ち直っていないオクラホマ州は、みすぼらしく見えた。

　実際、ここ数年のイーニッドは栄光とは無縁の状態にあった。一説によると、この町の名前は、オクラホマ州のランドラッシュ〔一八八九年、政府が入植を解禁した同州に白人が未開の土地を求めて殺到した現象を指す〕の際に入植した住民のある間違いに由来するという。その住民は土地を獲得すると、そこに荷馬車を置き、料理を提供する店を開業し、「dine（飲食処《どころ》）」という看板を掲《かか》げた。ところが、なぜかその看板は、文字の並びがさかさまの「enid（イーニッド）」になっていた。そのため、それがこの場所の地名になったらしい。

　スタークは道すがら、面接に合格して就職が決まっても、妻はおそらくこの州に引っ越したがらないだろうと思った。オハイオ州コロンバス郊外で生まれ育った妻は、ヒューストンの自宅で面接の結果を待っていた。

「そのときになって、ここはアメリカの片田舎なのだという現実に気づいた。陰鬱《いんうつ》な感じがしたね」

　やがてスタークはイーニッドに到着した。当時、四万五〇〇〇人ほどの人口を抱えていたイーニッドは、通過してきた町に比べればよく持ちこたえているように見えた。それでも、ハムとの面接に臨《のぞ》んだときにはいまだ不安があった。

　しかしハムと数分話をすると、スタークの気持ちは一変した。ハムは、探査の拡大や新たな掘削技術の利用法について興奮気味に語った。この国で一旗あげようとする熱意に嘘偽りはないようだった。

「この会社をもっと大きくしたいんだ」とハムはスタークに語った。

　ハムの情熱的な言葉を聞いて、スタークはわくわくした。家に帰ると、イーニッドに引っ越す利点をいろいろ挙げて妻を説得した。「アメリカの昔ながらの家庭がいまだに残る、誰もが知り合いの町だ」と。

大当たりを求めて

一九九三年、ハムの会社は新たな問題に直面していた。大手石油・天然ガス企業がオクラホマ州から撤退すると、マクレンドンとウォードが経営するチェサピークなど、独立系のオペレーターがオクラホマ州に狙いを定めてきた。そのため、コンティネンタルの土地取得費用がかさむようになったのだ。

コンティネンタルはいまだに利益をあげていたが、ハムはもっと壮大な成功にあこがれていた。子どものころに夢見た、ひと昔前の一攫《いっかく》千金物語のような成功である。業界で名をあげるには、歴史的とも言える大発見が必要になる。かつての著名な山師たちが成し遂げたような、一気に富も名声も手に入るほどの大当たりが欠かせない。

ハムの会社は比較的小規模で、ハム自身もエネルギー探査に関する正規教育をほとんど受けていない。だが、成功した山師のなかには、異例の経歴を持つ人物が少なくない。たとえば、ニューヨーク州西部の田舎町フレドニアの地下にあるシェール層からは、近代になってからずっと不思議なガスが噴き出していた。地元の子どもたちは、それに火をつけてよく遊んでいたという。だが、一八二五年に初めてそこで商用のガス井を掘削したのは、ライフルとバックパックだけを持って引っ越してきた無学の鉄砲工、ウィリアム・アーロン・ハートだった。[*7]

また、一八五九年にペンシルベニア州タイタスビルでアメリカ初となる油井を掘削したのも、車掌《しゃしょう》を引退してほとんど無一文だったエドウィン・L・ドレイクだった。軍隊経験がなかったにもかかわらず、なぜか「大佐」と呼ばれていた人物である。

それから四〇年後、問題の多い過去を持ちながらも独学で地質学を勉強した片腕の機械工兼材木商のパティロ・ヒギンスが、バプテスト派の教会に入信した。ある日、その日曜学校の催しに参加し、テキサス州ボーモントの丘へピクニックに出かけると、ガスで泡立った泉がいくつもあった。それを見て、これは地下に油田があるに違いないと考えたが、専門家は一笑に付すばかりだった。ところが一九〇一年、かつてオーストリア海軍に所属していたアンソニー・ルーカス大佐と一緒に掘削してみると、原油が噴き出した。この丘はその後、一日に八万バレルもの原油を産出するスピンドルトップ油田へと発展する。まさに現代の石油時代の幕開けとなる発見だった。

一介の山師がアメリカ最大の資産家になったこともある。テレビドラマ『ダラス』のＪ・Ｒ・ユーイング役のモデルとなったハロルドソン・ラファイエット・ハント・ジュニアなど、ドラマを生み出す才能にあふれた興行師のような山師は数多い。噂によれば、Ｈ・Ｌと呼ばれていたハントは三二歳のとき、ファイブスタッドポーカーで連勝し、最後に残った一〇〇ドルを一万ドルまで増やすと、それを元手に石油の採掘権を買い占めた。こうして巨大なイースト・テキサス油田を手中に収め、五〇億ドルに及ぶ財産を持つ世界有数の富豪になったという。そのうえさらに、一〇年以上にわたり二人の女性をだまして別の街に別の家庭を築き、合わせて一五人の子どもをもうけている。[*8]

さまざまな意味で、山師という職業はアメリカ人に向いている。地下深くにあるのかないのかわからないものに大金を賭けるとなると、かなりの自信やリスクをものともしない精神が必要になる。アメリカ人はそれらを十分に備えているうえに、留《とど》まるところを知らないほど楽天的だ。

それに、ほかの多くの国の住民とは違い、アメリカの土地所有者はたいてい、自分の土地の地下まで所有している。そのため山師たちはしばらくの間、採掘権を手に入れる際に土地所有者と直接交渉すればよく、政府の役人を介する必要がない。ちなみに「山師」を意味する「wildcatter」の語源となっている「wildcat」〔本来は「山猫」の意〕は、「リスクの高い事業」を意味する一九世紀初頭からの俗語である。

こうした山師たちは、富や名声を獲得する一方で、金銭的にも精神的にも辛い失敗を経験した。一九世紀末から二〇世紀初頭にかけて活躍した経験豊富な山師チャールズ・ルイス・ウッズは、産出量の少ない油井ばかりを掘っていたため、「空井戸チャーリー」というありがたくないニックネームで呼ばれていた。ところが、このチャーリーにもやがて運が巡ってきた。一九一〇年、カリフォルニア州のサン・ホアキン・バレーでみごとな油井を掘り当てたのだ。その油井は、初日だけで一二万五〇〇〇バレルもの原油を産出した。ところが、一八カ月後に突然原油の産出が止まってしまい、「空井戸チャーリー」は再び空井戸掘りを続けることになる。[*9]

アメリカ石油・天然ガス歴史協会によれば、一九六〇年代に山師が成功する確率は、一〇回の掘削につき一回程度だったという。だがそのころから、潤沢な資金や大勢のスタッフを抱える多国籍企業が現れ、山師たちは苦戦を強いられるようになった。さらに一九八〇年代になると石油価格が下落し、テキサス州やオクラホマ州などの山師は窮地に陥り、次々と廃業していった。一九九〇年代には大手石油企業も多くがアメリカを離れ、ハムのような人たちに土地を明け渡した。アメリカ本土はもはやブービー賞のようなものだった。さあ、もうアメリカはきみたちのものだ。何かあるか探してみるといい。大手企業はそう言っているかのようだった。

ジョージ・ミッチェル同様、ハムもいまだ大発見の魅力にとりつかれていた。ただしハムの場合、アメリカのオクラホマ州以外のどこかで大油田を掘り当てる計画に賛同を求めるため、スタッフの説得にさほど労力をかける必要はなかった。

実際、スタークは当時、ハムの気持ちを代弁するかのようにこう述べている。「ここで掘削を続けることもできる。だがそれでは足踏み状態が続くだけだ」

そこでハムは、具体的な計画を練るため、ヒュームやスタークなど探査部門の幹部を集めて会議を開いた。会社の資金にさほど余裕はない。そのため、アメリカの不人気な土地を狙い、なるべくコストをかけずに足場を築くほかない。会議の出席者たちはしばらくの間、塩バター味のポップコーンが入った箱をまわしながら、コーヒーや脂の染みがついた壁の地図を眺めていたが、やがてノースダコタ州の土地を調べてみることに決めた。そこに大企業が見逃した原油があると見込んでのことだ。

ハムは以前、友人とノースダコタ州で調査を行なったことがあり、この地域には詳しかった。スタークも、同州の一部を含むウィリストン盆地で作業をした経験がある。スタークの話によればノースダコタ州は、原油が存在する証拠が次々と見つかっていながら、山師の夢をくじいてきた悪名高い場所なのだという。だがハムはそれを聞き、同州が不人気なら、その土地を安く購入できるのではないかと考え、早速単発飛行機パイパー・カブで五時間かけて現地へ飛んだ。ところがその地域では、バーリントン・リソーシズという企業がすでに試掘を進め、成功を収めていた。

バーリントンの成功には興味をかき立てられた。ノースダコタ州のあたりの岩盤は、緻密で透過性がきわめて低いため、コストをかけずに十分な原油を採取するのは難しい。すでに何十という企業が、垂直掘削でこの地域から原油を採取しようとして失敗している。そのため、バーリントンがそれなりの量を産出できたのは意外だった。

バーリントンは、その成功についてあまり情報を公開していなかった。だが、いずれ州に採掘許可証を申請するときが来れば、同社も詳細を明らかにせざるを得なくなる。

一九九四年四月、ハムとスタークは、ビズマークで開かれたノースダコタ州産業委員会の公聴会に出席し、後ろのほうの席でバーリントンの幹部の説明にじっと耳を傾けていた。だが、その場にいる誰も、ハムの存在に気づかなかった。当時のハムは、オクラホマ州の拠点周辺以外では、それほど無名の存在だったのだ。

公聴会でバーリントンの幹部は、水平掘削により、州南部にあるシーダー・ヒルズ油田で一日に七〇〇バレルの原油が産出されていると説明した。どうやらそのあたりでは、原油を流出させるために岩盤をフラッキングする必要はないらしい。

それを聞いてハムは大喜びした。バーリントンがかなりの量の原油を産出していただけでなく、比較的新しい手法である水平掘削で成功を収めていることがわかったからだ。そのころになると、チェサピーク・エナジーがテキサス州のオースティン・チョーク層地域で水平掘削を採用し、かなりの成果をあげていた。また、オリックス・エナジーなどもすでに水平掘削を導入しつつあった。カナダのサスカチュワン州で開催されていた会議に出席していたスタークの話によれば、シェルもまた、横方向への掘削により大量の原油を採取しつつあるという。水平掘削はコストがかさむが、スタークらコンティネンタルのスタッフは試してみる価値があることを確信した。

それに、シェルが原油を産出しているのは、カナダ側とはいえ、コンティネンタルが調査しているのと同じウィリストン盆地だった。シェルの手法をまねれば、コンティネンタルがノースダコタ州で同様の成功を収められる可能性はある。

これは業界を一変させることになる。スタークはそう思った。

コンティネンタルのチームは早速、同州の南西端に位置し、サウスダコタ州やモンタナ州と接しているボウマン郡の土地を賃借することに決めた。さらに、この地域の地質図を作成し、地下の背斜《はいしゃ》〔地殻変動などによって波形に曲がった地層の、盛り上がって山になっている部分〕など、一連の岩石層の褶曲《しゅうきょく》〔地層の、波形に曲がった部分〕を調べ、これらの岩石層のどこかに原油が含まれている証拠がないか調査した。

やがてヒュームとスタークは、実際に原油を産出できるかどうかを調べるため、同郡のシーダー・ヒルズ地区で一万エーカーか二万エーカー〔それぞれ約四〇平方キロメートル、約八一平方キロメートル〕の土地を賃借するよう要請した。するとハムは、その要請を聞いて不満をあらわにした。それではあまりにもの足りなかったからだ。そして、それほど資金に余裕がないことはわかっていたにもかかわらず、一〇万エーカー〔約四〇〇平方キロメートル〕の土地を買い集めるようチームに命じた。

ヒュームによれば、「当時あった資金ではそれが限度だった」という。

その地域はあまりに不人気だったため、コンティネンタルの地権交渉人たちはわずか数カ月で目標の土地を確保した。一エーカーあたりの費用はおよそ二五ドルである。コンティネンタルは間もなく、岩石層が盛り上がっている「レッド・リバー・B」と呼ばれる場所で掘削にとりかかった。

それまでハムは、チェサピークのマクレンドンやウォードとは違い、借金をしたり株式を販売したりして資金を集めることに抵抗を感じていた。そのため、既存の油井からあがる利益や、掘削請負業などの副業で得たもうけを、新規開拓の資金にしていた。

「他人のお金を使うのは好きじゃない。そんなことをすれば人間が変わる」。つまり、セールスマンにならなければならないということだ。「自分が言うほら話を信じなければならなくなる。心がゆがむよ」

だが、いまやハムは大油田を掘り当てて世界を一変させようとしていた。ノースダコタ州のあらゆる有望地を買い占め、そこで水平掘削を行なうとなると、オクラホマ州での掘削よりもはるかに多くの資金が必要になる。そこで一億五〇〇〇万ドルの債券を発行し、この債券に一〇・二五パーセントという高利のクーポンをつけることに決めた。

原油価格、下落

一九九五年四月、コンティネンタルはシーダー・ヒルズ地区で最初の油井を掘削した。これら最初期の油井はどれも、すぐにかなりの成果をあげた。ところが、その三年後に悪いニュースが飛び込んできた。この地区の産出量がピークに達し、一日に七〇〇〇バレルもの原油を生産するようになったころに、原油価格が下落したのだ。一九九八年後半には、一バレル一一ドル強にまで下がった。一時は、コンティネンタルのノースダコタ州の原油が一バレルわずか四・五〇ドルで取引されるなど、とても利益をあげられる状況ではなく、その年には一八〇〇万ドルの損失を被った。

そのころハムは友人から、ミッチェル・エナジーがバーネット・シェールで劇的な成果をあげているという話を聞かされた。「ハロルド、そっちへ移ったほうがいいんじゃないのか」。だがハムには、バーネット・シェールの土地を買う資金などなかった。

当時ライバル企業の多くは、将来生産される原油を先物取引で金融市場に売り、価格が低下する前に価格を固定する作戦を採用していたが、そのような形で身を守ることもしてこなかったコンティネンタルは、ますます苦境に陥った。そこでハムは、チームの主要メンバーの反対を押し切り、貴重な資金およそ八〇〇〇万ドルを使ってワイオミング州の土地を購入したが、この判断はやがて裏目に出た。

もはやほとんどの掘削を中止し、掘削の専門家の多くを手放さざるを得なくなった。一九九八年末には、コンティネンタルが操業している油井は八基からわずか一基となり、従業員も五〇人ばかりとなった。さらにこれ以上の解雇を避けるため、全従業員の給与が一五パーセント削減された。

大半の業界関係者は、原油価格の低迷の原因が、世界的な供給過剰と、石油・天然ガスへの依存度の低下にあることを理解していた。だが、ハムはそう考えず、OPEC加盟国がコスト以下の価格で石油をアメリカに投げ売りし、アメリカの業者をつぶそうとしているのだと思い込んだ。つまり、自分は攻撃にさらされているのだ、と。

そこでハムは、一部の小規模石油・天然ガス事業者を集め、OPECと闘うためのグループ「セイブ・ドメスティック・オイル(国内の石油を救え)」を組織した。そして、サウジアラビアやメキシコ、ベネズエラ、イラクから輸入する原油に関税を課すよう商務省に請願した。

同業者はこの行為をあざ笑った。価格低迷に耐えられるだけの余裕があるエクソンなどの大手企業は、OPEC加盟国と良好な関係を続けていきたいと思っていたからだ。それに、原油価格の低迷をOPECのせいにするのはばかげていると考える事業者もいた。

コンティネンタルの不当廉売《れんばい》訴訟に協力したオクラホマ州のベテラン政治家ミッキー・トンプソンは言う。「訴訟を起こすというハロルドを誰もがばかにした。だがハロルドは失われた大義を代表する存在だった」

反ＯＰＥＣグループは、カンザス州やアーカンソー州など至るところで、ハム同様に価格の低迷に苦しんでいる家族経営の零細事業者ら数千人の署名を集めた。だが、サウジアラビアやベネズエラといったＯＰＥＣ加盟国は、ワシントンＤＣの一流の法律事務所を味方につけており、反ＯＰＥＣグループ側は法定代理人の選定にも困るありさまだった。

結局このグループの訴えは退けられたが、ハムはこの運動がＯＰＥＣへの効果的な威嚇《いかく》射撃になったと考えた。いずれにせよ、一九九九年の夏には石油や天然ガスの価格が上向き、コンティネンタルのスタッフは胸をなで下ろした。ちなみにマクレンドンとウォードも、この天然ガス価格の上昇により自信を深めることになる。

そのころコンティネンタルのシーダー・ヒルズ油田は、相変わらずかなりの量の原油を産出し続けていた。いまやこの油田は、アメリカ本土四八州で七番目に産出量の多い陸上油田となっていた。精密水平掘削と呼ばれる技術だけで開発された初めての油田でもある。

「大手はまぐれ当たりだと思っていたがね」とハムは言う。

シーダー・ヒルズでの成功により、この地域にある開発の難しい緻密な岩石層でも石油を掘削できる可能性が出てきた。ウィリストン盆地には、長く分厚い岩石層が幾層も積み重なっている。ウィリストン盆地とは、モンタナ州東部、ノースダコタ州西部、サウスダコタ州、カナダのサスカチュワン州にまたがって広がる、堆積物がたまった地下の巨大な浅いくぼみを指し、ノースダコタ州の都市ウィリストンにちなんでそう命名されている。ハムは、コンティネンタルのスタッフがすでに習得している水平掘削技術を使えば、この地域のほかの岩石層からも原油を採取できるのではないかと考えた。

「ほかに狙い目はないのか？　次の大規模油田はどこにある？」。ハムはスタークに尋ねた。

バッケン・シェールを掘削せよ

ハムの期待に応えられるかどうかは、スタークのチームのベテラン地質学者ジム・コチックの判断にかかっていた。それから数カ月の間にコチックは、シーダー・ヒルズからさほど遠くないところにある、五〇万平方キロメートルほどの岩石層に目をつけた。その岩石層はバッケン・シェールと呼ばれており、三つの層で構成されていた。いちばん上のシェール層はアッパー・バッケンと呼ばれ、地表から三キロメートルほどの深さにある。その下にはもう一つシェール層があり、こちらはロウアー・バッケンと呼ばれる。そしてその両層に挟《はさ》まれるように、長く薄い岩石層がある。ドロマイトと呼ばれる石灰岩の一種で構成されるこの層の名称は、言うまでもなくミドル・バッケンである。

バッケン・シェールは、この地域の地質学者の間では有名だった。コンティネンタルも、シーダー・ヒルズのレッド・リバー岩石層まで掘削する途中で、バッケン・シェールを縦に貫くように通過している。だがこれまでは、大手石油企業も中規模の独立系企業も零細事業者も、このバッケン・シェールを無視するか、そこから十分な石油や天然ガスを採取することに失敗してきた。バッケン・シェールはバーネット・シェール同様、墓石並みに堅く、石目《いしめ》が詰まっている。これまで扱ってきた透過性の高い岩石層とは訳が違う。

コチックは上司のスタークに、バッケン・シェールであればシーダー・ヒルズ同様の成功がある程度見込めると伝えた。スタークはそれを受け、イーニッドの本社で開かれる次の会議で、コチックにその地域の掘削を提案させてみることにした。その会議でコチックは、ハムや探査チームに向け、バッケン・シェール全域で原油が存在する形跡が認められると説明した。つまり、この岩石層に原油が含まれている明らかな兆候があるということだ。

確かに、ミドル・バッケン層から原油を採取しようと垂直掘削をした事例はすでに複数あるが、いずれもさんざんな成果しかあげていない。一日の産出量が五バレルしかない油井もある。だが、それに怖じ気づいてはならない。悲観的な幹部たちにコチックはそう訴えた。そのなかには、三〇年も前に掘削されたものもあるのに、わずかずつではあれ、いまだに産出を続けている。その点を重視すべきであって、決して軽視すべきではない、と。

それに、コンティネンタルが水平掘削を採用する前にシーダー・ヒルズに掘削した垂直油井でも、同様の成果しか見られなかった。ということは、バッケン・シェールでの原油の採取の鍵を握るのも、やはり水平掘削なのかもしれない。薄く広がるミドル・バッケン層は特にそうだろう。コチックはそう述べると、モンタナ州のエルム・クーリーと呼ばれる地区の土地を取得してバッケン・シェールまで掘削し、そこで何が見つかるか確認してみるよう提案した。

会議に出席していたエンジニア数名は、その提案に否定的だった。バッケン・シェールは、原油を採取しやすい従来の貯留層とは違い、目が詰まっている。これまでさんざん期待を抱かせておきながら、採取に成功した企業は一つもない。だから、会社が貴重な資金を費やす前に、バッケン・シェールがそれほど魅力的だという証拠をもっと見せてほしい。エンジニアたちはそう訴えた。

だがハムはスタークのほうを向くと、コチックの判断に賛同するかどうか尋ねた。スタークは賛同すると答えた。するとハムは、興奮気味にこう述べた。「気に入った。使える仲介業者は何人いる?」つまり、どれだけの期間でモンタナ州東部のその土地を買い占められるかということだ。

それからの数カ月間、ハムはこの新たな岩石層の可能性をひたすら追い求め、この地域に狙《ねら》いを絞《しぼ》った計画の策定を迅速に進めた。とはいえ、バッケン・シェールがどんな種類の鉱床なのかも、あまりコストをかけずにその原油を採取する技術がコンティネンタルにあるのかもわからなかった。

だがハムは、バッケン・シェールに大量の原油があり、いずれはそれを採取できると確信していた。自家用機に乗ってミズーリ州ブランソンへ狩猟や釣りに出かけるときには、道中ずっとバッケン・シェールの話を続け、その岩石層には地質学者の楽観的な予想さえ上まわるほどの原油が含まれているのではないかと持論を述べた。その旅行に同行した旧友のロン・ボイドの話によれば、ハムは機内にあったカクテルナプキンをつかむと、そこに小さな円をいくつも描き、その全体を一つの大きな円で囲った。

そして複数の小さな円を指差しながら言った。「地質学者たちは、この一つひとつの下に石油があると言う」

ハムはそこで茶目っ気たっぷりな表情をしてみせた。

「だが私が思うに、石油はこの全体の下にある」

二〇〇〇年春、ハムらコンティネンタルの幹部は、空路マサチューセッツ州ケンブリッジに向かい、ハーバード大学で事業経営の講座を受けた。だがハムは、講義に集中できなかった。掘削・坑井仕上げ技術の向上により、これまで開発が困難だった岩石層から容易に原油を採取できるようになりつつあるという情報を受け取っていたからだ。それに、別の二つの会社がすでにバッケン・シェール上の土地の買い占めに動きだしているという。やはりモンタナ州東部の土地である。

ケンブリッジ滞在中のある日の朝、ハムは早めに起きると、最高幹部会議を招集した。イーニッドにいる土地取得担当者たちも電話で会議に参加するなか、ハムは言った。「これ以上は待てない。すぐにあの土地を手に入れよう」。あの土地とは、モンタナ州のエルム・クーリー地区である。

一部の従業員たちから、掘削コストがかかりすぎるのではないかと疑念の声があがると、ハムは苛立《いらだ》って声を荒げた。「話を聞いていなかったのか。すぐにあの土地を手に入れろと言ったんだ」

ハムは、これまで数多《あまた》の石油会社や山師たちを悩ませてきた岩石層で石油を採取する決意を固めていた。だがそれがどれほど難しいかは知る由《よし》もなかった。

第七章

シャリフ・スーキ

二〇〇〇年当時、オーブリー・マクレンドンとトム・ウォードは、アメリカ各地で天然ガスを探し求めていた。ハロルド・ハムは、これまで見過ごされてきた土地で大量の原油を採取するという大胆な賭けに出ようとしていた。ジョージ・ミッチェルは、ヒューストンで引退生活を送りながらも、息子のトッドとともに、バーネット・シェールに匹敵するほかのシェール層を掘削する準備を進めていた。

そのころ、シャリフ・スーキもまた、アメリカには新たなエネルギー供給源が必要だと確信していた。スーキには、アメリカの命運も自分の命運も変えられるほどの天然ガスを手に入れる自信があった。だが、エネルギー事業についてはまったくの門外漢であり、どこからどう見てもエネルギー業界を動かす大物には見えなかった。何しろ、地質学や工学の講座一つ受けたことがなく、油田やガス田で働いたことさえなかったのだ。

スーキは、フランスなまりの英語を話す、ぼさぼさ髪のレバノン移民だった。それまでの七年間は、コロラド州アスペンでスキーをしながらぶらぶら過ごしたり、ロサンゼルスでバーやレストランを経営したりしていた（そのなかには、二〇世紀の歴史に残る有名な殺人事件に関係した店もある）。一九九〇年代末までの間、スーキにとってもっとも身近な油と言えば、サラダのドレッシングに使うオイルぐらいだった。

そのころのアメリカは、誰かが天然ガスを発見してくれることを心の底から望んでいたが、シャリフ・スーキのような男にそれを望んでいたとは思えない。新たなエネルギー供給源の発見をスーキに求めるのは、アメリカンフットボールのチームが奇跡的なフォワードパスを期待して、給水係にクォーターバックを任せるようなものだった。

誰も耳を傾ける者はいなかったが、スーキには新たなエネルギー供給源を見つける大胆なプランがあり、それに従えば成功は間違いないと思っていた。常識はずれの当人同様、突拍子もない独特なアプローチに基づいたプランである。

エジプト生まれ、レバノン育ち

スーキは一九五三年、カイロで生まれた。エジプトでは、その一年前にクーデターがあった。ムハンマド・ナギーブとガマール・アブドゥル・ナーセル率いる陸軍将校が政権を掌握《しょうあく》すると、アメリカからこんな至急電報が届いた。

クーデターの成功おめでとう。

ペンタゴン

将校たちは、このメッセージにどう対処すればいいかわからなかった。英語を話せなかったうえ、国際外交の経験もなかったからだ。そこで将校の一人が、シャリフの父サミル・スーキに助けを求めた。サミルは当時、《ニューズウィーク》誌のカイロ支局長を務めており、UPI通信社で報道を担当していた経験もあったため、アメリカの流儀に詳しいと思われたのだ。

将校はサミルに、率直にこう尋ねた。「ペンタゴンとは誰だ？」

サミルは電報の内容を説明し、将校たちと知り合いになると、エジプトの新たな政府を受け入れた。アメリカ政府もすぐに新政府を承認した。イギリスで教育を受け、英語が流暢《りゅうちょう》に話せたサミルは、エジプトに新たな時代が来たと気楽に考え、《ニューズウィーク》誌の仕事を一時的に休み、ワシントンDCのエジプト大使館で新政府のために働いた。

だが、一九五四年にカイロに戻ると間もなく、アメリカとエジプト指導部との関係が悪化した。ギリシャ正教徒だったサミルは、記事をすべて検閲され、常に尾行されるなど、思うように仕事ができなくなった。そのため、家族そろってほかの国に移住することにした。

シャリフが四歳のとき、スーキ一家はレバノンのベイルートに移り住んだ（サミルも、十分な教育を受けてきた妻のニコルも、そこで生まれていた）。サミルはそこで、《ニューズウィーク》誌の中東支局長に就任すると、第二次中東戦争などの動乱や、学問・観光・金融の中心に成長していくベイルートの様子を報道し、人気記者としての地位を確立した。アメリカの政策の目的をよく理解していたうえ、さまざまな国の高官と独自の連絡網を築いていたからだ。

やがてサミルは、この地域の政治・経済の指導者たちに欠かせないアドバイザーとなった。サウジアラビアのファイサル国王、国連の高官、アメリカの軍事請負企業の経営者など、さまざまな指導者や外交官や実業家をもてなす際には、ときどき幼いシャリフが同席することもあったという。こうした要人たちは、ベイルートに立ち寄るときには必ずスーキの家を訪ね、世間話をしたり、情報を交換したり、サミルの知恵を借りたりした。

シャリフは言う。「あのころはCNNなんてなかったからね。知り合いの人間から情報を仕入れるしかなかった」

父親がこれほどの地位にあったにもかかわらず、子どものころのシャリフは、政治にもビジネスにもまったく関心を示さなかった。レバノンのイスラム教の政治指導者とキリスト教の政治指導者はよく対立していたが、シャリフは双方のコミュニティを気軽に渡り歩いていた。キリスト教徒の友人もいれば、イスラム教徒の友人もいた。もっと少数派のユダヤ人の子どもたちと遊ぶこともあった。みなスーキの家の近くに住んでいたのだ。

当時のレバノンは電話事情が悪く、ビデオゲームはもちろん、シャリフが一二歳になるまで家にはテレビさえなかった。しかし、それもさほど気にならなかった。テレビの娯楽番組といっても、『ボナンザ』や『ペイトンプレイス物語』など、アメリカから輸入された番組を毎日せいぜい数時間流すだけだったからだ。

それに、娯楽はほかにもあった。ベイルートは国際色豊かな都市であり、壮麗なビーチがあり、都心から一時間ほど車を走らせれば、山間《やまあい》にみごとなスキー場があった。当時はよくオーストリアやフランスのスキーのインストラクターたちが、兵役義務を果たすためレバノンにやって来ていた。シャリフはこのインストラクターたちと一緒に働くうちに、一流の滑降《かっこう》選手並みに滑《すべ》れるようになった。

一〇代のころは、さまざまな宗派の街頭デモをよく見かけたが、家族も近所の人たちも、後に宗派間の暴動を引き起こすことになるこうした予兆を、まるで気にしていなかった。「スキー、サーフィン、ビーチ、女の子にしか興味がなかったからね」とシャリフは言う。

ベイルートの一〇代の若者たちはあまり監視の対象になることもなかったため、シャリフは自由を満喫した。ベイルート・アメリカン大学と提携しているインターナショナルスクールに通っていたが、成績はおおむねよかったため、両親も息子の好きにさせていた。

そのころのシャリフは、授業を途中で脱け出してサーフィンやセーリングをすることもあれば、朝から学校に行かずに友人たちと山間のリゾートに出かけ、そこで一日スキーを楽しむこともあった。そんな日は、両親に疑われないように、授業が終わりそうな時間に帰っていた。だが、いつもそんなごまかしが成功したわけではない。

「両親はちょっと心配していたようだね。私が権威に従おうとしなかったから」

父のサミルは、シャリフをアメリカの大学に行かせようとした。サミルは一〇代のころ、レバノンを離れてアメリカの大学へ進学することを夢見ていたが、第二次世界大戦によりそれもできなくなり、従軍記者になる道を選んでいた。そのため、息子にはアメリカの大学への進学を勧め、ニューヨーク州ハミルトンにあるコルゲート大学への入学が認められると大喜びした。

シャリフは言う。「とても落ち着きがなく手に負えなかったから、大学で一人暮らしをさせたほうがいいと思ったんだろう」

シャリフはアメリカに行ったことがなく、娯楽が豊富にあるレバノンを離れたいと思ったこともなかった。だが、コルゲート大学がニューヨーク州にあると聞くと、楽しい大学生活が送れると思い、俄然《がぜん》留学に前向きになった。

ところが一九七一年、コルゲート大学のキャンパスに行って衝撃を受けた。大学は、ニューヨーク市から三〇〇キロメートル以上も離れた小村にあった。それに、キャンパス内でさえ人種間の対立があり、怖くてスキーもできなかった。何より最悪だったのは、女子学生が一人も見当たらなかったことだ。

「男子のみの大学だなんて思いもしなかった。数年間カルチャーショック状態だったよ」

ベイルートの両親に文句を言おうにも、電話で連絡をとることなどほとんどできなかった。そこでシャリフは、できるだけ早く勉学を終わらせることにした。少なくとも授業はおもしろかったので、経済や歴史、文学など規定以外の講座も受け、三年で学士号を取得した。

そのころになると、父のサミルは《ニューズウィーク》誌を離れ、出版・広報・コンサルティング会社を設立すると同時に、投資も始めていた。するとそれが、将来の進路に悩んでいたシャリフにヒントを与えた。シャリフは、事業経営の修士号があればレバノンに戻って仕事を探す際に役立つだろうと考え、コロンビア大学の経営大学院に入学した。

ニューヨーク市にあるコロンビア大学は、新鮮な息吹に満ちていた。同じくベイルートから来た友人が近くに住んでおり、いつでも楽しみがあふれているような気がした。当時市が金融危機のさなかにあったことも、ドラマチックに思えた。シャリフはそこで、同級生のデボラ・テイラーと恋に落ち、やがて結婚した。

ところが、コロンビア大学を卒業するころにレバノンで激しい内戦が勃発《ぼっぱつ》し、キリスト教徒が攻撃にさらされた。ちょうどそのころパリを訪れていた両親は、そのままフランスに留《とど》まる決意を固めた。

ベイルートに帰れなくなったシャリフは、アメリカで職探しを始めた。すると間もなく、自分のような人材が引く手あまたであることに気づいた。当時のアメリカの銀行は、膨大なオイルマネーを投資に利用しようとしているペルシャ湾岸諸国の裕福なビジネスマンや新たな石油王を探し求めていた。そのため、アラビア語を話せ、アメリカの一流大学で経営学の学位を取得しているシャリフのような若者には、多大な需要があった。

シャリフ・スーキは結局、ブライス・イーストマン・ディロンという投資銀行に就職した。そして中東の富裕層を相手に、欧米のさまざまな都市で同銀行が進める不動産やホテルなどの開発事業への投資を呼びかける仕事を始めた。

中東コネクション

スーキには、ほかの同業者にはない利点があった。第一に、この地域ではいまだ父は有名な存在だった。かつてアドバイスを求めてスーキの家を訪れてきた石油業界の大物たちは、喜んでシャリフに会ってくれた。また、若いころから権力者に慣れていたため、商売相手の資産家に圧倒されることも怖じ気づくこともなかった。

それに、幼いころからこの地域を飛びまわっていたため、ニューヨークからパリやアテネ、中東のさまざまな都市を訪れることに何の抵抗も感じなかった。さらには、魅力的な取引と資金を失う可能性が高い取引を見分ける能力に優れており、もうけのある取引へと顧客を誘導することで、たちまち多くの信奉者を獲得した。

「当初は父の息子だという理由で会ってくれていた人たちも、やがては私を求めてくるようになった」

だが、たとえスーキでも、この地域で取引をまとめようとすれば、それなりの困難が伴った。たとえば、サウジアラビアなどの中東諸国では電話事情が悪いため、この地域へ向かう前にホテルの部屋を予約しておくことさえできない。テレックスでのメッセージも受け取れそうにない。そのためたいていは、うまくいくよう願いながら直接ロビーに向かい、ホテルのスタッフに取り入ろうと多額のチップを与えるようにしていた。すると間もなくホテルのスタッフは、スーキが来ると競い合うようにスーツケースを奪い、快適な部屋へ案内するようになった。

中東ではほとんど秘書を置かなかったため、要人と会う約束を取りつけるのも一苦労だった。石油王たちにはチップなど何の役にも立たない。そのためスーキも、地元の有力者や一族の家長の家や会社を訪れるときには、銀行家や実業家、信奉者たち数十人が居並ぶ大きな待合室で待たされた。

そしてそこで、ライバルたちと数時間もむだ話をしてぶらぶらと過ごし、要人たちが午睡《ごすい》から目を覚まし、毎日開催される午後の懇親会を開催するのをひたすら待った。その懇親会で要人の注目を集めた者だけが、その日の夜に開かれるもっと親密な会合に招待される。スーキはたいてい、この夜の一対一の会合に招かれる幸運を手に入れた。この会合は深夜一二時ごろに開かれ、よく風変わりな食べものや飲みものが出された。その場で初めて、握手が交わされ、取引がまとめられ、小切手が切られるのである。

当時のスーキは、兵器の売買で多額の財を成したアドナン・カショギ、サウジアラビアの王家の一員、エネルギー業界に台頭してきた新たな実力者などを相手に、愛想がよく人あたりもいい特徴を生かし、多額の投資を仲介することに成功した。あるときには、石油業界の大物に、三億ドルの小切手を切らせたこともある。現在の価値に換算すれば一〇億ドル以上に相当する額である。スーキの話によれば、会社はこれらの投資の一～五パーセントを手数料として受け取り、かなりの額を稼いでいたという。

三年もすると、スーキは同銀行の花形従業員になる一方で、この仕事に不満を抱くようになった。第一に、このような仕事は、結婚生活にも家庭生活にも向いていなかった（当時は幼い子どもが二人いた）。携帯電話や電子メールがまだ開発されていなかったため、旅行中に家族と連絡をとるのも大変だった。ときには、電話をするだけのために三、四時間も並ばなければならないこともある。また、中東とアメリカ東海岸では七時間も時差がある。自宅には留守番電話がなかったため、デボラが家にいなければメッセージを残すこともできなかった。

第二に、スーキは有力者や要人と会い、多額の取引をまとめてはいたが、自分で投資をすることはなかった。そのため、自分が参加することのない取引のために莫大な資金を工面している自分に苛立ちを感じた。自分は、高給をもらって裕福な石油王たちを上司に紹介するだけの単なる仲介役にすぎないからだ。

「『中東に行って、お金を持ってこい。その使い道はこちらで決める』という感じだったね。実際のところ、話に聞くほどおもしろい仕事ではない」

さまざまなビジネス

一九七八年、スーキは会社を辞めると、自分で見つけた投資案件の資金を工面する仕事を始めた。投資の対象になったのは、カリフォルニア州ロングビーチの石油精製所、ハワイのホテル、パリのオフィスビルなどである。これまでどおり中東諸国を駆けまわったほか、ヨーロッパのさまざまな都市にいる裕福な投資家とも関係を構築した。

このような仕事は、以前にも増してセールスマン然としていたが、自分が見つけた案件に取り組んでいる分だけ楽しかった。スーキはそれらの取引で得た手数料を元手に、自分のもとで働く銀行家を雇うとともに、自ら魅力的な案件への投資を始めた。こうしてビジネスでは成功を収めたものの、あまりに成功を急いだため、結婚生活がかつて以上におろそかになり、間もなくデボラとは離婚した。

スーキの評判が上がると、世界中の一流ビジネスマンたちが、スーキに資金の工面を依頼したり、微妙な投資案件についてスーキの意見を求めたりするようになった。こうした案件のなかには、エネルギー関連のものもなくはなかったが、ほとんどが小売・アパレル・不動産関連の案件だった。スーキはこれらの取引で年間数百万ドルもの利益をあげた。一九八六年には、当時まだ三三歳だったにもかかわらず、高級百貨店チェーンのブルーミングデールズを経営するマーヴィン・トラウブから、その経営の後継を打診されたという。そのほか、カルヴァン・クラインやラルフ・ローレンなど、ファッション業界の大物と仕事をしたこともあれば、北米最大のアパレルメーカーであるバイダーマン・インダストリーズの会長の顧問を務めていたこともある。

だがやがて、世界を渡り歩くことにも取引をまとめることにも飽きてしまった。一九八六年、スーキは旅行先のパリで、リタ・テローンという女性と出会った。《ヴォーグ》誌や《エル》誌、《スポーツ・イラストレイテッド》誌が毎年発行している水着特集号などで活躍しているニューヨークのモデルである。二人はたちまち親しいつき合いを重ねるようになり、その後間もなく結婚した。結婚式は、五〇人ほどの友人や親族を招き、アスペン市の郊外にあるアスペン・マウンテンの山頂で行なわれた。

スーキは新妻に、金融業も旅行もやめると約束した。妻と一緒に、スキーをしたり、のんびりくつろいだりしたかったのだ。かつての結婚生活は、あまりに成功を急いだために破綻した。二度目のこの結婚生活を同じ理由で失敗させたくはない。夫婦はアスペンに留まり、そこを新たな故郷にすることに決めた。

それを機に、スーキは生活スタイルをがらりと変えた。仕事をしなくても十分なほどの貯金があったため、歌手のジョン・デンヴァーが「ロッキー山脈に抱かれた美しい楽園」と表現したアスペンの街を存分に楽しんだ。ハイキングやサイクリングに出かけ、地元の人々との食事に舌鼓《したつづみ》を打った。地元のスキーインストラクターと滑降《かっこう》の勝負をしたときは、まるで競技会に参加しているようだった。

それからの数年間、スーキはのんびりとした生活を送った。夏季などの長期休暇になると、前妻との間にできた二人の子どもも呼んだ。間もなく、リタとの間にも子どもが二人できると、一度目の結婚のときよりもいい父親になろうと、二人の子どもの育児にかかりっきりになった。「以前はずっとあちこち飛びまわっていたから、子どもたちの成長する姿を見られなかった。その反動が来たんだよ」

だがしばらくすると、十分な貯蓄はあったものの趣味が欲しくなった。そこで、アスペンのゲレンデに高級レストランがない点に目をつけ、その経営をしてみようかと思い立った。レストラン経営の知識はさほどなかったが、うまくやっていける自信はあった。

やがて街の中心部、有名なシルバー・クイーン・ゴンドラの乗車口から一ブロック離れたところに、メッザルーナというレストランをオープンした。ピザやパスタ、サラダを提供するこのレストランは、あっという間に人気店になった。アスペンにスキーに来たジャック・ニコルソンやマイケル・ダグラス、ケヴィン・コスナーといった映画俳優が常連客となった。石油・映画業界の大物マーヴィン・デイヴィスも同様である。際物《きわもの》報道で有名な記者ハンター・S・トンプソンも、このレストランのバーで取材相手をもてなした。レストランがあるブロックの周囲には、入店待ちの行列ができたという。

このレストラン経営は楽しかったうえ、もうけにもなった。そこでスーキは兄とともに、アスペンのオフシーズンにも利益をあげようと、ロサンゼルスにさらに数軒レストランを開店することにした。また、やはりロサンゼルスでバーへの投資も始めた。そのなかでもモンキー・バーは人気のスポットとなり、ニック・ノルティやドリー・パートン、ペニー・マーシャルなど当時の著名スターが来店した。

一九九〇年、ロサンゼルスのブレントウッド地区にメッザルーナの新たな店舗がオープンした。スーキはこの店舗の地歩《ちほ》を固め、スタッフや常連客をよく知ろうと、朝から晩までこのレストランに入り浸《いびた》った。すると間もなく、ロン・ゴールドマンという若いウェイターと、ニコール・ブラウン・シンプソンという常連客と親しくなった。また、ニコールの前夫で、アメリカンフットボールの伝説的な選手だったO・J・シンプソンとも知り合いになった。

一九九四年六月のある日の夜、ニコールの母親がレストランに電話をかけてきて、ニコールが眼鏡を忘れていないかと尋ねてきた。スーキは眼鏡を見つけると、それを白い封筒に入れた。そしてゴールドマンが、仕事が終わったあとの午後一〇時ごろ、それを届けにニコールの家に立ち寄った。その直後ニコールは、自宅玄関前で血だまりのなかにうつ伏せに倒れているところを発見された。その近くには、ゴールドマンの血まみれの死体もあった。そのころ、現場から急いで去っていくジープのような車が目撃されている。

やがてO・J・シンプソンが逮捕され、二人の殺人容疑で刑事裁判にかけられた。このアメリカ史上もっとも物議《ぶつぎ》をかもした裁判でシンプソンは無罪となり、国論《こくろん》は二分した。ただし、後に起こされたこの殺人事件に関する民事裁判では、シンプソンは敗訴している。

この裁判により、スーキのレストランは全国的な話題となった。数日もしないうちに大勢の旅行者が列を成してメッザルーナを訪れるようになり、スーキやスタッフにロンやニコールのことを根掘り葉掘り尋ね、彼女が食べた最後の料理とまったく同じものを注文し、レストランのロゴが刻印された皿を盗んでいった。そのためレストランは繁盛したが、スーキはこの経験にうんざりした。

「嫌気が差したんだ。事件に関係のある場所で食事をしようと、インディアナ州から旅行者がバスでやって来た。人間のあまり美しくない側面を見たよ」。スーキは、兄とともに経営していたこのレストランを売り、ほかの飲食施設も処分した。趣味で始めたものが、途方もない頭痛の種になってしまったからだ。

スーキはまた、これらの事業で貯蓄の大半がなくなってしまったことに気づき、さらにショックを受けた。数年間アスペンでのんびり楽しく暮らしていたうえ、ロサンゼルスで失敗した事業もあったため、数百万ドルあった貯金が少しずつ減っていたのだ。四人の子どもや現妻や前妻とのぜいたくな生活スタイルも、出費に拍車《はくしゃ》をかけた。

「文字どおり一文なしになったよ。とんだ誤算だった」

だが実際は、それほど切羽詰《せっぱ》まっていたわけではない。スーキにはまだ三〇万ドルほどの貯金が残っていた。それでも、このままではいずれ無一文になると不安になり、新たな仕事を探し始めた。レストランやバーの経営はさほど利益にならなかった。ファッション業界や小売業界で取引をまとめた経験はあったが、こうした事業には飲食事業ほどの魅力も感じなかった。

スーキは、自分がファッション業界や小売業界に向いていないことを認め、こう述べている。「そういう業界では、うぬぼれが強く扱いが難しい人たちを相手にしなければならないが、そんな人たちとつき合っても楽しくない。六カ月ごとに自分をつくり変えないといけないなんて大変だしね」

エネルギー業界へ

一九九六年になると、アメリカの企業がテクノロジーを導入するようになり、インターネットが流行し始めた。スーキは大きな変化が訪れつつあることを確信し、テクノロジーの変化の影響をまだ十分に受けていない産業を探した。その産業に先進テクノロジーを導入する最初の人間になれば、有利に事業を展開できると考えたのだ。

そのころにはもうスーキ一家は、前妻との子ども二人が住んでいたロサンゼルスに引っ越していた。そこでスーキはまず娯楽産業に目をつけ、音楽や映画のデジタル化について調べてみた。だが残念ながら、それにより利益をあげる方法がわからなかった。

やがてスーキの関心は、当時誰も注目していなかったエネルギー分野に移っていった。石油や天然ガスの価格はもはや二〇年近くにわたり低迷しており、利益を確保するのは難しくなっていた。そのころ投資家の資金や若い優秀な才能を引きつけていたのは、シリコンバレーのテクノロジー系企業だった。これらの会社がストックオプションやケータリングのランチサービスを提供したり、職場にテーブルサッカーゲームを設置したりしている時代に、活気のない石油会社に就職しようとする優秀な学生など、ほとんどいなかった。

だがスーキは、これほど嫌われているエネルギー業界だからこそチャンスがあるのではないかと考えた。新たなテクノロジーを導入する資金が不足している可能性が高いからだ。それに、かつて取引をまとめたり中東諸国を訪れたりした経験から、この業界について多少は知っていた。しかし逆に言えば、その程度の知識しかなかった。当時のスーキは、ファヒータ〔メキシコ料理の一種〕のことは知っていても、フラッキングのことは何も知らなかった。

そこで、地球科学者の話を聞こうとエネルギー業界のある会議に出かけた。その会議で、シェブロンの地質学者はこう述べていた。同社はデスクトップのパソコンやノートパソコンを使い、大型コンピューターを使っていた一〇年前よりも多くの成果をあげている。さらに、三次元地震探査などの先進技術を採用し、エネルギー鉱床を見つけられる確率を高めている。ＭＲＩを使えばレントゲンより正確に身体をスキャンできるように、専門家はいまや最新技術を使い、石油・天然ガス探査の効率を向上させている、と。

それを聞いてスーキは、テクノロジーがあれば経験不足を補い、七年間スキーや飲食関連の仕事しかしてこなかった自分でも、石油や天然ガスを見つけられると確信した。経験などなくても、優秀な地球物理学者を見つけ、十分な資金を集め（スーキの得意分野である）、それを適切な探査テクノロジーに投資しさえすればいい。

「こうなればあとは数字の問題だ。地質学に詳しい専門家にはなれないが、確率や統計ならわかる」

スーキは、最新テクノロジーの採用に積極的だが資金不足に悩んでいる探査・掘削事業者を探した。そして、以前関係した投資家や友人に声をかけて必要な資金を工面し、その事業者に提供して手数料を受け取った。これにより、スーキ一家の家計にようやく余裕が出てくると、間もなく探査や掘削に自分の資金を投じるようになった。

これらはいずれも、二〇〇〇万ドル以下という取るに足りない取引だったが、失敗もあった。たとえば、カリフォルニア州のある会社に投資していたが、その会社のガス井が炎上し、鎮火するのに九〇日もかかった。二年後には、この会社のガス井では利益をあげられないとの判断に至っている。

それでも、失敗するより成功する投資案件のほうが多く、一九九六年前半には数百万ドルもの資産を築いた。そこでスーキは、自身の会社を立ち上げて探査・掘削を始めようと決意した。そのほうがさまざまな利点があるからだ。

だが、スーキが探査・掘削事業に参入した方法は、あまりほめられたものではなかった。そのころ、白黒映像をカラー化するハリウッドのある会社が、すでに事業を停止していたが、たまたままだ株式を公開していたため、その会社を買収して石油探査会社にすり変えたのだ。資産もなく事業も運営していないペーパー会社の経営権を掌握《しょうあく》して公開市場に参入するというのは、経験豊かな投資家たちが眉をひそめそうな裏技的手法である。

シェニエール・エナジー

スーキが雇った地質学者たちは、ルイジアナ州のメキシコ湾沿岸を重点的に掘削することを提案した。最新の地質データから、その地域が有望だと思われたからだ。そこでスーキは、そのあたりで湿地を見下ろす高い土地を意味するケイジャン語にちなみ、社名をシェニエール・エナジーと改称した。その名称には、頑丈で安全というイメージのほか、その地方らしい雰囲気もあった。

一九九八年、シェニエールの事業開始に伴い、スーキ一家はヒューストンに引っ越した。スーキは新会社の資金の工面に奔走し、最新の高価な地震探査用の機器を使ってメキシコ湾の石油・天然ガスを探す予定だと投資家に売り込んだ。古いつてなども利用した結果、以前リーマン・ブラザーズでエネルギー事業を担当していた銀行家や、レバノンの資本家ミシェル・エル＝フーリーが経営する会社のケイマン支局など、著名な個人投資家や機関投資家から資金を集めるのに成功した。

シェニエールはおよそ二〇〇〇万ドルを投じて、三次元地震探査データおよびルイジアナ州沿岸の土地を取得し、掘削を開始した。だが一九九九年の夏になっても、収益もなければ産出もなく、資産として計上できるエネルギー鉱床も見つからなかった。[*1]

当時四五歳だったスーキは、エネルギー産業の泥沼にはまってしまったかのようだった。シェニエールにはわずか四〇〇〇万ドルほどの資産しかなく、下げ相場から永遠に抜け出せそうにないエネルギー業界で弱小企業が生きていくのは難しかった。それまでにルイジアナ州沿岸の湿地帯で四つ探査井《せい》を掘削していたが、そのうちの二つがわずかばかりの成功を収めただけではどうしようもない。そもそも大半の専門家は、メキシコ湾の浅海域《せんかいいき》はもはや十分に調査され、すでに掘り尽くされていると考えていた。その地域には環境リスクがあることも、会社にとっては障害となった。

だがスーキは、テクノロジーを重視するアプローチで古いガス井《せい》からさらに天然ガスを搾《しぼ》り取ると主張し、いつものように優良投資家から資金を引き出した。二〇〇〇年には、プライベートエクイティ・ファンド〔未公開株式（プライベートエクイティ）への投資を行なうファンド〕大手のウォーバーグ・ピンカスやエネルギー企業大手のサムソン・インベストメントと共同で掘削を行なう取引をまとめている。

これらの投資家たちはスーキのことを、ずば抜けて聡明《そうめい》な人物であり、メジャー石油企業の幹部たちより意欲的で独創的だと認めていた。だが、そう思って小切手を切りつつも、スーキの主張に不安も感じていた。確かに才気も行動力もあるが、エネルギー業界についてどれほどのことを知っているというのか？

「不安」という表現では足りないかもしれない。当時サムソン・インベストメントの共同ＣＥＯを務めていたジャック・シャンクは、シェニエールが今後行なう予定の掘削についてスーキが何も知らないのではないかと疑い、その滑《なめ》らかな売り口上にうんざりしていた。シャンクの話によれば、当時このプロジェクトに出資したのは、スーキが雇っていた部下のなかにエネルギー業界で尊敬を集めていたベテランがいたからでしかないという。

「シャリフはカリスマ的な魅力で強引に押しまくるから、かわしきれなかった。私には少々調子がよすぎるように思えたんだがね」

スーキがエネルギー業界では異例の存在だった点も、不安に拍車をかけた。スーキはこの業界の人間にしては珍しく、黄褐色《おうかっしょく》の肌をしており、髪を長く伸ばしていた。特注のダブルのスーツを好んで身に着け、いかにも自信にあふれているように見えたが、その自信に見合うほどの成果をあげているわけではなかった。

なかには、スーキは会社を売却してひともうけし、まったく業種の異なるビジネスに鞍替《くらが》えしようとしているのではないかと勘繰る者もいた。だが、この計画が本当だったとしても、その実現はかなり難しそうだった。一九九九年から二〇〇〇年初めまでずっと、天然ガスは一〇〇〇立方フィートあたり三ドル未満で取引されていた。だがシェニエールが天然ガスを採取するコストは、一〇〇〇立方フィートあたりおよそ三ドルだった。つまり、天然ガスを産出して得られる利益よりコストのほうが大きいのである。

スーキは頭をひねり、どうしてこうなるのかを考えた。最新のテクノロジーを導入し、優れた人材をそろえ、有望な土地を掘削しているのに、利益をあげられるところまでコストを下げられない。

メキシコ湾どころかアメリカ全土の安価な天然ガスが採取し尽くされているらしいのに、こんな取引価格でどうやって利益をあげていけばいいのか？　天然ガスを売って得られる利益より探査・産出するコストのほうが大きいのであれば、ほかの業者たちはどうやって利益をあげているのだろう？　これでは計算が合わない。

やがてスーキは、単純だがいまだ一般的とは言えない結論にたどり着いた。天然ガスの価格は今後必ず上がるという、マクレンドンやウォードが同時期にたどり着いたのと同じ結論である。価格が上がらなければ、エネルギー産業全体が廃業に追い込まれる。だが実際にそうなるとは思えない。アメリカはいまだ天然ガスに依存しているからだ。それどころか、天然ガスの需要が増加する兆候さえある。

天然ガスの価格が今後急上昇するのなら、どこかで大量の天然ガスさえ見つけられれば大もうけできるはずだ。メキシコ湾で天然ガスを採取するのが難しくなっているのなら、どこか別の場所でそれを見つければいい。

マクレンドンとウォードはアメリカ国内で天然ガスを採すことにこだわったが、スーキには、大喜びできるほどの天然ガスがこの国に残っているとは思えなかった。何しろアメリカは開発が進んでいる。スーキのスタッフは多少調査を行なった後、アメリカには新たなエネルギー供給源になるほどのガス鉱床はもうないと判断した。

スーキは言う。「シェール層のことは知っていたが重視しなかった。そこから採取できるなんて誰も思わなかったからね」

型破りなアイデア

そこで、さらに型破りなアイデアを思いついた。ほかの国で産出される安価な天然ガスを手に入れ、それをアメリカに輸入してはどうだろう？　スーキは家族や投資家に会うため、相変わらず中東などの諸外国に出かけていた。そのため、カタールやアルジェリア、オーストラリア、ロシアなど多くの国が膨大な量の天然ガスを埋蔵しており、新たな顧客を探していることを知っていた。大量の天然ガスをアメリカで採取する必要はない。外国産の天然ガスを液化し、アメリカに輸送すればいい。

天然ガスは、マイナス一六〇度ほどの超低温にさらすと液化天然ガス（ＬＮＧ）になる。この過冷却《かれいきゃく》プロセスにより、天然ガスの体積は元の六〇〇分の一になる。この低温を保つことさえできれば、天然ガスを液化してどこへでも輸送できる。まずは生産業者が、巨大魔法瓶とも言うべき極低温コンテナに入れてＬＮＧを輸出する。それを目的地まで運んだら、そこで再ガス化、つまり温度を上げ、自然に存在する天然ガスの状態に戻す。そしてそれを従来の天然ガス・パイプラインを通じて家庭や企業に送り、暖房や発電などの用途に利用するのである。

スーキは、ＬＮＧ事業が外国で成長しつつあることを知っていた。だが輸出されている量はさほど多くなく、それをアメリカに送ろうと考えている者などほとんどいなかった。当時は、ＬＮＧを受け入れて再ガス化できる施設は、アメリカに四つしかなかった。しかも、すべて二〇年近く前に建設されたもので、そのうちの二つは操業を停止している。つまり、そんなアイデアは非現実的で利益にもならないということだ。業界関係者の大半は、天然ガスの価格が安いのは、アメリカに天然ガスが十分すぎるほどあるためだと考え、そのうえさらに外国から輸入しようとは思いもしなかった。

だがスーキは、エネルギー業界の新参者が経営する弱小企業にとっては、無謀とは言えないまでも非現実的に見える戦略を打ち立てた。まずは資金を集め、巨大な天然ガス輸入ターミナルを一つまたは複数建設する土地を確保する。次いで規制当局と交渉し、その土地に施設を建設する許可を得る。その後、さらに数十億ドルの資金を工面して、施設を建設する。そしてその間に、アメリカへのＬＮＧ輸出を望む外国企業を相手に、その再ガス化を請け負う取引をまとめる。

とてもまともなアイデアとは思えないが、スーキには、外国の実業家や政府高官と面会できるコネがあった。そのなかには、父の世話になった人が大勢いたからだ。会うことさえできれば、これまでいくつもの投資案件を売り込んできたように、このアイデアも売り込めばいい。

水面下の事情についてはほかの人のほうが詳しいかもしれないが、国際的な交流や異なる文化での身のこなしについては、自分に一日の長がある。スーキはそう思っていた。

だが間もなく、天然ガスをアメリカに輸入することに価値があるとは誰も考えていないことがわかった。以前スーキの事業に出資してくれたウォール街の大企業ウォーバーグ・ピンカスは、このプロジェクトへの出資を拒否した。ほかの大手投資会社も、スーキの申し出に耳を貸さなかった。「信頼性が決定的に欠けていた」とスーキは言う。

そのため、ＬＮＧの輸入について多少の知識がある専門家を雇う必要があると考え、チャールズ・ライマーに白羽《しらは》の矢を立てた。インドネシアにある世界最大のＬＮＧ液化プラントで取締役を一二年間務めていた人物である。

だがライマーは懐疑的だった。「シャリフはいわば二流選手だったからね。取るに足りない仕事しかしていなかった」

二〇〇〇年夏、スーキはヒューストンにある高級レストラン《コロナド・クラブ》でのランチにライマーを誘い、プランの概要を説明し、絶対に成功すると請け合った。ライマーは、エネルギーの価格が上昇に向かうというスーキの見解には同意したものの、スーキのプランが成功するとはとても思えなかった。

そこでライマーは、そのアイデアが妥当なものかどうか確認したいから「少し時間をくれないか」と答えた。

その夏の間、ライマーはさまざまな数字を見比べながら、天然ガスを液化・輸送・再ガス化するのに必要なコストを算出した。その結果、出費はかなりの額になるが、天然ガスの価格が予想している程度まで上がれば、利益をあげられるとの結論に至った。スーキがこの巨大プロジェクトの資金はいずれ必ず手に入ると保証すると、ライマーは入社を承諾した。これは、計画を成功させようとするスーキにとって大きな励みになった。

ライマーは、入社に同意したあとでさえ、天然ガスをアメリカに輸入するのがそれほどいいアイデアだとは思わなかった。だが、インドネシアで一〇年以上過ごしてきたばかりで、何か新しいことに挑戦したかった。それもあって、スーキの常軌《じょうき》を逸《いっ》したアイデアに賭けてみることにした。たとえうまくいかなくても、楽しい経験になるかもしれないし、一つや二つ学べることもあるだろうと考えたのだ。

「ちょっとまともなアイデアじゃなかったが、人生のこの時期にいちかばちかやってみてもいいと思った。シャリフは規格外の考え方ができる、驚くほど頭が切れる男だったからね」


二〇〇〇年夏、スーキとライマーは、外国から大量の天然ガスを輸入するプロジェクトを始動させた。アメリカでいずれ増大する需要を満たせるほどの天然ガスを手に入れられれば、間違いなく一財産を築ける。

同年、オーブリー・マクレンドンとトム・ウォードは、かつてなかったほどの量の天然ガスをアメリカで発見する独自の取り組みを始めていた。また、コンティネンタル・リソーシズのハロルド・ハムは、モンタナ州のバッケン・シェールでの石油採取に挑もうとしていた。

マクレンドンもウォードもハムも、アメリカを生まれ変わらせ、全世界のエネルギー市場に革命をもたらす最有力候補にはとても見えなかった。スーキに至っては、そうなる見込みはさらに薄かった。だが、とても勝ち目などなさそうなこの四人がやがて、それぞれの大胆なアイデアをみごと成功させることになる。

第八章

チェサピーク、天然ガスに賭ける

大きな波が近づいている。トム・ウォードは何度もそう繰り返した。

一九九九年の暮れ、ウォードはオクラホマシティで同業の企業幹部ダン・ジョーダンと朝食をとっていた。場所は、キース・ジャクソンやバリー・スウィッツァーなど、地元のスポーツ界の有名人たちがよく訪れる有名なレストラン《クラッセン・グリル》である。

レーズンが入ったブランパンのトースト、ポーチドエッグ、ホームフライ〔一口サイズに切ったジャガイモを炒めた料理〕、ハムを食べ、コーヒーを飲みながら、ウォードは自分やマクレンドンが投資家にいつも言っていることを伝えた。天然ガスの価格はもうすぐ上がるはずだから、チェサピーク・エナジーはそれを利用するつもりだ、と。

それを聞きながらジョーダンは、ウォードとマクレンドンはチェサピークの株式を投資家に買ってもらおうとしているだけだと思っていた。ウォードはまるで、ほとんど聞き流されてしまう売り口上を繰り返すセールスマンのようだった。実際のところ、当時の天然ガスの価格は一〇〇〇立方フィートあたり二ドル強でしかなく、一〇年前とほぼ同じレベルにある。

それでもウォードはあきらめることなく、生産が停滞気味なうえに需要が増えるのだから価格は必ず上向くと訴えた。ジョーダンはやがて、ウォードがただお気に入りのセリフを繰り返しているだけではないことに気づき、こう思った。

どうやら自分が考えたほら話を本気で信じているらしい。

ウォードはさらに売り口上を畳《たた》みかけ、「天然ガスの価格はいずれ二桁《ふたけた》になる」と自信たっぷりに言った。一〇〇〇立方フィートあたりの価格が現在の五倍以上になり、一〇ドルを優に超えるようになるという。

コーヒーを飲んでいたジョーダンは、思わずむせるところだった。「何だって？　どこからそんな情報を仕入れたんだ？」

「掘削リグの数を数えただけだ」とウォードは言う。掘削リグの数は減り、天然ガスの供給は減少しつつある。それなら価格が上昇しないはずがないというわけだ。

ジョーダンは頭を振ると、相手の話を遮《さえぎ》るように言った。

「確かに、私たちが七五歳になるころにはそうなるかもな。頭がどうかしてるよ」

ウォードはその言葉に笑みを返した。いまに見ていろ、と言っているかのようだった。

天然ガスの価格はそれから数カ月にわたり変わらず、ジョーダンの考えが正しいかに見えた。ところが二〇〇〇年春になると、市場が回復の兆しを見せ、価格も一〇〇〇立方フィートあたり四ドルを超えた。冬になるころには五ドル強となった。

多くの専門家は、これを一時的な上昇と受け取った。だがマクレンドンやウォードは、同僚や投資家、銀行家のほか、耳を傾けてくれる人なら誰にでも、天然ガスの価格はもっと上がると主張した。そのころ二人は、シャリフ・スーキが天然ガスをアメリカに輸入する計画を立てているという噂を耳にしていた。そうなれば、天然ガスの供給は増える。だが、スーキの会社は規模も力も乏しく、天然ガスの輸入に必要な数十億ドルもの資金を工面できるとはとても思えなかった。それに大手エネルギー企業はいまだ、アメリカで新たな鉱床を掘削してもむだだと思っている。それもまた、需要が供給を上まわるはずだと二人が確信している理由の一つだった。

チェサピークは、天然ガスを手に入れようとガス井の買収を進めた。マクレンドンは投資家たちに、石油や石炭よりクリーンな天然ガスへのエネルギー転換を果たすとともに、それを自国で供給できるようにすれば、アメリカの福利は向上すると訴えた。それを同僚にも語っていたところを見ると、どうやらマクレンドンは、いかに虫のいい甘い考え方だと思われようと、心の底からそう信じていたようだ。「そうすればアメリカは変わる」。会社の最高財務責任者のマーク・ロウランドにもそう語った。

マクレンドンの壮大なビジョンを財務面で支えなければ

ならないロウランドは、目を丸くした。「そうかもしれないが、いったい何年かかるんだ？」

当時を回想して、「私が生きているうちに実現できるのだろうかと思った」とも述べている。

だが結局、マクレンドンはロウランドもほかのスタッフも説き伏せ、消費者も企業もいずれはほかのエネルギーから天然ガスに移行するという自分の持論を受け入れさせた。ある社内会議ではこう述べている。「これは未来の燃料だ。いずれ需要が増える。これからは何もかも変わる」

マクレンドンとウォードはすでに、ほかのライバル企業に先んじて水平掘削を採用していたが、当時は日々進化を遂げつつあるフラッキング技術に注目していた。天然ガスが浸《し》み込んだ岩盤を砕《くだ》き、そこからガスを採取する技術である。

ライバルが気づく前に

チェサピークの幹部たちは、またとない歴史的なチャンスが手の届くところにあることに気づいていた。しばらく前まで、チェサピークのような「独立系」小企業は、優秀な地質学者やエンジニアを抱える大手石油企業にまるで太刀打ちできなかった。石油や天然ガスの新たな貯留層をピンポイントで見つけ、それを採取する設備や技術が、大企業にしかなかったからだ。だがいまでは、フラッキングや掘削の技術が進歩したおかげで、十分な規模のエネルギー鉱床の発見・掘削が以前よりはるかに容易になっている。

そのためチェサピークにとっては、エネルギー価格が上向いていることにライバル企業が気づく前に有望な土地を取得できるかどうかが重要だった。天然ガスを産出する坑《こう》井《せい》をできるだけ早く手に入れる必要があるのだが、チェサピークにはそんな仕事にうってつけの人間がいた。マクレンドンとウォードである。土地を素早く確保することにかけて、この土地交渉のエキスパート二人にかなう者などいるだろうか？

二人は、友人や関係者に意見を聞いてみた。「私たちは、大勢のスタッフを抱える大手探査会社と張り合うことはできない。だが、土地を取得する才能はある」。マクレンドンは大学時代の旧友であるラルフ・イーズにそう言った。イーズは、投資銀行でエネルギー関連の投資をしばらく担当した後、パイプラインを運営するエル・パソに入社していた。

すると、イーズもほかの人たちも、新たな時代が到来しつつあることに同意し、激励の言葉を贈った。チェサピークのような小企業にも独自の利点がある。エネルギー業界の真の変革者になれる可能性は十分にある、と。

そこでマクレンドンは、銀行家やライバル企業に声をかけ、チェサピークは売りに出されているアメリカ国内のガス井《せい》をすべて買い取る用意があると伝えた。同社はいまだ、シェール層など開発の難しい岩石層がある土地にはあまり関心を寄せていなかった。ジョージ・ミッチェルが採用した採取法がテキサス州のバーネット・シェール以外でも通用するとは思えず、採取できたとしても相当なコストがかかるだろうと考えていたからだ。それに、利用可能な「在来型」のガス井はまだ無数にあり、わざわざシェール層に目を向ける必要もなかった。

最初は小規模な取引から始まった。二〇〇〇年七月、チェサピークは二八〇〇万ドルでライバル企業のゴシック・エナジーを買収した。オクラホマ州では最良の部類に属する天然ガス資産を所有していた会社である。その際には、ゴシックの三億一六〇〇万ドルもの負債も進んで引き受けた。その後も買収は続いた。ほとんどが、わずか二億ドル程度の規模である、こうしてチェサピークが天然ガス生産の規模を徐々に拡大していくと、二〇〇一年三月には同社の株価が一〇ドルを超えた。これを受けて幹部たちは、さらなる買収先を探した。

たとえば、ちょうどそのころ、マクレンドンは地元のライバル会社であるカナーン・エナジーを共同で経営しているジョン・ペントンに電話を入れた。この会社は、オクラホマ州、テキサス州、アーカンソー州、ネブラスカ州などにガス井を所有していた。

「そちらの会社の株をわれわれに売りませんか？」。チェサピークはカナーンを、現在の株価より二〇パーセント以上高い価格で買う用意がある。マクレンドンはペントンにそう提案した。

ペントンもその共同経営者も、マクレンドンの提案を突っぱねた。彼らは一〇年かけて、安定して力強い産出のある一連のガス井を獲得していた。後にペントンは地元の記者に、「ガス井の所有に強い誇り」を抱いており、どんな条件での売却にも興味はないと述べている。

その年の九月一一日、同時多発テロ事件が発生し、ワールド・トレード・センターが破壊された。この恐るべき事件を受け、瞬《また》く間に景気後退の懸念が広がった。だがマクレンドンもウォードも、買収攻勢をやめるどころか、この事件によるエネルギー需要の減少は一時的なものであり、その間も買収の機会を積極的に探るべきだと判断した。

そのため、この暗澹《あんたん》たる時期の間も、マクレンドンはカナーンの買収をあきらめなかった。チェサピークは、まずは足がかりの投資として、カナーンの株式の一〇パーセントを取得した。そしてもう一度ペントンに甘い条件で売却を促したが、それにも失敗すると、ついには脅《おど》しをかけた。売却に同意しなければ、株式公開買いつけに乗りだす、と。「公の場で買収を進める」とマクレンドンはペントンに言った。

それでもペントンは売却を拒否した。そのころカナーンの株式は九ドル強で取引されていたが、マクレンドンが一株一二ドルでの買収を提案しても、首を縦に振ろうとしない。マクレンドンはますます意固地になった。

苛立《いらだ》ちを抑えきれなくなったマクレンドンらチェサピークの幹部は一一月、脅しを実行に移し、カナーンに敵対的買収をしかけると公表した。だが、カナーンの株主たちはこの買収にほとんど応じることはなく、ペントンも共同経営者も胸をなで下ろした。

二〇〇二年初め、チェサピークは買収額を一株一八ドルに上げた。ここまで買収額が上がるとカナーンの経営陣も、銀行家を雇って正式な売却に向けた手続きを進めざるを得なくなった。また、そのころになるとマクレンドンが戦術を改め、ペントンとの友好的な関係を重視するようになり、ペントンがマクレンドンの粘り強さに敬意を表するようになったのも、売却を容認する一因となったようだ。カナーンはテキサス州のバーネット・シェールに七〇〇〇エーカー〔約二八平方キロメートル〕の土地を持っていたため、マクレンドンはそれを理由に、買収額の増加に難色を示す役員や株主を説得した。だが実際のところマクレンドンもウォードも、コストのかかるシェール層の掘削には興味がなく、カナーンの買収に成功したらその土地を放棄するつもりだった。

結局カナーンはそれ以上の売却先を見つけられず、二〇〇二年四月、チェサピークの買収に同意した。買収額は、一株あたり一八ドル、合計一億一八〇〇万ドルだった。

ペントンは言う。「オーブリーは粘り強かった。それほどわれわれの会社を望んでいたんだね。一年半をかけてそれを手に入れた」

マクレンドンはこう述べている。「あの会社は、アナダルコ盆地での基盤を確立するわが社の計画に、ぜひとも必要だった」。アナダルコ盆地とは、オクラホマ州西部からテキサス州北部、カンザス州、コロラド州にまで広がる堆《たい》積《せき》盆地を指す。

ウォードも最高財務責任者のロウランドも、チェサピークのこうした戦略の策定にかかわり、買収の取り組みを支援した。だが社内には、こうした取り組みを無謀だと思う者もいた。一部の上級幹部や役員は、こんな小企業がそれほどの大金を費やして買収を進めることに疑問を呈した。カナーンとの交渉が進んでいたころ、マクレンドンはある業界幹部にこう打ち明けている。「あの人たちには困っている」

二〇〇二年夏、マクレンドンはこうした批判に屈し、低コストで掘削できる中西部の鉱床に専念し、テキサス州のパーミアン盆地のガス井を売却する計画を発表した。だが、このテキサス州の土地に関心を寄せる企業はほとんどなかった。するとマクレンドンとウォードは、四億二〇〇〇万ドルを費やしてその土地のガス井をさらに買い集めた。まるで買収に賭ける熱意を抑えられないかのようだった。

マクレンドンはやがて役員たちを説き伏せ、さらなる買収の推進を正式に認めさせた。役員を納得させられたのは、そのなかにマクレンドンと親しい人物がいたおかげかもしれない。その人物とは、ウォール街の重鎮フレデリック・ウィットモアである。ウィットモアは、マクレンドンの報酬を決める取締役会委員会のメンバーだったにもかかわらず、一九九〇年代後半にマクレンドンに資金を融通している。[*1]

マクレンドンとウォードは分業体制を敷き、それぞれが自分の得意分野に携わると同時に、相手の仕事に口出ししないようにしていた。たとえば、ウォードのチームは、売りに出されているあらゆる資産を吟味《ぎんみ》し、それぞれのガス井がどれだけの天然ガスを産出するかを判断した。一方、別の建物で仕事をしているマクレンドンのチームは、その買収取引にいくら払うべきか、その資金をどう調達するかを決めた。また、マクレンドンが大まかなビジョンを示し、ウォードがそれを実現した。

ウォードは言う。「売りに出ている天然ガス資産については、まずオーブリーのもとに銀行家から電話があった」

間もなくチェサピークは、アメリカの優良ガス井に対して、どのライバル会社よりも高い値をつけるようになった。マクレンドンもウォードも天然ガスの価格が上昇を続けると確信していたため、高額の入札をいとわなかったからだ。業界用語で表現すれば、チェサピークは誰よりも高い「プライス・デッキ」を使っていたと言える。プライス・デッキとは、将来の価格の予測値である。二〇〇三年、同社は五億三〇〇〇万ドルの資金を投じて天然ガス資産を買い集め、アメリカで八番目の規模を誇る天然ガス生産企業になった。

マクレンドンとウォードがガス井を買収したのは、そこを拠点に土地取得を拡大していくためだった。二人はただちに地権交渉人のチームを組織すると、買い取ったガス井の近くの土地の取得をさらに進めていった。その様子はまるで、新たな土地を征服し、占領地を広げていくボードゲームを楽しんでいるかのようだった。天然ガスの価格がさらに上がる前に、またライバル企業が自分たちの「買収・開発」戦略に気づかないうちに、未開発の土地を新たに取得し、そこに新たなガス井を掘削し、天然ガスの生産量を増やしていく必要があったのだ。

マクレンドンやウォードは自身が土地交渉のプロだったため、アメリカ各地で最高の地権交渉人を大勢雇い入れることができた。ライバル企業が怖じ気づいてアメリカでの掘削に多額の資金を投じようとしていなかった当時であれば、なおさらだ。当時のチェサピークは、この地権交渉人に将来を託そうとしていた。近現代史を見ても、一般的にあまり敬意を払われることのない土地交渉のプロに会社が命運を賭けた事例などほとんどない。

地権交渉人という仕事

地権交渉人という仕事は、いかにもアメリカらしい。アメリカは、土地の地下の採掘権を、政府ではなくその土地の所有者が保有している世界でも数少ない国の一つだからだ。そのため、エネルギー会社がある地域で石油や天然ガスを掘削したいのなら、一般的には掘削前にその土地の所有者と交渉し、採掘権を買い取るか賃借するかしなければならない。

地権交渉人には二種類ある。会社のオフィスで働く財務や法務の専門家と、土地所有者と直接交渉する「フィールド・ブローカー」である。フィールド・ブローカーは、エネルギー業界きっての社交家であり、生まれながらのセールスマンだ。やたらと愛想がよく、なれなれしげにふるまい、土地所有者の自宅を訪れては共通の話題を見つけ、みごとに取引をまとめる。タルサ大学のエネルギー管理コースで地権交渉人を育成しているテッド・ジェイコブズは言う。立派なフィールド・ブローカーになるためには、「真冬にエスキモーに冷蔵庫を売り込み、それが必要だと相手に思わせることができなければならない」

エネルギー業界の景気がよければ、地権交渉人は冒険心を満たすことも財産を築くこともできる。近年の初任給は八万五〇〇〇ドルにまで高騰《こうとう》していたが、それでも仕事は簡単に見つかった。ところが景気が悪くなると、地権交渉人の生活はすぐに行き詰まってしまう。一般的にフィールド・ブローカーは契約社員が多く、あてにできる基本給も給付金もない。また、疑いの目を向ける土地所有者に門前払いを食らわされたり、銃を向けられたりすることも珍しくない。そのため彼らは常に現場を転々としなければならず、家庭生活を破綻《はたん》させることも多い。

一九九〇年代後半にウォードのもとで働いていたベテラン地権交渉人モリス・クレイトンは言う。「もうけられそうなところ、仕事が見つかるところに行かないといけない。ロマンがある仕事だとよく言われるし、実際にそうなんだけど、若いやつにはかなりきついんじゃないかな」

石油や天然ガスを見つけるためにすべてを賭ける山師たちは、名声や財産、あるいは女さえ手に入れられる。ところが地権交渉人のイメージは、中古車のセールスマンと大差ない。山師は映画のネタになるが、地権交渉人はジョークのネタにしかならない。

だがマクレンドンとウォードは、土地交渉を担当する男女の才能を高く評価し、その分野において彼らが持つ生来の利点を活かそうと、土地交渉のチームを組織した。

チェサピークが規模を拡大させていたころオクラホマ州で地権交渉人をしていたテッド・ジェイコブズは言う。「エンジニアたちは地権交渉人を、経理担当者でも見るような目で見る。必要悪だとでも言うようにね。地権交渉人なら誰でも、オーブリー・マクレンドンのような人のもとで働きたいと思うよ。マクレンドンはエンジニアよりも地権交渉人を高く評価していたから」

確かに、土地やその所有権の確保を積極的に推進する戦術を採用したのは、マクレンドンやウォードが初めてというわけではない。新たな油田やガス田の発見ではなく、こうした土地取引で財を成した人は、以前からいる。たとえば一九三〇年代には、ハント・オイルを創業したH・L・ハントがいた。この男は、そのころ苦境に陥っていた同業者のコロンバス・マリオン・「ダッド」・ジョイナーとダラスのホテルで会い、後にイースト・テキサス油田になる土地の所有権を売却するよう二日かけて説得し、交渉や懇願の末、わずか一〇〇万ドル余りでその所有権を取得した。やがてその土地に、アメリカ最大規模の石油貯留層があることがわかり、結果的に五〇億バレル以上の石油を産出したという。

だが、こうしたやり手の交渉人に頼る企業はほとんどない。ところがチェサピークは、まさにそれを実行した。ウォードは、行動力のある優秀な地権交渉人を探しだすと、ライバル企業に知られないようできるかぎり迅速かつ効率よく、採掘権を取得するよう指示した。交渉人のチームは、郡庁舎や「権原《けんげん》会社」(所有権の概要が記された文書を管理する民間事業者)に出向き、有望な土地の採掘権の所有者を調べると、その所有者のもとを訪れ、チェサピークに権利を売却するよう説得した。

この戦略により、チェサピークが採掘権を所有する土地は大幅に増えた。だが間もなく、マクレンドンやウォードが大きな過ちを犯していたことが判明した。

シェール開発の新手法
——水平掘削後のフラッキング

二〇〇二年にミッチェル・エナジーを買収した後、デボン・エナジーはバーネット・シェールでかなりの量の天然ガスを産出した。ジョージ・ミッチェルの会社を三〇億ドル以上で買収した見識を疑っていた人々も、デボンがワイズ郡やデントン郡のバーネット・シェールで成功を収めつつあるのを見れば、こう認めないわけにはいかなかった。ミッチェルは、妥当なコストでシェール層から天然ガスを採取する方法を見つけたのだ、と。それこそ、エネルギー業界が長らく待ち望んでいた成果だった。

だが、近隣のジョンソン郡のシェール層からの天然ガス採取となると、そう簡単にはいかなかった。この地域のシェール層をデボンのチームが掘削し、フラッキングを行なっても、塩水ばかりがあふれてきて、肝心の天然ガスがほとんど出てこない。フラッキング水はシェール層の底にあたる部分を突き抜け、その下の岩石層に漏れていくばかりだった。

デボンが使用しているフラッキング水には、何の問題もないはずだった。そのころになると、多くのエネルギー生産業者が、水を主成分とした革新的な混合液を採用して多大な成功を収めていた。ミッチェル・エナジーのエンジニアだったニック・スタインスバーガーが数年前にたまたま発見した、あのフラッキング水である。

そこでデボンのエンジニアたちは、あきらめてしまう前に別の掘削方法を試してみることにした。垂直にではなく水平に掘削すれば、ガス井に水が流入する原因になったシェール層の下の岩石層を破壊しないですむ。デボンにはすでに水平掘削の経験があり、バーネット・シェールのほかの場所でそれを採用していた。

一九九一年、ミッチェル・エナジーはアメリカ政府のある機関と協力し、バーネット・シェールの一部の土地で水平掘削とフラッキングを組み合わせた手法を試してみたが、うまくいかなかった。その数年後にもう一度チャレンジしてみたが、やはり成果はなかった。そのため同社の社長ビル・スティーヴンスは、バーネット・シェールの水平掘削をそれ以上進めようとはしなかった。それに、両方のアプローチを組み合わせると、あまりにコストがかかりすぎる。

だが二〇〇二年になると、三次元地震探査などさまざまなテクノロジーが発展し、バーネット・シェールの断層など複雑な構造が把握できるようになった。また、ダイヤモンドをちりばめたドリルビットが登場し、シェール層に至るまでの掘削スピードが増した。さらには、天然ガスの価格が一〇〇〇立方フィートあたり四ドル強にまで上昇したおかげで、水平掘削とフラッキングを組み合わせたコストへの抵抗感が和らいだ。

その結果、アメリカの掘削業者は大きな飛躍を遂げた。ほかの国ではまだシェール層での実験が始まったばかりだというのに、アメリカではもはや悠々《ゆうゆう》とシェール層を活用できるようになったのである。デボンは水平掘削とフラッキングという二つの手法を組み合わせ、バーネット・シェールでの天然ガス生産を急増させることに成功した。ホールウッド・エナジーという企業も、同時期に同じようなアプローチで成功を収めつつあった。

両社の取り組みを伝えるニュースは、あっという間に業界全体に広まった。水平に掘削した後にフラッキングを行なうという斬新《ざんしん》かつ画期的な手法により、バーネット・シェールは文字どおり世界クラスの天然ガス鉱床になり、アメリカ各地に存在するシェール層の手本となった。一九九八年当時、この地域の可能性を信じていたのはジョージ・ミッチェルのチームだけだった。だが二〇〇四年四月、ダラスで開催されたアメリカ石油地質学者協会の会議で発表された論文を見ると、バーネット・シェールには、一九九八年に地質学者チームが予想していた量の二・五倍もの天然ガスが含まれていると記されている。

このニュースに、マクレンドンとウォードは茫然《ぼうぜん》とした。「ホールウッドの成功を知って認識を改めたよ」とウォードは言う。

二人はたちどころに、シェール層を巡る競争に出遅れたことを理解した。それもかなりの遅れである。チェサピークが取得していたバーネット・シェール上の土地といえば、カナーンを買収したときに手に入れた七〇〇〇エーカーしかない。マクレンドンもウォードも放棄しようと思っていた土地だ。シェール層から大量の天然ガスを採取することが本当に可能なら、ライバル企業に追いつくために何か思いきった手を打つ必要があった。

シェール層での出遅れを取り戻せ

二〇〇四年末、チェサピークはライバル企業との差を縮めるため、ホールウッドが所有していたバーネット・シェール上の土地一万八〇〇〇エーカー〔約七三平方キロメートル〕をおよそ三億ドルで取得した。それでもマクレンドンとウォードは、ライバルに刻一刻と後れを取っているような気がした。そんなライバルの代表格が、地元テキサス州で積極果敢な活動を展開していたボブ・シンプソンである。シンプソンは同州フォートワースで、ロバート・ルービンとともにXTOエナジーという会社を経営していた。ちなみにルービンは、かつてゴールドマン・サックスの上級トレーダーを務めていた人物であり、後にアメリカの財務長官に就任している。

シンプソンは、特注のカウボーイブーツを好んで履《は》き、特定のタイプの従業員を雇うことで有名だった。ある記者にこう語っている。「貧しい家庭に生まれ育ち、体罰など、両親に厳しくしつけられた人を雇いたい。成功する人というのはたいてい、子どものころに厳しくしつけられているからね」*2

シンプソンもチェサピークの幹部同様、ガス井にこそ未来があると確信していた。二〇〇五年一月にはチェサピークに競《せ》り勝ち、バーネット・シェールで優れた成績をあげていたアンテロ・リソーシズを買収した。その年に発表されたエネルギー省の報告によれば、バーネット・シェールでの天然ガスの可採《かさい》埋蔵量は三九兆立方フィート〔約一兆一〇〇〇億立方メートル〕に及び、およそ二年にわたりアメリカの全供給量をまかなえるほどだという。ミッチェル・エナジーのケント・ボウカーらが予測していたとおりである。それにもかかわらずマクレンドンとウォードは、アンテロを六億八五〇〇万ドルで買収したXTOに負け、手痛い打撃を被《こうむ》った。

また、デボンのフィールド・ブローカーたちも、バーネット・シェール地域の郡庁舎や権原《けんげん》会社に出向き、土地の所有権に関するファイルを引っ張り出しては、採掘権の買収や賃借に奔走していた。どの企業もチェサピークの一歩先を進んでいるかのようだった。

結局チェサピークに入社したベテラン地権交渉人のラリー・コショウは、バーネット・シェールにおける同社の遅れを取り戻そうと積極的な活動を展開した。まずは、それが大変な仕事になるとわかっていたため、ひたすら人手を集め、間もなくテキサス州東部の六郡を網羅する七〇〇人以上のブローカーを自身の指揮下に置いた。そして、ほかの企業の二倍の人員を郡庁舎に送り込み、記録を調べ、採掘権を取得していった。

コショウは、激戦になることを覚悟するようチームのメンバーに訴えた。「仕事をしたがらない者がいれば、もっと仕事をする人間に置き換える」

チェサピークは、この地域の残りの土地を確保する独創的な方法を編み出した。土地所有者の多くは、採掘権の売却や賃貸の方法を知らない。そこでチェサピークが、テキサス州全域の公会堂で説明会を催したのだ。この説明会は話題を呼び、ときにはメディアでも報道された。こうした広報活動により、チェサピークが順次町を訪れ、入手できるかぎりの土地を入手しようとしているというメッセージが州一帯に広まった。するとライバル企業はそれに対抗し、チェサピークを信用してはいけないと土地所有者に吹き込んだ。

ダラスとヒューストンの間に位置する人口一〇〇〇人ほ

どのセンタービルという町で開催された説明会では、こんなことがあった。この説明会では、地元の担当者の同意を得て、出席者全員にバーベキュー・ランチを提供することになっていた。またほかの説明会同様、その場ですぐに土地所有者と契約を交わせるように、説明会場にパソコンやプリンターを運び込んでいた。

やがて説明会が始まり、コショウが前置きの言葉を述べると間もなく、答えにくい質問が次から次へと飛んできた。こうした質問のなかには、事前に準備されていたのではないかと思われるものもあった。コショウはそのときふと、ライバル企業の工作員の顔がちらほら見えるのに気づいた。つまらない言いがかりをつけようと、聴衆のなかに紛れ込んでいたのだ。

コショウは親しみやすい態度で聴衆にこう訴えた。「みなさんはおそらく、チェサピークを非難するさまざまな意見を耳にしていることでしょう。しかし、ライバル企業についてとやかく言うつもりはありません。ただわれわれは、彼らが語っているような間違ったことは一切しておりません」

その夜、チェサピークは一〇件余りの取引をまとめた。大半の土地の賃借料は一エーカーあたりおよそ二五〇ドルだったが、八〇〇ドルで契約した土地もあった。

そのころチェサピークの地権交渉人は、土地の所有権の記録を調べるのに時間がかかりすぎることに不満を感じていた。この地域の小規模な権原会社の多くは、最新のコンピューターを導入して作業を効率化するといったことがなく紙の記録に頼っていたため、それをいちいち調べるのが面倒だったのだ。

そこでコショウは権原会社に尋ねてみた。「そちらの会社の記録を全部コンピューターに入力してあげましょうか？われわれが記録をすべてデジタル化しますよ」。その後ワークステーションを残しておくので、それを権原会社のほうで管理すればいい。

権原会社はそのアイデアを採用した。こうしてテクノロジーを無償で提供すると、その恩恵を被《こうむ》ることもできた。コショウは言う。「その町に地権交渉人さえいれば、これらのワークステーションを使って最初に交渉できるチャンスをものにできた。ライバル会社は記録を調べに郡庁舎に行かなければならず、われわれの二、三倍の時間がかかった」

こうしてチェサピークは一年もしないうちに、バーネット・シェールでライバル企業を追い抜いた。そのころになると、あちこちの土地を縦横無尽《じゅうおうむじん》に動きまわる一〇〇〇人以上の地権交渉人のおかげで、アメリカ全土に一〇〇万エーカー〔約四〇〇〇平方キロメートル〕以上の土地を取得し、天然ガスの生産を急増させることにも成功していた。カナーンを買収した際についでに受け取ったバーネット・シェールのガス井は、かつてはマイナス材料と見なされていたが、いまやチェサピーク最大の資産となっていた。

マクレンドンとウォードの違い

そんなチェサピークの対外的な顔になったのが、気さくで投資家への人あたりもいいマクレンドンだった。ウォール街のアナリストや一流投資家を説得し、チェサピークの発展的戦略を売り込んだのは、この人物である。会社が新たな土地を取得するための資金を、株式や債券を売って工面しなければならなかったため、こうしたセールスマンの存在は重要だった。

背が高く、ひょろ長い手足やまとまりの悪い金髪が特徴的なマクレンドンは、オフィスでは気取ることもなく、縁《ふち》なしの眼鏡をかけた顔に親しげな笑みを浮かべており、従業員からはファーストネームで呼ばれていた。たいていは、フォーマルなスラックスにしわのないきれいなワイシャツといった服装で、よく袖《そで》をまくり上げていた。ネクタイは、掘削リグやヘルメットを図案化した模様がお気に入りだった。

一方、ウォール街の投資家や銀行家を相手にするときには、オーダーメードのスーツにエルメスのネクタイを身に着けて愛嬌《あいきょう》を振りまいた。マクレンドンは、土地取得に関する最新情報はもちろん、地質学やこの業界のテクノロジーについてよく把握していたばかりか、業界の歴史にも精通していたため、天然ガスが今後数十年の間にアメリカでもっとも重要なエネルギー源になるという主張には説得力があった。懐疑派が何と言おうと、天然ガスはクリーンなうえ、豊富に存在している。

マクレンドンには、従業員や投資家や業界関係者と関係を結ぶ独特の才能があった。こうした人たちに会うと、聞かれるよりも尋ねる側にまわった。家族は元気？　いまどんな仕事をしているの？　この産業はどうなると思う？　すると百戦錬磨《れんま》のひねくれた投資家たちも、すっかり骨抜きにされてしまう。マクレンドンをビル・クリントン元大統領にたとえる人も多かった。二人とも、会った人すべてに、自分は特別扱いされていると思わせる才能があったからだ。彼ほど楽天的な人間に会ったことがないと言う人もいた。

チェサピークに融資していたある銀行家は言う。「オーブリーは並外れた才能でこちらに元気を与えてくれる。一緒にいると楽しいんだ。いい気分にさせてくれるからね。最高のセールスマンだよ」

やがてウォール街はこんな話題でもちきりになった。マクレンドンとウォードは新世代のエネルギー探査業者たちの先頭に立っている、チェサピークは大手企業でさえあまり導入していない最新の掘削技術を完全にマスターしている、と。

一方、チェサピークの最高執行責任者であるウォードは、相変わらず内向的なままだった。会社の会議ではたいてい、マクレンドンが話をしてウォードがメモをとった。マクレンドンが本社にオフィスを構えていたのに対し、ウォードはそこから数百メートル離れた別のビルに自分のオフィスを置いていた。別々に会社を経営していた当時の運営方法を改める理由もなかったため、それぞれが自分のアシスタントやチームを抱えていた。二人のオフィスの間には、駐車場のほか、保険会社や法律事務所や美容室といった店舗が並んでいた。

ウォードとマクレンドンは、顔を合わせることさえめったになかった。その代わりに、一日に何百回も電話やファックスやメールを交わした。朝は午前六時前から、夜は深夜一二時過ぎまでである。ウォードはオフィス外で仕事をすることが多く、現場の作業を指揮したり、会社の地質学者とエンジニアと地権交渉人の間の調整をしたりした。

だがやがてウォードも、マクレンドンから手ほどきを受け、投資家などとも気楽につき合えるようになった。「私は田舎者だからね。きれいなホテルに泊まったのも初めてだったよ。銀行家や業界幹部に会うときにはどんな服装がいいか、オーブリーが教えてくれた。どんなスーツを着たらいいかとか、どんなエルメスのネクタイを選べばいいかとか」

買収が重なり、会社の規模が拡大していくにつれ、ウォードの仕事量も増加した。ウォードのチームは、ひたすらガス井の分析を続けた。たいていの企業は自社が保有する埋蔵量を誇張していたため、その地域の歴史や岩の種類などのデータを吟味し、独自にガス井の質を評価しなければならなかったからだ。寝る間も惜しんで仕事に没頭していたため、三人の子どもと過ごす時間もなく、家庭は妻のシュリーに任せっぱなしだった。休暇さえとることはなく、せいぜい家族を掘削場所に連れてくるぐらいだったという。音楽もあまり聞かないため、車内でラジオをかけることもなく、映画にも行かなかった。

それでもストレス解消にと、毎日昼休みに会社を脱け出し、地元のYMCAの青年たちと一時間ほどバスケットボールを楽しんでいた。素早いボールさばきが得意だったウォードは、やがてマイク・ハリソンという男と親しくなった。オクラホマシティの貧しいイーストサイド地区で生まれ育った三〇代のアフリカ系アメリカ人である。ハリソンは奨学金を受けて大学へ通うのをあきらめ、コンビニエンス・ストアで働いて家計を助けていた。後にウォードは、職を失ったハリソンを自分の職場に迎え入れている。

ウォードはバスケットボールのコート上でも、チェサピークのオフィスにいるときと同じように控えめだった。この人物がエネルギー業界でいま話題の二人組の一人だとは、誰も知らなかった。ほかの仲間がくだらない話をしても、ウォードは黙っており、口を開いてもネガティブなことは言わなかった。ところがある日、左手でドライブするのは珍しいと仲間からさんざんからかわれるとうんざりし、「おれが右手でやったら、おまえらには止められないだろ」と言って仲間を驚かせた。そして、実際に右手で猛然とドライブし、余裕でレイアップシュートを決めた。ウォードはコート上でもコート外でも、自分を正しく評価しない相手には、それが間違っていることを証明してやらなければ気がすまないタイプの人間だった。

バーネットの成功を他のシェール層でも

バーネット・シェールで目覚ましい成果があがると、マクレンドンもウォードも、これまで見過ごされてきた同様の岩石層からも天然ガスを大量に採取できるのではないかと考え、アメリカ各地にあるほかのシェール層の再検証に乗りだした。二〇〇四年後半のそんなある日、サウスウェスタン・エナジーというライバル会社が、アーカンソー州のファイエットビル・シェールで天然ガスの採取に成功したというニュースを聞きつけた。そこでウォードは、このシェール層でもチェサピークの優位を確立しようと、すぐさまアーカンソー州に数百人の地権交渉人を派遣した。そのとき同僚に「土地を支配できれば、資源も支配できる」と語っていたという。

投資家たちは、後に「資源理論」と呼ばれることになるこのアプローチを支持し、土地取得を応援した。その結果、二〇〇二年夏に五ドルだったチェサピークの株価は、二〇〇五年夏には三〇ドルを超えた。

シエラ・クラブなどの環境団体も、シェール層掘削への取り組みを称賛した。天然ガスが、環境に悪い石炭や石油の市場シェアを奪ってくれるものと期待していたからだ。天然ガスにはまた、風力や太陽光などの再生可能エネルギーのコストが下がるまでの「橋渡し」燃料としての役割もあった。

天然ガスの価格は二〇〇五年を通じて上昇を続け、その年の後半にはマクレンドンやウォードの予想どおり、一〇〇〇立方フィートあたり一〇ドルを超えた。投資家も政治家も業界の専門家も、この高まり続ける需要を満たせるほどの天然ガスをどこで見つければいいのかと不安を口にした。そんな状況のなか、莫大な量の天然ガスを確保していたマクレンドンとウォードは、現代のエネルギー王への道をまっすぐ歩んでいるかに見えた。

だが二人の知らないところで、雲行きが怪しくなりつつあった。

老山師ミッチェルの野心

二〇〇四年にほかのシェール層に狙いを定めたのは、マクレンドンとウォードだけではない。ジョージ・ミッチェルも新たな土地に賭けようとしていた。当時ミッチェルはすでに八五歳であり、その活動ペースはかなりスローダウンしていた。デボン・エナジーに会社を売却して二〇億ドルを手に入れてから、すでに二年がたっていた。

だがこの老山師は、もう一山当てたいと思っていた。そのころ息子のトッドに、アーカンソー州のファイエットビル・シェールの土地の取得を考えていると伝えたのも、そこで大量の天然ガスを採取できると確信していたからだ。

当時トッド・ミッチェルは、ジョー・グリーンバーグとアルタ・リソーシズという会社を立ち上げていた。この会社は、父からの資金援助を受け、ファイエットビル・シェール地域の土地の取得に一億ドル近い資金を投じ、たちまちその地域で二番目の土地所有者となった。さらに、ファイエットビル・シェールの効果的なフラッキング法を開発しようと、バーネット・シェールからの天然ガス採取に貢献したエンジニア、ニック・スタインスバーガーを雇い入れた。ジョージ・ミッチェルの熱意が再燃しているのを見ても、シェール革命が本格化しつつあるのは間違いなかった。

コンティネンタル、バッケン・シェールを掘る

マクレンドンやウォードやミッチェルは天然ガスを追い求めていたが、ハロルド・ハムは、石油が豊富に存在するモンタナ州のバッケン・シェールのほうが、シェールガスを産出する地域より将来性があると確信していた。だが一バレルあたりの原油価格は、二〇〇〇年には平均して三〇ドルを下まわり、二〇〇一年にはわずか二五ドルまで落ち込んでいた。歯磨き粉やシリアルのメーカーとは違い、石油や天然ガスの生産業者は常に、激しく変動する市場価格に左右される。実際、コンティネンタルは二〇〇二年、二〇〇〇万ドルの損失を計上した。バッケン・シェールから石油を採取するためには、コストのかかるフラッキングや水平掘削が欠かせないが、主力製品の価格が低迷すれば、そんな技術を採用する余裕がなくなってしまう。

そのころハムは、ダラスに拠点を置く小企業二社が、モンタナ州の土地を買いあさっているという噂を耳にした。ティム・ヘディントンが経営するヘディントン・オイルと、南メソジスト大学経営大学院の学部長を務めたこともあるエンジニア、ボビー・ライルが経営するライコ・エナジーである。どうやらヘディントンとライコは、その地域で一日におよそ一五〇〇バレルもの原油を産出しているらしい。それを聞いたハムは、後れを取っているのではないかと不安になった。

二〇〇二年になると、原油価格が少し上昇した。OPECが石油生産を抑制したこと、アメリカ経済が二〇〇一年の同時多発テロ事件から回復してきたこと、アジア経済が一九九〇年代後半の通貨危機から立ち直りつつあったことが原因である。世界的に石油需要が高まると、ハムはなおのこと、バッケン・シェールでの掘削を急がなければならなくなった。

コンティネンタルは二〇〇二年後半から二〇〇三年前半

にかけて、ウィリストン盆地にあるリッチランド郡のエルム・クーリー地区を中心に、モンタナ州東部の土地を賃借した。バッケン・シェールは地下およそ三〇〇〇メートルのところにあり、厚みはわずか一五メートルほどしかない。それだけ石油を発見するのは難しくなる。

　それに、ライバル会社がすでにバッケン・シェールの中心部で油井を掘削しているため、コンティネンタルはその周辺部で我慢するしかない。その地域の地質図を作成していたコンティネンタルの地質学者は当時、自社の地権交渉人にこう述べている。「あいつらが卵の黄身を取るなら、われわれは白身を取る」

　ライコは、こうしたコンティネンタルの取り組みを時間の無駄だと一笑した。ライコの顧問を務めていた地元の山師リチャード・フィンドリーは、同社の地質学者たちにこう述べている。「あいつらには端を取らせておけ。われわれは（エルム・クーリーのなかでも）リスクの少ない場所でやる」。コンティネンタルがやろうとしていることなど、「誰も気にとめず、知ろうともしなかった」という。

　二〇〇三年八月、コンティネンタルの最初の油井の掘削が成功し、一日におよそ一三〇〇バレルの原油を産出した。ヘディントンやライコはバッケン・シェールの中心部の油井でそれ以上の量を採取していたが、コンティネンタルもそれだけの産出があれば利益になる。これにより、バッケン・シェールは周辺部でもかなりの量の原油を産出できるほど、原油を豊富に含んでいることが証明された。

　しかしそれ以上に重要なのは、この透過性がきわめて低い岩石層から、天然ガスだけでなく原油も採取できることを、この三社が証明した点にある。天然ガスの分子に比べると、原油の分子は緻密な岩盤を通り抜けにくい。だが、水平掘削とフラッキングの最新技術があれば、そんな原油でさえ岩盤から流出させることができるのだ。

「ここでもっと掘削しよう！」。ハムはそう訴え、モンタナ州のほかの場所での掘削を推進した。

　やがてコンティネンタルの地権交渉人は、同州西部の土地およそ一〇万エーカー〔約四〇〇平方キロメートル〕を賃借した。賃借料は一エーカーあたりおよそ七〇ドル、合計七〇〇万ドルである。[*3] しかし、バッケン・シェールでのこうした動向は、まるでメディアの注目を浴びなかった。コンティネンタルもヘディントンもライコも株式非公開の小企業であり、株価が上がることもなければ、プレスリリースを発表することもなかったからだ。それに、当時の大手石油会社は大型合併を画策《かくさく》するばかりで、いまだにこう考えていた。バッケン・シェールで原油を生産してもコストがかかるばかりで、たとえ思いがけない産出があったとしても、コストにより相殺《そうさい》されてしまうだろう、と。

それでもハムは上機嫌だった。原油価格はじりじりと上昇を続けており、モンタナ州の油井は初期生産でかなりの成果をあげている。当時スタッフにこう述べていた。「きみたちの仕事ぶりは本当にすばらしい。先の見通しは明るい。大発見と言っていいぐらいだ」

モンタナ州での初期の掘削はかなりの利益をもたらした。だがブライアン・ホフマンは、もっと利益をあげたいと思っていた。当時三三歳のホフマンは、探査チームのなかでは若いほうだったが、会社が抱える問題に自分なりの回答を見つけようとしていた。

ホフマンは一九九四年、地質学の学士号を取得してオクラホマ州立大学を卒業したが、そのころはエネルギー業界が価格の低迷に苦しんでいた時期でもあり、仕事が一つも見つからなかった。そのため、この業界の景気が好転するまでの時間を有意義に使おうと、大学に戻って修士号を取得することにした。

それから数年後、ホフマンはコンティネンタル・リソーシズで仕事を見つけ、胸を躍らせた。何よりうれしかったのは、ウィリストン盆地を担当する仕事に配属されたことだ。とはいえ、それを喜んだのは、ハロルド・ハムの考えに触発されていたからでもなければ、アメリカの石油生産が間もなく復活すると確信していたからでもない。ホフマンは、子どものころに楽しい思い出のあった魅力あふれる街デンバーにあこがれていた。この仕事を続けていれば、コロラド州デンバーに行けるチャンスが巡ってくるのではないか、数年間この地域の仕事を担当すれば、いずれコロラド州に異動になる日が来るのではないか、と思ったのだ。

だがデンバーは、ホフマンが担当になったノースダコタ州ウィリストンの石油産出地から、一〇〇〇キロメートル以上離れている。それに、その地域を担当しているとはいえ、職場はそこから遠く離れたオクラホマ州の小さな町イーニッドにある。それでもホフマンは、夢を抱かずにはいられなかった。

「数年働いたらデンバーに行けると本気で思っていた」という。

ホフマンは二〇〇〇年代前半、ノースダコタ州のミッション・キャニオンと呼ばれる岩石層からの原油の採取に取り組んだ。だが、地下の比較的浅いところにあるこの岩石層から何とかして原油を採取しようとしたものの、出てくるのは水ばかりだった。

やがてホフマンは、この成果があがらない仕事を続けていくうちに、その下に薄く広がるバッケン・シェールに興味を抱くようになった。ウィリストン盆地の岩石層は、いくつもの層を重ねたケーキにたとえることができる。ミッション・キャニオン層は、このケーキのちょうど真んなかにある三層構造のバッケン・シェールの二つ上の層にあたる。

二〇〇三年当時、コンティネンタルはモンタナ州のバッケン・シェールの掘削で手一杯の状態にあった。だがホフマンは、ノースダコタ州に取り組んでいる時間をむだにしたくなかった。ライバル企業は、ノースダコタ州のバッケン・シェールを垂直に掘削し、そこに原油が含まれている証拠を発見していたが、そこから大量の原油を採取できた企業はまだない。

一方コンティネンタルは、水平掘削を採用し、モンタナ州のバッケン・シェールから原油を採取するのに成功している。ホフマンは、ノースダコタ州でもバッケン・シェールを調査してみたいと思った。「ノースダコタ州のシェール層を調べろとは言われていなかった。あのころは会社がモンタナ州にばかり注目していたからね。でも私は、この地域全体から残らず原油をくみ取ってやろうと思っていた」

ホフマンらのチームはノースダコタ州に飛び、そこのバッケン・シェールの調査にとりかかった。アッパー・バッケンとロウアー・バッケンは黒色《こくしょく》シェールで構成されており、その間に、まさにオレオ・クッキーのバニラクリームのように、ミドル・バッケンがはさまっている。ミドル・バッケンは、ドロマイトと呼ばれる別の岩石で構成されており、シェール層より掘削しやすそうに見えた。

ホフマンは同州の地質図書館にも行き、さまざまなコアを確認した。コアとは、この地域で油井を掘削した際に採取された円柱形の地層のサンプルである。それを見ても、この岩石層に注目する業者が定期的に現れながらも、やがてあきらめて離れていった様子がうかがえた。

専門家たちは、アッパー・バッケンとロウアー・バッケンを「根源岩《こんげんがん》」と考えていた。根源岩とは、原油が生成される岩石層を指す。そこで生成された原油はその後、上の層に移動していくが、やがて透過性の低い層にぶつかると、それより上へは移動できなくなり、そこにたまって貯留層を形成する。かつて専門家たちは、同じようにバーネット・シェールを根源岩だと考え、掘削する価値があるような貯留層ではないと主張していた。ところが、そこからでも天然ガスが採取できることをジョージ・ミッチェルらが証明してみせた。コンティネンタルのジャック・スタークはバッケン・シェールについてこう述べている。「学校では、これらの岩石層は貯留層ではないと教えられた」

ホフマンらがノースダコタ州のバッケン・シェールを調査していたところ、マクレンドンとウォードもバッケン・シェールでの掘削を検討していた。だが結局、この岩石層から原油を採取するのはコストがかかりすぎると判断し、この層を推奨する人たちは過大な期待を抱いているだけなのだろうと考え、ノースダコタ州から手を引いた。

だがホフマンは、バッケン・シェールを調べれば調べるほど、そこには一般的に考えられているよりも多くのエネルギーが含まれていると確信するようになった。特に、オレオ・クッキーのバニラクリーム部分にあたるミドル・バッケンは、原油に満ちあふれているのではないか、と。

専門家が間違えている可能性もある。このシェール層は貯留層にしか見えない。

そう思ったホフマンは、上司のジャック・スタークやハムにかけ合い、モンタナ州からノースダコタ州まで掘削を拡大するよう提案した。「もっと北（ノースダコタ州北西部の土地）に目を向けてください」

スタークはかつて学校で教えられた考え方を改め、すぐさまそのアイデアを支持した。自分でも調査を行ない、モンタナ州よりもノースダコタ州のほうがミドル・バッケン層が分厚そうであり、原油がもっと豊富に含まれている可能性があると判断すると、こう述べた。「こっちのほうがいいとしか思えない」

このアイデアは、ハムにも大いに納得のいくものだった。ホフマンらの見解が正しければ、州境をまたいで広がるこの岩石層にさらに多くの原油が含まれている可能性がある。ノースダコタ州のバッケン・シェールでこれまで以上の成果があれば、アメリカ全体がその恩恵を受けることになるかもしれず、エネルギーの自給自足さえ夢ではない。ハムは当時、旧友のマイク・アームストロングにそう語った。

アームストロングは言う。「ハロルドは、エネルギーを自給できると本気で信じていたよ。こちらは大ぼらもいいところだと思っていたがね。（中略）頭がおかしくなったんじゃないかと心配になった」

早速ハムは地権交渉人に命じ、何となくカナダ風に聞こえるジョレット・オイル有限責任会社という偽の会社名でノースダコタ州西部の土地を賃借した。そんな偽名を使ったのは、こちらが何らかの情報を握っているとライバル企業に思われたくなかったからだ。ライバル企業に気づかれなければ、土地を安く手に入れられる。

「ばかなカナダの会社がやっていると思わせたかったんだ。そういう会社はたいてい有限責任会社だから、ジョレットもカナダの会社と思うだろうと考えてね。『頭のいかれたカナダ人がまたあそこを狙っている』と思ってくれればそれでよかった」

だが、それほど気にする必要もなかった。当時は、オクラホマ州以外でハムやその会社について知っている人などほとんどいなかったからだ。それなのに、奇妙な偽名を使ったせいで、かえって地元の人々の関心を引いてしまった。間もなくそれが偽名だとばれ、地元の人々が実際に土地を賃借しているのは誰なのかと騒ぎ始めると、ハムの小《こ》賢《ざか》しい戦術もそれまでとなった。

とはいえ、それがコンティネンタルだとわかっても、ライバル企業はさほど気にしなかった。ハムの右腕だったジェフ・ヒュームは言う。「オクラホマの弱小企業があんなところにさほど長く居座ることもないだろうと思ったのかもしれない」

コンティネンタルは二〇〇三年、その地域の土地三〇万エーカー〔約一二〇〇平方キロメートル〕を取得すると、掘削を始めた。ハムもスタッフも、新たな大発見が待っていると確信していた。ところがそれは大きな間違いだった。

スーキの奔走

そのころシャリフ・スーキは、目標に近づきつつあった。二〇〇〇年、スーキはレンタカーを運転し、テキサス州のコーパスクリスティ市内からその近くにある土地へ向かっていた。そこが、液化天然ガスを輸入するための最初のターミナルを建設するのにうってつけの場所に思えたからだ。

スーキはいまだ、過冷却したLNGを再ガス化し、アメリカの消費者や企業に提供する事業に関しては素人同然だった。それに、スーキの会社シェニエール・エナジーには、再ガス化するプラントを建設できるほどの資金もない。だが、レンタカーの助手席にはチャールズ・ライマーがいた。シェニエールの上級幹部に就任したばかりのＬＮＧ事業のベテランである。重要なアドバイスを与えてくれるライマーの存在は心強い。

スーキはこの一年間、ターミナルにふさわしい場所を求め、北アメリカのカナダからメキシコまで、東西両海岸の一〇近い候補地を見てまわっていた。当初は、西海岸の主要都市に近い場所を考えていたが、ターミナルには広大なスペースが必要だった。長さ一〇〇〇フィート〔約三〇〇メートル〕、重量一六万トンのＬＮＧタンカーが方向転換できるほど幅のある港や、深さ一二メートル以上の水路を建設しなければならない。

それに西海岸では、環境活動家に巨大ターミナル建設を妨害される心配もある。そこで、ヒューストン大学の工学教授の協力を仰ぎ、東海岸の土地を検討してみることにした。東海岸であれば、天然ガスの価格が西海岸より高く、人口密集地もすぐそばにある。だがこちらの土地はあまりに値が高く、シェニエールのような弱小企業には手が届きそうになかった。

そのため結局、シェニエールが新たに雇ったＬＮＧ専門家五人のチームの判断により、メキシコ湾岸の土地を探すことに決まった。メキシコ湾岸なら、地元の指導者たちも石油や天然ガス関連の仕事を喜んで受け入れてくれる。それに工業施設が無数にあるため、すでに天然ガスの大規模なパイプライン網があり、プラントで再ガス化した天然ガスを貯蔵・運搬するのも容易だ。

だがこの選択は、もの笑いの種となった。業界の専門家にこう言われたのだ。メキシコ湾岸にはすでに大量の天然ガスが流通しており、シェニエールにこれ以上供給してもらう必要はない。アメリカに天然ガスを輸入するのさえばかげているのに、メキシコ湾岸に輸入するなんて常軌《じょうき》を逸《いっ》している、と。スーキが業界の主要会議の席で自分のアイデアを述べても、参加者は信じられないという顔でこう尋ねるだけだった。「これだけガスがあるというのに、メキシコ湾岸に輸入プラントを建設するつもり？　それってニューカッスル〔かつて石炭の積出港として繁栄したイギリス北東部の都市〕に石炭を輸入するようなものだよ」

聴衆は、数週間ぶりに気の利いたジョークを聞いたかのように大笑いした。

だがスーキは、そんな態度を気にもとめなかった。ターミナル構想の詳細を伝える用意も、それを擁護する用意もなかったため、ただ侮辱を甘んじて受けた。それに、こうした中傷には慣れていた。「ばかなやつだと思われていたのかもしれないが、気にしなかった」という。

やがてスーキは、アメリカで五番目の規模を誇る港湾があるテキサス州南部の都市コーパスクリスティの近くに、ターミナルにうってつけの場所を見つけると、その広大な土地を賃借することにした。

スーキとライマーは、この賃借取引をまとめようと、レンタカーで意気揚々と現地に向かった。だが、現地の近くの橋を渡ったときに、スーキがあることに気づいて車を停め、ライマーにこう尋ねた。

「チャールズ、船の高さってどれぐらいなんだ？」。この船とは、将来プラントにＬＮＧを運び込むことになるタンカーのことである。

「一六五フィート〔約五〇メートル〕ぐらいかな」とライマーが答える。

「この橋の高さはどれぐらいだろう？」。スーキが疑問を口にした。

ライマーが答えられなかったので、スーキは橋の入口まで車を戻し、高さが記された標識を見た。そこには一三五フィート〔約四一メートル〕とある。スーキとライマーは、口をぽかんと開けて互いの顔を見た。危うくこんなに低い橋の近くの土地に、会社の貴重な資金二〇万ドルを費やすところだった。これでは、ＬＮＧ運搬船がターミナルまでたどり着くこともできない。スーキはこの賃借取引をうまくかわし、取り返しのつかない大失敗を辛うじて回避した。

それから数カ月後、テキサス州フリーポートにもっといい場所が見つかった。世界最大規模の化学プラントがある場所のすぐ隣である。この戦略が成功し、輸入ガスの需要が増えた場合、ターミナルがもっとあれば、さらに利益をあげられる。そこでシェニエールは、同じくメキシコ湾岸にあるルイジアナ州サビンパスの土地も賃借することにした。ハンティング用のトレーラーのほか、ボブキャットやアリゲーターや放し飼いの牛などしか見当たらないような土地である。スーキはさらに、コーパスクリスティ市内に第三の土地（あの問題の橋からは離れた場所）を見つけた。シェニエールは、これら三カ所の土地数百エーカーを賃借する仮契約を結ぶと、会社を挙げて天然ガス輸入ターミナルの設計にとりかかった。

だがスーキの会社には、これほどの出費をすべてまかなえるほどの資金はなかった。シェニエールの当時の株価は五〇セントを切っており、全部合わせても二五〇〇万ドルにしかならない。大半の投資家は、この会社がいずれ破綻《はたん》すると思っていた。サビンパスの土地所有者も、二、三年土地を貸して数十万ドルを手に入れ、会社がつぶれたら土地を取り戻せばいいと考えていた。

そんな状況だったため、スーキは最初のプラントやパイプラインの建設費用さえ工面できなかった。ライマーの試算によれば、ターミナルを一つ建設するのに一〇億ドル以上の資金が必要になる。スーキの計画は意欲的どころか、妄想的と言ってよかった。

二〇〇二年前半、懐疑的な投資家たちの予想どおり、シェニエールは資金不足に陥った。最初のプラントを建設する際には、連邦エネルギー管理委員会などさまざまな政府機関の承認を得なければならないが、そのために必要な数百万ドルさえない。それどころか、従業員の給与を支払うためにライマーから三万ドルを借りなければならないありさまだった。

そこでスーキは、三つの天然ガス輸入ターミナル建設を政府に承認してもらう申請プロセスに必要な三〇〇〇万ドルを工面しようと、ウォール街の投資家と接触を重ねた。そのころになると、アメリカ経済が同時多発テロ事件から回復し、天然ガスや石油の価格がじりじりと上昇を続けていたため、スーキはそれに賭けた。

話を持ちかける投資家のなかの三パーセントを説得できれば何とかなる。

スーキはマンハッタンの街路を駆けまわり、コールバーグ・クラビス・ロバーツやブラックストーン・グループ、アポロ・アドバイザーズなどの大手機関投資家に自分のビジョンを伝えた。自社の輸入ターミナルに数十億ドル出資すれば多大な利益になると、自信を込めて訴えた。あるいは、自社の主要不動産を、実際にターミナルを建設できるほどの資金がある関係者に転売するのを支援してくれるだけでも、かなりの利益になると述べた。

誰もがスーキの話に耳を傾けてくれた。そのアイデアを気に入り、詳細な説明を求めてくることもあった。それでも、計画を実現できるほどの資金は集まらなかった。「二〇億ドルの出資話を聞いてくれる友人なんてそうはいない」

のである。

だがスーキはあきらめなかった。かつて中東諸国で何度も大金を工面した経験があり、まだその地域に有力なコネがある。アメリカがだめだと判断すると、中東など海外へ飛んでこの画期的なアイデアを売り込み、アメリカに天然ガスを売りたがっている顧客を探した。まずは妻とパリやロンドンに向かい、妻がそれらの地で友人と旅行を楽しんでいる間に、アルジェリアやサウジアラビア、ナイジェリア、赤道ギニアなどへ商談に出かけた。

カタールの首都ドーハでは、エネルギー・工業大臣のアブドゥラ・ビン・ハマド・アル＝アティーヤとのディナーミーティングをとりつけた。「アメリカで新たな市場を開拓できますよ」。スーキはそう言い、シェニエールの事業に投資すれば、カタールからアメリカに天然ガスを販売できると訴えた。

アメリカの巨大市場を狙える可能性をちらつかせると、相手はすぐに興味を抱いた。カタールは、大規模な天然ガス生産設備をいくつも建設しており、需要を見つける必要に迫られていたからだ。アティーヤなど現地の幹部や高官は、スーキを応援しているようにさえ見えた。スーキが彼らと同じ中東の出身であり、アラビア語を話し、エネルギー業界の巨人ゴリアテに立ち向かうダビデに見えたのが功を奏したのかもしれない〔少年のダビデが巨人のゴリアテを倒す物語は旧約聖書に登場し、小さな者が大きな者を倒すたとえによく用いられる〕。地元の技術官僚たちも自ら調査を行ない、テキサス州やルイジアナ州の沿岸にシェニエールが確保した土地について有望な報告を受け取っていた。

だがそれでも、アティーヤらとの契約をまとめることはできなかった。シェニエールはあまりに規模が小さく、リスクが大きいと思われたのだ。かつては大金を工面することでキャリアを築いてきたのに、いまではわずか二、三〇〇〇万ドルが工面できなかった。ある投資家はこう指摘した。アメリカにはすでにＬＮＧターミナルが四つある。いずれも一九七〇年代に建設されたもので、そのうちの二つは操業を停止しており、残りの二つもほとんど使用されていない。それなのに、コストのかかるＬＮＧ再ガス化施設をこれ以上誰が欲しがるだろう？

それでもスーキは、この突拍子もないアイデアにこだわった。そのころ、デンバーのブラウン・パレス・ホテルでの朝食にマイケル・スミスを誘ったのも、この投資話を持ちかけるためだった。この二人の組み合わせは、このうえなく理想的に見えた。不動産で財を成したニューヨーク市クイーンズ区出身のスミスは、そのころ自身のエネルギー会社を四億ドルで売却したばかりで（メキシコ湾岸で掘削を行なっていた）、その資金を投資できるプロジェクトを探していた。またスーキ同様、ガス田の発見が少なくなり、既存のガス井が枯渇すれば、天然ガスの価格は上向いていくと確信していた。さらに、ある時期に一年ほど仕事を休み、コロラド州でスキーを満喫していた点も、スーキと似ている。

スーキは、三段階から成る戦略を説明した。まずは、最初のプラントを建設する許可が下りたら、LNGの輸出・再ガス化を求めて有利な契約を結んでくれる顧客を探す。そのような顧客と一社か二社契約を結んだら、ターミナルの建設やパイプラインの接続のため一〇億ドル規模の資金を提供してくれる支援者を探す。そしてターミナルが一つ完成したら、さらにいくつか建設する。そのころの計画では、四つのLNGターミナルを建設する予定だった。

スーキのアイデアを聞くと、スミスはすぐさま率直にこう言った。「頭がおかしいんじゃないのか？　この国では二〇年以上もの間、誰もLNG施設なんてつくっていない。（中略）一つでも大事業だというのに、同時に四つもつくるなんて無茶だ」

だがスーキは、計画書に目を通してもらえば絶対に気に入ると思うと主張した。

それからの数週間、スミスは資料を読み込み、自分でも調査を行なった。すると、知らないうちにこのプロジェクトに興味を抱いている自分に気がついた。スーキと会話を重ねるごとに、スミスの関心は高まった。

「シャリフは魅力にあふれたおもしろい男だからね」とスミスは言う。

だがシェニエールには過去に訴訟沙汰が数件あり、その点が少々ひっかかった。最終的にスミスはスーキにこう述べた。「興味はあるんだが、遠慮しておくよ」

スーキはさらに六カ月間、資金の工面に奔走したが、何の成果もなかった。会社には毎月およそ二〇万ドルの支出があるため、残された時間はわずかしかない。そこで、エネルギー探査・生産関連のある会議でスピーチを行なうことにした。スーキに協力していた投資銀行家がこの会議にスミスを誘うと、スミスはそれに応じた。

ふだんは弁舌の滑《なめ》らかなスーキだが、その日のスピーチは珍しくぎこちなかった。終わりの見えない売り込みに嫌気が差していたのだろう。スピーチの半ばで言葉に詰まり、聴衆のアナリストや投資家に謝罪する場面さえあった。天然ガスの輸入になど誰も関心を寄せていないことに気づいたからだ。一〇〇人以上を収容できる部屋にはわずか二五人ほどの聴衆しかおらず、スーキの売り口上に耳を傾けようとする者は一人もいなかった。

スピーチ後、スーキは個室でスミスと会った。そしてその場で自分の誤りを認め、当面は比較的有望と思われるテキサス州フリーポートのターミナル一つのみに専念し、ほかの三つはあとまわしにすると述べた。すると二人の間で話が進み、三カ月にわたる集中的な交渉の末、スミスがスーキに数百万ドルを投資する取引がまとまった。

だがスミスの話によれば、その数日後、シェニエール担当の銀行家から電話があり、スーキがダウ・ケミカルと契約交渉をしていることを知らされた。ダウはターミナル建設費用を提供するとともに、最初の顧客になるという(スーキの話によると、自分はダウとの交渉をスミスにはっきりとは伝えておらず、せいぜい「それをほのめかした」だけだったという)。

スミスはそれを聞いて、スーキが自分をだしに使ってダウに出資させようとしているのではないかと考え、激怒した。スミスの話によれば、そのとき銀行家にこう言ったという。「その契約が白紙に戻ったら電話をくれ。また新たな条件で契約するから」

「あのときは腹が立ってしょうがなかった」とスミスは言う。スミスは、ダウはいずれシェニエールから手を引くと確信していた。「シェニエールは、たった一つのアイデアしかない怪しげな会社だ。(中略)資金力がまるでないことにすぐに気がつく」。それに気づけば、ダウは考え直すと思ったのだ。

案の定、ダウは結局シェニエールとの契約に至らなかった。すると、シェニエール担当の銀行家がスミスに連絡し、まだ資金を提供する意思があるかどうか尋ねてきた。スーキの話によれば、自分も銀行家も、ほかの相手と交渉していることを秘密にしていたわけではないので、スミスが「交渉を台なしにした」と言って激怒している理由がわからなかったという。

二〇〇二年八月初旬の金曜日の午後遅く、スーキはスミスと会うため、ニューヨークのパレス・ホテルに向かった。スミスはハンプトンズ〔高級住宅地〕のリゾートから車でやって来た。

スミスはその道中、今度こそは絶対にだまされるものかと思っていた。

二〇〇二年九月、二人の間で改めて契約が交わされた。その内容は以下のとおりである。スミスはシェニエールに五〇〇万ドルを支払う。当初は一〇〇万ドルだけで、残りは追々《おいおい》出資していく。その代わりにスミスは、スーキが優先的に進めるテキサス州フリーポートのプロジェクトの経営権を手に入れる。一方シェニエールは、そこへの投資を四〇パーセント以下にとどめる。スミスは、自分が多額の資金を投じる会社の所有権を要求するのが常だった。

スミスはさらに、フリーポートのターミナルが有利なスタートを切れるように、ほかの三つのLNGプロジェクトをおよそ一年にわたり凍結するよう要求した。それどころか、シェニエールのLNG専門家チャールズ・ライマーを、フリーポートのターミナルを運営するスミスの新会社に移籍させるよう主張さえした。

スミスは言う。「シャリフは好きなんだが、シェニエールはもはや破綻《はたん》寸前だった。シェニエールが引き起こしそうなあらゆる問題から新たな会社を切り離し、十分に保護する必要があった」

一方スーキは、スミスの懸念など気にかけなかった。むしろ、天然ガスの輸入には将来性があるという自分の主張を受け入れてくれる人がいたことを喜んでいた。「これで、頭のおかしい人間が一人だけじゃなく、二人になった」と冗談めかして言う。

シェニエールは、危急の事態に際して一〇〇万ドルを得た。そしてスーキが次にとりかかる予定だったルイジアナ州サビンパスの輸入ターミナルの準備作業代として、四〇〇万ドルを出資してもらう約束をとりつけた。だが、これではとうてい足りない。ターミナルを建設しようとすれば、何とかして一〇億ドルを工面する必要がある。それでもシェニエールは、いまだ株式が一ドル前後で取引されていたにもかかわらず、前に進んでいた。スーキの夢は、ぎりぎりのところで命脈《めいみゃく》を保っていた。

第九章

チェサピークの巨額買収

ヘンリー・ハーモンは、オーブリー・マクレンドンが電話をかけてきた理由にうすうす勘づいていた。

二〇〇五年夏、マクレンドンはその電話で、ウェストバージニア州チャールストンにいるハーモンに会いに行ってもいいかと尋ねた。

アパラチア盆地〔北はニューヨーク州から南はアラバマ州にまで至る広大なアパラチア地域に広がる、大きな盆地〕を拠点にコロンビア・ナチュラル・リソーシズという天然ガス会社を経営しているハーモンは、その電話に好奇心をそそられた。マクレンドンはこの業界の成長株だ。そんな男が自分に会いたがっていると知って胸が躍った。

数日後、マクレンドンが自家用ジェット機でチャールストンにやって来て、ハーモンをディナーに誘った。マクレンドンが大のステーキ好きだと知っていたハーモンは、市内でも屈指の高級レストラン《チョップ・ハウス》に案内した。この男がはるばるここまで会いに来た理由をぜひとも聞きたかった。

二人は、高級なオーク材の床に革張りの椅子を配した個室に身を落ち着けた。マクレンドンは、目の前の皿に載った肉汁《にくじゅう》たっぷりの骨つきリブステーキなど目に入らないかのように、ハーモンに次から次へと質問を浴びせた。東海岸での操業はどんな感じなのか？　テキサス州やオクラホマ州などでは気にしたことのない環境上の問題があるのか？そちらの会社の労働組合はどうなのか？

ハーモンはすぐに、マクレンドンが会いに来た理由を確信した。マクレンドンはコロンビアのあとを継ごうとしているのだ。実際、マクレンドンは三年も前から、コロンビアのガス井をひそかに狙っていた。同社は、北はニューヨーク州北部のフィンガーレイクス地域から、南はアラバマ州中央部に至るまで、広範囲にわたりガス井を所有しており、その中心であるウェストバージニア州に拠点を構えている。そのころマクレンドンとウォードは、チェサピークも東海岸に歩を進めるときが来たとの判断に至っていた。アメリカ国内のほかの地域ではかなりの土地を手に入れた。あとは東海岸で行動あるのみだ、と。

コロンビアは当時、東海岸で二番目の規模を誇る天然ガス生産業者であり、売却を望んでいるような様子は一切なかった。だがこの会社には、投資銀行のモルガン・スタンレーなど数多くの所有者がおり、彼らがいつか売却を求める気にならないとも限らない。マクレンドンは、その機会が来たときにすぐに行動できるよう準備を整えておこうとしていたのだ。

ハーモンは、買収をもくろむマクレンドンにこう警告した。東海岸は人口が密集しているため、誰かの家の裏庭の近くで新たなガス井を掘削すれば、ほぼ間違いなく周囲の土地所有者や環境活動家からの反対にあう。ここは向こうとは全然違う、と。

だがマクレンドンは、自信にあふれた楽観的な態度でそんな警告を一蹴した。天然ガスの価格はこれからも上昇していくだろうから、拡大を続けるチェサピーク帝国にとってコロンビアほどふさわしい会社はない。売りに出される日が来れば、チェサピークはコロンビアの「いちばんの買い手になる」つもりだ。マクレンドンはそう述べた。

それから数カ月後、マクレンドンが期待していたとおり、コロンビアの所有者が会社を売りに出した。するとたちまち、アメリカ国内の一部の大手石油・天然ガス企業が興味を示した。マクレンドンはウォードに、ライバル企業を打ち負かして是が非でもコロンビアを手に入れなければならないと訴えた。

間もなくマクレンドンは、何の連絡も入れないまま、ニューヨーク市にあるモルガン・スタンレー本社のロビーに現れた。大企業の主要幹部ともなれば、どこへ行くにもたいていは側近の一人や二人は連れていく。また、事前に通知もせずどこかへ姿を見せることもない。だがマクレンドンは、こうした一般的なCEOとは違った。小さなかばんを提《さ》げ、ロビーに一人で現れると、コロンビアの売却を担当している銀行家との面会を申し出た。

驚きを隠しきれないモルガン・スタンレーの銀行家に、マクレンドンはこう言った。「われわれ以上の買い手はいません。その理由を説明したいのです。ついでに契約もできれば、と思いまして」

一〇月、マクレンドンは望みの結果を手に入れた。チェサピークはコロンビアを二二億ドルで買収すると発表し、同社の八億ドルの負債も引き受けた。この額はチェサピークの買収額としては過去最高であり、同社の土地取得活動が過熱状態にあることを物語っていた。

エネルギー業界のビル・ゲイツ

オーブリー・マクレンドンとトム・ウォードは、真の成功を手にしていた。いまや二人の会社は、七つの州に八〇〇万エーカー〔約三万二〇〇〇平方キロメートル〕もの土地を確保していた。ニュージャージー州とコネチカット州を合わせた面積に匹敵する規模である。その地下には、およそ七兆立方フィート〔約二〇〇〇億立方メートル〕もの天然ガスがある。これによりチェサピークは、アメリカで六番目の規模を誇る天然ガス生産企業となった。
マクレンドンとウォードは、たちまち尊敬と称賛の対象になった。その年《フォーブス》誌は、アメリカ屈指の業績を誇る経営者の一人に、マクレンドンの名を挙げた。エネルギー業界のアナリスト、スティーヴン・スミスはチェサピークについてこう語っている。「エネルギー業界ではビル・ゲイツの成功物語にもっとも近い会社だ」[*1]
マクレンドンやウォードの戦略に異議を唱えていた人々は、現状を知らない、あるいはあまりに慎重すぎると批判された。四半期ごとに行なわれる投資家らとの電話会議の席で、フルクラム・グローバル・パートナーズの株式アナリスト、ドゥエイン・グルーバートが、チェサピークはいつまで借金頼みの高価な買収を続けるのかと尋ねた。「どれだけ買えば気がすむんだ?」
それにマクレンドンは「気がすむことなどない」と答え、チェサピークが買い集めた土地はいずれきっと価値が出ると主張した。[*2]
そう言われてもグルーバートは、マクレンドンやウォードが負っているリスクを不安に思わないではいられなかった。五年前には一〇億ドルもなかったチェサピークの負債は、二〇〇五年末にはおよそ五五億ドルにふくらんでいた。
だがグルーバートは、マクレンドンに言い返そうとはしなかった。ここで言い返してもむだな気がしたからだ。

膨れる資産

チェサピークの株価は上昇を続け、同社はいまや、アメリカに迫り来る天然ガス不足を食い止める期待の星と目されるようになった。投資家らは飽くことなくチェサピーク株を追い求めたため、その株価はわずか一年で二倍になり、三〇ドルを突破した。

マクレンドンやウォードほど、こうした市場の動きで利益をあげた者はいなかった。二〇〇五年後半、マクレンドンが所有するおよそ一八〇〇万株の価値は五億ドルを超え、ウォードが所有するおよそ一四〇〇万株の価値は四億ドルを超えた。さらに二人は、チェサピークが掘削するガス井一基ごとにその一〜二・五パーセントの権益を取得しており、それによる利益も二人の財産に加わった。会社の株式を公開した際に、会社のガス井の権益の一部を取得する権限を二人に与えていたからだ。これは、一部のライバル企業でも提供されている経営幹部への特典である。

マクレンドンとウォードは、まるでアドレナリン中毒者のように新たなスリルを追い求め、すでにふくれあがった財産をさらに増やそうとした。たとえば、ベテラン石油業者のT・ブーン・ピケンスが運営するヘッジファンドに投資し、かなりの利益をあげた。だが、それでも満足できなかった。

利益相反取引？

二人は、ゴールドマン・サックスやモルガン・スタンレーなど、ウォール街の主要投資銀行で数百万ドルもの信用枠《わく》を確保し、それぞれの投資銀行に開いた個人口座で取引ができるようにした。そうなるともはや、チェサピークの取締役会から取引の承認を受ける必要もなければ、承認を求める必要さえない。

マクレンドンとウォードは毎週のように、ウォール街の投資銀行の取引担当者に電話し、何よりも天然ガス先物に賭けた。投資銀行の幹部の話によれば、二人はたいていこうした取引で先見の明を見せ、かなりの利益をあげたという。たとえばウォードは、本人が後に認めているように、当時はほぼ毎年数千万ドルをかせいでおり、利益が一億ドルを超えた年もあった。

企業の最高幹部が、これほど積極的に株式や商品を取引するのはきわめて珍しい。大企業を経営するだけでも大変なのに、そのうえさまざまな市場の今後の動向を見きわめなければならないからだ。それに、こうした行為により、利益の相反《そうはん》が生じる場合もあれば、企業幹部ならほかの投資家が知らない情報を入手できるのではないかといった疑念が生まれる場合もある。実際ウォードは、チェサピークの石油や天然ガスの取引を管理し、大きな価格変動から会社の利益を守る部門を指揮していた。二人とも、チェサピークが行なう日々の取引において積極的な役割を果たしていたことは間違いない。

だがマクレンドンやウォードは、こうした行為により利益の相反《そうはん》が生じるとは考えていなかった。二人はよく、個人口座で天然ガス先物を購入（将来の特定の時期に特定の価格で天然ガスを購入）していたが、チェサピークはヘッジ戦略〔リスク回避戦略〕の一環として、天然ガス先物を売却していた。また、二人もチェサピークも、市場を大きく動かすほど大量の天然ガス取引を行なうことはなかった。

いずれにせよ二人は、ほかの投資家とは違うルールで資金を運用していた。株式の場合、企業幹部による売買には厳格なガイドラインが定められており、インサイダー取引の調査も綿密に行なわれる。だが、商品市場は事情が異なる。取引により価格が操作されないかぎり、手持ちの知識を使って価格変動のリスクをヘッジ〔リスク回避のための投資行動〕しながら商品を取引することが、買い手にも売り手にも認められている。

そのためマクレンドンもウォードも、チェサピークの役員や株主に自分たちの個人取引の詳細を伝えることはなかった。そもそも伝える必要がないからだ。したがって一般大衆は、ウォール街の投資銀行が二人にかなりの信用枠を提供していることも、二人が電話で独自の取引をしていることも知らなかった。マクレンドンはときどき、ヘッジファンドのトレーダーらに電話を入れ、天然ガス価格の今後の動向について話をしていたが、相手のトレーダーたちは、マクレンドンが自分の口座で取引しているとは思っていなかった。

とはいえ、二人が自分たちの個人取引を隠そうとしていた様子はなく、一部の上級幹部はその事実を知っていた。ただし二人とも、その取引について尋ねられたときはいつも、さほどもうけていないふりをした。この取引行為がニュース記事になるのを回避するための戦略だったと思われる。

実際マクレンドンは、二〇〇六年に《ウォール・ストリート・ジャーナル》紙の記者にこう語っている。「私は普通に株取引をし、商品取引をしているだけだ。勝つこともあれば、負けることもある」[*3]

ウォードはこの取引を、以前から個人口座で行なってきた投資の延長だと考えていた。確かに、ウォードのメールアドレスは、取引が趣味だと公言するかのように、自分のイニシャルと「trading（取引）」という文字で構成されている。

ウォードは言う。「私は複数の銀行に取引口座を持っていた。（中略）取引は昔からしていたよ。市場なんて怖くない。大学を出たころからやっているからね」

やがてマクレンドンもウォードも、個人でせわしなく取引しているだけでは飽き足らなくなった。そこで二〇〇四年、コーヒー、農・畜産物、穀物、石油などを取引するヘッジファンド会社、ヘリテージ・マネジメントを設立した。本社は、マンハッタンの五番街に立つ一九三〇年代の高層ビルのなかにある二部屋だけの小さなオフィスである。このファンドの取引のおよそ一〇パーセントは、チェサピークの主要製品である天然ガスだった。[*4]

二人は、日々のメールでファンドの取引戦術を決め、毎週開かれる三〇分ほどの電話戦略会議に参加した。ファンドのトップトレーダーだったピーター・シリノによれば、その内容は「実にきめ細かい」ものだったという。

当初およそ四〇〇〇万ドルだったファンドの規模は、やがて二億ドルを超えた。その半分が、マクレンドンとウォードの個人資金である。

シリノは言う。「二人の細部への配慮にはよく驚かされた。二人とも、最高の状態で複数の仕事を同時にこなすことができた」

ヘッジファンドの事業も、そのほかの個人取引も、マクレンドンとウォードは大した問題とは思っていなかった。自分たちがこうした活動にうつつを抜かしているわけではないことは、チェサピークの事業が順調に進んでいることで証明されている。それに自分たちは、ヘッジファンド会社の顧問を務めているだけで、それを運営しているわけではない、というわけだ。

実際のところ、マクレンドンやウォードの取引の影響を判断するのは難しい。トレーダーの推計によれば、天然ガス市場の動きのおよそ一〇パーセントはチェサピークに起因していた。そのため、チェサピークのヘッジ行為や天然ガス生産に関する判断などにより市場が影響を受けたこともあったとトレーダーは言う。それによりヘッジファンドが利益をあげた可能性はあるが、それを証明する確かな証拠はない。

マクレンドンもウォードも、ヘッジファンドや個人口座による取引が部外者にどう見えようが、さほど気にしなかった。商品市場はあまりに規模が大きいため、チェサピークの動向がわかったところで、それにより個人的な取引において有利になることも、不当なほど優位に立つこともないと思っていたようだ。

その当時は、マクレンドンやウォードを激しく批判する幹部は、周囲にほとんどいなかった。チェサピークの元幹部によれば、二人はもはやアメリカ実業界の大物と化していたため、スタッフも二人の判断になかなか異議を唱えられなかったという。だが間もなくこのヘッジファンドがニュースになり、きわめて都合の悪い時期に辛辣《しんらつ》な批判を受けることになる。

エネルギー王らしく財産を使う

チェサピークが新たな天然ガス源を発見すればするほど、マクレンドンの財産は増えていった。やがて押しも押されもせぬエネルギー王になると、この新たに獲得した財産をエネルギー王らしく使おうと考えた。

マクレンドンは以前から、大金を稼ぎ、裕福さを裏づける証拠を積み上げることに執着していたようだ。石油で財を成したオクラホマ州のカー家の出身ではあったが、一族のほかのメンバーとは違い、両親には桁外《けたはず》れの財産などなかった。マクレンドンを知る者の話によれば、彼はそれを不満に思い、カー家を上まわるほどの財産を手に入れようと固く心に誓っていたという。また、別の友人の話によると、マクレンドンは人生を楽しませてくれるものばかりに目をとめ、ほかの人が所有しているものをよく欲しがっていたらしい。それらすべてを手に入れたいという欲求に駆られていたのだ。

まずは家だった。マクレンドンはオクラホマシティにあるチェサピークの敷地の近くにある高級住宅地ニコルズ・ヒルズに、八〇〇平方メートル以上に及ぶ石づくりの邸宅《ていたく》を建てた。その後、その邸宅の裏にあった家も七〇万ドルで手に入れている。

マクレンドン夫妻はまた、バミューダ諸島のいわゆる億万長者通りにある家を八六〇万ドルで購入した。ニューヨーク市長マイケル・ブルームバーグや資産家のロス・ペロー、イタリアの元首相シルヴィオ・ベルルスコーニが所有する家の近くである。そしてさらに一二〇〇万ドルを投じてその不動産を改装した後、ウィンザー・ビーチの壮観な崖を見わたせる隣の家を一一〇〇万ドルで手に入れた。また、実業家ヘンリー・クレイ・フリックの子孫がかつて所有していた近隣の三万二〇〇〇平方メートルの不動産を二〇八〇万ドルで購入したが、後にそれよりわずかに高い価格で売り払っている。そのほか、ミネソタ州、ハワイのマウイ島、コロラド州ベイルにも不動産を所有していた。[*5]

マクレンドンはいつも、金銭の新たな使い道を探していた。後に聞いた話によれば、休暇でミシガン湖を訪れ、水上バイクに乗って遊んでいたときに、「湖畔《こはん》にきれいな家」を見つけると、[*6]すぐさま四〇〇〇万ドルでその家を買い取った。そしてさらに数百万ドルを投じて周囲の土地を一・三平方キロメートル以上購入すると、地元住民の反対にもかかわらず開発を進め、ホテル、九ホールのゴルフ場、マリーナ、一〇〇軒ほどの邸宅を備えた巨大リゾートにつくり変えたという。

さらに、マクレンドンには金のかかる趣味があった。たとえば、一二〇〇万ドルもの大金をかけて、オクラホマ州やその近隣の州の古地図を収集していた。顧問がロイターに語っていたところによれば、「議会図書館がうらやむような」コレクションだったという。そしてその古地図をチェサピークのオフィスに誇らしげに掲げ、会社の従業員や来客を驚かせていた。また、一〇万本以上に及ぶワインのコレクションがあり、こちらにも数百万ドルを投じていた。六リットルびんに入った一九四五年のムートン・ロートシルトは、およそ一〇万ドルもしたという。

「以前はワインのことなんか何も知らなかったのに、いまでは一九八二年のボルドーワイン専用の地下室を設けているほどだよ」と旧友は言う。

マクレンドンはこうした趣味に熱心になるあまり、個人的な売買の管理を専門に行なう、会計士、エンジニア、管理者から成るチームを立ち上げた。ＡＫＭオペレーションズと呼ばれるこのチームは、チェサピーク本社の別館にオフィスを与えられていた。このようにマクレンドンは、私事と仕事を混同する傾向があった。[7]

友人の話によれば、マクレンドンは自分や家族のために喜んで金銭を使ったが、寄付も積極的に行ない、それに伴う名誉や名声を楽しんでいたようだ。二〇〇一年には、妻とともにオクラホマ大学のスポーツプログラムに二〇〇万ドルを、三年後にはさらに五〇万ドルを提供した。その前後には、マクレンドンの母校であるデューク大学やヘリテージ・ホール高校にも多額の寄付をしている。慈善寄付の総額はおよそ一億ドルに及ぶ。

マクレンドンはやがて政治にも関心を示すようになり、共和党の候補者や保守的な利益団体への献金を始めた。自分には批判される余地などないと思っていたか、自分の行為が問題になるかもしれないことに気づいていなかったのだろう。二〇〇四年の大統領選の際には、マクレンドンが《真実を求める高速艇《てい》退役軍人の会》に二五万ドルを寄付したことが《ニューヨーク・タイムズ》紙に報じられた。民主党の大統領候補だったジョン・ケリーのベトナム戦争時代の兵役を疑問視するコマーシャルを放送して物議をかもしていた、共和党の大統領候補ジョージ・ブッシュの支持団体である。同年にはまた、ウォードとともに《一致団結して結婚を守るアメリカ人の会》にも一〇〇万ドル以上を寄付した。こちらは、同性婚に反対している団体である。

当時マクレンドンはこう語っている。「結婚は男性と女性との間で行なわれるべきだと思う。ゲイのカップルのパートナシップ関係には賛成する。私は何も、ゲイに反対しているわけじゃない。でも、やはり伝統的な結婚観を支持している。聖書に定められた秘跡《ひせき》は、男性と女性以外の形で行なわれるべきではないと思う」[8]

アメリカの真のエネルギー王になったマクレンドンは、実力で稼いだ財産を惜しげもなく使ったかつてのエネルギー王の伝統を踏襲《とうしゅう》していたと言っていい。一方トム・ウォードは、相棒とは趣《おもむき》の異なるエネルギー王になった。バイブル・ベルト〔キリスト教の聖書原理主義の影響が強いアメリカ南部や中西部地域を指す〕の実力者である。

ウォードにも、マクレンドン同様に大金を惜しみなく消費する傾向はあった。オクラホマシティやスコッツデールの郊外に大邸宅を所有していたほか、バミューダ諸島やバハマの不動産や、オクラホマ州西部の広大な土地を手に入れていた。ある時期には、所有する牛の頭数や牧場の面積でマクレンドンと国内一二《いちに》を争うほどだったという。

だがウォードは、こうした贅沢《ぜいたく》や浪費をひけらかそうとはしなかった。ほとんどの友人は、彼が不動産などの資産をどれほど所有しているか知らなかった。マクレンドンは高価なワインの価値を知らない記者をからかっていたが、ウォードはステーキ専門レストランを好み、記者にこう語っている。「一週間のうち、だいたい六日は夕飯にステーキを食べるよ。裏口を通ったときに香ってくるステーキのにおいが何よりも好きだね」

一見矛盾するようだが、ウォードは驚異的なペースでお金を稼いでは消費する一方で、それと同じぐらい信仰に身を捧《ささ》げていた。毎週日曜日の朝には、所属する福音派《ふくいんは》のクロッシングス・コミュニティ教会での礼拝に家族で出席した。そして礼拝が終わると、家族を妻に任せて自分は会社に向かった。

また、インディアナ州アンダーソンにあるチャーチオブゴッド教団所属のアンダーソン大学に数百万ドルを寄付し、チェサピークのオフィスで聖書研究会を定期的に開催した。

さらに、過密なスケジュールの合間を縫《ぬ》って、虐待された子どもや育児放棄された子どもの世話をするホワイト・フィールズという施設を妻とともに設立した。フランク・アルバーソンという若者の世話をしたのもそのころである。この若者は、ウォード夫妻の息子トレントの大学時代の友人だった。

アルバーソンは言う。「ぼくが生まれると、生みの親は養育を拒否して、ぼくを養子に出した。養父母も結局はぼくをインディアナ州の施設に預けたよ。陸軍士官学校を卒業すると、ぼくは一人になった。そのころのぼくは、さまざまな問題を抱えていた。だが二〇〇〇年の休暇の際に、トレントがぼくを実家に招いてくれた。そこでトムに会い、その家での仕事を紹介してもらった。そのとき、この家族の非公式の養子になったんだ」[*9]

マクレンドンはいわば、ジャン・ポール・ゲティの伝統を踏襲した。ゲティは、石油で数十億ドルもの財産を築くと、政治家に影響力を及ぼしたり、芸術品を収集したりするようになった。一方トム・ウォードは、もっと謎めいたエネルギー王ジョン・ロックフェラーの衣鉢《いはつ》を継《つ》いだ。ロックフェラーは、貧しい生い立ちを克服し、エネルギー事業を独占して財を成すと、生涯の大半を慈善事業に費やした。

ウォードのストレス

二〇〇五年八月下旬、ハリケーン・カトリーナがメキシコ湾岸を襲い、ニューオーリンズなどに未曽有《みぞう》の大災害を引き起こした。これにより天然ガスの生産設備が大々的に閉鎖された結果、天然ガス価格は急上昇した。災害直前には一〇〇〇立方フィートあたり九ドルだった価格が、一二月には一五・四〇ドルという記録的な値に達したのである。

だが、これほどのガス価格の変動があっても、チェサピークの株価にさほどの影響はみられなかった。カトリーナの被害から回復すればこのガス価格の高騰も収まるだろうと見なされ、一方で同社の株価が三〇ドル前後から伸びないことがわかると、チェサピーク本社内の緊張が高まった。

そのころになると、積極的な攻勢をしかけてくるXTOエナジーや、新興のEOGリソーシズなどとの間で、シェール層を確保する争いが激化していたからだ。こうした企業は、いまでは容易に投資家から資金を集め、土地の確保に大金を注ぎ込んでいた。

マクレンドンは、ライバル企業がアメリカ国内のどこかで有望な土地を取得したという話を聞くと、すぐさまウォードに電話し、「どうしてうちの会社じゃないんだ?」と尋ねた。マクレンドンはいつも礼儀正しく、相手に敬意を払うことを忘れなかったが、すぐむきになる一面もあった。

ウォードは、その土地が高すぎると判断した理由を説明した。マクレンドンはそれ以上何も言わなかったが、ライバル企業ではなくチェサピークがその土地を購入すべきだと思っていたのは間違いなかった。古くからの同僚は言う。

「オーブリーには、ほかの人たちが行なっている取引にかかわりたがる癖があった」

社内の緊張は高まる一方だった。マクレンドンとウォードは、ほかのライバル企業より高い給与を従業員に支払うことで、従業員も自分たちと同じように、朝早くから夜遅くまで、週末さえ返上して働いてくれることを期待した。

ある日、来客がオフィスを訪れると、さまざまな机の上にアスピリンの大びんが置いてあるのに気づいた。それについてある幹部に尋ねると、その幹部は「わが社ではこれを〝チェサピークのビタミン剤〟と呼んでいる」と答え、従業員のストレス緩和剤《かんわざい》として置いてあると説明したという。

なかでも、とりわけプレッシャーを感じていたのがウォードである。ウォードには、マクレンドンを失望させたくないという気持ちもあれば、マクレンドンに負けていられないという意識もあった。だが、そのころにはもう、土地の取得に多額の資金を費やすことに抵抗を感じるようになっていた。多額の負債に神経をすり減らしていたのだ。それでもウォードは、自分の感情を押し隠していた。そのため表面上は二人の間にいかなる対立もないかのように、たいていは敬意を込めて穏やかに相手と接していた。

「事実上、何の口論もなかった。生まれつき言い争いが好きではないからね」とウォードは言う。

だが、二人を近くで見ている人たちは、二人の間に溝が広がっていることを理解していた。マクレンドンのそばで働いている従業員たちは、バッケン・シェールなど新たなシェール層の取得に二の足を踏んでいるウォードにマクレンドンが苛《いら》ついているのを、肌で感じていた。

たとえば、ウォードがある会議でこう述べる。「まずは（バッケン・シェールでの）生産実績を調べさせてくれ。そのあたりの土地を買うのはそれからだ」

するとマクレンドンは、これ以上ウォードに何を言ってもむだだと気づき、その話題を打ち切ったという。

そのころのウォードは、自分の言いたいことを相手に伝えるために、よく受動攻撃的な態度をとった。たとえば、増加する一方の出費に対する自分の懸念を同僚に伝えようと、新たな土地取得が議論されているさなかに、フォルダーを閉じて部屋から出ていった。同僚の話によれば、マクレンドンらとの重要な会議に姿を見せなかったこともあるらしい。

チェサピークの元幹部は言う。「行動を見れば、何を考えているかわかる。相手をはっきり非難することはなかったが、反対しているのはわかったよ」

ウォードにしてみれば、負債が積み重なることより、いずれつけがまわってくることのほうが心配だった。新たなシェール層は生産実績があまりないため、それに大金を投じることに抵抗を感じたのだ。ある日の会議ではマクレンドンに、「わが社にはもう十分に（土地やガス井が）あるんじゃないのか？」と尋ねた。別の機会には、「（新たな土地を取得する）資金をどう捻出《ねんしゅつ》すればいいのかわからない」と訴えた。

やがてウォードは、ストレスや疲れを表に出すようになった。彼のチームはいまだ、アメリカ全土で売りに出ているガス井の埋蔵量を記載した何千枚もの報告書を検証しており、それがウォードの神経をすり減らしていた。見かねた友人や同僚は救いの手を差し伸べた。

たとえば、チェサピークの地権交渉人であるラリー・コショウはある日、ウォードの心をむしばんでいる仕事を「誰かに任せたほうがいい」と言った。また、別の機会には「私に何かできることがあれば言ってくれ」とも伝えた。

するとウォードは、助けを求めるのが恥ずかしいとでも言うように顔を真っ赤にした。

そのころから、ウォードがオフィスで怒りをあらわにすることが多くなった。二〇〇五年の暮れごろ、マクレンドンからリンデル・ブリッジスのもとへ、アーカンソー州のファイエットビル・シェール地域のガス井に関する質問を記したメールが届いた。ブリッジスとは、チェサピークがその地域での地盤を固めるのに貢献した同社の上級地質学者である。ウォードは自分の知らないところで部下がマクレンドンと連絡をとるのを嫌っていたため、ブリッジスはマクレンドンに返信する際には必ず、ウォードやほかの上級幹部を宛先に加えるようにしていた。

ところがマクレンドンは、こうしたメールの作法や決まりごとをウォードほど気にかけていないようだった。あるいは、ウォードともめごとを起こすのを望んでいたのかもしれない。いずれによせマクレンドンは、ウォードやほかの幹部を宛先に加えることなく、ブリッジスに質問のメールを送り続けた。ブリッジスはそれに返信するたびに、上司を宛先に加えた。そしてしばらく後に、ファイエットビル・シェール地域でのチェサピークの活動について、このままメールをやり取りしていてもらちが明かないため、実際に会って話をしたいという主旨のメールを送った。マクレンドンはそれに同意し、二人で会う日時を決めた。

だがブリッジスは、その直後になってふと、マクレンドンに宛てた最後のいくつかのメールの宛先にウォードを加えるのを忘れていたことに気づいた。そこでこの大失敗を取り繕《つくろ》おうと、すぐにウォードやほかの上級幹部に最後のメールを転送し、マクレンドンと会って話をする予定があることを伝えた。

すると数分後に、ウォードからこんなメールが来た。

「この件について、私のオフィスの会議室で話がしたい」

ブリッジスは、困ったことになったと思った。

翌日、ブリッジスはウォードのオフィスビルの大会議室に向かった。そこには、ウォードのチームの上級幹部六人が顔をそろえていた。テーブルの上座には、怒気《どき》を含んだ表情のウォードがいる。ウォードは、メールの決まりごとを破ったブリッジスを叱り、めったに見せない悪意を込めて難詰《なんきつ》した。「もう二度とするな」

ブリッジスはひどいショックを受け、いつ解雇されるかとびくびくしながら数週間を過ごした。ウォードがああいう問題に神経を尖《とが》らせていることを知りながら、メールにウォードの宛先を入れ忘れた自分を責めた。「もう終わりだと思った。本当に落ち込んだよ。（中略）トムも大変だったんだろうな」

結局ブリッジスが解雇されることはなかった。だが、こんなふうにウォードの態度が変わったのは、ウォードがますますストレスに打ちひしがれている証拠でもあった。当時のウォードは、朝は午前四時に出社し、夜は午後一〇時以降に帰宅していた。その後で、たまりにたまったメールに目を通すのである。

チェサピークは二〇〇五年だけで、エネルギー資産の取得におよそ五〇億ドルを費やし、一四〇万エーカー〔約五七〇〇平方キロメートル〕を手に入れた。最後の四半期だけで五〇万エーカー〔約二〇〇〇平方キロメートル〕である。一九九八年以降の土地取得費用の累《るい》計額《けいがく》は一〇〇億ドルを上まわる。アメリカではほとんど前例のないこうした土地取得攻勢は、実を結びつつあるように見えた。二〇〇〇年に一一六〇億立方フィート〔約三三億立方メートル〕だったチェサピークの天然ガス生産量は、二〇〇五年には四二二〇億立方フィート〔約一二〇億立方メートル〕を超えた。

だが、ウォードは憂鬱になるばかりだった。ウォードは、アメリカ各地にいる一〇〇〇人近い地権交渉人の活動など、チェサピークの実務を担当していた。そのため、あらゆる掘削について細部に至るまでかかわらなければいけないと感じていた。

そのころになると、土地やガス井の価格は上昇の一途をたどっていた。それでもマクレンドンはライバル企業より高い値を提示して土地取得を進めるよう主張したが、ウォードはもはや限界を感じていた。毎日のように、マクレンドンが提示する新たな戦略、新たな土地取得、新たな出費について無数の判断を下さなければならないのだから無理もない。

ウォードは当時を振り返って言う。「とても追いつけなかった。会社はアメリカ各地に手を広げており、一つひとつ精査などできなかった。そんな状態が一日中続くうえに、夜も週末もメールが来て、休む暇もない。こうして次第に、会社を運営していくのが難しくなった」

当時は住宅市場をはじめ、経済は好調を維持していた。そのため、大手エネルギー企業でさえアメリカ国内の土地取得に資金を投じるようになり、もはや掘り出しものなど見つからなかった。二〇〇五年一二月にはコノコフィリップスが、バーネット・シェール上の土地を所有する小規模石油・天然ガス生産会社バーリントン・リソーシズを、およそ三六〇億ドルで買収した。エネルギー業界では近年まれに見る規模の取引である。

マクレンドンは、チェサピークもエネルギー業界の変化に合わせていかなければならないと考え、こう主張した。たとえコストがかかっても、土地を蓄えておけば、いずれは天然ガスを産出し、チェサピークのためになる。そのため、なるべく早くエネルギー資産を手に入れることが重要だ、と。

だがウォードは、途方もない出費を重ねて財務の健全性を損《そこ》ないながら競争を続けることなどできないと思っていた。チェサピークがそのころ検証を進めていたシェール層にほとんど生産実績がなかった点にも、ウォードは抵抗を感じていた。チェサピークが買い集めている土地は、マクレンドンにとっては資産かもしれないが、ウォードには負債にしか見えなかった。そこを掘削するための費用が必要なうえ、掘削が成功する保証もないからだ。

「資金はいくらでも手に入るから、オーブリーは次から次へと土地を手に入れようとした。無謀もいいところだよ」。

投資家たちは、チェサピークに喜んで資金を提供した。

ウォードは苦しんだ。土地取引にこれほどの資金を投じるのはもうやめにしてほしい。そう思いながらも、友人でもある共同経営者と対立したくはない。

チェサピークの誰も知らなかったが、当時のウォードには、マクレンドンの度を超えた土地取得攻勢以外にも、対処しなければならない問題があった。いちばん下の息子のジェームズの飲酒が発覚したのだ。ウォードは、父や祖父のアルコール中毒に苦しんだ辛い過去を思い起こさずにはいられなかった。

袂を分かつ

二〇〇六年二月のある木曜日、ウォードは何もかもが嫌になり、自宅での静かなひとときの間にある決断を下した。

翌朝、マクレンドンのオフィスにまっすぐ向かうと、そこで驚くべき決意を伝えた。今日かぎりで会社を辞める、と。

二四年間一緒に会社を経営してきたマクレンドンは、衝撃を受けたようだった。引き留める言葉を何も言いだせないでいると、ウォードはさっさと部屋を出ていった。その日、ウォードはチェサピークの従業員にメールを送り、これまでの従業員の働きに感謝する言葉とともに、辞職する旨を伝えた。それは、ウォードが全従業員に宛てた初めてのメールだった。それを読んだ従業員のなかには、ショックを隠しきれない者もいた。とりわけウォード配下のスタッフは悲しみに包まれた。

同僚の話によれば、マクレンドンはその日一日を放心したように過ごしたという。自分とウォードとの間に隔《へだ》たりが生まれ、さまざまな判断で意見が一致しないようになったことには気づいていたが、そんな問題はいずれ解決できると信じていた。意見の不一致など大した問題ではないと思っていたため、ウォードが突然辞職することなど予想だにしていなかったのだ。

「腹に一撃を食らったような感じだった。いつかそんなこともあるかもしれないとは思っていたが、そのいつかがあの日だったとはね」[*10]

だが数日もすると、マクレンドンは以前の調子を取り戻した。生来の楽天主義が失望感に打ち勝ったのだろう。そしてただちに、ウォードの後任としてどの幹部を昇進させるべきか、一人でどのように会社を運営していくべきかを考える作業にとりかかった。

一方ウォードは、辞職した翌日の土曜日の朝、なじみのない感覚を抱きながら目を覚ました。何もすることがなかったのだ。土曜日の午前はいつも、配下の掘削チームとともに定例会議を開いていた。その日もいつもどおり朝早く起きたが、どこにも行くところはない。その事実に衝撃を受け、困惑した。

何をすればいい？　そう思ったという。

それから数週もの間、憂鬱な気分は晴れなかった。もはや無数のメールを受け取ることもないのもショックだった。まるで自分が忘れ去られたかのようだったからだ。妻のシュリーにはこんなジョークを言った。「メールを一日に三〇〇通もらうより、一日に三通しかもらわないほうが辛いね」。思慮深いウォードにしては珍しく突然辞職を決めたため、それにどう対処していいか自分でもわからなかった。

妻にこんなことまで言っていた。「これからの人生をどう過ごせばいいのかな？」

コンティネンタルはノースダコタで

ハロルド・ハムは、ノースダコタ州のバッケン・シェールの原油に狙いを定めると、そのアイデアにすっかり有頂天になった。だが、その地域の歴史を多少なりとも知っていれば、すぐに現実に引き戻されたはずだ。ノースダコタ州では、かつて石油ブームが起きて大騒ぎになったが、その後は痛ましい不況に見舞われていた。よそ者たちが逃げ出してもその地域に残らざるを得なかった地元住民は、とりわけ辛い日々を送っていた。

ノースダコタ州で初めてエネルギーが発見されたのは、一九五一年四月四日のことだった。ウィリストン市の東で掘削していたアメラダという会社の現場監督アンドリュー・デヴィッドソンが、ぼろ切れに火をつけ、それを宙に放り投げた。するとそれが、地中から噴き出していた目に見えない天然ガスの流れをとらえ、一〇メートルほど上空へ舞い上がった。言い伝えによれば、そのぼろ切れは日暮れまで空を舞い、一五キロメートル以上離れたところまで飛んでいったという。デヴィッドソンらはそれを見て、この地下に掘り出されるのを待っている天然ガスがあることに気づいたという。[*11]

たちまちこの噂は広まり、山師たちが続々とノースダコタ州にやって来た。デヴィッドソンは地元の有名人になり、《タイム》誌もこの大発見を特集記事で紹介した。[*12] 間もなく新たな鉱床がいくつも発見され、それにより生み出される利益も増えた。ところが数年もすると、せっかちな山師たちの期待に応えられるほどの天然ガスを生産できなくなり、希望も夢も打ち砕《くだ》かれる結果となった。

たとえば、ハムの友人のマイク・アームストロングは一九八九年当時、ノースダコタ州に五〇万エーカー〔約二〇〇〇平方キロメートル〕の土地を所有していたが、いくら掘削しても期待していたような成果がなく、結局賃借契約を更新しなかったという。「中古のフォルクスワーゲンを買うお金さえなくなった。うんざりだったね」

その後ずっと、この地域は掘削業者から見放されていた。一九九〇年代半ばには、ロイヤル・ダッチ・シェル、ガルフ・オイル、テキサコなどの大手石油会社が、モンタナ州の高原地帯での操業をやめ、産出がなくなった何百もの油井やガス井を放棄し、採掘権の賃借契約を打ち切った。

なかでもバッケン・シェールは、古くから注目を浴びながらも期待外れの結果に終わっていた。三億六〇〇〇万年以上前に形成されたこの地層は、一九五三年に発見された。バッケンという名称は、この地層が地表に露出している土地を所有していたノースダコタ州タイオガの農場経営者ヘンリー・バッケンに由来する。

一九六〇年代の一時期には、ジョージ・ミッチェルがこのシェール層に興味を抱き、一エーカーあたりわずか四ドルで数十万エーカーの土地を賃借した。だが、初期生産結果は有望だったものの、間もなく白旗をあげた。「われわれには、こいつをうまく利用できなかった。失敗だよ。理由はわからない。だから見切りをつけ、その土地を手放した」

一九九九年には、アメリカ地質調査所デンバー支局に勤めるリー・プライスという地球化学者が、ノースダコタ州の古い油井を一〇〇基以上精査し、バッケン・シェールの上下二つのシェール層の間には高品質の原油が四一三〇億バレルも含まれているとの推計を提示した。アメリカ全体を活気づかせるほどの量の原油である。

だが、髪をポニーテールにまとめ、重量挙げの選手としても活躍していたプライスを、まともな学者ではないと考える業界関係者がほとんどだった。それにプライスは二〇〇〇年、その調査内容が同業者の審査を受けて公表される前に、心臓麻痺《まひ》でこの世を去っている。同年、モンタナ州石油・天然ガス保護委員会は、同州の原油生産がいずれゼロにまで減少するとの予測を発表した。

同州の地質学者ジム・ハルヴォーソンは当時、《ウォール・ストリート・ジャーナル》誌にこう語っている。「私の予測により町の灯りが消えるのではないかと思った」[*13]

一九九〇年代には、バーリントン・リソーシズなどの企業が、バッケン・シェールの掘削をいくつか行なった。だが、一九九〇年代末になっても事態が好転することはなかったらしく、スーパーチェーンの経理担当者を父に持つ山師のリチャード・フィンドリーは、年間わずか四万五〇〇〇ドルの利益しかあげられなかった。そのため、いつまでこの仕事を続けていけるか不安になり、キッチンのテーブルで妻と今後どうすべきか話し合った。

「でも、いつも同じ結論に達した。私は地質学しか知らない。興味が持てるのはそれだけ。だから続けるしかなかった」とフィンドリーは言う。

しかし、バッケン・シェールの中間にあるドロマイト層に膨大な量の原油があると思う地質学者は一部だけであり、大半の掘削業者はバッケン・シェールを「救済地帯」と見なしていた。つまり、もっと深い地層を掘削して失敗したが、そこに投じた時間や資金を無駄にしたくないという掘削業者が、わずかばかりの原油を採取する場所である。バッケン・シェールからそれ以上の原油を採取しようとしても、出費がかさむだけだった。少なくとも、当時誰もが行なっていた垂直掘削では、そういう結果にしかならない。

フィンドリーは言う。「バッケン・シェールは禁句になった。誰もその話を聞きたがらなかったよ」

しかし、やがて水平掘削技術が完成すると、フィンドリーはライコ・エナジーと協力してモンタナ州の土地一〇万エーカー〔約四〇〇平方キロメートル〕以上を賃借した。そしてミドル・バッケン層に焦点を絞り、コンピューター制御の傾斜掘削モーターを使い、そこを水平に掘削すると同時に、フラッキングで岩盤に刺激を加えた。こうして二〇〇〇年代前半には、エルム・クーリー地区で驚異的な成功を収めた。

だがフィンドリーは、モンタナ州では成功を収めていたものの、ノースダコタ州側のバッケン・シェールについてはいまだ懐疑的だった。「ノースダコタ州では、エルム・クーリーほどよい傾向が見られなかった。だから、（有望なのは）州境までだと思っていた」。フィンドリーは数年後この地域の開発から手を引くが、後にはもっと北に広がるカナダ側のバッケン・シェールに取り組むことになる。

ハム率いるコンティネンタルは、ノースダコタ州でもモンタナ州と同じ程度、あるいはそれ以上の成功を収められることを証明しようとしていた。

試行錯誤

二〇〇四年三月のある寒い晴れた朝、土地の境界を示す杭《くい》もわからないほど雪が積もっているなか、コンティネンタルのチームはノースダコタ州で最初の油井の水平掘削とフラッキングを始めた。

コンティネンタルはいまだ弱小企業だったため、ブライアン・ホフマン〔探査チームの主要スタッフ。243頁～参照〕らは資金を節約するため、ディバイド郡の《ロバート・ヒューアー1-17》という坑井を利用することにした。二三年前に掘削されたものの、ふたをされ、遺棄《いき》された坑井である。既存の坑井を使えば、地中を垂直に掘削する費用を負担しなくてすむ。一カ月ほどそこから水平に掘削を行ない、フラッキング水を送り込むだけでいい。

様子をうかがいに来るライバル企業のスパイを追い払うため、定期的に作業を中止しなければならなかったが、それでも掘削は大した遅れもなく進んだ。

コンティネンタルは、二四〇キロメートルにわたって延びるネッソン背斜《はいしゃ》に沿って掘削していた。背斜とは山状に褶曲《しゅうきょく》した地層の尾根の部分を指す。ホフマンらは、この隆《りゅう》起部《きぶ》に沿って原油が蓄積されているのではないかと考えていた。「母なる自然のおかげで仕事が楽になるかもしれない」。掘削を始める前にホフマンはハムにそう言った。

だがハムは、コンクリートのような緻密な岩石層に多額の費用をかけていちかばちかの掘削を行なうことにいまだ不安を拭《ぬぐ》いきれず、友人数名に声をかけ、この取り組みへの出資を求めていた。

ところが実際には、それほど心配する必要もなかった。この最初の掘削は大成功だった。するとハムはただちに、ノースダコタ州の土地の賃借をさらに進めるよう地権交渉人に命じた。ホフマンやスタークの予測どおり、この州でモンタナ州より多くの原油を産出できるのは間違いないような気がしたからだ。桁外《けたはず》れの成功が手の届くところにあった。

しかし二〇〇五年、もう一つ油井を掘削すると、原油はわずかしか出てこず、水ばかりが坑井にあふれてきた。ほかの場所を掘削しても結果は同じだった。スタッフは、最初の油井はまぐれ当たりだったのだと悟《さと》った。

ホフマンは言う。「そこに原油があることはわかっていたが、うまく利用できなかった」

ノースダコタ州のバッケン・シェールは、モンタナ州のバッケン・シェールとはまったく違っていた。三層から成るシェール層の最上層に穴を開けると、その岩石層が崩落してしまう。その岩石は、現場作業員の手で粉々に砕けるほどもろかった。

「ショックだったよ」とジャック・スタークは言う。

フラッキングもうまくいかなかった。フラッキング水はどこまでも進み、ときにはバッケン・シェール層の外にまで達した。そうなれば無駄であるばかりか、水がたまっている地層にまで亀裂を広げてしまう。フラッキングにより水ではなく原油を手に入れたかった現場スタッフはこの結果に辟易《へきえき》し、それを「ヘイルメアリー・フラッキング」と呼んだ〔「ヘイルメアリー」とはアメリカンフットボールの用語で、ゲーム終盤に最後の賭けとして行なわれるロングパスを指す〕。成功の見込みがきわめて低いからだ。まるで地表に大槌《おおづち》を打ちつけ、亀裂を入れたくない地層も含め、すべての地層に亀裂を入れているかのような状況だった。

　土地取得・掘削・フラッキングの費用が積み重なり、コストは数百万ドルに及んだ。二〇〇三年に二〇〇万ドルしか稼げなかった会社にとっては、かなりの額である。当時コンティネンタルはこの地域で一日あたり二〇〇バレル前後の産出があり、原油価格は一バレル六〇ドルを超えてなお上昇していたが、それぞれの油井ごとにおよそ六〇〇万ドルものコストがかかる。これではまるで利益をあげられない。

　二〇〇五年、コンティネンタルは資金不足に陥り、ノースダコタ州のバッケン・シェール開発プロジェクトの中止を決めた。失敗続きのプロジェクトにさらに資金を注ぎ込めば、会社が破綻《はたん》してしまう。その決定に、この岩石層の可能性を信じていたホフマンや現場スタッフは不満をもらしたが、ハムにそれ以外の選択肢がないこともわかっていた。

「本当に悔しかったよ」とハムは言う。

　そのころハムは、私生活上の問題も抱えていた。二〇〇〇年、定期健康診断で二型《にがた》糖尿病と診断された。それを機に、この病気に関する調査を始め、穀物や野菜を多くとり、糖尿病の研究や予防に多額の寄付をするようになった。自分が暮らしている地域で糖尿病が蔓延《まんえん》していることを知ったのもそのころである。

「糖尿病が蔓延している。オクラホマ州では特にね。この地域の人はみな、ネイティブ・アメリカンの血を引いているのかもしれない。このあたりには三九の部族がいるが、ネイティブ・アメリカンの間で広く蔓延しているようだから」*14

　二〇〇三年にはさらに別の問題を抱えることになった。妻のスー・アンがこれまで住んでいたイーニッドの家を離れ、二人の娘とともに、そこから一六〇キロメートルも離れたオクラホマシティに引っ越した。友人の話によれば、スー・アンは娘たちを大都市の私立学校に通わせたかったのだという。ハロルドも、妻を追ってオクラホマシティに向かったが、そのころにはすでに二人の間に亀裂が広がっていたようだ。裁判記録によれば、二〇〇五年一〇月にスー・アンが離婚を申請したが、二カ月後にはそれを取り下げている。

別の裁判記録に記載されたハムの証言によると、夫婦は二〇〇五年秋にはすでに別居していたという。だが、スー・アンはそれに異議を唱えている。同じ年、スー・アンは自宅に監視カメラを設置して夫の行動を監視し、浮気をしていると確信したというのだ。それらしい場面が少なくとも一度はあったらしい。*15

ハムは私生活ではこれらの問題に苦しみ、ノースダコタ州のバッケン・シェールでは資金不足に陥っていた。そのうえ、エネルギー業界が活気づいているいま、不満を抱いている従業員をライバル企業に奪われるおそれもある。何らかの解決策を打ち出す必要があった。

結局ハムは涙をのみ、ノースダコタ州の資産の半分を売却することに決めた。そんなことはしたくはなかったが、売却すれば、コンティネンタルがバッケン・シェールの可能性を引き出す方法を模索していく費用を捻出することはできる。

コンティネンタルは投資銀行家を雇い、二五の石油会社に売り込みをかけた。大企業にも中規模の企業にも零細企業にも、バッケン・シェールの資産を提示した。だが、ヘスやバーリントンといった企業がコンティネンタルの成果に目を通してくれたものの、どこも買収に関心を示してくれなかった。

ハムは、担当の銀行家がまじめに仕事をしていないのではないかと考え、銀行家を猛烈に非難した。ライバル企業がこの有望な土地に興味を示さない理由が、ほかにあるとは思えなかったのだ。銀行家たちはいっそう努力を重ねたが、誰もコンティネンタルの土地に手を出そうとはしなかった。

「誰もあの土地の可能性を信じていなかった」とジェフ・ヒュームは言う。

マーク・パパのEOGリソーシズ

ノースダコタ州には、コンティネンタルが見落としていた場所があった。コンティネンタルが買い集めていた土地の東、マウントレイル郡のパーシャルという町の近くの八〇万エーカー〔約三二〇〇平方キロメートル〕にわたる区画である。この土地を見落としていたのも無理はない。

一九八〇年代後半、大手企業のマラソン・オイルがこの地域で少なくとも五つの油井を掘削したが、結局この地域は見込みがないと判断して撤退していた。その後一〇年以上にわたり、この場所に手を出そうとする企業はほとんどなかった。だが二〇〇三年、この地域に改めて注目すべきときが来たと考える者が現れた。七七歳になる地質学者マイケル・ジョンソンである。

ジョンソンの家族の歴史は、ジョージ・ミッチェルの家族の歴史に似ている。ジョンソンの父もやはり貧しいギリシャ移民であり、アメリカに来た直後に名前を変更している（エフスタティオス・ヤナコプロスという名前をサム・ジョンソンに変えた）。

マイケル・ジョンソンは、マウントレイル郡がバッケン・シェールのくずと考えられていることを重々承知していた。だが、水平掘削を利用すれば、最低の土地を最高の土地に変えられることも知っていた。ジョンソンにはこの土地が、コンティネンタルなどが成功を収めているモンタナ州北東部のエルム・クーリー地区にそっくりに見えたのだ。

二〇〇五年、七九歳になったジョンソンは、ヘンリー・ゴードンとボブ・ベリーと共同で、パーシャル地区の土地およそ四万エーカー〔約一六〇平方キロメートル〕を一エーカーあたりわずか三ドルで賃借した。この額を見れば、大半の人がこの地区の土地を無価値と見なしていたことがわかる。ある競売では、彼ら以外に入札者が一人もいなかったという。

だが、エネルギー業界のベテランから成るこの三人組には、「パーシャル鉱脈」と命名していたその土地すべてを掘削できるほどの資金がなかった。そこで、近隣で積極的な事業を展開していたマーク・パパ率いるＥＯＧリソーシズなど、十数社に土地を売りに出した。ＥＯＧなどの会社が、ジョンソンらに若干の権益を残したまま、その土地を買い取ってくれることを期待していたのだ。

その六年前までＥＯＧは、ヒューストンに本社を置く巨大エネルギー企業エンロンの一部門であり、当時はエンロン・オイル＆ガスと呼ばれていた。だがエンロンが成長するにつれ、同社の幹部は、パパが率いるこの部門に価値を見出せなくなった。この部門の中心事業は、石油や天然ガスの取引ではなく、その探査だったからだ。エンロンにとって魅力的だったのは、実入りのいい取引事業のほうだった。

そこで一九九九年夏、エンロンはこの部門を分離独立させて別会社とした（パパはこれを「実に見苦しい離婚劇」と称した）。独立後のＥＯＧは、投資家から見向きもされなかった。そのころエンロンは、アメリカでも屈指の一流企業と見なされていた。そのエンロンがＥＯＧを切り捨てたのなら、ＥＯＧに出資する価値はない。ウォール街はそう考えた。

パパは言う。「わが社は傷物のように見なされた。この会社のどこかに問題があるのではないかと大半の人が思っていた」

二〇〇一年にエンロンが経営破綻《はたん》すると、投資家も徐々にＥＯＧに興味を寄せるようになったが、ＥＯＧはエネルギー大手にはほど遠い存在だった。それに、ペンシルベニア州ピッツバーグ出身のパパは、根っからの山師というわけではなかった。この寒さが厳しい街から逃げ出したいという思いから、石油工学の勉強を始めたにすぎない。

「エネルギー会社というのはたいてい気候が温暖な場所にあったから、この業界がいいかなと思ったんだ」

だがパパは、好奇心にあふれていた。二〇〇三年、ジョージ・ミッチェルの先例にならい、バーネット・シェールでの天然ガス採取に成功すると、天然ガスを豊富に含んでいそうなほかの場所にも興味を抱くようになった。二〇〇四年初頭にボストンで開催された会議ではこう述べている。

「アメリカの国土の半分は、地下にシェール層がある」

パパは、この岩石層には原油も含まれているのではないかと考えた。「当時の業界の常識では、シェール層の孔隙《こうげき》はきわめて小さく、原油の分子は天然ガスの分子よりはるかに大きい」ため、シェール層から原油があふれ出すことなどないと考えられていた。だがパパも同僚も、シェール層に期待を寄せた。「数十億バレルもの原油を手に入れられる可能性が少しでもあるのなら」、この仮説が正しいかどうか検証してみる価値はある。

そう判断したのは、パパがその年、ＥＯＧの地質学者とともに、一二メートルものシェール層のコア・サンプルをＣＴスキャナーにかけて詳しく調べてみると、そこに網目状に走る亀裂の通路が見つかったからだ。それを見た彼らは、シェール層は大理石のように緻密で透過性が低いと見なされているが、実際にはその孔隙は原油を十分に採取できるほど大きいのではないかと考えた。間もなくＥＯＧは、モンタナ州のエルム・クーリー地区の土地を賃借し、そこでの地盤を確立した。

さらに二〇〇五年には、ノースダコタ州西部でも広大な土地を賃借した。ジョンソンらが四万エーカーの土地を売りに出したと聞くと、それも買い取り、その地域でもいちかばちか試してみることにした。

二〇〇六年四月、ＥＯＧはパーシャルで最初の油井を掘削した。実際のところ、当時のＥＯＧは、原油よりも天然ガスの探査を重視していた。それでも、いずれシェール層から原油を採取するコツがわかるのではないかと思い、ジョンソンの土地を買い取って掘削してみたのだった。

パーシャル地域での最初の油井は大失敗に終わり、一日に一〇〇バレルも採取できなかった。それでもあきらめずに掘削を続けると、最初の大失敗の直後に驚くほどみごとな成果が続いた。結局、ＥＯＧのパーシャル油井は部分的に大成功を収め、初期生産で一日に五〇〇〇バレル以上の原油を産出した。原油価格が上昇していたこともあり、一部の成績のよい油井のおかげでコストは一年もかけずに回収でき、みごとな黒字転換を果たした。後にわかったことだが、この地域の岩石層に閉じ込められている原油は、きわめて高い圧力にさらされているため、採取にはうってつけだった。

ジョンソンが賃借した土地の多くは、四年もしないうちに契約期限が切れてしまう。そのためＥＯＧは掘削のペースを上げた。ＥＯＧはコンティネンタルとは違い株式公開企業だったため、株式投資家や社債投資家から資金を手に入れやすく、それも掘削を進める一助となった。だがその一方でＥＯＧは、かつての親会社であるエンロンが恥ずべき内部崩壊を起こした後は用心深くなり、自社の成果については固く口を閉ざしていた。

それでも、パーシャル地区でのＥＯＧの成功の噂はやがて外部に漏れた。すると一部の業界関係者の間に、バッケン・シェールなど、開発が困難と見られていたシェール層からも原油を採取できるのではないかとの期待が広まった。ハロルド・ハム率いるコンティネンタルは、専門家やライバル企業の予想どおり、ノースダコタ州の土地で手痛い失敗を喫していた。いまやそんな彼らの目前に、手強《てごわ》い競争相手が迫っていた。

シェニエールへの追い風

二〇〇三年、シャリフ・スーキは、テキサス州の州境を越えてすぐのところにあるルイジアナ州サビンパスにＬＮＧ輸入ターミナルを建設する費用の工面に奔走《ほんそう》していた。そのころになるとシェニエールの株価は多少上がり、三ドルで取引されていた。それでも、スーキがこれほどコストのかかる巨大ターミナルを建設できるとは、誰も思っていなかった。

だがスーキは間もなく、思いがけない筋から吉報を手にいれることになる。

二〇〇三年前半、連邦議会の議員たちが、天然ガス価格の上昇が有権者の重荷になるのではないかと不安を抱くようになった。それまでの冬の寒さがことのほか厳しく、また寒い季節が巡ってくればエネルギー価格が急騰するおそれがあったからだ。そこで政治家たちは、連邦準備制度理事会議長アラン・グリーンスパンにアドバイスを求めた。アメリカの金融政策の「マエストロ」との異名を持っていた人物である。

二〇〇三年六月一〇日、グリーンスパンは下院エネルギー・商業委員会で証言し、アメリカの危機的状況を訴えた。「ガス井の掘削を増やしても、純生産量を大きく増やすことはできないようだ」と述べ、天然ガス価格の急騰に懸念を示したのだ。実際、一〇〇〇立方フィートあたりの天然ガスの価格は、二〇〇〇年七月にはわずか二・五五ドルだったが、一年前には三・六五ドルまで上昇し、証言当時は五・二八ドルに達していた。

「アメリカでは、クリーンな電力源として天然ガスの需要が増え、基本的には北アメリカでの生産のみに頼っている供給を圧迫している。（中略）天然ガスが比較的豊富にあり価格も安かった以前の時代に戻れる見込みは、当分ないだろう」

グリーンスパンのコメントは、ただちに国民の広い関心を呼んだ。安価な天然ガスを供給できなくなるというその主張は、アメリカはおろか全世界がエネルギー不足に陥りつつあるという懸念と軌《き》を一《いつ》にしている。一九五六年、シェルに雇われていた短気だが聡明なテキサス州出身の地質学者マリオン・キング・ハバートが、世界が石油や天然ガスの不足に陥りつつあることを証明するモデルを作成した。民主主義を廃止して科学者に権限を与えるべきだと主張していたハバートは、そのモデルに基づき、一九七〇年代前半までにアメリカの石油生産は頭打ちになり、二〇〇六年ごろには世界の石油生産も横ばいになると予測した。

ハバートの理論を信奉していたベルリン出身のイギリス人石油エンジニア、コリン・キャンベルはこう説明している。

「ビール好きなら誰にでもわかる実に単純な理論だ。最初はグラス一杯にビールが入っているが、しまいには空になる。飲むペースが速ければ、それだけなくなるペースも速くなる」[*16]

エネルギー業界は何年もの間、石油ピーク理論と呼ばれるこのマルサス主義的な主張を受け入れようとしなかった。ところが、一九七〇年にアメリカの石油生産が本当に頭打ちになり、その後にオイルショックが起きると、ハバートの主張が正しいのではないかとの懸念が広がり始めた。そのため、グリーンスパンが警告を発したころにはもう、石油や天然ガスの生産の最盛期はとうに終わったという共通認識が生まれつつあった。

だが、グリーンスパンは解決策を用意していた。委員会の席でこう述べたのだ。アメリカは、液化天然ガスを大々的に輸入すればいい。そうすれば、世界中で生産されている安価な天然ガスを入手できる、と。

そしてさらに、シャリフ・スーキの口から出てもおかしくないような言葉を口にした。「世界中で供給されている天然ガスを入手するには、LNGターミナルの輸入能力を大幅に強化する必要がある」

アラン・グリーンスパンがそう訴えると、スーキの立場はがらりと変わった。突如として政府のお墨《すみ》つきを得たのだ。まるで、なかなか芽が出ず俳優の道をあきらめかけていた男が、マーティン・スコセッシ監督から次世代のマーロン・ブランドだと言われたようなものだ。それから数週間もしないうちに、顧客になってくれそうな企業や投資家がスーキの戦略に関心を寄せるようになり、シェニエールの株価は六ドルまで跳ね上がった。投資家たちはこう考えたのだ。グリーンスパンがそう考えているのなら、規制当局の承認を受けるのも難しくはない。それに、アメリカは天然ガス不足に陥りつつあり、いずれLNGを輸入しなければならなくなるとグリーンスパンが言うのなら、本当にそうなのだろう、と。

スーキは言う。「突然、売り口上の前半部分を言う必要がなくなった。それまではまず、天然ガスの価格は間もなく三、四ドルを超えるという話から始めなければならなかったんだが、これで最初の四五分《しご》の説明を省略できるようになった」

さらにこうも述べている。「こちらの頭がいかれているとは誰も思わなくなった」

スーキらが連邦エネルギー管理委員会を訪れ、ルイジアナ州のプラント建設の承認を求めると、このような申請は数年ぶりなので調査に時間がかかると言われたが、スーキは自信に満ちあふれていた。シェニエールの買収に興味を示す企業もいくつか現れたが、スーキはその提案を拒否した。そのころにはもはや、輸入ターミナルの建設は可能だとかつてないほど確信していたからだ。複数のターミナルを建設できる自信さえあった。

　二〇〇三年一二月、マイケル・スミス〔250頁参照〕の会社がダウ・ケミカルやコノコフィリップスと、スーキが手がけた最初のターミナルでLNGを再ガス化する契約を結んだ。すると、その施設の三〇パーセントを所有していたシェニエールの株価はさらに上がった。

　それから一年もたっていない二〇〇四年夏、シェニエールは独自に、フランスのトタルやアメリカのシェブロンとの契約をまとめた。サビンパスに建設するターミナルを通じて、二〇年にわたり毎日一〇億立方フィート〔約二八〇〇万立方メートル〕の天然ガスを輸入する契約である。その合意内容によれば、この大手グローバル企業二社は、シェニエールのターミナルにある巨大貯蔵タンクまで液化天然ガスを輸送する。タンクは、五〇メートル以上（一七階建てのビルに相当）の高さがあり、アメリカンフットボールの競技場ほどの広さがある。マディソン・スクエア・ガーデンがほぼそのまま入るほどの大きさだ。

　シェニエールはそこで、巨大なジャグジーのように作動する一六の気化モジュールを使って、超低温で液化されているガスを加熱し、再び気体に戻す（「再ガス化」）。そして、ターミナルと近隣のパイプラインとを結ぶパイプに天然ガスを送り込み、トタルやシェブロンがアメリカ全土でガスを販売できるようにする。契約では、この一〇億立方フィートの再ガス化費用として、シェニエールが両社それぞれから年間一億二五〇〇万ドルを受け取る。一〇億立方フィートというのはだいたい、シカゴ規模の都市の暖房・調理用のガス需要を四日間満たせるほどの量であり、アメリカ全体の一日のガス需要のおよそ三パーセントに相当する。

　この事業はいわば、スーパーに置いてある硬貨換金機のようなものだ。ポケットにたまった小銭をその機械に入れて手数料を支払えば、使いやすい紙幣に換金してくれる。それと同じように、シェニエールが大手エネルギー企業から手数料を受け取り、その企業がアメリカに持ち込んだLNGを再ガス化する。それが、シェニエールに可能な唯一のビジネスだった。

　数カ月もしないうちにスーキは、風変わりなアイデアを触れ歩く無名の夢想家から、アメリカを救うかもしれない企業経営者となった。そのころになるとすでに、北アメリカで検討中のＬＮＧターミナル新設・拡張計画が四〇もあったが、ほかの企業もシェニエールが定めた価格条件を踏襲した。スーキはまさに、ＬＮＧ革命の先頭に立っていた。

　かつてスーキを避けていた投資家も、いまではシェニエールに喜んで投資した。その結果、同社の株価は急騰し、二〇〇四年末には六〇ドルを超えた。シェニエールはたちまち、新たに発行した三億ドル分の株式を売りさばくとともに、債券の販売を通じて八億ドルを手に入れ、ＬＮＧ受け入れターミナルの建設に必要な資金を工面した。二〇〇五年三月、ターミナルの建設に着手すると、同社は株式を二分割した。シェニエールに関心を寄せる投資家はまだたくさんいるという自信があったからだろう。スーキはついに夢を実現しつつあった。

　二〇〇五年夏、二つのハリケーン（カトリーナとリタ）がメキシコ湾岸を襲った。この災害を教訓に、シェニエールのターミナルも将来の激しい嵐に備えて設計を変更したため、建設のスケジュールがやや遅れた。だが、このハリケーンによりアメリカの天然ガス価格が急騰すると、ほかのエネルギー生産業者も、外国からアメリカに天然ガスを輸入する方法を模索するようになり、間もなくエクソンやコノコ、シェルといった大手企業の上級幹部がスーキに会いにやって来た。外国のＬＮＧをアメリカで販売するため、シェニエールのターミナルを使ってＬＮＧを再ガス化してもらいたいという。

　それを受けてスーキが、アメリカ各地に複数のＬＮＧターミナルを建設する予定だと告げると、ウォール街の投資家やアナリストは沸《わ》きたった。当時のアメリカは、一日に五〇〇億立方フィート〔約一四億立方メートル〕近い天然ガスを産出していたが、わずか五年後には四〇〇億立方フィート〔約一一億立方メートル〕まで産出量が落ちるだろうと予想されていた。シェニエールを通じて輸入される天然ガスは、アメリカの明かりを灯《とも》し、アメリカの都市を暖め続けるのに欠かせないものになろうとしていた。

　二〇〇五年が終わるころになると、シャリフ・スーキの勢いを妨《さまた》げる材料は一切なくなっていた。シェニエール最大の株主だったスーキは、いまや一億ドルを超える資産を所有していた。ヒューストンの高級住宅地メモリアルパークに三七〇平方メートルの邸宅を購入したほか、コロラド州の不動産や、定員一一人の自家用ジェット機ボンバルディア・チャレンジャーも手に入れた。

「何もかも最高だったね」とスーキは言う。

第一〇章

強気のマクレンドン

オーブリー・マクレンドンは、トム・ウォードがチェサピーク・エナジーを去るのを望んではいなかった。意見の不一致はいつでも克服できると思っていたうえに、ウォードが抱えているストレスを十分に理解していなかったため、辞職を告げられたときには愕然《がくぜん》とした。

だが、ウォードが去ったいま、マクレンドンは望みどおりに会社を運営できる自由を手に入れた。ウォードは、コストがかかるマクレンドンの提案によく反対していた。いまなら、シェール層がある土地をもっと買い集めることができる。

この岩石層の掘削が成功するかどうかはわからなかった。大手の石油・天然ガス企業はいまだ、シェール層が広がる地域にほとんど目を向けていない。しかもそれには、もっともな理由があった。確かに、バーネット・シェールなど一部のシェール層では、かなりの量の天然ガスが産出されている。だがそれが、世界を変えたわけでもなければ、アメリカを変えたわけでもない。二〇〇五年にシェール層から産出された天然ガスは、アメリカでの全産出量の五パーセントにも満たない。

それでもマクレンドンは、そこに賭けるのをやめようとは思わなかった。二〇〇六年、チェサピークは土地の取得におよそ四三億ドルを投じた。その大半が、ウォードがいれば反対していたであろう生産実績などまったくない土地である。

その一方で、同じ年に一〇〇〇を超える坑井を掘削した。それにより借金がさらに二〇億ドル近く増え、負債の総額は七四億ドルとなった。実のところ、チェサピークが取得した土地の大半で、「生産保持」条項が定める基準がいまだ達成されていなかった。生産保持条項とは、生産性のある坑井を掘削できなければ土地を所有者に返すという条項である。そのため掘削のペースを上げないわけにはいかなった。

やがて二〇〇七年になると、一部の投資家がマクレンドンの土地取得攻勢に不満を訴えるようになったため、マクレンドンは土地取得のペースを落とすことに同意した。だが二〇〇七年一月、レストラン《アイホップ》でロニー・イラニという地元の石油エンジニアに会って話を聞くと、さらに土地を取得したい衝動を抑えきれなくなった。

イラニはマクレンドンの前のテーブルに地図をいくつも広げ、ワイオミング州のパウダー・リバー盆地と呼ばれる地域に注目している理由を説明した。そこのナイオブララ・シェールという岩石層から五〇億バレル以上の原油を採取できるのは間違いないらしい。

「バッケン・シェールにそっくりだった」とマクレンドンは言う。

マクレンドンはイラニの言葉に魅了された。当時、チェサピークの全生産量に占める原油の割合は一〇パーセントにも満たなかった。優位を確立している天然ガスに加え、石油でも成功を収めれば、マクレンドンは真のエネルギー王になれる。イラニはそのチャンスを提示していた。マクレンドンは秘書に電話して次のミーティングをキャンセルし、イラニとの話を続けた。

やがてチェサピークとイラニは、そのシェール層の土地一〇〇万エーカー〔約四〇〇〇平方キロメートル〕を取得する極秘の取引をまとめ、第三者の仲介業者に依頼して秘密裏に取得を進めた。だが間もなく、チェサピークが土地を取得しているという噂が漏れ、価格が高騰した。二〇〇七年初めには一エーカーあたりわずか一一ドルだった価格が、瞬《またた》く間に九〇〇ドルを超えた。

だがマクレンドンは、真の山師のようにホームランを狙いに行った。

後にこう説明している。「この業界の歴史を見ればわかるように、テクノロジーが変化するときに真っ先に行動を起こし、新たな土地で独占的な地位を確立した者が勝者になる」[*1]

ところが、こうしたシェール層への向こう見ずな投資に対して、今度はチェサピークの役員たちが疑問を抱くようになった。彼らはこう主張した。一般的な見解によれば、アメリカでも世界でも、原油や天然ガスの生産は、簡単になるどころか難しくなりつつある。実際、シェール層の坑井も最初はかなりの成果をあげるが、たちまち産出が減少してしまう。アメリカ国内にこだわり、開発が困難なシェール層に賭けるのは、リスクが大きいうえに負債が重なるばかりだ、と。

　こうした懸念を表明していた役員のなかには、チャールズ・マクスウェルもいた。二〇〇二年にチェサピークの役員に加わった七〇歳の業界アナリストである。マクスウェルは石油ピーク理論を固く信じ、チェサピークがコストをかけて積極的に土地を取得しても、天然ガスの生産量が急増するわけではないと確信していた。

「私は一一年間モービル・オイルに勤めていたが、大手石油会社の仲間たちは、さほどコストをかけずにシェール層から十分な量の天然ガスを採取できるとは思っていなかった」

　マクレンドンは、シェール層から出た証拠を提示して、新たな技術を使えばかつてないほど天然ガスを採取できるようになると訴えた。ほかの企業がエネルギーを生産するのは難しくなりつつあるかもしれないが、チェサピークはそうはならない。

「われわれならできるし、試してみる価値はある」。マクレンドンは取締役会でそう主張すると、さらに説得を続けた。天然ガスの価格は今後も間違いなく上昇する。だからこそ、この機会にさらに多くの取引をまとめ、「一生に一度」のチャンスをつかむべきだ。それに天然ガスは、二酸化炭素の排出量が石炭のおよそ半分、石油の三分の二でしかなく、環境に与える影響も少ない。

　やがて、マクスウェルもほかの役員も、マクレンドンの主張を受け入れた。マクスウェルは後にこう述べている。

「これからまったく新たな産業が始まるのではないかという気がした」*2

　だが、一つだけ問題があった。マクレンドンが進めている土地取得への支出額は、チェサピークの収入も、最高財務責任者のマーク・ロウランドが新規取得に割り当てていた予算も超えていた。

　二〇〇七年春には、ロウランドがマクレンドンに悪いニュースを伝えた。「オーブ、資金不足になりそうだ」

　するとマクレンドンは言った。「じゃあ、一〇億ドル起《き》債《さい》しよう」

　ロウランドは、クレディ・スイスやUBSなどの大手グローバル銀行や、投資信託などの大手機関投資家に連絡をとり、債券を売り込んだ。すると投資家たちは、即座に一〇億ドルを差し出し、チェサピークの優先債《ゆうせんさい》を購入してくれた。マクレンドンやチェサピークのチームを信頼していたため、チェサピークの幹部との面談を求めることもなければ、電話会議を開いてチェサピークが信用できる理由を説明するよう要請することもなかった。

ロウランドは、投資家がすぐに小切手を切ってくれるだろうとは思っていた。だがチェサピークには、土地の賃借や掘削に支出しているほどの収入がない。それでもマクレンドンは、シェール層などの土地の取得をさらに拡大したいと思っている。それなら、投資家からさらに資金を工面する新たな方法を見つけだすしかない。

そのころ、マクレンドンのデューク大学時代の友愛会の仲間であるラルフ・イーズが、投資銀行ジェフリーズの幹部を務めていた。そこでロウランドとマクレンドンはイーズに電話を入れ、この問題の解決に手を貸してくれるよう頼んだ。

「資産を手に入れるには、お金が必要だからね」とマクレンドンは言う。

やがて彼らは、ウォール街の銀行家たちから、ボリューメトリック・プロダクション・ペイメント（ＶＰＰ）と呼ばれる高度な資金調達法があることを教えてもらった。この手法の仕組みはこうだ。チェサピークは、ウォール街の投資銀行が設立した仲介企業に今後数年にわたり石油や天然ガスを提供する見返りに、前渡金《まえわたしきん》として現金を受け取る。そして投資銀行が、その仲介企業の株式をヘッジファンドや銀行に販売する。

投資銀行は早速、ケンタッキー州やウェストバージニア州のガス井から今後産出される天然ガスの権益に興味があるか、さまざまな投資家に打診してみた。マクレンドンとロウランドは、この取引で五億五〇〇〇万ドル程度の資金が集められればいいと思っていた。ところがかなりの需要があったため、結局一一億ドルもの資金を手に入れることができた。*3

チェサピークはその後、定期的にＶＰＰを利用するようになり、この種の取引を一〇回ほど重ねて六〇億ドル以上に及ぶ資金を工面した。もはや収入だけでは支出のニーズを満たせないチェサピークは、かつてないほどウォール街の銀行家や投資家に依存するようになっていた。

そのためマクレンドンは公の場に頻繁《ひんぱん》に姿を見せ、天然ガスやフラッキングやシェール層掘削の広報活動を積極的に展開するようにもなった。チェサピークの注目度は高まり、関心を寄せる投資家は増える一方だった。エネルギー業界には、環境を汚染する貪欲な事業者というレッテルを貼られるのを怖れ、目立つ行動を控える幹部が多かったが、マクレンドンは臆《おく》することなくスポットライトのもとに身を投じ、「アメリカの土地で産出されたクリーンな天然ガス」を称揚《しょうよう》した。

チェサピークは「アメリカの天然ガスを推進します」という新たなキャッチフレーズを採用し、フォートワース地区のあちこちに俳優のトミー・リー・ジョーンズを配した看板を立てた。さらに、天然ガス掘削を推進するオンラインテレビ局《シェールTV》を設立する計画も立ち上げた。マクレンドンが天然ガスの需要を増やす活動を展開すればするほどチェサピークの収支は改善し、ウォール街は拍手喝采《かっさい》を送った。

マクレンドンは、アメリカの天然資源の擁護者を自認し、アジアやアフリカやオーストラリアに目を向けたことは一度もないと主張した。「私は、みなさんの周囲によくいるような、アメリカから一歩も出たことのない人間だ。（中略）アメリカには見るべきものがたくさんある。それで十分満足している」[*4]

マクレンドンはまた、大手石油企業をからかっては楽しんでいたようだ。大手企業はいまだアメリカのシェール層には目もくれず、海外での事業を重視し、外国政府との取引を進めていた。そのころ、マクレンドンはある記者にこう語っている。「アメリカの資産は、一晩明けたらクーデターや新たな税制の被害にさらされていた、なんてことはない」[*5]

マクレンドンは、いかにもアメリカ的なエネルギー業界のスターとなった。アメリカはおろか世界を一新してやると意気込んでいる新世代の山師を代表する存在である。

散財

マクレンドンのなかで自信や野心がふくらむにつれ、浪費への欲求もふくらんでいった。チェサピークの事業を拡大するだけでは飽き足らず、オクラホマシティを世界クラスの都市へと発展させることに情熱を抱くようになったのだ。二〇〇六年夏、マクレンドンはウォードと再び手を組み、各界に影響力を持つ地元の友人クレイトン・ベネットとともに、プロバスケットボールチームのシアトル・スーパーソニックスを三億五〇〇〇万ドルで買収した。

当初ベネットは、チームを失うことを怖れていたシアトル市民を不必要に刺激しないように、チームの本拠地をオクラホマシティに移転するつもりはないと主張していた。ところが、チームを二〇パーセント所有していたマクレンドンが、この買収劇についてオクラホマシティの《ジャーナル・レコード》誌に尋ねられた際に、思わずこう漏らしてしまった。「チームをシアトルに留《とど》めておくために買収したわけではない。最初からこの地に移転させるつもりだった。オクラホマシティでは財政的に少々厳しくなるのはわかっている。だが、コミュニティにとってはいいことだから、収支が合いさえすればそれでいい」[*6]

こうしてオーナーたちがチームを移転させるつもりだったことを認めてしまったため、マクレンドンは全米バスケットボール協会のコミッショナーであるデヴィッド・スターンから、二五万ドルという記録的な罰金を科された。それから二年後、チームはオクラホマシティに移転した。

マクレンドンは、自分の会社が一流扱いされるのを望んでいたように、オクラホマシティの価値が正当に評価されることを望んでいた。これまでオクラホマシティは、エネルギー産業の不況により厳しい状況にあった。一九九五年には、アメリカ政府に不満を抱くティモシー・マクヴェイという若者が、強力な爆弾でアルフレッド・P・マラー連邦ビルを爆破する事件を起こしている。これに伴い、近隣の三〇〇を超える建物が崩壊・損傷し、六歳未満の子ども一九人を含む一六八人が死亡した。

マクレンドンはオクラホマシティの現状を懸念し、世界クラスの文化都市として再生させる決意を固めた。オクラホマシティの評判が上がれば、チェサピークに必要な優れた人材が集まってくるかもしれない。この街の発展に貢献すれば、感謝されることはあっても損になることは一つもない。

「街が死んでいたら、最高の従業員になれる人物がやって来ない。若い人は特にね」

マクレンドンはその一環として、チェサピークの本社を、シリコンバレーの大企業さえうらやむようなスペースに変えた。本社の敷地内に、六七〇〇平方メートルもの広さを誇るフィットネスセンターや、オリンピックサイズのスイミングプール、技術の粋《すい》を凝《こ》らした医療センターを設けた。また、身だしなみを整えた若い警備員に敷地内を巡回させ、訪問者をチェックするなど、治安が徹底的に管理されているような雰囲気を生み出した。

チェサピークはさらに、地元の店舗を買い取り、クラッセン・カーブと呼ばれる高級ショッピング街をつくった。そしてそこに、スポーツ観戦ができるガストロパブや、ビーガン向けに未加工の料理を提供するグルメレストランを開店させるとともに、自然食品チェーンのホールフーズの店舗を誘致した。ロイターがまとめたデータによれば、チェサピークは二億四〇〇〇万ドル以上を投じ、地元の不動産を少なくとも一〇九は買い取ったという。

地元の政治家は、こうした活動を惜しげもなく称賛した。オクラホマシティの外れ、チェサピークの本社があるニコルズ・ヒルズの市長ソディ・クレメンツは、こう述べている。「町にはそれだけのお金がないが、彼にはある」[*7]。《デイリー・オクラホマン》紙は、マクレンドンを「一人だけで好景気をもたらす男」と呼んだ。

二〇〇七年のある日、高校時代の知人アート・スワンソンから連絡があり、マクレンドンに壮大なアイデアを提案した。「億万長者はみなゴルフコースを所有している。だがきみにはサーキットのほうがふさわしい」

マクレンドンはこのアイデアを気に入り、ドイツのポルシェの工場でテストドライバーとして働いていたフリッツ・リギアを紹介されると、ますます色めき立った。リギアは間もなく、このプロジェクトについて話し合うためオクラホマ州にやって来た。

マクレンドンは早速、オクラホマシティから車で三〇分ほどのところにあるアーケイディアにサーキット用の土地を購入した。だが、ゴルフコースも欲しかったため、有名なゴルフコース設計者のトム・ファジオを雇い、サーキットの内側にコースを設計させた。いわば、ドイツのニュルブルクにあるモータースポーツの複合施設《ニュルブルクリンク》のアメリカ版を建設しようというのである。真のエネルギー王になるというのが、驚くほどの金銭を投じて桁外れの遊興を楽しむことであるのなら、マクレンドンはまさにその道を歩んでいた。

あとには引けない

二〇〇七年夏になると、天然ガスの価格が少しずつ下降を始めた。供給が増えつつある証拠である。そこでチェサピークは九月、ほかの天然ガス生産業者と協調して価格の低下を抑えようと、天然ガスの生産を六パーセント削減した。マクレンドンはまた、投資家に会社の支出を削減する予定だと述べ、二〇〇八年と二〇〇九年は資本支出を一〇パーセント切り詰めることを約束した。

ある電話会議ではアナリストにこう述べている。「ここは堅実に手綱を緩め、市場のバランスを取り戻す」[*8]

当時、大半の専門家は、供給が増えて価格が下落したのは、その年の冬も夏も比較的過ごしやすい気候だったため、冷暖房に使うガスの需要が減ったからだと考えていた。そのほか、ここ数年天然ガスの価格が上がっていたため、消費者や企業がガスへの依存を減らしつつあるからではないかと考える専門家もいた。

政府は九月、国内の天然ガスの在庫がおよそ三兆立方フィート〔約八五〇億立方メートル〕に達したと発表した。一年のその時期にしては記録的な量である。だが、注目すべきことが起こりつつあると考える人はほとんどいなかった。供給が多いのは需要が低迷しているからであって、アメリカのシェールガス生産に特別なことが起きているわけではないと大半の人が思っていた。実際、その前年も一時的に天然ガスの供給が過剰になったが、価格はすぐに回復している。専門家が気づかないうちに何らかの変革が起きているとは、とても思えなかった。

案の定、需要が供給を上まわるのではないかという懸念から、二〇〇七年の暮れには天然ガスの価格は回復し、原油の価格も急騰した。

二〇〇七年末、シェール層の土地の価格が記録的なレベルに達した。そのころチェサピークは、フロイド・ウィルソンというエネルギー業界のベテランが経営する新興企業ペトロホークと土地取得競争を展開していた。マクレンドンとウィルソンは、ウォール街で資金を調達していた点でも、ルイジアナ州北部からテキサス州東部にかけて広がるヘインズビル・シェールに膨大な量の天然ガスがあると確信していた点でも同じだった。二人は、天然ガスの生産の急増が見込めるルイジアナ州の有望な土地を確保しようと、入札合戦を繰り広げた。マクレンドンもチェサピークも、もうあとには引けなかった。

ウォードの復帰

二〇〇六年初め、トム・ウォードはチェサピーク・エナジーを退職したことに伴う離脱症状に苦しんでいた。エネルギー鉱床を見つけたときや、予期せぬ利益が手に入りそうなときに感じていた感情の高まりが忘れられない。そのため、キャリアの再開を決意するのも早かった。当時まだ四六歳だったウォードは、アメリカにはまだ見過ごされているガス鉱床があると確信していた。それに、オーブリー・マクレンドンの助けがなくても、自力でエネルギー帝国を築けることを証明したくもあった。

オクラホマシティでは数少ない高層ビルの一つ、バリアンス・バンク・タワーにオフィスを開設したウォードは、早速自分が保有する現金の使い道を探し始めた。そして数週間もしないうちに、テキサス州アマリロの石油業者マローン・ミッチェルとの取引をまとめ、五億ドルでミッチェルの会社の実質的な支配権を手に入れた。この会社は、テキサス州西部にピニャン・ガス田という広大な資産を所有していた。

ウォードはこうしてエネルギー業界に返り咲いたが、シェールガスを追うマクレンドンとはまったく違う道を選ぶことにした。ピニャンには大量の天然ガスが埋蔵されていたが、そこはチャート層であり、掘削にコストや手間がかかるシェール層とは違う「在来型」の岩石層だった。ウォードは間もなく自社名をサンドリッジ・エナジーと改称したが、これは、数十年前から掘削されてきた砂岩《さがん》などの岩石層を狙うという意図を示している。マクレンドンやチェサピークはシェール層にいくらでも資金を投じるがいい。自分は旧来の岩石層でエネルギーを見つける。ウォードはそう考えていた。

それから数カ月後、ウォードはニューヨークの投資家にして億万長者のカール・アイカーンに取引を持ちかけた。アイカーンはいくつものエネルギー会社をまとめ、ナショナル・エナジー・グループという法人を設立していた。ウォードは、その事業を自分の新会社と合併させるつもりはないかとアイカーンに提案した。

だがアイカーンはためらった。ウォード自身には好意を抱いていたし、聡明な人物だとも思っていたが、ウォードとマクレンドンがチェサピークであれほどの資金を投じていた点に不安を感じていたからだ。実際、以前ナショナル・エナジー・グループの人間にこう語っている。「あの二人は金を使いすぎる」

アイカーンが気乗りのしない返事をすると、ウォードはしばらく後に別のアイデアを携《たずさ》えて戻ってきて、アイカーンにこう告げた。「あなたの会社を買収させてほしい」

アイカーンには自分の会社を売却するつもりなどなかった。だが、ウォードがあまりにその会社のエネルギー資産の買い取りを熱望しているようなので、売り値を吊《つ》り上げてウォードの反応を見てみることにした。アイカーンは、その資産の価値が一〇億ドルを超えることはないと思っていたが、ウォードがどれほど買い取りたがっているかを試してみようと、もっと高い値を提示した。

業界関係者の話によると、アイカーンはウォードに「一五億ドル」を要求したという。

だがウォードはひるむことなく、「その資産を買い取ります」と応じた。

最終的な話し合いの結果、アイカーンは現金で一二億ドルを受領し、残りの三億ドルはサンドリッジの株式で受け取ることに決まった。かなりの高値で売却でき、現金も十分に手に入ったため、少しぐらいの間はウォードの会社の株式を保持していてもいいと思ったのだ。

ウォードはチェサピーク時代には口数が少なく、幹部会議の席でも無言で会社の戦略を練っているだけだった。ところが、自分の新会社のアイデアをウォール街に売り込むときには、きわめて社交的で、説得力に満ち、驚くほど滑《なめ》らかな弁舌を駆使した。そのため投資家たちも、アイカーンとの取引に必要な資金を喜んで提供してくれた。

マクレンドンも《ジャーナル・レコード》紙の記者にこう語っている。「トムは、周囲の人間が思っているほど寡《か》黙《もく》な男ではない」

やがて複数の投資銀行から連絡があり、ウォードの新会社の新規株式公開を支援するとの申し出があった。なかには、この会社をチェサピークの再来だと考える投資銀行もあった。だがアイカーンは、ウォードの会社への疑念をいまだ払拭《ふっしょく》できず、サンドリッジの新規株式公開と同時に、自分が所有する二〇パーセントの株式を売却することにした。

サンドリッジの新規株式公開が目前に迫っていた二〇〇

七年初秋のある日、ウォードはアイカーンにあるニュースを伝えた。「あなたには包み隠さずに言います。私の会社の株式には一八ドルの値がつけられていますが、人気銘柄なので、三〇ドルの初値がつくと思います」

「それはすごいな」とアイカーンは応えた。

ウォードはわざわざアイカーンにこう警告したのだ。新規株式公開と同時に一八ドルで手持ちの株式を売却するなんて、お金をどぶに捨てるようなものだ、と。だがアイカーンは、それでも自分はウォードの新会社から手を引きたいと主張した。証券取引法の規定によれば、新規株式公開時に株式を売却しなければ、それから六カ月間は株式を処分できない。アイカーンには、それほど長期にわたりサンドリッジの株式を保持しているつもりはなかった。

やがて新規株式公開が行なわれると、予想どおりウォードの会社には三〇ドルを超える初値がつき、会社の市場価値はおよそ三五億ドル、ウォードが保有していた株式の価値は一二億ドルとなった。もはやウォードに、チェサピーク・エナジーやオーブリー・マクレンドンの助けがいらないことは明らかだった。

コンティネンタルvs. EOG

ハロルド・ハムは、バッケン・シェール掘削の資金繰りに苦労していた。ぜひとも必要な資金を調達するため一部の土地を売却するという計画は頓挫《とんざ》していたうえ、株式公開企業のEOGとの競争が激化していた。

結局ハムは、ノースダコタ州での事業をすべてあきらめるのではなく、掘削やフラッキングを継続して行なうものの、そのペースを大幅に落とすことにした。現金を節約し、ほかの事業で生まれた余剰金のみを使うことになった。

だが、何らかの飛躍的進歩があるとはとうてい思えなかった。一九七〇年には九六〇万バレルもあったアメリカの一日あたり石油生産量は、二〇〇六年春には五四〇万バレルにまで落ち込み、供給の六〇パーセントを輸入に頼っていた。ジョージ・W・ブッシュ大統領は、二〇二五年までに中東から輸入される石油の七五パーセントをエタノールなどの代替エネルギーに替える目標を設定していた。テキサス州で石油会社に勤めていた経験もあるブッシュでさえ、アメリカの石油生産の増加を促しても無駄だと思っていたのだ。「アメリカは石油漬けだ」。二〇〇六年のある重要な演説で、大統領はそう警告している。

そのころ、モンタナ州のバッケン・シェールでは、三〇〇を超える油井から一日あたり四万八〇〇〇バレルもの原油が産出されていた。アメリカ本土四八州で過去五〇年間に発見されたものとしては、最高の産出量を誇る陸上油田である。だが大手石油探査会社は、この地域を例外と見なし、モンタナ州やノースダコタ州での事業にまったく関心を寄せなかった。

ハムも、こうしたマイナス材料に落胆していたはずだ。しかしその一方で、ジョージ・ミッチェルがバーネット・シェールで成功する前にどんな経験をしていたかを知っており、ミッチェルがみごと困難を乗り越えた事実に勇気をもらっていた。数多くの産業がアメリカのテクノロジーにより生まれ変わってきたのだから、エネルギー産業も技術進歩によりいずれ生まれ変わる。ハムはそう信じていた。「実験を繰り返すほかない」。フラッキングが成功し、ノースダコタ州でも原油の採取が可能になることを願い、部下にそう語った。

ハムの狩りや釣りの仲間であり、ノースダコタ州の一部の油井で共同作業をしていたマイク・アームストロングが、その場所での掘削に疑問を投げかけたときも、ハムは希望を捨てるなと言い、こう訴えた。「マイク、これはテクノロジーの問題なんだ。（中略）いずれテクノロジーが追いつく」

アームストロングは、その言葉を真に受けなかった。ハムよりも前からノースダコタ州で掘削を行なっており、それだけ失望感も大きかったため、土地の賃借は続けたが、それ以上の投資はやめた。資金を投じる価値があるとは思えなかったのだ。「失敗続きだったから、もうこの地域を信用できなくなっていた。臆病者だったからね。本当に最悪の状態だった」

二〇〇六年初め、《ウォール・ストリート・ジャーナル》紙のジョン・フィアルカが、バッケン・シェールでの石油生産の取材に来た。この地域で掘削している業者を世間知らずの楽天家と見なしていた同僚たちは、フィアルカの行為をあざ笑った。「《ウォール・ストリート・ジャーナル》のエネルギー担当グループは口をそろえて、私のことを頭がおかしいと言った」とフィアルカは言う。

同年四月、フィアルカは編集長を説得し、同紙の一面にその取材記事を掲載させた。その記事にはこんな予想が記されていた。「バッケン・シェールは、近年アメリカで発見されたなかでは最大規模の油田として、アラスカ州のプルドー湾をしのぐことになるかもしれない」

だがその記事が扱っていたのは、モンタナ州東部で掘削していたリチャード・フィンドリーなど小規模な企業の事業だけだった。ハムやコンティネンタルについては、二一〇〇語に及ぶ記事のなかでついでに語られることさえなかった。フィアルカはこう記している。「この成功において珍しいのは、（中略）ヘディントンやライコといった小企業が重要な土地の大半を確保していることだ」[*9]

ハムのチームはいまだ、ノースダコタ州のバッケン・シェールに効果的に亀裂を入れる方法を見つけられないでいた。水、砂、化学物質の混合液をこの岩石層に注入すると、坑井の垂直部分に近い岩石（水平部分の手前側の岩石）には亀裂が入る。ところが混合液は、それ以上奥の岩石には届かない。掘削チームの言葉を使えば、坑井の「かかと」には届くのに、「つま先」には届かない。フラッキング水は垂直部分の近くであちこちに分散してしまい、坑井の先端までたどり着かないため、ほとんど原油を採取できないのである。

多段階フラッキング革命

ハムは、地質学者やエンジニアと議論を闘わせ、ほかの業界関係者から最新テクノロジーの情報を収集した。するとある日、ＥＯＧなどのライバル企業が、現場で新たなフラッキング法を採用し始めているという噂を耳にした。バッケン・シェールで人気を博しつつあるその方法は、数年前にニック・スタインスバーガーらがバーネット・シェールで試した手法と基本的には同じだが、大幅に改良が加えられていた。いつか亀裂が入るだろうとはかない望みを抱いて、ただ水平井《せい》を掘削して岩盤に液体を注入するのでなく、坑井の一部の区間を封鎖して、その区間の岩盤に集中的に混合液を注入するのである。ＥＯＧのマーク・パパ配下のエンジニアたちが生み出したイノベーションだった。

具体的には、空間を密閉する器具や特殊なガスケットを用いて、坑井のある区間を封鎖し、その密閉空間にフラッキング水を送り込み、そこの岩盤に集中的にぶつけて亀裂を入れる。それが終わったら次の区間へと移り、フラッキング水がほかの区間に分散することのないよう「密閉装置」を使ってその区間を封鎖し、その区間にピンポイントでフラッキング水を投入する。そしてまた数十メートル先の区間へ移動し、同じ作業を繰り返す。

つまり、水平井《せい》を各区間に分け、それぞれの区間でフラッキングを行なって原油を流出させるのである。十数回同じ作業を繰り返せば、全体のフラッキングは完了する。坑井を区切り、段階的に集中的なフラッキングを行なうこの手法により、バッケン・シェールのような著《いちじる》しく頑丈で緻密な岩石層からでも、かなりの量の原油が採取されつつあった。

ただし、この新たな掘削方法はコストがかかった。ノースダコタ州での掘削・フラッキングにこの手法を採用すれば、油井一基あたりおよそ八〇〇万ドルかかる。ちなみに、段階的なフラッキングを採用しなければ、油井一基あたりの費用は四〇〇万ドルにも満たない。だがコンティネンタルのスタッフはただちに、このフラッキング法により採取できる原油の量を大幅に増やせる可能性があることを理解した。

そのころにはまた、シェール層からそれることなく、三キロメートル以上にわたり水平に掘削する技術も開発されつつあった。これまでのおよそ二倍にあたる距離である。この「長距離水平」掘削技術により、新たな多段階フラッキング法は完璧なものになった。

数年前、バーネット・シェールに取り組んでいたミッチェル・エナジーのニック・スタインスバーガーらが、シェール層などの頑丈な岩盤に亀裂を入れるのに理想的なフラッキング水を開発した。また、オリックス・エナジーの専門家らが、水平掘削の技術を完成させ、水平に広がる岩石層から原油や天然ガスを効率的に採取できるようにした。すると、デボンやコンティネンタルがフラッキング技術と水平掘削技術を組み合わせ、原油や天然ガスの生産を急増させることに成功した。

そしていま、エネルギー業界の技術革新は新たな段階に達した。EOGの多段階フラッキング革命により、セメントのように堅い岩盤でも、短区間ごとに集中的にフラッキングを行なうことで、原油や天然ガスを流出させることが可能になった。

コンティネンタル、上場を追求

二〇〇六年の暮れ、コンティネンタルのエンジニアたちは、バッケン・シェールや石灰岩層での作業に新たなフラッキング法を採用した。すると、採取できる原油の量がいきなり増え、幹部たちに自信を与えた。そこで彼らは、バッケン・シェールの直下にあるスリー・フォークスと呼ばれる岩石層にも目をつけた。まだ確実なことが言える段階ではなかったが、そこにも原油が豊富に含まれているように思えたのだ。コンティネンタルの会議の席で、ある地質学者が地質図に記されたこの岩石層に赤いペンで「新たな有望層！」と書きなぐったところを見ると、よほど期待が高まっていたのだろう。

二〇〇六年、コンティネンタルは原油や天然ガスの生産により二億五三〇〇万ドルの収益をあげた。バッケン・シェールからの収益は一〇パーセントにも満たなかったが、それだけの収益があれば新規株式公開には十分だった。ハムは、バッケン・シェールの掘削を続けていけば、いずれ現金が必要になると考えていた。株式を公開すれば、有利な金利で借入できるうえ、人材の確保でもEOGなどに対抗できる。また、自身が保有する同社の株式の一部を現金化し、四〇年にわたる重労働の褒美《ほうび》を受け取ることも可能になる。

だが、ハムやヒュームやスタークが投資信託などの機関投資家に会って株式の取得を促すたびに、厄介な質問に悩まされた。コンティネンタルはいまだ、従業員が三〇〇人未満の小企業にすぎない。それに、コストのかかるバッケン・シェールの掘削で利益をあげるには、一バレルあたりの原油価格がおよそ五〇ドル以上でなければならない。二〇〇六年末には、一バレルあたりの原油価格は六〇ドル強だったが、いつまた下落しないとも限らない。

バッケン・シェールでの石油生産には、ほかの問題もあった。その地域には、一日あたり一万バレルの原油を採取できる油井が一つもない（ちなみに、有名な海外の海上油田になると、一日に一〇万バレル以上の原油を産出する）。一日に四〇〇〇バレル前後の初期生産がある油井はいくつかあるが、それさえまれだ。たいていの油井は、一年目に一日あたり八〇〇バレル前後の軽質スイート原油を産出した後、二〇〇バレルから八〇〇バレルに落ち着いてしまう。こうした産出量の低下は、この地域の油井の今後に対する疑念を引き起こした。

一部の専門家は、ほかの緻密な岩石層（ほかのシェール層など）の油井やガス井同様、バッケン・シェールの油井も生産が安定していて信頼できることに気づいていた。コンティネンタルのエンジニアも、この地域の油井なら、今後も長期にわたり一日に一〇〇バレル以上の原油を生産できると思っていた。それに、バッケン・シェールは広大であるため、この地域のあちこちに油井を無数に掘削することで、産出量を増加させられる。

だが、投資家のなかにはこう言う者もいた。それはそれでいいのだが、コンティネンタルはバッケン・シェールで一日に七〇〇〇バレルしか原油を生産していない。取得したおよそ三四万二〇〇〇エーカー〔約一四〇〇平方キロメートル〕のほとんどは、いまだ未開発のままだ、と。また、ある投資信託会社の幹部はハムにこう尋ねた。バッケン・シェールでの生産が激減しない「証拠がどこにある？」

二〇〇七年五月初め、ハムは一〇日にわたるロードショー〔株式公開前にさまざまな機関投資家に向けて行なわれる会社説明会〕を実施し、投資家に自社株を集中的に売り込んだ。このロードショーには、現場のスタッフから有望な成果を示すデータを受け取っていたスタークやヒュームも参加していた。だがそれは、投資家に提示できるような正式なデータではなかった。説明会の際に、未加工の企業データを表示した携帯端末をヘッジファンドの幹部に見せるのは、慣例的にも法的にも適切な行為とは言えなかった。

ヒュームは言う。「生産が増えるのはわかっていた。だが、それをきちんと示すことができなかったから、相手は生産が増えるかどうか確信が持てなかった」

また、新たな掘削法やフラッキング法が、コンティネンタルが取得したノースダコタ州の土地すべてで成功するとは限らないと言う投資家もいた。ある投資家はハムらにこう尋ねた。「その手法はどこでも通用するのか？」

それでも、ロードショーの半ばごろまでは、ハムは大半の投資家の関心を引くのに成功していたようだ。コンティネンタル株の販売を担当していたメリルリンチの投資銀行家二人は投資家たちに、ハムはアメリカ最後の山師だと紹介していた。実際、ハムの語り口は飾りけがなく率直かつ明快で、有望な投資候補者たちに好印象を与えた。そのためメリルリンチの二人は、新規株式公開では一七ドルか一八ドルの値がつくのではないかと予想していた。

そのころ、イーニッドにあるコンティネンタル本社では、ブライアン・ホフマンなどの主要スタッフが新規株式公開を心待ちにしていた。株式公開の一環として、彼らも株式を受け取ることになっていたからだ。社内の噂では、コンティネンタル株にはかなりの需要があるため、二〇ドル以上の初値がつくのは間違いないとのことだった。ホフマンは、ほかの人気会社の新規株式公開のように、もっと高くなる可能性もあると思っていた。

事態はよい方向へ向かっているかに見えた。そんなロードショーのさなかのある日、コンティネンタルの幹部とメリルリンチの銀行家二人がデンバーでの投資説明会を終え、優雅なブラウン・パレス・ホテル&スパでディナーを楽しんでいると、銀行家の一人に電話がかかってきた。バッケン・シェールで掘削を行なっていたビル・バレットとセント・メアリー・ランド&エクスプロレーションという公開会社二社が、経営難に陥ったという。二人の銀行家、クリストファー・マイズとアーロン・フーヴァーは、ハムに正直にこう述べた。コンティネンタルの新規株式公開にとっては実にまずい事態だ。これからは株式を売り込むのが難しくなるだろう、と。

テーブルについていた全員がハムに目を向けた。

ハムは陰気に「ついていないな」とつぶやいた。意気消沈しているようだった。

「このまま続けるのか?」とコンティネンタルのある幹部が尋ねる。

銀行家二人はハム次第だと答えた。新規株式公開の成績が悪ければ、有利な金利で融資を受けるのが難しくなり、会社の運営に悪影響を及ぼしかねない。

ハムは答えなかった。こんな事態になったことが信じられなかった。今後も掘削がうまくいくことはわかっていた。コンティネンタルは、石油が豊富に含まれていると思われるネッソン背斜《はいしゃ》に狙《ねら》いを絞っている。一方、経営難に陥ったライバル企業二社は、この背斜の西のほうで掘削を進めていた。

ハムはその晩、自分の部屋に戻ると、新規株式公開をこのまま進めるべきかどうかを検討した。そして翌日、株式公開を進めることに決めた。もう引き返せないところまで来ていたからだ。幹部たちにはこう述べた。「先へ進めることにする。(投資家たちを)何とか説得しよう」

結局、コンティネンタルは株式の販売に成功したが、その価格はわずか一五ドルだった。ハムによれば、「うまくいくような気がした」のだが、投資家たちはそうは思ってくれなかったらしい。「嫌な思いをしたよ」

ハムもスタッフも、この期待以下の株価にがっかりした。

誰よりもショックを感じていたのはホフマンだろう。取引の初日、株価が一四・一〇ドルまで下がると、ホフマンは本気で心配になった。だが、地質学には精通しているが、株式市場についてはほとんど知識がないため、コンティネンタルの弁護士のもとを訪れ、投資家たちがなぜコンティネンタルの新株に背を向けているのかと尋ねてみた。

だがその弁護士は、ホフマン同様に株式市場には詳しくなかったようで、それは商品価格が低いからだと答えた。実際には当時、石油価格は上昇を続けており、下落してはいなかった。

ホフマンは、ノースダコタ州のバッケン・シェールをハムに勧めた張本人であり、ハム同様にこの地域を有望視していたが、コンティネンタルの株式に価値があるとはどうしても思えなかった。そこで、弁護士との会話のあとに、「売り込みも終わり、これ以上株価が上がることもないだろう」と判断し、すぐに手持ちの株をすべて売却した。

新規株式公開の直後、ホフマンはコンティネンタルの職を辞した。そうすればたいていは、同社の本社があるイーニッドからも離れることになる。「イーニッドは本当に小さな町だからね。誰もがお互いを知っている」

ホフマンは結局、ノースダコタ州のバッケン・シェールを勧めた功績により特別賞与を受け取ることもなければ、コンティネンタルの主要幹部から礼を言われることもなかったという。だが間もなく、ロッキー山脈方面で事業を展開している別のエネルギー会社に雇われてデンバーで暮らすことになり、奇《く》しくも以前からの夢をかなえた。コンティネンタルの株式の売却益は、その街で家を購入する頭金になった。

ホフマンはついにデンバーにたどり着いた。だが、アメリカを一変させるほどの石油を見つけ、「ひと昔前の一攫《いっかく》千金物語」を実現するというハロルド・ハムの夢は、相変わらず非現実的なものでしかなかった。

スーキ、実業界の花形に

シャリフ・スーキ率いるシェニエールは、増加の一途をたどるアメリカの天然ガス需要を満たす計画を着々と進めていた。同社はすでにトタルやシェブロンと、毎日二〇億立方フィート〔約五七〇〇万立方メートル〕のLNGを再ガス化する契約を結んでいる。スーキが所有するシェニエールの株式の価値は一億二〇〇〇万ドルを超え、もはやこの男はヒューストンの実業界の花形になりつつあった。

マクレンドンやハム、パパらがシェール層の掘削を熱心に進めていたとはいえ、二〇〇六年当時のアメリカには、世界がエネルギー不足の危機に瀕《ひん》しているという考え方が根づいていた。そのころになるとアメリカは、天然ガスのおよそ一六パーセントを海外から輸入していた。史上最高値に近い数字である。

主要な政治家や実業家、投資家の大半が、石油ピーク理論を信じていた。ちまたには危機的状況を扱った新刊本があふれ、石油不足やガス不足により深刻な経済危機が発生し、市民の暴動や無政府状態、飢餓や病気が蔓延する未来図を紹介した。『*The Long Emergency*（長期にわたる緊急事態）』『*High Noon for Natural Gas*（最盛期を過ぎた天然ガス）』『*The Empty Tank*（空のタンク）』といった、世界の終わりを思わせるタイトルを冠した本もあった。

ピーター・マースの著書『*Crude World: The Violent Twilight of Oil*（原油なき世界——荒れ狂う石油時代のたそがれ）』には、こんな記述がある。「私たちは不足の時代に直面している。石油価格は高騰し、残りの石油を巡る競争が激化する。それなのに私たちは、疲れ果てて意識が朦朧《もうろう》としているボクサーのように、この先に待ちかまえている衝撃に気づいていない」

また、ジョージ・W・ブッシュが初めて大統領選に出馬したときに顧問を務めた裕福な投資銀行家マシュー・シモンズが著したベストセラー『投資銀行家が見たサウジ石油の真実』（月沢李歌子訳、日経BP社、二〇〇七年）には、こう記されている。「（サウジアラビアが）生産のピークに達しているか、それに近づいているのは間違いないようだ」。一方、ピューリッツァー賞を受賞した『石油の世紀』の著者ダニエル・ヤーギンなど、石油ピーク理論は不完全なデータに基づいていると主張して異議を唱える専門家もいた。だが、こうした人々は少数派だった。[*10]

世界最大の天然ガス生産国となったロシアの大統領ウラジーミル・プーチンは、自国のエネルギー資源を政治的武器として活用すると公言していた。同じころシェブロンは、テキサス州のパーミアン盆地など、アメリカ各地の石油・ガス資産を売却し、もっと有望と思われる海外の土地に事業を集中する計画を公表していた。シェール層に情熱を注いでいる人たちが何と言おうが、大手エネルギー企業は北アメリカから永遠に撤退しようとしていた。

だが、将来にまったく希望が持てないこのような状況は、シャリフ・スーキにとって、エネルギー不足のアメリカに比較的安価な天然ガスを提供する絶好のチャンスとなった。シェニエールがルイジアナ州に建設中のプラントは、一日に二六億立方フィート〔約七四〇〇万立方メートル〕ものＬＮＧを再ガス化する能力を備えていた。これは、アメリカの一日の天然ガス需要の四パーセント以上に相当する。シェニエールはすでに、そのうちの二〇億立方フィートについてトタルやシェブロンと契約を結んでいたが、アメリカのガス不足はかなり深刻なため、輸入ターミナルの処理能力を拡大すれば、さらに新たな顧客を呼び込めるに違いない。

そこでスーキは二〇〇六年、毎日四〇億立方フィートのＬＮＧを再ガス化できるようサビンパスのターミナルを拡張することにした。アメリカの一日の天然ガス需要のおよそ七パーセントに相当する量である。この規模のターミナルなら、年間およそ五〇〇隻のＬＮＧタンカーを受け入れられる。ただし拡張すれば、プラントの建設コストが一五億ドルまで跳ね上がるうえ、ターミナルとパイプラインを接続するのにさらに五億ドルが必要になる。

シェニエールがそれだけの資金を借りれば、負債は二〇億ドルにまでふくらむ。だが、それだけの価値はあるように思えた。シェニエールは最初の顧客二社から毎年二億五〇〇〇万ドルを受け取る予定だったため、それで毎年の負債の支払いをほぼまかなえる。ターミナルを拡張し、四〇億立方フィートの処理能力をフルに発揮できるところまでもっていければ、間違いなく利益をあげられる。

そう決断したスーキに、さほど不安はなかった。アメリカにおける天然ガスの需要は増えており、外国企業は必死に天然ガス生産を強化しているため、アメリカ市場に天然ガスを売り込むのは簡単だ。そのうえ、天然ガス価格がかなり高くなったため、ＬＮＧをルイジアナ州のターミナルに運んで再ガス化する費用を差し引いても、外国企業は間違いなく利益を確保できる。したがって、スーキがプラントを拡張しても、外国の天然ガスに事欠くことはない。

スーキは、国内の天然ガス生産が低迷し、天然ガス価格が堅調を維持すると予想していた。同じような考えを持つ者はほかにもいた。二〇〇七年二月、プライベートエクイティ・ファンド大手のＫＫＲとテキサス・パシフィック・グループが共同で、投資銀行ゴールドマン・サックスの手を借り、テキサス州の大手電力会社ＴＸＵを四五〇億ドルで買収した。史上最大のレバレッジド・バイアウト〔企業買収手法の一つ。買収する会社の資産価値や将来収益性を担保に資金調達し買収する〕となったこの取引が成立した背景には、すでに一〇〇〇立方フィートあたり七ドルを超えていた天然ガス価格がさらに上昇を続け、それに伴い卸電力の価格も上がるだろうとの読みがあったからだ。著名な投資家ウォーレン・バフェットがＴＸＵの債券におよそ二〇億ドルを投じたのも、エネルギー価格が堅調を維持すると予想していたからだろう。

さまざまな点から見て、スーキがターミナル拡張を迷う理由はなかった。投資家たちは、もっと多くの契約をまとめてさらにプラントを増やしていくだろうと期待し、シェニエールの株価を競《せ》り上げていた。これまでウォール街に売り込んできた同社の方針を転換すれば、株価は急落する。スーキには、いまさら方針を変えることなどできなかった。

異変

だが二〇〇七年後半、奇妙な現象が起き始めた。ＬＮＧをアメリカに輸出してくれる新たな顧客を探していたシェニエールのスタッフが、冷遇されるようになったのだ。戦略企画部長のメグ・ジェントルによれば、世界規模の天然ガス生産会社との契約がほぼ不可能になったという。まるで外国企業が、アメリカ市場に天然ガスを輸出するのを警戒しているようだった。

「ムードが一変した。何かが起きているようだった」

ジェントルは業界コンサルタントに尋ねてみた。すると、シェール層からの新たな生産があるせいか、アメリカの天然ガス生産は二〇〇五年夏に底を打った後、徐々に増えつつあるという。それだけではない。シェール層から天然ガスを採取するコストが急減し、場所によっては、在来型の貯留層から採取するコストより安くなっているらしい。

「そんなことはありえない」。ジェントルは耳を疑った。これまでの「地質学の常識」に従えば、開発の難しい緻密なシェール層から天然ガスを採取するコストが、在来型の貯留層から採取するコストより安くなるわけがない。

コンサルタントも、アメリカの需要と供給のバランスに影響を及ぼすほどの事態が起きているとは思っていなかった。確かに、ここ七年は天然ガス価格が上がり、コストのかかるシェール層からでも利益をあげられるようになった。

それに多くの掘削業者は、生産コストの削減を実現しつつある。だが、それでもまだ、シェール層から天然ガスを採取するにはかなりのコストがかかるのではないか。アメリカに新たな供給の波が押し寄せているとはとうてい思えない。天然ガスの輸入は相変わらず必要なはずだ。

スーキやジェントルらシェニエールの幹部たちは結局、海外の生産業者がアメリカに天然ガスを輸出したがらないのは、単にアメリカに売るほどの産出がないからだと判断した。だが数多くのプロジェクトが進行中であり、アメリカへの天然ガス販売が上向く可能性は高い。スーキはさほど悩むことなく、輸入能力をさらに高めるためさらに資金を借りる決断を下した。

二〇〇七年後半、シェニエールの株価が少々値を下げ、その年の年末にはおよそ三三ドルまで低下した。一部の投資家が、同社の負債に不安を抱いたからだ。オフィスではふだんから快活にふるまっていたスーキも、やがてぼんやりと考え込むようになった。そのころになると住宅市場が頭打ちとなり、サブプライムローン融資会社の業績が陰りを見せ始めていた。株式市場は全体的に堅調だったが、スーキはトラブルが間近に迫っているような気がした。

シェニエールはすでに、投資家や金融会社から一〇億ドル以上の資金を工面していた。こうした投資家や金融会社にはもう、同社の株式や債券をこれ以上購入するつもりはないようだった。それでもサビンパスのターミナルの建設を完了させるには、さらに三億ドルを集める必要がある。

スーキはいろいろと考えたすえ、資金の調達を二〇〇八年前半まで待つことにした。不安を抱きつつ、市場が堅調を維持するよう願っていた。

パパ、方針転換

マーク・パパも不安を感じていたが、その理由はシャリフ・スーキとはまったく違っていた。

パパは、数年前にエンロンから独立したエネルギー会社、EOGリソーシズを経営していた。同社は、七〇代の石油試掘業者マイケル・ジョンソンからきわめて有望な土地をまとめて購入し、バッケン・シェールに三二万エーカー〔約一三〇〇平方キロメートル〕もの土地を所有していた。二〇〇七年には、この地域の開発の難しい岩石層から原油を採取する手法を向上させることにも成功している。

だが、パパや同社の幹部たちは、バッケン・シェールも石油もさほど重視していなかった。EOGは天然ガス会社だったからだ。会社の収益の七六パーセントは、天然ガスによるものだった。しかも、早くから水平掘削や先進的なフラッキング技術を採用し、ジョージ・ミッチェルの手法を改善したおかげで、バーネット・シェールなどアメリカ各地のガス井からの生産量は急増していた。二〇〇七年には、同社の天然ガスの生産量も埋蔵量もおよそ一五パーセント増え、配当を五〇パーセント上げている。不安な要素など何もなさそうだった。

パパは言う。「あのころは自画自賛してばかりいた。私たちは、かつて夢見た以上の天然ガスを見つけた天才だ、とね」

二〇〇七年一〇月、EOGのトップ幹部およそ二〇人が、アリゾナ州スコッツデールのハイアット・リージェンシー・リゾート&スパに集まり、数日にわたり開催される会議の準備をしていた。その合間には、温暖な気候のなかで遊興を楽しむ予定だった。

だが、マーク・パパの気分は上機嫌とはほど遠いものだった。さまざまな会社が毎月のように、新たなシェール層の開発や既存のガス田の拡張を公表し、大量の天然ガスが採取可能だと主張していた。シェール層の利用が進むのは、業界の大半の人間にとってはうれしいニュースだったが、パパにしてみれば、これほど不安を抱かせるニュースはなかった。

パパはとりわけ、最大のライバルであるオーブリー・マクレンドンの動向に注意していた。パパが読んだ記事によれば、チェサピークは、バーネットやヘインズビル、マーセラスなどのシェール鉱床での天然ガス生産を増加させており、どこよりも高い価格を提示してさらなる土地の取得を進めているという。パパはチェサピークの戦略をよく知ろうと、同社のウェブサイトにアクセスして四半期ごとの電話会議にも耳を傾けた。

チェサピークが言っていることに誇張はあるにせよ、実際に山ほどのガスがあるのは間違いない。パパはそう考えた。

数日にわたる幹部会議のある日、パパはふと、一つの事実に気づいた。石油ピーク理論の信奉者が何と言おうと、天然ガスの供給過剰が間近に迫っている、と。シェール層の掘削が本格化している現状を考えると、怖ろしくなった。自社の主力製品である天然ガスの価格は、間違いなく下落する。何か解決策を見つけないといけない。そこで、ＥＯＧ幹部がリゾート施設の会議室で着席すると、単刀直入にこう切りだした。

「みなさんに話がある。ここにいる全員が現状に浮かれている。何もかもがバラ色に見えるかもしれない。だが、抜本的な改革が必要だ」

幹部たちの顔にとまどいの表情が浮かんだが、パパはかまわず続けた。「この場ではっきり言っておくが、これから二、三〇年にわたり、天然ガスの価格は低迷する。だから、この会社を石油会社に転換していかないと、いずれ破滅する。いますぐ部下に、天然ガスを探すのはやめるよう命令してくれ」

会議室は静まりかえった。

どう反応すればいいのか誰にもわからなかった。シェール層などの緻密な岩石層から天然ガスを採取するのでさえ簡単にはいかないのに、石油はそれよりはるかに難しい。しかも、ほかの社員はみなシェールガスの土地を購入しているのに、最高経営責任者だけが石油を探したほうがいいと訴えている。ニューイングランド・ペイトリオッツの伝説的コーチであるビル・ベリチックが、スーパーボウルで優勝したあとのロッカールームでチームのメンバーに、アメリカンフットボールをやめてほかのスポーツをしたほうがいいと言っているようなものだ。

パパは当時を振り返って言う。「あの場にいた人たちは、私の頭がおかしくなったと思ったに違いない。これまでずっと、もっとガスを見つけろ、ガスを逃すな、アメリカにはもっとガスが必要だとばかり言ってきたからね」

ＥＯＧは今後、バッケン・シェールなどアメリカ各地で、本格的に石油の探査を開始する。パパは幹部たちにそう告げた。以前から石油に注力するよう進言していた腹心のビル・トーマスに賭けたのだ。

パパは手遅れにならないことだけを願っていた。

第一一章

ジョージ・ソロスらとの会食

オーブリー・マクレンドンは温かい笑顔で客を迎えた。二〇〇八年三月の爽やかな夜、世界でも指折りの影響力を持つ人たちが、ニューヨークの老舗高級レストラン《21クラブ》にやって来た。いずれもマクレンドンとディナーを楽しむためだ。

その場には、伝説的な投資家として知られるジョージ・ソロスやスタンリー・ドラッケンミラーがいた。また、世界最大級の石油会社サウジ・アラムコの元上級幹部で、その晩の講演者として招待されていたサダド・フセイニもいた。エネルギー業界や財界の名士たちの最後には、有力銀行家であるマシュー・シモンズも姿を見せた。

マクレンドンと、その晩共同でホストを務める株価調査の専門家キリル・ソコロフとが、最高級ワインが並ぶ棚に囲まれた個室で客を出迎えた。かつてジョン・F・ケネディやアイヴァン・ボウスキー、フランク・シナトラらが名品をコレクションしていたワインセラーのそばにある個室である。マクレンドンは客が来るごとに言葉を交わし、それぞれの客に自分こそが今夜の最重要ゲストだと思わせるような親しげな挨拶を述べた。やがて全員が指定された席に着くと、マクレンドンが長い長方形のテーブルの上座《かみざ》に座った。見間違えようがないほど自信にあふれている。

そのころになると、住宅相場が軟化して株式市場がやや不安定化し、経済が持ちこたえられるかどうかを危ぶむ人も現れ始めた。一カ月前には、リスクの高いサブプライムローン市場が破綻《はたん》している。だが、エネルギー供給はいずれ枯渇すると確信していた投資家たちにより、天然ガス価格は一〇〇〇立方フィートあたり一〇ドル以上に、原油価格は一バレルあたり一〇〇ドル以上にまで上昇していた。

マクレンドンを含め、その部屋にいるエネルギー関係者はみな上機嫌だった。

かつてマクレンドンは、業界の問題児と言われ、自己宣伝をしては多額の資金を調達し、その資金をチェサピークの発展に投じていた。そのため借金まみれになり、会社を破綻寸前にまで追い込んだことも、一度ならず二度もあった。ところがいまでは事実上、石油・天然ガス業界を代表する存在となっていた。アメリカにまだ驚くほど残されている天然ガスの開発を促進し、シェール層で支配的な地位を確立する新興企業グループをリードする存在である。専門家もそのころにはようやく、シェール層の価値を認めるようになっていた。

一年余り前にトム・ウォードが辞職して以降、チェサピークの株価は五〇パーセントも上昇し、マクレンドンはこのディナーの招待客に負けないほどの億万長者になっていた。同社の株式やそのほかの投資を合わせれば、数十億ドル規模の資産家である。だからこそ、ジョージ・ソロスからこの会食を提案してきたのだ。これほど名誉なことはない。

ディナーは、ロブスターのソテーとアスパラガスのリゾットを含む三品コースだった。ウェイターがテーブルにやって来ると、マクレンドンはその日の特別注文の料理に合う最高級ワインをいくつか選んだ。

「これほどいいワインは、この先もう飲めないよ」。シモンズは隣に座る投資家にそう耳打ちした。

やがてフセイニが立ち上がってスピーチを行ない、陰鬱《いんうつ》な現状を簡単に説明した。サウジアラビアの石油生産は減少しつつある。同国はエクソンモービルやトタル、ロイヤル・ダッチ・シェルなどを誘致し、天然ガスの新たな貯留層を探査させてはいるが、コストに見合った成果はあがっていない。新たなエネルギー鉱床の発見は厳しくなっている。

フセイニの話はさらに続いた。世界的に供給が低迷しているなか、中国やブラジルなど、新興市場からの石油や天然ガスの需要が増えており、そのために価格が上昇している。西洋の国々は生活水準の低下を受け入れなければならなくなるだろう。

テーブルについている誰もがうなずいているところを見ると、この見解に同意しない人はいないようだった。シモンズはすでに二年前、ベストセラーになった著書『投資銀行家が見たサウジ石油の真実』のなかで、同様の主張をしていた。メキシコや北海などの石油・天然ガス生産は減少しており、アメリカの油田も見込みなしとして放棄されている。シェールガスを有望視しているのは、チェサピークなどごく一部の企業だけだ。バッケン・シェールなどから採取されるシェールオイルには、ほぼ誰も注目していない。

　フセイニがスピーチを終えると、招待客の一人ジェイソン・セルチが挙手し、コメントを述べた。不動産王サム・ゼルのもとで働いていたベテラン投資家のセルチは、やや生意気な言動で有名だった。二年前には、当時働いていた会社で、同僚をクビにした幹部に尻を見せてからかい、自分もクビになっている。

　セルチは、マクレンドンの会社がアメリカのシェール層から採取した天然ガスで目覚ましい発展を遂げている事実を知っていたため、フセイニにこう述べた。「オーブリーに助けを求めるといい。誰もが見逃していた場所で大量の天然ガスを見つけた男だ」

　すると、全員がマクレンドンのほうを見た。マクレンドンは頭を横に振ると、つつましやかな笑みを浮かべて言った。「ありがたい話だが、アメリカだけで手一杯なので」

　マクレンドンも招待客たちも、自分たちは現状を完全に理解していると思っていた。石油も天然ガスも枯渇しつつある。そのため、それらを多少でも見つけられる少数の者だけが生き残れる。そのなかでも莫大な利益をあげられるのは、チェサピークなど、有望なシェール層を活用できるさらにひと握りの者だけだ。

　ほんの数週間前、マクレンドンはチェサピークの株主に、十分に有利な立場を確保できたので、土地の取得は終わりにすると告げていた。これまでに一三〇〇万エーカー〔約五万三〇〇〇平方キロメートル〕以上の土地を取得したチェサピークは、今後数年で三万六〇〇〇基のガス井を掘削する計画を立てていた。

　マクレンドンは同社の年次報告書にこう記している。「一九世紀のオクラホマ州のランドラッシュ〔196頁参照〕に匹敵する現代のチェサピークの土地取得は、ほぼ終わった。これで支配的な地位を築くことができたと確信している」

　マクレンドンが保有する株式は、日を追うごとに価値を高めていった。友人の話によれば、マクレンドンはそのほか、個人の証券口座で取引していた天然ガス先物でも利益をあげていたという。マクレンドンもチェサピークも、もはやとどまるところを知らないようだった。

マクレンドン帝国の拡大

二〇〇八年五月のある日曜日の午前、マクレンドンはオクラホマシティのレストランでアート・スワンソンに会った。野心的なサーキット兼ゴルフ場の開発に取り組んでいた高校時代の知人である。だがそのころになると、このプロジェクトに必要な資金が二億ドルを超えることがわかり、マクレンドンでさえ費用がかかりすぎると思うようになっていた。そこで二人は、パンケーキとオムレツを食べながら、このプロジェクトを破棄することにした。

その後二人は、ビジネスの話を始めた。二カ月前、アメリカの住宅バブルが弾けるのではないかとの懸念が高まり、金融システムへの影響が憂慮されるなか、老舗投資銀行のベアー・スターンズが経営破綻した。それでも、住宅ローン市場の混乱はエネルギー業界には無縁のように思えた。当時、原油価格は一バレルあたり一二〇ドルに、天然ガス価格は一〇〇〇立方フィートあたり一二ドルに迫っていた。

だがマクレンドンは、いつものように楽天的でもなければ自信満々でもなかった。スワンソンに顔を寄せ、秘密を打ち明けるようにこう尋ねた。「私がいちばん怖れているのは何だと思う?」

スワンソンにはまるで想像がつかなかった。マクレンドンは何も怖れていないように見えたからだ。

するとマクレンドンは言った。「ガス市場が崩壊するかもしれない」

チェサピークはあまりに多くの天然ガスを発見している。他社がシェール層から採取している天然ガスを含め、新たに供給が増えれば、需要を上まわってしまうかもしれない。そうなれば価格は下落し、自分が築きあげた帝国は一気に瓦解《がかい》する。マクレンドンはそう述べた。

スワンソンは、簡単な解決策を提示した。「オーブ、それなら、何もかも売り払って現金化してしまえばいい。ヘッジすればいいだけだろ?」

スワンソンの言い分はこうだ。マクレンドンが手持ちの株式や天然ガス先物の一部を売り払えば、借金を返してもなお十分な資産が残る。ギャンブラーが、大量のチップの一部を現金化するようなものだ。チェサピークも、天然ガス生産のペースを落とすか、その一部をヘッジすればいい。リスクを分散したければ、石油に手を伸ばしてもいいかもしれない。

スワンソンは、何らかの手段でリスクを減らすよう友人を説得した。

だがマクレンドンは、地元の小規模な生産業者にはこの危機的状況が理解できないのだとでも言わんばかりに、素っけない表情を返すだけだった。スワンソンは言う。「ばかにするような目で私を見ていたよ。何もわかっていないという感じでね」

スワンソンは知らなかったが、マクレンドンは八方ふさがりの状況にあった。それまでの数年間、マクレンドンはチェサピークの発展を最大限推進するなかで、アメリカの天然ガスの掘削を熱心に訴えてきた。それなのに、チェサピークの株価が上昇しつつあるこの時期に手を引けば、結局アメリカでは十分な量の天然ガスなど採取できないというメッセージを市場に送ることになりかねない。いかに弁舌滑《なめ》らかなマクレンドンといえども、チェサピークが発展する未来をさんざん投資家に売り込んでおきながら、いまになってその事業から撤退するなどとそう簡単には言えない。

チェサピークのキャッシュフローがマイナスであることも問題だった。収入より支出が多く、いまでは負債総額が一一〇億ドルに達している。その収支を合わせるため、チェサピークは定期的に、ウォール街の投資家たちに株式や債券を販売していた。だがそれを続けるためには、チェサピークの未来は明るく、いずれ多大な利益をあげて債務を完済できると投資家に思い込ませるしかない。そんな状況で、マクレンドンが資金を引き揚げ、チェサピークの生産ペースを落とせば、同社の株式や債券は値崩れを起こし、会社を維持していく資金を工面することもできなくなる。これはまさに、椅子取りゲームと同じだ。マクレンドンが音楽を止めれば、間違いなく転落して痛い目にあう。

そのうえ、マクレンドンが資産の一部を売却したいと思っても、実際には売却できなかった。チェサピークもほかの会社同様、株式を販売するときに、少なくとも一定期間は上級幹部による株式の売却を禁止する条件をつけていた。それに、マクレンドンはいまだ、チェサピークやアメリカの未来を信じていた。前年の報酬一八七〇万ドルの七五パーセント以上は、株式報酬だった。

こうした事情からマクレンドンは、同僚や友人と話をするときはいつも、相変わらずシェール革命に自信を抱き、自分にはいかなる難題もクリアできる力があるという態度を崩さなかった。不安はあったにせよ、アメリカの天然ガス王であることに変わりはなかったからだ。「従業員だけでなく投資家にも、私が自社の立場を一〇〇パーセント信じている指導力あふれるリーダーだと思わせる必要があった」[*1]

実際のところ、マクレンドンがスワンソンに表明した不安は一時的なものだったようだ。バーモント州選出上院議員バーニー・サンダースが公開し、後にロイターが報じた取引データによれば、当時マクレンドンもウォードもきわめて強気の姿勢を見せており、六月までに二人ともほぼ同じように、二三億ドル相当の天然ガスのデリバティブを購入している。商品先物取引委員会が確認した三〇〇の銀行、ヘッジファンド、エネルギー会社、そのほかの投機家のなかで、マクレンドンやウォード以上に天然ガスに賭けていたのは、わずか四者だけだった。前述の取引データによると、マクレンドンはさらに石油に関しても、二億四〇〇〇万ドル相当の金融商品を購入していたという。[*2]

マクレンドンは会社の支出を抑制すると約束していたが、そのころになると、新たに二つのシェール層の噂が飛び交い、マクレンドンを悩ませるようになった。一つは、ペンシルベニア州から周囲のオハイオ州やニューヨーク州にまで広がるマーセラス・シェールである。数年前、レンジ・リソーシズというライバル企業が、地質学者ビル・ザゴースキーの提案を受け、このシェール層の賃借・掘削を試してみたところ、当初は断続的な成果しかあがらなかったが、次第に状況が好転し始めた。

二〇〇八年初めには、ペンシルベニア州立大学の著名な地質学者テリー・エンゲルダーが、マーセラス・シェールには五〇兆立方フィート〔約一兆四〇〇〇億立方メートル〕もの天然ガスがあるとの判断を示して業界に衝撃を与えた。この推計が本当なら、世界でも最大級のガス田ということになる。

レンジ・リソーシズはペンシルベニア州の広大な土地を賃借していた。だがチェサピークは、それまでのシェール層争奪戦でも、ライバル企業に追いつき、追い越していた。マクレンドンはこのマーセラス・シェールでもそうしようと決心し、一気に土地の取得を進めた。だが、そこで掘削し、天然ガスを採取しようとすれば、ただでさえ不足している資金がさらに必要になる。マクレンドンは新たな頭痛の種を抱え込んだ。

もう一つは、ルイジアナ州北部からテキサス州東部にかけて広がるヘインズビル・シェールである。ここはマーセラス・シェール以上の広さがあると考えられており、アメリカ最大のガス田になるのではないかとチェサピークは期待を寄せた。だが、ウォール街の投資家の熱心な支援を受けていたフロイド・ウィルソンのペトロホークなど、複数の掘削業者がその土地に押しかけており、賃借料は跳ね上がっていた。そのため、ガス井一基ごとに一〇〇〇万ドルものコストがかかったが、なかには、一日だけでアメリカの八万四〇〇〇世帯に電力を供給できるほどの天然ガスを噴き出すガス井もあった。「あんなガス井はそれまで見たことがなかった」とウィルソンは言う。*3

マーセラス・シェールであれヘインズビル・シェールであれ、チェサピークにはそこから天然ガスを採取できるほどの資金がなかった。だがマクレンドンは、ライバル企業が新たな地域へ参入するのを黙って見ていることができず、投資家にこう訴えた。「これらの土地では、居眠りをしていたら負ける。チェサピークは毎日現場に四〇〇〇人以上の地権交渉人を派遣して、新たな土地を取得している。決して居眠りなどしていない」*4

チェサピークは、ペンシルベニア州のなかでもレンジ・リソーシズがまだ確保していない地域に狙いを定め、マーセラス・シェールの有望な土地の取得に成功した。ヘインズビル・シェールでも同様である。だが、それで終わりというわけではない。賃借契約が切れて所有者に土地を返さなければならなくなる前に、そこでガス井を掘削する資金を工面しなければならない。

マクレンドンは、投資銀行ジェフリーズで上級幹部の地位にいる旧友ラルフ・イーズと会い、どう資金を集めればいいかを思案した。二人は目の前に大きな紙を置き、これまでに知られているシェール層や新たに注目されつつあるシェール層をリストアップし、それぞれの地域で支配的な地位を確立するにはどれだけの資金が必要かを記していった。マーセラス・シェールの名が挙がり、ヘインズビル・シェールの名が書き込まれた。バッケン・シェールやファイエットビル・シェールなども魅力的だった。

イーズはこのリストを見つめながら、チェサピークのような企業がさまざまな地域で優位な立場を手に入れようとすれば、五〇〇〇億ドル以上の資金が必要になると試算した。だが、チェサピークはもちろん、どのような企業であれ、投資家からそんな大金を集めることはできない。もはや株式や債券を売るだけでは無理だ。

「別のプランを考える必要がある」とイーズが率直に言うと、マクレンドンはそれに同意した。二人は間もなく、新たなアイデアを考えついた。シェール革命に参加するチャンスを逃したが参加を強く希望している企業に、チェサピークの既存の土地の権益を部分的に売却するのである。

そこでイーズは、プレーンズ・エクスプロレーション&プロダクションのCEOを務めるジム・フローレスに会い、ヘインズビル・シェールの土地を売り込んだ。「オーブリーと一緒に試算したんだが、ここは世界最大のガス田になるかもしれない」。そして、試掘の結果、前例のないほど天然ガスの流出が見られたことを伝えた。[*5]

二〇〇八年七月一日、チェサピークとプレーンズ・エクスプロレーションは、「キャッシュ・アンド・キャリー」と呼ばれる合同事業を始めると発表した。プレーンズ・エクスプロレーションは、チェサピークが取得していたヘインズビル・シェールの土地五五万エーカー〔約二二〇〇平方キロメートル〕の二〇パーセントの権益を、一六億五〇〇〇万ドルで購入する。また、今後七年にわたりさらに一六億五〇〇〇万ドルを拠出し、その地域でのチェサピークの掘削費用の半分をまかなう。その見返りに、今後生まれる利益の二〇パーセントを受け取るのである。

チェサピークにとってはみごとな戦略だった。これで、新たなガス井を掘削するための資金が瞬《またた》く間に手に入った。それにこの取引は、マクレンドンが常々投資家に語っていたことを証明してもいた。シェール層にはかなりの価値があるということだ。チェサピークはヘインズビル・シェールの土地に、一エーカーあたり平均七一〇〇ドルを投じていた。だがプレーンズ・エクスプロレーションはチェサピークに、一エーカーあたり三万ドルに相当する額を支払った。つまりマクレンドンは計算上、一エーカーあたりおよそ二万三〇〇〇ドルを確保できたことになる。五五万エーカーでは、およそ一三〇億ドルである。

チェサピークの取締役会にはマクレンドンの方針に懐疑的だった役員もいたが、そんな役員でさえこの取引には大喜びし、マクレンドンのシェール戦略は、当人が主張していたとおり賢明な判断であり利益にもなると考え直した。

二〇〇八年七月、エネルギー省は、アメリカの天然ガス生産が八・五パーセント増え、一兆八六〇〇億立方フィート〔約五三〇億立方メートル〕に達したと発表した。[*6] 一九七四年五月以来最高の月間産出量である。シェール層は間違いなく、一部の企業の命運だけでなく、アメリカの命運まで変えようとしていた。

生産が増えていたにもかかわらず、七月の第一週には一〇〇〇立方フィートあたりの天然ガス価格が一三・五八ドルにまで上がり、一バレルあたりの原油価格も一四五ドルという記録的な値を示した。この程度の供給では新興市場の需要を満たすことはできないと確信していた投資家たちが、投機取引に夢中になっていたからだ。

そのころにはマクレンドンも同様の考えを抱いていた。チェサピークの第二四半期《しはんき》の業績を報告する電話会議では、天然ガス価格は「九ドルから一一ドルまでの範囲」にとどまると予測している。「もし九ドルを大きく下まわれば、掘削活動が落ち込むのは間違いない」。そうなった場合には、価格は高い状態が続くことになる。

エネルギー価格が高騰し、プレーンズ・エクスプロレーションとの取引が好意的に受け取られた結果、二〇〇八年初めに四〇ドルだったチェサピークの株価は、同年七月二日には七三ドルという日中最高値を記録した。同社はその機会を利用し、一五億ドル分以上に相当する新規株式を投資家に販売した。チェサピークはその年、合計二〇億ドル分に及ぶ株式を販売し、バランスシートを強化した。その最大の買い手となったのはマクレンドンだった。

アメリカ屈指の大富豪

その年の夏のある日、チェサピークの最高財務責任者マーク・ロウランドは、自分のオフィスを出てマクレンドンに会いに行った。二人の仕事を補佐する秘書三人の机のそばを通りすぎていくと、マクレンドンのオフィスの扉はいつもどおり閉まっていた。

ロウランドはノックをしてなかに入った。そして、会社の話を多少してから、こんなアドバイスを伝えた。「オーブリー、いくらか株を売ったほうがいい」

ロウランド自身はすでに、手持ちのチェサピークの株式を手放しつつあった。まるで悪いニュースが飛び込んでくる予感でもあったかのように、二〇〇八年の第二四半期だけで一〇万株以上を売却していた。また、株価が好調なうちに資金を工面しておこうと、会社にさらなる株式の発行を促してもいた。ロウランドはマクレンドンにも、同じように手持ちの株式を売却するか、少なくとも金融デリバティブを使って自分のポジションをヘッジするよう勧めた。「いつ何が起こるかわからないからな」

ロウランドは数カ月前から、穏やかな口調でこのアドバイスを繰り返していた。だがマクレンドンは、今回もその提案を笑顔ではねつけると、からかうように言った。「用心しすぎだよ」

当時マクレンドンはウォール街のアナリストたちに、エネルギー業界全体が一変したと語っていた。以前はただ、天然ガスが見つかることを祈って掘削しているだけだった。ところがシェール層の開発が進むと、天然ガスの生産が、まるで工場で生産されているかのように確実なものになった。「私たちはこの仕事をガス製造事業だと考えている。びっくりするほど安定しているから、みなさんもやってみるといい」

そのころ、マーク・パパ率いるEOGは原油に焦点を絞っていた。チェサピークの天然ガス事業の最大のライバルであり、積極果敢な攻勢を見せていたボブ・シンプソン率いるXTOエナジーも、原油に目を向けていた。二カ月前には、ティム・ヘディントン率いるヘディントン・オイルから、原油が豊富なバッケン・シェールの土地三五万エーカー〔約一四〇〇平方キロメートル〕以上を、およそ二〇億ドルで買収していた。

だがマクレンドンは、天然ガスの将来性を信じていた。そのころイーズから、油井をいくつか取得できるチャンスを提示されたが、マクレンドンはそれも断った。それどころか、さらに自分のポジションを強化しようと、二〇〇八年の春から夏にかけて、およそ二億ドルを投じてチェサピークの株式をさらに四〇〇〇万株購入した。まるで、自分が販売する製品に肩入れするセールスマンのようである。知人のアート・スワンソンにも、同社の株価がいずれ一〇〇ドルに達するだろうと語っていた。

七月初旬、マクレンドンが保有するチェサピークの株式三三〇〇万株の価値は二三億ドルになった。一九年前にトム・ウォードと行なったわずか五万ドルの初期投資が、ここまで成長したのだ。ほかの投資や資産も含めた総資産は三〇億ドルを超え、マクレンドンはアメリカでも屈指の大富豪となった。もはや手に入らないものなど何もないかのようだった。

ウォードと新会社

チェサピークを離れたトム・ウォードもまた、エネルギーの今後の見通しに自信を抱いていた。ウォードの新会社サンドリッジ・エナジーの株価は、それをチェサピークの再来と見なす投資家に支えられ、上昇を続けていた。

ウォードは、二〇〇八年初めの時点で同社の株式を三三〇〇万株以上保有しており、その価値は一二億ドルに達していた。だがそれでも足りず、二〇〇八年の最初の六カ月の間に、およそ二億ドルを投じて同社の株式をさらに五〇〇万株近く購入した。マクレンドン同様に自信があったのだろう。

だがウォードもやはり、それだけの現金が手元になかったため、株式購入資金の大半を借りた。幼いころから経済的に不自由な生活を送り、借金に頼っていたため、借金にはほとんど抵抗がなかった。「借金をしていなかったら、いまでもトラクターにまたがっていただろうね」と言う。

ウォードはまた、新会社を始めてからも、引き続き個人の証券口座で積極的に取引を行なっていた。ある日、サンドリッジの従業員が投資銀行に電話し、自社の天然ガス生産のリスクヘッジについて相談していると、担当の銀行員から妙な話を聞かされた。

「おもしろいね。つい先ほどまでトムと電話していたんだが、トムは自分の通帳で取引していたよ」。つまり、個人の証券口座で取引を行なっているということだ。

すると、それを聞いたスタッフは、「そんな話はしないでくれ。アーーー」と言い返した。耳に指を突っ込み、上司の取引についてそれ以上知るのを避けたのである。

このスタッフは、ウォードが自分の資金で商品取引を行なっていると知って、違法行為を働いていると思ったわけではなかった。だがそれでも、上司が自社と同じ市場で取引を行なっていることに、違和感のようなものを感じたという。何か間違っているような気がしたのだ。

そのころになるとサンドリッジは、新規ガス井の掘削業者としてはアメリカで五番目の規模を誇る企業になっていた。二〇〇八年の最初の六カ月間で生産量は一〇〇パーセント近く増え、株価はさらに上昇を続けた。それに伴い、ウォードの持ち株の価値は二五億ドルを超え、純資産は三〇億ドルを上まわった。借りた資金はすべて有効に使われているようだった。

シェール層からの原油採取

アメリカのシェール層からかなりの量の天然ガスを採取できることを示す証拠は着々と増えていた。その一方で、ハム率いるコンティネンタルがノースダコタ州でいかに奮闘しようが、シェール層から原油を採取しようとするのは、いまだ時間の無駄だと思われていた。

アメリカの政府機関である地質調査所は以前、バッケン・シェールには原油が一億五一〇〇万バレルしか埋蔵されていないと推計していた。アメリカにおける原油や石油製品の消費を八日間も満たせないほどの量である。確かにこの推計は、一九九五年以降更新されておらず、やや古い感は否めない。ノースダコタ州は二〇〇八年当時、一日におよそ一四万バレルの原油を生産していた。五年前の八万バレルからかなり増え、アメリカで八番目に産出量の多い州となっている。だがそれでも、同州に大油田があるとはとても思えなかった。

ジョン・ヘスのように、バッケン・シェールで実際に掘削を行なっている人々のなかにさえ、この岩石層にさほど熱をあげていない者もいた。父親のレオン・ヘスが創業し、当時は息子のジョン・ヘスが経営していたヘス・コーポレーションは、早くからノースダコタ州で石油を発見していた。二〇〇五年にはバッケン・シェールでの土地の確保を始め、二〇〇八年にはおよそ五七万エーカー〔約二三〇〇平方キロメートル〕を取得している。だが同年三月に《ニューズウィーク》誌のコラムニスト、ファリード・ザカリアの取材を受け、石油の「新たなフロンティア」について尋ねられたときには、バッケン・シェールについては一言も触れなかった。

それどころか、今後の狙い目として、メキシコ湾やブラジル、西アフリカを挙げていた。ヘスはそのころすでに、省エネルギーや代替燃料の開発を主張するようになっており、バッケン・シェールで石油を掘削していたにもかかわらず、今後の供給に懸念を抱いていたようだ。「増える需要をいかに満たしていけばいいのかわからない。この問題を解決する方法が見えない」とザカリアに語っている[*7]。

だが二〇〇八年四月一〇日、あるニュースが、アメリカでの原油生産に懐疑的だった人々に衝撃を与えた。その日の午後、アメリカ地質調査所が最新の推計を明らかにし、ノースダコタ州とモンタナ州に広がるバッケン・シェールには、「技術的に回収可能な未発見の原油」が三〇億バレルから四三億バレルも埋蔵されていると発表した。以前の推計のおよそ二五倍の量である。そうなるとバッケン・シェールは、アメリカ本土四八州にあるどの岩石層よりも多くの原油を含んでいることになる。ハロルド・ハムやリー・プライス〔地球化学者。271頁参照〕など、この地域の可能性を信じていた人々が、結局は正しかったのだ。

ノースダコタ州でも、このニュースは驚きをもって迎えられた。キャスリーン・ネセットは、地質学の学位を取得してブラウン大学を卒業すると、一九七九年にウィリストン盆地に居を移し、当地の掘削現場で管理職につく数少ない女性の一人になった。だが、彼女が暮らす人口一〇〇〇人ほどの町タイオガは衰退の危機に直面していた。学校は閉鎖され、若者は町を離れていくばかりだった。

この地域のウィリストンなどでハムらが新たに掘削を始めると、復興の期待が高まったが、好不況の波を何度も経験している地元の人々のなかには、一時的な活況にすぎないと思っている者も多かった。そんなときに、政府が推計を更新したのだ。地元紙《タイオガ・トリビューン》は、一面に大々的な見出しを掲げてこのニュースを報じた。それはまさに、この地域の再生が間近に迫っていることを約束しているかのようだった。

ネセットは言う。「びっくりした。ある程度の埋蔵量があるとは思っていたけれど、それが証明された。(中略)しかもすごい量」

この推計には、国内の大企業も大手グローバル企業も注目した。株式投資家は早速、ノースダコタ州で優位な地位を築いている企業を探し始めた。こうして七月の半ばには、コンティネンタルの株価が三五ドルから八〇ドル以上に急騰した。一年前には、投資家たちが同社の新規株式公開に関心を示さなかったため、主要スタッフの一人であるブライアン・ホフマンが先行きに不安を感じて手持ちの株式を売却したほどだった。ところがいまでは、ウォール街がコンティネンタルに積極的に資金を投じている。

コンティネンタルの上級幹部だったジェフ・ヒュームやジャック・スタークは、バッケン・シェールの謎を解き明かそうと八年以上の時間を費やしていた。そんな二人にとってこの推計は、政府がお墨つきを与えてくれたも同然だった。「動悸《どうき》が収まらなかったよ」とスタークは言う。

だが、実際にバッケン・シェールで作業をしている人々の多くは、この推計に懐疑的だった。その推計値を素直に受け入れられるほどの「回収率」（油井から流出する原油の量）を経験していなかったからだ。コンティネンタルがバッケン・シェールで掘削した油井それぞれの一日あたりの産出量は、いずれも一〇〇〇バレルを大きく下まわっていた。有望視していた油井から期待されていた産出量のおよそ半分である。現場の人間の実感は、政府の推計とはあまりにかけ離れていた。

一方、そのころオクラホマ州では、地質調査所の推計にハロルド・ハムが腹を立てていた。投資家や業界の専門家たちはいまだ、ウィリストン盆地の可能性を過小評価していると確信していたからだ。実際ある友人に、この地域の土地には政府の地質学者の推計を上まわる原油があると述べている。ハムは楽観的な男だが、そう確信していたのには理由があった。コンティネンタルはそのころ、バッケン・シェールの直下にあるスリー・フォークスという岩石層に注目していた。ハムもスタッフも、この新たな岩石層にはバッケン・シェール並みに原油が豊富にあるのではないかと考えていたのだ。

そこでハムは地権交渉人に、スリー・フォークス上の土地をさらに取得するよう命じた。そこで油井を掘削しようとすればさらにコストがかかるうえ、いまのところはまだ大量の原油を産出した実績もない。だが原油価格は上昇を続けており、試してみるだけの価値はあった。

「私たちは自信満々だった」とハムは言う。

パパ、原油採取に賭ける

マーク・パパは石油に焦点を絞り、ハロルド・ハムに追いつこうとしていた。

ＥＯＧを率いるパパは二〇〇八年の前半の間ずっと、ヒューストンの本社オフィスでアメリカ産天然ガスの動向を注視していた。データによれば、アメリカ各地のシェール層で天然ガスの生産量が増加していた。ところが、ウォール街のアナリストの報告を見ても、業界関係者と話をしても、供給が増えすぎて需要を上まわることを懸念している人間はほとんどいなかった。大半の人は、上昇を続ける天然ガス価格に安心しきっていた。

だがパパは、それは間違っていると思っていた。オーブリー・マクレンドンらがなぜ、自分と同じように天然ガスから離れようとしないのか理解できなかった。そのころEOGはバッケン・シェールで成果をあげつつあったが、業界関係者はパパにこう警告するばかりだった。バッケン・シェールなど珍しい「まぐれ当たり」にすぎず、アメリカのほかのシェールオイル層で原油を大量に採取できる可能性は少ない、と。

そのためパパは悔しさのあまり、スタッフがアメリカ各地でバッケン・シェールに似たシェールオイル層を探していることを誰にも伝えなかった。そもそもパパは、会社の活動を明かすのが嫌いだった。マクレンドンはシェール層の土地を次々と取得していくのを誇示していたが、それはパパのスタイルではなかった。それに、かつての親会社エンロンの苦い記憶もあった。エンロンには、世界を変えると豪語する目立ちたがり屋が大勢いた。だが、自分たち以上に頭のいい人間はいないと思い込んでいた幹部連は結局、会社を恥ずべき破綻に追い込んだ。

EOGの従業員は、まるで国家機密を守るように自社の情報を秘匿《ひとく》した。オープンなハロルド・ハムとは違い、この土地を掘削して何をしようとしているのかをなかなか明かそうとしないEOGに、ノースダコタ州政府の職員は苛《いら》立《だ》ちを募らせた。そんな状態では、州政府が地域の発展を吹聴《ふいちょう》したくてもできないからだ。だがパパは、州政府の事情など一切気にしなかった。そのころになるとようやく、バッケン・シェールでの活動について株主に報告するようにはなったが、それでも詳しい内容にはほとんど触れなかった。

実際、パパはスタッフに、EOGはこれまで以上に秘密主義に徹する必要があると訴えていた。その少し前、同社の地質学者が、掘削する価値がありそうな土地として、テキサス州南部にあるイーグルフォード・シェールを挙げた。そこでEOGは、その地域で二〇万エーカー〔約八一〇平方キロメートル〕の土地を確保する計画を立てた。だが、それほどの土地を買い集めようとすれば、ライバル企業もその地域に押し寄せ、土地の価格が上昇するに違いない。

そこでパパは、探査チームのメンバーにこう伝えた。「こちらの動きを同業者に知らせる必要はない」

だが、EOGの地権交渉人が、一エーカーあたり平均四〇〇ドルという安値でイーグルフォード・シェールの土地の取得を続けても、ライバル企業は現れなかった。パパにはそれが信じられなかった。ほかの企業はいまだ天然ガスを追い、石油には目もくれない。それならとパパは目標の数値を上げ、三〇万エーカー〔約一二〇〇平方キロメートル〕の土地を確保するよう地権交渉人に命じた。後には、その数値を四〇万エーカー〔約一六〇〇平方キロメートル〕に修正している。

EOGは当時、イーグルフォード・シェールでは一つも油井を掘削していなかった。幹部たちは、その岩石層から大量の原油を採取できると確信していたが、実際に採取できるかどうかを試してはいなかったのだ。ライバル企業のペトロホークはイーグルフォード・シェールで油井を一つ掘削していたが、パパも上級幹部のビル・トーマスも、ここで立ち止まって試掘している暇はないと思っていた。この好機を逃せば、賃借料が高くなる。安いいまのうちに土地を確保しておかなければならない。

EOGは、十分な量の原油が採取できることを願い、土地の取得に一億ドル以上を投じた。このような行動は、いかなる市場でも危険である。崩壊間近の市場では、それが命取りになる場合もある。

マーセラス・シェール

二〇〇八年前半、マーセラス・シェールでの土地取得・掘削活動が熱を帯びてきた。ニューヨーク州の風光明媚《ふうこうめいび》なフィンガーレイクス地域から、ペンシルベニア州の北部や西部、オハイオ州東部を経て、メリーランド州やウェストバージニア州やバージニア州の一部にまで広がるシェール層である。この地域には、これまでに掘削されたどのシェール層よりも多くの天然ガスが埋蔵されていると予想されており、シェール競争をリードするオーブリー・マクレンドンらの格好のターゲットになっていた。

だが彼らは、マーセラス・シェールで思いもかけない障害に遭遇した。これまで経験したことのないような当局の審査や住民からの批判である。

マーセラス・シェールをめぐる競争が激化するきっかけをつくったのは、ビル・ザゴースキーとテリー・エンゲルダーだった。二人は、誰も関心を寄せていなかったころからこのシェール層に注目していた。

ザゴースキーは、レンジ・リソーシズという小規模な天然ガス会社の子会社に勤めていた中年の地質学者だった。二〇〇三年、「新たなバーネット・シェール」を探す役目を与えられ、アパラチア盆地の深部にある岩石層を掘削したが、結果は芳《かんば》しいものではなかった。苛立ちを募らせたザゴースキーは、気分転換を兼ねて友人に会いに出かけた。その友人が、アラバマ州のシェール層である程度の成功を収めつつあり、ザゴースキーのアドバイスを求めていたからだ。だが友人の話を聞いたザゴースキーはすぐに、友人が自分たちと同じアパラチア地域のマーセラス・シェール層を掘削していたことに気づいた。

「うそだろ？　同じ地層じゃないか！」

ザゴースキーはペンシルベニア州に戻ると、マーセラス・シェールでさらなる試掘井の掘削にとりかかった。

これは大当たりになるかもしれない。そう思ったという。二〇〇四年、ザゴースキーは上司を説得し、数百万ドルをかけてマーセラス・シェールの岩盤のフラッキングを始めた。採用したのは、ミッチェル・エナジーがバーネット・シェールで開発したあの手法である。すると、期待していたよりもはるかにいい初期結果が出た。そこでレンジ・リソーシズは、ペンシルベニア州でさらなる土地の取得に乗り出した。マーセラス・シェールの暗号を解読し、フラッキングと水平掘削を組み合わせて莫大な量の天然ガスを採取できるようになったのは、それから三年後のことである。

すると、レンジ・リソーシズに続いてほかの企業もマーセラス・シェールにやって来たが、それでも掘削活動が本格的に活発化することはなかった。二〇〇五年後半から二〇〇六年にかけて、ペンシルベニア州北東部、サスケハナ郡の緑豊かな山岳地帯にある町ディモックの土地の価格は、一エーカーあたりわずか二五ドルだった。この地域は貧困にあえぎ、多くの農場が破綻寸前だったため、大した額でなくてももらえるだけでありがたかったのだ。

やがて、ディーゼル発電機の耳をつんざくような轟音《ごうおん》とともに、この町で最初のガス井の掘削が始まった。そのころの掘削業者が採用していたフラッキング技術は、まだあまり洗練されていなかった。まずは、一・五キロメートルほど地下のシェール層に、化学物質や砂と一緒に、三八〇〇立方メートルほどの水を注入する。すると、その水の一〇パーセントから三〇パーセントが上に戻ってくる。戻ってきた水には、岩盤に亀裂を入れるために使用された化学物質のほか、鉄やラジウムといった天然成分、原油の混じった掘削泥水《くっさくでいすい》が含まれている。ディモックなどでは、こうした逆流水は一般的に、中敷きした浅い大きな穴に貯め込まれた。

もう一人のテリー・エンゲルダーは、六一歳になるペンシルベニア州立大学の地球科学教授で、マーセラス・シェールに注目していた数少ない人物の一人だった。二〇〇七年のクリスマスの直前、エンゲルダーは、ニューヨーク州立大学のゲイリー・ラッシュとともにレンジ・リソーシズのガス井の産出量を検証し、マーセラス・シェールの天然ガス埋蔵量を計算してみた。するとその数字は、驚くべきことに五〇兆立方フィート〔約一兆四〇〇〇億立方メートル〕にもなった。政府の以前の推計よりおよそ二五倍も多い、世界最大規模のガス田である。ザゴースキーは現代史上まれに見る埋蔵量を誇るエネルギー田を発見していたのだ。その規模は、バーネット・シェールの一〇倍に及ぶ。

この推計を受け、二〇〇八年になるとチェサピークなどによる土地取得競争が激化し、一エーカーあたりの価格は五〇〇〇ドルまで上昇した。エンゲルダーは一躍、時の人となった。後には、埋蔵量の推計値を四八九兆立方フィート〔約一四兆立方メートル〕へと上方修正し、さらなる話題を呼んだ。これは、アメリカ全土の天然ガス消費を二〇年間まかなえる量である。

そのころ、マーセラス・シェール地域にアメリカを一変させるほどの天然ガスが埋蔵されていると強く確信していた企業のなかに、アルタ・リソーシズという会社があった。八八歳になるジョージ・ミッチェルの支援を受け、トッド・ミッチェルとジョージ・グリーンバーグが創業した会社である。アルタは、アーカンソー州のファイエットビル・シェール地域の資産を五億八〇〇〇万ドルで売却し、新たに一億ドルの資金を手に入れると、すぐにマーセラス・シェール地域の土地の取得にとりかかった。岩盤に亀裂を入れ、天然ガスを流出させる手法を開発するため、かつての同僚であるニック・スタインスバーガーも呼び寄せた。そして間もなく、ペンシルベニア州北東部、ディモックの町からさほど遠くないところに、数千エーカーの土地を手に入れた。

二〇〇八年ごろまでは、アメリカのどこでも掘削やフラッキングが物議をかもすことはあまりなかった。実際、何らかの被害があったという報告はほとんどない。それまでは、掘削の大半が、比較的人口の少ない地域か、古くからエネルギー産業を支援してきたテキサス州などの州で行なわれていたからだ。

ところがペンシルベニア州では、あちこちで大量の水を使うフラッキングが行なわれるようになると、住民がそれに難色を示すようになった。確かに、ペンシルベニア州にも原油や天然ガスを掘削してきた長い歴史がある。アメリカ最初の商用油井が誕生したのも、同州の町タイタスビルである。だが、マーセラス・シェール上にあるディモックなどの町では、近年ほとんど掘削が行なわれていなかった。そのため二〇〇八年初めになると、一部の住民が掘削活動に異議を唱え始めた。特に積極的だったのが、騒音や公害を嫌ってこの地域に引っ越してきた人々である。マーセラス・シェールに殺到してきた掘削業者のなかには、カボット・オイル&ガスのように、技術力を磨き、安全性を高めるよう努力している企業もあった。だが多くの企業はいまだ、この地域のシェール層で効率よく掘削する方法を模索しているところだった。

やがて、懸念を深めるディモック住民の声を世界中が耳にすることになる。

シェニエール株、急落

そのころシャリフ・スーキは、マクレンドンやウォードのようにエネルギー業界のトップに立とうと奮闘していた。すべては、ルイジアナ州のターミナルが成功するかどうかにかかっていた。輸入された液化天然ガスを再ガス化し、それをアメリカ全土に送るターミナルである。

間もなく、さまざまな問題が露見《ろけん》してきた。まずは、プラント建設のために積み重ねてきた負債への不安が高まり、二〇〇七年後半にはシェニエール・エナジーの株価が下落を始めた。

二〇〇八年に入ると、事態はいっそう悪化した。高額の費用がかかる施設を建設できるかどうかを不安視する声が広がるにつれ、およそ三三ドルだった株価は、四月半ばには一一ドル強にまで下がった。投資家たちがシェニエールに空売り《からうり》（株価の下落に賭けて利益を得る行為）を集中させ、株価をさらに下げようとしているという噂もあった。

信用がすっかり低下しているなか、スーキはターミナルの建設に必要な残りの数億ドルを何とか工面しようと努力を続けた。株価が下落しているいま、資金の工面などほぼ不可能なことはわかっていた。金融市場が不安定化し始めた当時であれば、なおさらだ。それでも、何らかの方法で資金を集めなければならない。

「本当に不安を感じたのはそのころからだ」とスーキは言う。

シェニールの幹部は、間もなく開かれるイベントで投資家の心証を変えられるかもしれないと期待を抱いていた。二〇〇八年四月二一日月曜日、政府高官や地元の政治家、エネルギー規制当局の幹部を招き、ルイジアナ州キャメロン郡で同社の輸入ターミナルのオープニング・セレモニーが開催される予定になっていたのだ。このセレモニーで、シェニエールが間もなく実際にLNGの輸入を始めることを投資家に印象づけられるかもしれない。それに、下がっていた従業員の士気を高めることもできる。従業員の多くは、ヒューストンの本社からやって来てセレモニーに参加することになっていた。

セレモニー当日の朝、シェニエールの戦略企画部長メグ・ジェントルは同僚とともに、車で三時間ほどのメキシコ湾岸のターミナルに向かった。するとその道中、見慣れないニューヨークの番号から電話がかかってきた。債券の格付会社ムーディーズのアナリストが、悪いニュースを伝えてきたのだ。

アナリストは「御社の審査をしているところだ」と告げると、こう述べた。シェニエールが再ガス化ターミナル用に販売していた債券の格付を下げることになりそうだ、と。

ジェントルも、車に同乗していた同僚も、このニュースに茫然《ぼうぜん》とした。シェニエールはすでにトタルやシェブロンと契約しており、それで負債の利払いは十分にまかなえる。それなのにムーディーズは、その点をまったく考慮していないようだった。

アナリストはさらに、ムーディーズが投資家に配布しようとしている文書に記載される事実内容に対して、一時間だけ反論する猶予《ゆうよ》があると告げた。

ジェントルは相手にこう訴えた。「いま車で移動中なんです。明日にしてもらえませんか？　明日ならオフィスで対処できるんですが」

だがアナリストは、申し訳ないがそれはできないと言うばかりだった。その数十分後にこのニュースは公表され、ターミナルの債券のリスクが見かけ以上に大きいことが投資家に伝わった。シェニエールのマイナス材料は増える一方だった。

セレモニーの参加者たちが、テキサス州からルイジアナ州に入ってすぐのところにあるメキシコ湾岸に隣接した現場に到着すると、そこにはシェニエールの従業員たちの手により一変した工業施設が広がっていた。数年前までそこは、流砂のような分厚い泥に覆《おお》い尽くされた湿地帯だった。

かつてこの土地で作業をしていた土木技師が、深い泥沼にトラクターを沈めてしまったこともあるという。

それに、このあたりをすみかとする野生動物もたくさんいた。実際、動物園がうらやむほど多種多様な動物にあふれていたという。ボブキャット、コヨーテ、ブタ、アライグマ、ガラガラヘビ、大型のネズミ、放し飼いの牛などが歩きまわり、スーキの壮大なプランなど気にもかけずに、それぞれの生活を営んでいた。渡り鳥のカモやガンなど、さまざまな種類の鳥も定期的に姿を見せた。だが、こうした動物の大半は、ターミナルのオープニング・セレモニー当日の朝までに、シェニエールの従業員が追い払っていた。それでも、ターミナルの入口のすぐ外側にある側溝《そっこう》には、生まれたばかりのアリゲーターがカメオ出演していた。

スーキのチームは、このイベントを成功させようとあらゆる手を打っていた。招待客には全員に、蒸し暑い日に発生する力に悩まされないよう虫よけスプレーをプレゼントした。会場には、絨毯《じゅうたん》を敷き詰めたトレーラーを何台も入れ、ルイジアナ風のランチをふんだんに提供した。施設で働くルイジアナ州の住民を楽しませようと、ケイジャン音楽のバンドを招待し、豪華な仮設トイレまで準備した。

セレモニーは、エネルギー省長官サミュエル・ボドマンの快活な挨拶《あいさつ》から始まった。長官は、その日は「ルイジアナ州南西部だけでなく、アメリカ全体にとって重要な瞬間」になると宣言した。また、シェニエールの施設は「アメリカにおよそ二五年ぶりに建設された再ガス化ターミナル」であり、「アメリカのエネルギー供給や供給業者、供給ルートの多様化を促すことになるだろう」と述べた。

ボドマンのスピーチの間、シェニエールの従業員たちは会場の隅でひそひそと話をしていた。債券の格付が下がり、その日の株式の取引が進むにつれて株価が大きく下落していく事態に頭を悩ませていたのだ。

だがスーキは、こうした話をまったく知らなかったようだ。やがてボドマンのスピーチが終わると、スーキが演壇に立った。上院議員や下院議員や実業家たちを前にスピーチを始め、アメリカは天然ガスを輸入する必要があること、シェニエールが積極的にその手助けをしていくことを強く訴えた。だがやがて、スピーチに集中できなくなってきた。ブラックベリーなどの携帯端末を見つめている聴衆があちこちにいることに気づいたからだ。そのなかには目を伏せ、何か悪いことでも起きたかのように頭を横に振っている人もいる。

ざわめきが広がるなか、スーキはなるべく楽観的な言葉を選んでスピーチを続けた。だが次第に、何が起きているのかがわかってきた。長らく待ち望んでいたこのイベントのまさに当日に、会社の株価が急落しているのだ。

あとでスーキは、自分の目で株価を確認してみた。取引開始時には一一ドル強だった株価は、セレモニーが終わるまでに一〇ドルを切り、その日の取引が終わるころには七ドル強にまで下がっていた。一日で三六パーセントもの大幅下落である。

ほんの数カ月前、スーキは一億五〇〇〇万ドルもの資産を保有していた。天然ガスを輸入するという計画は盤石《ばんじゃく》に見えた。ゴールドマン・サックスやウォーレン・バフェットでさえ、スーキの方針に賛成していた。ところがいまでは、シェニエールは崩壊寸前であり、スーキの資産も消え失せようとしている。その数週間後、スタンダード&プアーズはシェニエールの格付をジャンクレベルに引き下げた。つまり、この会社に成功の見込みはないということだ。

スーキは毎日のように市場で新たな噂を耳にし、その対応に追われた。ある日には、トタルとシェブロンが支払いをやめるという噂が流れたが、スーキはそんなことは絶対にないと確信していた。また別の日には、シェニエールが債務不履行《ふりこう》に陥りそうだとの噂が飛んだが、スーキの計算では二年分以上債務の支払いができる備えがあった。

「悪質なデマだったが、投資家たちはうろたえた。絶望的な状況に陥っているように見えたからね」とスーキは言う。

友人たちも、こんな悪いニュースばかりのなかでスーキが持ちこたえられるかどうか不安になり、電話をかけてきた。ある支援者は「具合はどうだ？」と尋ねた。

するとスーキは、事態の劇的な展開などさほど気にしていないかのようにこう答えた。「一億五〇〇〇万ドルを失ったのは初めてだね」

だが内心ではとまどい、腹を立て、気まぐれな株式市場にうんざりしていた。ターミナルは順調に稼働しており、事業に大きな変化はないというのに、シェニエールに空売《からう》りを集中させてくる投資家に怒りを覚えた。空売りに対処できる手段がないか弁護士に相談してみても、さほど選択肢がないことを知らされるだけだった。こうしたトラブルを予測できず、決定的に重要な融資を確保できない自分がうらめしくもあった。

やがて私生活にも影響が出始めた。スーキには、シェニエールの株式およそ三〇〇万株を一部でも売却するつもりはなかった。そんなことをすれば投資家のシェニエール離れを促すことになる。それに、もっと多くの利益をあげられる自信もあった。そのため、その株式を担保に借金をし、贅沢《ぜいたく》なライフスタイルを続け、税金などの出費をまかなっていた。

だが株価が下落すると、貸し手の金融業者から追加保証金を請求されるようになり、借金返済のために二〇〇万株以上の株式を売却せざるを得なくなった。その結果、二〇〇八年六月末には、手持ちの自社株はわずか六〇万株だけとなった。その価値は三〇〇万ドルほどである。数週間後には株価が三ドルを切り、資産はわずか数百万ドルとなったが、もはやその大半は不動産であり、簡単に現金化できないうえに、当時はその価格も下落しつつあった。したがって、自家用ジェット機や船を売却して必要な現金を手に入れるほかなかった。

自分の会社に投資していたのが友人や従業員だったことも、苛立ちを募らせる一因となった。株価が急落すれば、彼らが被害にあうことになる。

これまで手がけた事業のほとんどが成功していたスーキは、このような逆風に対処する方法がわからず、自信を失うばかりだった。「最悪の気分だった。自分をまったく信じられないんだからね。自分の考えていることに自信が持てなくなるなんて、（中略）ショックだったよ」

電話で慰めてくれる旧友もいた。「シャリフ、おまえは途方もないことを成し遂げたよ。最善を尽くしたじゃないか。誰にも嘘はつかなかったし」

だがスーキの気分は晴れず、自己不信は募る一方だった。ほかのエネルギー会社の株価は急騰しているのに、二〇〇八年七月のシェニエールの株価は三ドルを下まわっていた。もはや、会社を存続させていくためには思い切った手を打つしかない。スーキは現金の流出を食い止めようと、三六〇人いた従業員の半数以上を解雇した。

「辛かったね。まだそれでうまくいくと思ったが、もう確信なんてなかった」

スーキはさんざん市場に打ちのめされ、エネルギー業界で成功する夢など抱きようもなくなった。

だがそれはまだ序章にすぎなかった。

第一二章

マクレンドン、惨憺

二〇〇八年七月、それまで急騰を続けていた原油や天然ガスの価格が下落すると、七月初旬には七〇ドルだったチェサピークの株価は、月末には五〇ドルまで低下した。もはや、崩壊しつつある住宅市場が経済全体に悪影響を及ぼすのは間違いない。それは、エネルギー業界にとっても憂慮すべき事態だった。株式市場も全体的に軟化を始め、市況はわずか六週間で一〇パーセント以上下落した。

チェサピークの株価は、年初に比べれば二五パーセント高い状態を保ってはいたが、心配の種は増えるばかりだった。八月下旬には、原油よりもアメリカ経済の健全性に直結していると言われる天然ガスの価格が、一〇〇〇立方フィートあたり八ドルを切った。原油価格も一バレルおよそ一一五ドルまで低下した。

オーブリー・マクレンドンはそれまで、まるで周囲で吹き荒れる嵐に気づかないかのように、不況に備える措置を講じてこなかった。だがもはや、事態がさらに悪化する場合を考え、何らかの手を打たないわけにはいかなくなった。そこでマクレンドンは、数週間前にチェサピークの新規株式の販売を引き受けてくれた投資銀行に連絡を入れると、手持ちの膨大な量の自社株をヘッジする〔リスク回避のために、株を先物市場で売るなどして、将来株価が下落した場合の損失リスクを減らしておく〕許可を求め、こう述べた。自分は自社株に対する関心を失ったわけではなく、それを売却したいと思っているわけでもない。ただ、万一の場合に備え、ある程度の保障を手に入れたいだけだ、と。

マクレンドンの同僚はこう述べている。「オーブリーはあの時点で、失敗する可能性があることを意識したんだ」

だが、株式販売の規定によりこのような行為を承認する権限を持っていた投資銀行は、その申し出を拒否した。損失リスクを減らすことは認められなかった。事態が悪化しても、それを受け入れるほかない。

それまでにマクレンドンは、チェサピークの株式を担保に、ゴールドマン・サックスやJ・P・モルガン、ウェルズ・ファーゴなどの投資銀行から合計五億ドル以上の資金を借りていた。それを元手に、チェサピークの株式を買い増したり、自社と共同で所有するガス井に資金を投じたり、不動産の購入や商品の取引を行なったりしていた。そのほか、ヒューストンの億万長者ジョン・アーノルドが運営する個人投資ファンド、セントラス・アドバイザーズなどにも、さらに数百万ドルに及ぶ借金があった。

マクレンドンは、手持ちの自社株の価値三ドルにつき一ドルを借りるのを慣例にしており、この割合であればきわめて安全だと思っていた。だが、九月初旬にチェサピークの株価が四五ドルまで下落すると、担保の価値は、投資銀行三社それぞれから借り入れている額のおよそ半分にまで目減りし、貸し手側の不安が高まった。

金融市場はあっという間に制御不能に陥り、投資家たちは金融・住宅関連のほとんどの企業から資金を引き上げた。その結果、住宅ローン債権を扱っていた連邦住宅抵当《ていとう》公庫(ファニー・メイ)や連邦住宅金融抵当公庫(フレディ・マック)を、政府が救済せざるを得なくなった。

やがて九月一四日日曜日、アメリカの金融制度を根底から揺るがす事態が勃発《ぼっぱつ》した。老舗投資銀行リーマン・ブラザーズが破産保護を申請し、弱体化していた証券会社大手メリルリンチがライバル企業のバンク・オブ・アメリカに救済買収されたのだ。それに伴い、五月初旬には一万三〇〇〇ドル強だったダウ・ジョーンズ工業株三〇種平均が、一万一〇〇〇ドルを下まわった。投資家たちが突如としてアメリカの経済の先行きに不安を抱いた結果、天然ガス価格も一〇〇〇立方フィートあたりおよそ七ドルまで下落した。わずか二カ月前のほぼ半分である。

天然ガス価格に悪影響を与えたのは、この金融危機だけではない。チェサピークなどの企業がアメリカ各地でシェール層の掘削を加速させているため、一部の投資家の間で、アメリカの天然ガスが供給過剰に陥るのではないかとの憶《おく》測《そく》が広がりつつあった。

チェサピークの最高財務責任者であるマーク・ロウランドは、会社の基盤を強化しようと、チェサピークに融資している金融会社に電話を入れ、融資限度額である四〇億ドルを現金化した。現金さえあれば、経済がさらに悪化した場合の備えになると思ったのだ。こうした動きは株主の間に多少の不安を引き起こしたが、当時は多くの企業が同様の措置を検討していたため、投資家たちもさほどこだわらなかった。チェサピークはまた、株主を安心させようと、支出の削減や資産の売却を進める計画を公表した。

ウォール街が修羅場と化し、アメリカ中の企業が出口の見えない不安に駆られているなか、オフィスでのマクレンドンはいたって元気に見えた。まるで価格の下落は一時的なものだと確信しているかのように、新たな取引をまとめる仕事に取り組んでいた。

一〇月初旬には、エクソンモービルがバーネット・シェールに所有するガス田と一三〇キロメートルに及ぶパイプラインを買い取る契約を結んだ。また、マーセラス・シェールのガス井の三二・五パーセントの権益をノルウェーのスタトイルに三四億ドルで売却する取引にも合意した。以前にプレーンズ・エクスプロレーションとの間で成功を収めた取引〔315頁参照〕と同じ手法である。

当時のウォール街は瀕死《ひんし》の状態にあったため、スタトイルとの取引に関心を寄せる者はほとんどいなかった。だがこの取引が成立したのを見ても、エネルギー関連のグローバル企業がシェール革命の価値を認めているのは明らかだった。マクレンドンも、この合意により万事うまくいっていることを再確認し、こう述べている。「マクロ経済を除けば、何かもが思いどおりに進んでいる」[*1]

だが、それでもチェサピークの株価は下がり続け、マクレンドンに数億ドルを融資していた投資銀行は危機感を抱いた。一〇月の第一週になると、住宅危機の悪化によりアメリカの景気が後退してエネルギー価格が下落する可能性が高まり、チェサピークの株価はわずか二二ドルまで下がった。

やがて貸し手の金融会社は行動に出た。一〇月八日の午後遅く、ゴールドマン・サックスの個人資産運用部門のある幹部が、オクラホマシティのオフィスにいるマクレンドンに電話し、憂慮すべきニュースを伝えた。マクレンドンが担保に使っているチェサピークの株式は価値が大幅に下落しており、もはやゴールドマン・サックスが貸しているおよそ三億ドルを保証できるほどの価値がない。

さらなる担保を早急に提示しなければ、ゴールドマン・サックスは担保として保有しているその株式を売却して借金返済にあてる。幹部はマクレンドンにそう告げた。つまりマクレンドンは、ゴールドマン・サックスから追加保証金を請求されていた。いわば最悪の連敗後に、借りた金を返すよう胴元に迫られているギャンブラーと同じである。ただしこの場合は胴元自身も、急落する市場がもたらす重圧に苦しんでいた。

マクレンドンは何らかの手を打つ必要があった。担保の株式をゴールドマン・サックスが売ってしまえば、チェサピークの株価はさらに下がり、どんな企業も経験したことがないような困難に直面することになる。マクレンドンは追い詰められていた。もはや担保を増強できるほどの現金も資産もない。だが、何とかなるかもしれない。マクレンドンは、ゴールドマン・サックスのある幹部に助けを求めようと電話を手に取った。

その幹部とは、ゴールドマン・サックスのヒューストン支店に務めていたビル・モンゴメリーである。モンゴメリーは、普段から同銀行とチェサピークの仲介を担当していた関係上、マクレンドンと親密な関係にあり、苦境に陥っているマクレンドンに救いの手を差し伸べてくれる可能性があった。ところがあいにく、モンゴメリーはそのころエネルギー業界の幹部たちと、携帯電話の電波の届かないワイオミング州の僻地《へきち》へ静養に出かけていた。

マクレンドンには、モンゴメリーの帰宅を待っていられるほどの時間がなかった。そこでゴールドマン・サックスのさらに上位の人物、同銀行の共同社長であるジョン・ウィンケルリードに電話を入れた。マクレンドンは数カ月前にも、自身が共同所有するオクラホマシティのレストラン《ディープ・フォーク・グリル》でウィンケルリードを接待していた。二人の間には交友関係があり、ウィンケルリードがマクレンドンの苦境に同情を寄せる理由は十分にあった。

ほんの数週間前、ウィンケルリードは自身の財政状態の悪化によりパニックに陥った。ニュージャージー州の郊外で生まれ育ったウィンケルリードは、財産を築いて牧場経営者になると、数百万ドルを投じて馬を飼育・調教する施設をつくり、アメリカ各地の牧場を買い取った。およそ五〇万ドルで「アイ・ショー・スペンシブ（私は間違いなく高い）」という名前の牝馬《ひんば》を購入したこともある。ウィンケルリードもマクレンドン同様、その純資産の大半は自社の株式であり、こうしたカウボーイの夢をかなえるために多額の借金をしていた。

だが九月に入ってゴールドマン・サックスの株価が急落すると、ウィンケルリードは窮地に陥った。現金がどうしても必要になり、上司に助けを求めた。するとゴールドマン・サックスは、それまで会社に尽くしてくれたベテラン幹部に敬意を表し、同銀行の投資ファンドにおけるウィンケルリードの持分を買い取ってくれた。これによりウィンケルリードは、二〇〇〇万ドル近い現金を手に入れることができた。*2

つまりゴールドマン・サックスは、マクレンドンと同じような境遇にいたウィンケルリードを救済した。それなら、今度はウィンケルリードが、古くからの同銀行の顧客であるマクレンドンを救ってくれるのではないかと考えたとしても無理はない。

ウィンケルリードが電話口に出ると、時間があまりないことを知っていたマクレンドンは、ゴールドマン・サックスが自分との取引をやめるべきではない理由を口早に訴えた。ヘッジファンドは寄ってたかってチェサピークの株式を空売りし、その株価の下落で利益をあげようとしている。

「ヘッジファンドはうちの株をつぶしにかかっている」

マクレンドンは嘆願するような口調でこう続けた。チェサピークの事業はいまだ順調であり、見通しは明るい。株価は間違いなく回復する。だから口座の解約をあと数日待ってもらえないか。自分を切り捨てるなんて不公平だ。

「私を殺すつもりか」

ウィンケルリードは辛抱強く耳を傾けると、同情的な態度を見せ、マクレンドンにこう言った。数日の猶予《ゆうよ》を与えるよう自分からほかの幹部に話してみる。その間に、彼らが行動を起こす必要もなくなるほど株価が回復するかもしれない。

「私たちは会社にとって正しいことをするほかないが、きみに猶予を与えられるようなら、そうしよう」。ウィンケルリードが本気でそう思っていたのか単なる社交辞令だったのかはわからないが、これで危機を未然に防げるかもしれない。マクレンドンはそう思った。

一時間余り後、ウィンケルリードは銀行幹部の判断をマクレンドンに伝えてきた。ゴールドマン・サックスはマクレンドンを助けることはできないという。ウィンケルリードは、丁寧ではあるが断固とした口調でそう述べた。実際、ゴールドマン・サックスはそのころにはすでに、担保として保有していたマクレンドンの株式の売却を始めていた。

ほかの投資銀行も、多くは同じ措置を講じていた。マクレンドンの嘆願はもはや手遅れだったのだ。

「そういう決まりなんだ。すまないな、オーブリー」

マクレンドンは受話器を置くと、席を立ってオフィスを出た。そして三人の女性秘書の机のそばをゆっくり通り抜け、マーク・ロウランドのオフィスに入っていった。

ロウランドは目を上げるとびっくりした。蒼白《そうはく》のマクレンドンが身を震《ふる》わせていたのだ。これまで何年も一緒に仕事をしてきたが、こんなマクレンドンは見たことがなかった。

ロウランドは、マクレンドンが多額の借金をしてチェサピーク株を買い集めているのを知っていた。だがロウランドも会社のほかの人間も、マクレンドンがどれだけ金を借りているのか、どれほど追い詰められているのかは知らなかった。ロウランドはいま、それを知った。

「あいつら、おれの株を売ったよ」とマクレンドンが言う。

「何のことだ?」

「投資銀行だよ。大変なことになった」

ロウランドにも事態がのみ込めてきた。「いくらかは手元に残っているのか?」

「ああ。だがほかにも借金がある」。マクレンドンは放心状態のまま答えた。ほかの銀行も、残りの借金の支払いにあてるために、自分の株式を売り払うことになるだろう、と。

それから数日の間に、マクレンドンとチェサピークの苦境はいっそう深まった。有価証券報告書によれば、一〇月八日水曜日には、マクレンドンの株式四六〇万株が一株二二・六八ドルで売却された。翌日には、さらに一一四〇万株が一株一七・五六ドルから二四ドルの間で売却された。一〇月一〇日金曜日には、一五四八万株が一株一二・六五ドルから一六・一六ドルの間で売却された。

四九歳のマクレンドンは、この恐るべき週の間に三一〇〇万株以上の株式の売却を余儀なくされた。自分が保有していたチェサピークの株式の九四パーセントに相当する量である。しかもそれは、自分が立ち上げ、自分が業界上位の企業にまで発展させた会社の株式だった。手元に残った株式は、二〇〇万株にも満たない。この売却により、チェサピークの株価はさらに下落した。七月初旬には七〇ドル近くあった株価は、その一週間で四三パーセントも低下し、一六・五二ドルにまで下がった。

マクレンドンは後にこう述べている。「夢にも思わなかったことが起きた。正直なところ、手持ちの株式の価値三ドルにつき一ドルを借りる程度ならリスクはないと思っていた」[3]

一〇月一〇日金曜日、マクレンドンは株主に現状を説明しようと、以下のような声明を発表した。マクレンドンは追加保証金の請求を受け、過去三日の間に手持ちのチェサピーク株の「ほぼすべて」を「不本意ながら」売却した。これは、「世界的な金融危機という異例の状況」に起因する。さらに声明文にはこうある。「これらの売却は、チェサピークの財政状態に対する私の考えを反映したものでもなければ、チェサピークの将来の可能性に関する私の見解を反映したものでもない」。このような事態の展開に「きわめて失望している」

その数日間、マクレンドンは見るからに落胆していた。あまりにやつれて見えるため、眠れていないのではないかと同僚たちは心配した。これまでいつも快活だった男が劇的に変わった姿を見て、彼らもショックを受けていた。「津波か野火にでも襲われたようだった」とマクレンドンは言う。[4]

そう言われてもマクレンドンの気休めにはならなかったかもしれないが、この最悪の時期に借金の支払いにあてるため、莫大な量の保有株式を売却せざるを得なくなったエネルギー業界の企業家はマクレンドンだけではない。マクレンドンが株主に声明を発表した同じ金曜日、シェール層の土地取得をチェサピークと競い合っていたXTOエナジーも、会長兼CEOのボブ・シンプソンがおよそ三〇〇万株を一億ドル以上で売却したと発表した。テソロ〔石油精製・販売企業〕の経営者など、ほかのエネルギー業界の大物たちも、突然返済を迫られた債務の支払いのため、株式を売却している。[5]

だがマクレンドンは、その声明を発表した一八分後、この衝撃的なニュースをいまだ受け止めきれないでいる全従業員に向け、こんなメールを送った。株価の大幅下落など「気にすることなく」、それぞれの仕事に専念してほしい。チェサピークの株価が急落したのは、世界的な金融崩壊の副次的影響によるものであり、こんな価格に「意味はない」、と。[6]

さらにマクレンドンは、私たちは新たな世界に入ったと述べ、こう続けている。「天然ガス市場や金融市場の劇的な悪化により、土地の価格は、いまや九〇日前の適正価格の二分の一以下になった」

チェサピークはそれから数日後、ヘインズビル・シェールの土地をめぐるピーク・エナジーとの合意など、石油や天然ガスの権利を買い取るさまざま取引を破棄した。これによりチェサピークは訴訟を起こされ、ピークにおよそ二〇〇〇万ドルもの損害賠償を支払うことになる。*7

ロウランドは言う。「取引内容の合意から契約締結までの間に土地の価格が下落した取引もあれば、掘削結果が芳《かんば》しくないため不適当と判断した取引もあり、単なる資金不足のため契約を遅らせるしかない取引もあった」

かつてはマクレンドンの戦略に間違いはないと確信していた役員のチャールズ・マクスウェルも、株価の下落を受けて考えを改めた。「こんなことになるとは思わなかった」。まだマクレンドンを支持してはいるが、チェサピークは土地の取得に「熱を入れすぎた」と《ウォール・ストリート・ジャーナル》紙に語っている。

チェサピークは破綻の危機に直面していたわけではないが、以前のように借金をして会社を成長させることができなくなるのはほぼ間違いなかった。間もなくアナリストたちも、土地の賃借期限が切れる前に掘削資金を調達できるのかと疑念を抱き始めた。実際、チェサピークは、ルイジアナ州のヘインズビル・シェールでもペンシルベニア州のマーセラス・シェールでも、ほとんどの事業をストップせざるを得なくなっていた。*8

マクレンドンは意気消沈しているようだった。立ち直れないほどの打撃を受けたかのように見えることもあった。だが、そんな様子はわずか数日で終わった。二〇〇八年一〇月の下旬になると、マクレンドンはすっかり態度を改めた。証券取引明細書に何と書かれていようが、自分の口座から数十億ドルもの資産が消えることなどないとでも言わんばかりの変わりようだった。あの痛ましい株式売却の詳細を知っている銀行家たちはなおさら、その落ち着いた快活な物腰に目を見張った。オフィスでのマクレンドンは、前向きな態度や冷静さをすっかり取り戻していた。

自分も会社も再起を果たす秘策がある。そんなふうに見えた。

ウォード、窮境

トム・ウォードが市場価格を確認するたびに、天然ガス価格はほぼいつも下落していた。八月末までのわずか二カ月の間に四〇パーセントも下がっている。

ウォードと妻のシュリーは、親友のロブ・ブレイヴァーの子どもの結婚式に出席するため、飛行機でニューメキシコ州サンタフェに向かった。ブレイヴァーはもともと、オーブリー・マクレンドンの小学校時代の同級生だったが、数年つき合ううちにウォードと親しくなった。二人の間に友情が芽生えたのは、一〇年ほど前に、メキシコのカボ・サン・ルカスに一緒にゴルフに出かけたときである。ユダヤ人だったブレイヴァーはその場で、イエスを救世主だと信じているかとウォードに尋ねた。するとウォードは、そう信じていると答え、別の機会に自分の考えをきちんと説明したいと告げた。二人はその後、数カ月にわたり神学を論じ合い、やがてはウォードがチェサピークのオフィスで週に一回開いている討論会に、ブレイヴァーの友人も参加するようになった。間もなくブレイヴァーはウォードの考え方に触発され、キリスト教に改宗した。

ブレイヴァー家の結婚式は喜びに満ちたものだったが、一部の招待客によると、ウォードはどこか様子が変だった。周囲は音楽やダンスでにぎやかだったが、ウォードはそれに参加しようとしなかった。どこかピリピリしていて、あまり楽しそうには見えなかったという。

ウォードは結局、オクラホマシティに戻ると、友人に悩みを打ち明けた。天然ガスの先物価格の急落により、この一カ月の間に個人取引で一〇億ドルもの損失を被《こうむ》ったのだ。アメリカ有数の富豪になっていたウォードにとっても、これはかなりの痛手だった。この損失は間もなく、地元の業界関係者の間で話題になった。

途方もない夢を思い描いていたウォードは、天然ガスの価格がこれほど劇的に下落するとは想像さえしていなかった。この一〇年間は、ウォードの予想どおり需要は増える一方だった。経済が利用するエネルギーの量は増え、人口も拡大している。どこからどう見ても、天然ガスの消費や価格は上昇を続けるはずだった。

ところが、経済が不安定化して投資家がリスク回避に走ると、天然ガスの価格が急落し、ウォードに損害を及ぼすようになった。「これほど状況が変化する場合もあることを考慮していなかった」とウォードは言う。

七月初めに六八ドル近くあったサンドリッジの株価は、八月が終わるころには三五ドルにまで落ちた。およそ五〇パーセントもの下落である。同社のオクラホマシティ本社では、従業員がひどく動揺していた。多くが同社の株式を所有しており、その価値が下落していくのを目にしていたからだ。残酷なことに、毎朝各従業員が自分のパソコンの電源を入れ、日々更新される株価を確認するたびに、資産は目減りしていくばかりだった。

九月末、サンドリッジの株価が一八ドルを切ると、オフィスは暗い雰囲気に包まれた。ウォードも周囲の従業員の気分を反映し、不安に満ちた固い表情をしていた。

一〇月になると、ウォードへの請求書がたまってきたが、それを支払えるだけの現金がなかった。そこでウォードは、自分が所有していたサンドリッジのガス井の利権を同社に六七〇〇万ドルで売却した。だがこの行為は後に、投資家の怒りを買うことになる。

ちなみに、外部の第三者が提示した公正意見書によれば、この価格はそのガス井の利権の本来の価値よりも安いという。そのためウォードは、サンドリッジの株主から見てもこの取引は不当なものではないと考えていた。だが、六七〇〇万ドルといえば大金である。実際、その年が終わるころに同社に残された現金は一〇〇万ドルにも満たなかった。それも、投資家の怒りを買う一因となった。

一〇月、アメリカの金融制度は崩壊の一途をたどっていた。サンドリッジは数日間にわたり、会社を維持していくのに必要な短期資金さえ調達できなくなり、役員の間に不安が広がった。

二〇〇八年末になるころには、このパニックも多少収まってきた。政府が金融機関や金融市場を支える措置を講じたからだ。だがエネルギー価格は相変わらず低迷を続け、サンドリッジの株価は六・一五ドルまで下がった。同年七月の価格から、何と九一パーセントもの下落である。自社以外にもある程度の資産を持っていたウォードの株式資産は、それでも二億ドルを超えていた。これはもちろん、かなりの額ではある。だが、わずか六カ月前には、その資産価値は二五億ドルを上まわっていた。

しかしウォードをそれ以上に悩ませていたのが、マクレンドン同様、さまざまな金融会社から借りていた数億ドルもの借金である。ウォードの担保はマクレンドンの担保ほど値崩れしなかったため、貸し手の金融機関から追加保証金を請求されることはなかったが、それでも追い詰められていることに変わりはなかった。支払わなければならない税金や債務が何百万ドルもあったが、会社にガス井の利権を売却したあとでさえ、そのすべてを支払うことはできなかったからだ。

「銀行口座も流動性資産も枯渇し、短期的な流動性危機に陥っていた」とウォードは言う。

だが、公開市場でサンドリッジの株式を売却したくはなかった。そんなことをすれば、マクレンドンが売却を余儀なくされたときと同じように、サンドリッジの株価も急落するに違いない。ほかの手を考える必要がある。

そこでウォードは、バンク・オブ・オクラホマの頭取を務めるタルサの億万長者、ジョージ・カイザーに助けを求めた。クリスマスイブの日、二人は複雑な取引をまとめた。ウォードが、手持ちのサンドリッジの株式の二三パーセント(およそ九〇〇〇万株)を五〇〇〇万ドルでカイザーに売る取引である。これでウォードも、負債などの支払いにあてる十分な現金を手に入れられる。ウォードはそのほか、将来さらに多くの株式をカイザーに買い取ってもらう約束もしたが、この取引も後に論争の的になった。バンク・オブ・オクラホマがサンドリッジに融資していたからだ。

ウォードはサンドリッジの投資家たちに、手持ちの株式を売却しなければならない事態に陥ったが、株式を公開市場で投げ売りせずにすんでよかったと述べた。投資家たちは、その点をもっとも懸念していたからだ。また従業員たちには、それぞれの仕事に専念し、自社株の下落など気にしないようにと訴えた。

そのころウォードは、役員室の雲行きが怪しくなっていることに何となく気づいていたようだが、自宅で起きつつあることにはまるで気づいていなかった。

コンティネンタル、悪夢再来

ハロルド・ハムは毎日午後三時三〇分に、その日の原油価格の動向を知らせるメモをマーケティング部から受け取っていた。二〇〇八年の秋から初冬にかけて、そのメモの内容は悪化の一途をたどった。

原油価格は五カ月の間に六〇パーセント以上下落し、一二月初めには一バレルあたりの価格が五四ドルまで落ちた。その一週間後には、せっかく上がっていたコンティネンタルの株価が一三・五ドルまで下がり、一年以上前に新規公開した当時の株価さえ下まわった。悪夢の再来である。

だが、マクレンドンやウォードとは違い、ハム個人の財政状態に問題はなかった。自社株を数多く保有していたほか、輸送などほかの事業で多額の利益をあげていたため、いまだに一〇億ドルほどの資産があった。それに、マクレンドンやウォードのように数億ドルもの借金をして市場で取引をしているわけではなかったのも、功を奏した。

それでも、原油価格の下落はハムに多大な衝撃を与えた。バッケン・シェールで膨大な量の原油を発見する希望が打ち砕かれてしまったからだ。多段階フラッキングや水平掘削のため、この地域の掘削には多大なコストがかかり、一バレルあたりの原油価格が五、六〇ドルなければ利益にならないのである。

もうこの地域には価値がないと考え、バッケン・シェールから手を引くライバル企業も現れた。ノースダコタ州の住民たちは、いずれ訪れるのではないかと怖れていた不況がついに始まったのだと思った。

「悔しかったよ」とハムは言う。

幹部たちが成功を目前にして失敗したことが明らかになると、コンティネンタルのオフィスはピリピリした雰囲気に包まれた。彼らは自分たちの考えを過信するあまり、石油生産のリスクをヘッジしていなかった。つまり、ほかの企業がよくしていたように、先物市場で原油を売って利益を確定しておくといった手を打っていなかった。コンティネンタルはむしろ、原油価格は上昇を続けると考え、「丸裸で営業」していた。

ハムの右腕だったジェフ・ヒュームは、コンティネンタルの幹部が原油価格の下落に対する予防措置を講じていなかった理由をこう述べている。「市場が上り調子だったのを喜んでいるだけだったからね」

原油価格が急落すると、コンティネンタルの収益は激減した。そのためハムは、同社の探査チームを招集して苦渋の決断を伝えた。バッケン・シェールでのほとんどの掘削を停止するとの決断である。

これには多大なリスクが伴った。コンティネンタルがいつかこの地域で作業を再開しようとしたときに、いったん解散したチームを再び確保できる保証はない。それだけではない。油井を掘削しなければ、会社が取得した土地をすべて失うおそれもある。ヒュームの試算によれば、一八カ月間放置したままなら、バッケン・シェールの土地をすべて失い、また一から始めなければならなくなるという。

とはいえ、会社にできることなどあまりなかった。コンティネンタルはバッケン・シェールで一銭の利益もあげていない。それに、二〇〇九年に予定されていた会社全体の支出を三一パーセント削減する必要もあった。

だがハムは、掘削の停止を伝えた後、一部の土地の賃借は今後も続けると述べた。コンティネンタルは、バッケン・シェール直下のスリー・フォークス層に水平掘削を行ない、成功を収めている。市場が悲観的だったにもかかわらず、ハムはそこに希望を見出していた。

ノースダコタ州ディキンソンで掘削をしていたハムの旧友マイク・アームストロングは、金融市場が崩壊し原油が値崩れしているのに土地を維持しようとするハムに懸念を抱いた。ハムはそのうえ、六〇万ドル以上の自己資金を投じて自社株を買い増していた。

「頭がおかしくなったのか?」。アームストロングはハムにそう尋ねた。

「原油価格はいずれ戻るよ、マイク」とハムは答えるだけだった。

だが一二月下旬、一バレルあたりの原油価格は三四ドルを切り、バッケン・シェールの掘削はいっそう現実的ではなくなった。大量の石油を見つけるというハムの夢はついえたかに見えた。

EOG、挫折

EOGリソーシズのマーク・パパら幹部たちは、テキサス州南部のイーグルフォード・シェールに確保した土地に注目していた。そのなかでも、大量の原油を含んでいると見込まれるおよそ一万七〇〇〇平方キロメートルの区画が、最大の狙い目だった。このシェール層は、バッケン・シェールの最良の部分の三倍近い厚みがあると推測されており、その点から見てもきわめて有望に思えた。

おまけに、イーグルフォード・シェールの地域にはすでにパイプラインがあり、EOGが原油を探り当てれば、そこから原油を輸送するのに手間はかからない。さらにこの岩石層には、大量の天然ガスが含まれている可能性もあった。

テキサス州南部でのこうした動きは、以前にもあった。十数年前、チェサピークなどの企業がオースティン・チョーク層に目をつけ、そのあたりの土地を掘削していた。だが二〇〇八年になるころには、この地域はもはや原油よりも牛の放牧で知られるようになっていた。そこへ、EOGなどの企業が別の岩石層に注目して戻ってきて、その土地に熱い視線を向けた。オースティン・チョーク層を掘削して手っ取り早く利益をあげた以前の山師たちと同じである。

ところが、二〇〇八年秋の原油や天然ガスの価格の下落により、EOGの計画は頓挫《とんざ》した。パパもその右腕のビル・トーマスも、天然ガス事業からの離脱を早くから推進していたため、天然ガス価格が急落するとかえってほっとした。だが、原油の価格も天然ガス並みに下がるとは思っていなかった。EOGの収益は減少し、イーグルフォード・シェールの土地をこれ以上取得するのは難しくなった。

「本当はもっと取得したかったんだが、現金収入がなくなってしまってね」とパパは言う。

パパらはさらに多くの土地を取得するつもりだったが、その実施は世の中が落ち着くまで待たざるを得なくなった。EOGはいまだ、そのあたりの土地では一つも油井を掘削しておらず、この賭けが成功するかどうかさえわからなかった。

スーキ、破綻寸前

シャリフ・スーキは、マクレンドンやウォード、ハム、パパが打撃を受ける前の二〇〇八年初頭から、投資家離れに苦しんでいた。その年の夏になるころには、会社を破綻から守るだけで精一杯だった。

だが八月には、シェニエールがルイジアナ州のLNGターミナルを拡張するために必要な最後の二億五〇〇〇万ドルを何とか調達することに成功した。資金を提供してくれたのは、大手投資会社ブラックストーン・グループの傘下にあるヘッジファンド会社、GSOキャピタル・パートナーズである。スーキの計画の価値を信じてくれる人が、まだいたのだ。

GSOだけではない。ジョン・ポールソンが運営するニューヨークのヘッジファンド会社、ポールソン&カンパニーからの資金援助もあった。ポールソンとは、住宅市場の暴落を予測し、二〇〇七年から二〇〇八年にかけて金融市場最大の取引を成功させ、自分や顧客に二〇〇億ドルもの利益をもたらした人物である。二〇〇八年秋、ポールソンは顧問のシェルドン・チョウドリーとともにわざわざサビンパスの施設を訪れ、スーキの戦略に理解を示した。そしてその年の暮れにシェニエールの株式を購入し、同社の株式のおよそ一五パーセントを取得した。

スーキにとっては、どちらもいいニュースだった。

だが悪いニュースもあった。GSOからの融資には、かなり厳しい条件がつけられた。当時のシェニエールは経営状態がかなり悪化していたため、当初のもくろみどおり株式を販売することも、以前のように七パーセントほどの金利で資金を借りることもできなかった。

そこでシェニエールは、トタルやシェブロンから受け取る現金を担保に、GSOから「救済ローン」の提供を受けることにした。このローンには以下の条件が付された。シェニエールはGSOが貸しつける資金に対し、年率一二パーセントの金利を支払う。またGSOに、シェニエールの業績が回復した際に同社の株式に転換される証券を提供する。

シェニエールはまた、GSOの幹部二人、ドワイト・スコットとジェイソン・ニューを取締役会に迎え入れざるを得なくなった。いわば、スーキを見張る監視役である。

「辛かったね。借金を減らしたかっただけなのに、さらに悩みが増えた」とスーキは言う。

いずれにせよ、このGSOとの取引により、シェニエールはあと三年ほど事業を継続できる資金を確保し、天然ガス輸入ターミナルを拡張させてさらなる顧客を増やす時間的余裕を手に入れた。だがシェニエールには、年間およそ五〇〇〇万ドルもの支出があったうえ、二〇一二年にはおよそ一〇億ドルの負債を返済する必要がある。当時の状況では、それだけの額をどのように返済すればいいのかまるでわからなかった。

とはいえ、大胆な解雇を実施していながらエンジニアや開発担当者は手元に残していたため、事業に支障はなかった。スーキは、二〇一二年までに天然ガスの供給が大幅に減少し、天然ガスの輸入需要が再び高まることを願っていた。

だが二〇〇八年暮れの段階では、天然ガスを輸入するというアイデアそのものがばかげているように見えた。スーキがこの事業に手をつけ始めたころと同じである。シェール層のガス井から大量の天然ガスが噴き出しているというのに、わざわざ外国からさらに天然ガスを輸入する必要があるのか？　一二月にはアメリカ政府のエネルギー情報局が、その年のLNGの輸入量が一兆二〇〇〇億立方フィート〔約三四〇億立方メートル〕になるとの推計を発表した。わずか二年前には、六兆四〇〇〇億立方フィート〔約一八〇〇億立方メートル〕もの輸入量があったことを考えれば、かなりの減少である。アメリカの天然ガス消費量に占める輸入天然ガスの割合は、二〇〇七年には一六パーセントだったが、二〇三〇年には三パーセントにまで落ちると予想されていた。*9

そのため二〇〇八年が終わるころには、スーキ自身も外国産の天然ガスの必要性に疑問を抱き始めた。アメリカのシェール層から大量の天然ガスを採取できるのなら、シェニエールの事業などまったく必要ないのではないかとの「疑念に悩まされるようになった」という。

天然ガス価格は、一〇〇〇立方フィートあたりおよそ五・六〇ドルで二〇〇八年の取引を終えた。同年の最低値に近い価格である。ちなみに原油価格の終値は、一バレルあたり四四・六〇ドルである。このレベルになると、天然ガスはもはや外国よりアメリカのほうが安い。わざわざ外国の天然ガスを冷蔵して、巨大魔法瓶のような輸送船で運び、アメリカのプラントで再ガス化して販売するなど、誰が考えても割に合わない。世界各地で天然ガスを生産している企業はいまでは、アメリカ以外の国に天然ガスを販売しようとしている。LNGの輸入でひともうけしようと企んでいたのはスーキだけではないが、そんなことは何の慰めにもならない。もはやスーキの事業が現実的とは思えなかった。

シェニエールの株式の二〇〇八年の終値は、三ドルにも満たなかった。これはスーキにとっても会社にとってもかなりの凋落《ちょうらく》を意味していたため、なかにはスーキの身を案じる者もいた。

スーキは当時を回想してこう述べている。「私を呼び出して、きみは一人じゃないと言ってくれる友人が大勢いたよ」

アメリカでエネルギーの新時代を築くという壮大な夢を抱いていた、ほかの夢想家や山師たちと同じように、スーキも瀕死《ひんし》の状態にあった。

第一三章

真の敵はテクノロジーだ。
――サウディ・シェイク・アフメド・ザキ・ヤマニ
〔サウジアラビアの元・石油鉱物資源相。在職一九六二〜八六年。第一次オイルショック（一九七三年〜）の原因となった、石油の禁輸・減産を主導。一九八〇年には外資傘下にあった石油会社の国有化を実現〕

特別賞与

オーブリー・マクレンドンらチェサピークの幹部たちは、自社の事業は順調だと不安げな投資家たちに訴えたが、エネルギー価格の低迷は止まらず、資本市場は手を引くばかりだった。二〇〇九年初め、三〇億ドル分もの資産の売却と支出の削減を公表すると、同社の株価はようやく一六ドル前後に落ち着いた。市場全体が底を打ったのもそのころである。

多大な利益を獲得できる新たなプランがあるのか、チェサピーク本社のマクレンドンは上機嫌そうに見えた。それから間もなくしてマクレンドンの弁護士が、チェサピークの取締役会に設置された報酬委員会の委員三人のもとを訪れ、異例の提案をした。

マクレンドンは、二〇〇八年に追加保証金の請求を受け、手持ちのチェサピーク株のほとんどを売却せざるを得なくなった。その結果いままでは、会社のガス井それぞれについて自分が保有している二・五パーセントの権益に伴うコストを負担できなくなったという。チェサピークは、創業者ガス井参加プログラムを通じてマクレンドンにガス井の権益を提供していたが、その際に、自分の持分に相当する掘削コストを支払うという条件をつけていた。

マクレンドンの弁護士は、三人の委員にこう述べた。マクレンドンがガス井のコストを支払うには七五〇〇万ドルもの現金が必要になるが、マクレンドンにもはやそんな余裕はない。そのため、一度かぎりの措置として、マクレンドンにその額の特別賞与を提供してやってほしい、と。

マクレンドンには賞与を受け取る理由など何もなかった。これほど過大な賞与となればなおさらである。ビジネスの世界では一般的に、特別な仕事を成し遂げた場合や、何らかの成果をあげた場合にこうした報酬を提供する。だがチェサピークの株価は、二〇〇八年の間に六〇パーセント近く下落していた。市場が暴落する前に何の手も打たず、追加保証金の請求を受けた人物など、多額の報酬どころか称賛さえ受けるいわれはない。むしろ、職を失わなかっただけでもラッキーだと言わざるを得ない。

報酬委員会の三人の委員とは、ベテランアナリストのチャールズ・マクスウェル、投資銀行家のフレデリック・ウィットモア、元オクラホマ州知事のフランク・キーティングである。三人はいずれも、マクレンドンに批判の目が向けられていることをよく知っていた。役員のなかにはマクスウェルのように、さほど激しく異議を唱えたわけではないにせよ、出費が度を越えているとマクレンドンに警告していた者もいる。

委員たちはまた、株価が大幅に下落していることも十分認識していた。二〇〇八年の金融危機以来、マクスウェルが保有していたチェサピーク株の価値は二五〇〇万ドルから六〇万ドルに減少していた。

それにもかかわらず三人の委員は、マクレンドンの要請を検討するために委員会を招集することに同意した。委員会のメンバーは、この特別賞与について討議を始めると間もなく、外部の批判者たちとはまったく異なる見解に至った。マクレンドンは過去数年にわたり、アメリカ各地のシェール層の土地に一八〇億ドルもの支出を行なってきた。一方、二〇〇八年にプレーンズ・エクスプロレーションやスタトイルなどと契約した合同事業〔315頁および333頁参照〕では、それらの土地におよそ二八〇億ドルもの値をつけ、前払い金として会社に五〇億ドル以上の現金をもたらした。そのためマクレンドンは一〇〇億ドル分の価値を生み出したというのが、委員会の見解である。

委員会のメンバーがとりわけ評価していたのが、スタトイルとの契約である。彼らは、その契約をまとめたマクレンドンの手腕に感心した。というのも、契約が行なわれたのは金融危機のさなかであり、スタトイルはその契約から手を引くこともできたからだ。マクレンドンは偉業を成し遂げたと言ってよかった。

委員会のメンバーは、話し合いを重ねれば重ねるほど、マクレンドンに七五〇〇万ドルの賞与では少なすぎるとの確信に至った。その結果、そんな高額の支払いを疑問視する人に怒りさえ覚えるようになった。

マクスウェルはある会議の席でこう述べている。「まったく、オーブリーが会社にもたらした額の一パーセントもあげられないなんて、アンバランスもいいところだ。あの男はみごとな成果をあげた」

とはいえ、マクレンドンはCEOとしての役割を果たしただけであり、それ以外に何か特別なことをしたわけではない。それに、二八〇億ドルもの値をつけたとはいえ、それは書類上のことでしかない。チェサピークが実際にその土地を売り払おうとしても、金融市場が暴落して経済がいまだ崩壊しつつある二〇〇九年初めの状況では、それに近い値で売ることなど絶対にできない。

だが委員会のメンバーは、そんなことなど気にもしないかのように、七五〇〇万ドルの小切手を切ることに同意した。これによりマクレンドン個人の再起のめどがたった。

マクレンドンが受け取ったのはそれだけではない。マクレンドンは五年間現金報酬を据え置く合意を結ぶとともに、二〇〇八年の報酬の一部としておよそ三三〇〇万ドル分のチェサピーク株を受け取った。そのほかの報酬も合わせると、マクレンドンが受け取った総額は一億一二〇〇万ドルにもなる。こうしてマクレンドンは、寛大な報酬委員会の決定により、その年にアメリカで高額の報酬を受けた企業幹部ランキングの上位に名を連ねることになった。

マクレンドンが報酬委員会のメンバーと古くから個人的な関係を結んでいたことも、有利に働いたかもしれない。たとえば数年前、フランク・キーティングの妻キャサリンが連邦議会議員選挙に出馬したときには、マクレンドンが数千ドルを寄付していた。ウィットモアも、一九九〇年代後半にマクレンドンに資金を貸したことがあった。

また、報酬委員会のメンバーはそれぞれ、チェサピークの役員として毎年六〇万ドル以上の報酬を受け取っていた。キーティングの報酬に至っては七六万ドルを超えている。ちなみに、ほかの会社の役員の報酬はたいてい、年間二〇万ドルほどだった。

それだけではない。この三人はほかの役員同様、チェサピークの社用ジェット機を利用できる立場にあった。それに、キーティングの息子とその嫁は二人ともチェサピークで働いており、有価証券報告書によれば、それぞれが毎年一三万ドル以上の報酬を得ていたという。

だがマクレンドンにしてみれば、七五〇〇万ドルの賞与でも足りなかった。そこで、個人で収集していたアメリカ南西部の古地図五〇〇枚を、その購入総額の一二〇〇万ドルでチェサピークに売る取引もまとめた。

チェサピークがこの地図を買い取る道理があるのかと言えば、多少はあった。チェサピーク本社の会議室などに飾られていたうえ、同社がそれに保険をかけていたからだ。それに、株主への説明によれば、マクレンドンの古地図収集に手を貸していた販売業者の見積もりでは、会社が支払う額は実際の価格より八〇〇万ドルも安いという。

二〇〇九年四月下旬、チェサピークの総合弁護士ヘンリー・フッドは、投資家への報告書にこう記している。おそらく、当人はしごくまじめにそう書いたに違いない。「この古地図は、本社建物の室内装飾の一部として、職場文化の形成に貢献している。会社としては、この古地図コレクションを半永久的に利用していきたいと考えており、それならばオーブリーからの無償貸与に頼り続けるのは不適当だと判断した」

しかし、このような主張には無理がある。天然ガス価格は低迷しており、チェサピークは現金を工面するために支出を削減し、資産を売却しようとしている。そんなときに、マクレンドンが収集した一九世紀の古地図を買い取る余裕などあるはずがない。

取締役会に席を置くマクレンドンの支持者でさえ、この地図の買い取りには顔色を変えたが、頑強に抵抗してまでやめさせようとはしなかった。マクスウェルは言う。「当時、あの地図をオークションに出せば、大きく値を下げていただろう」。芸術作品や収集品も不況の影響を受けていたからだ。「サザビーズでも、すでに絵画の値は下がっていた。(中略)高すぎれば払えないからね」

マクスウェルは続けてこう述べている。「私もどうかと思ったが、私に何ができる?」

それまでもマクレンドンが、チェサピークの過大な出費や負債をめぐる批判にさらされたことはあった。だが、マクレンドンが多額の報酬を受け取り、古地図の売却まで成功させると、かつて経験したことのないような悪口雑言《あっこうぞうごん》の波が押し寄せた。それまでマクレンドンに敬意を抱いていたウォール街のアナリスト、投資家、メディア関係者などが、マクレンドンとチェサピークの間の、利益相反《そうはん》にあたるかもしれないさまざまな事柄を暴きたて、ささいな違反まで指摘するようになると、会社はその対応に追われた。

たとえば、チェサピークは四月下旬、二〇〇八年中の飲食品提供サービスの代金として、レストラン《ディープ・フォーク・グリル》の系列会社に、およそ一七万七〇〇〇ドルを支払ったことを明らかにした。このレストランの株式の四九・七パーセントは、マクレンドンが保有している。だが同社の話によれば、マクレンドンはこのレストランをサービス提供者に指定する決定にかかわっておらず、むしろ今後はこのレストランの利用を制限するよう要請していたという。[*1]

しかし実際のところ、投資家たちが腹を立てていたのはお金の問題ではなかった。古地図の買い取りは、株主に訴訟を起こされはしたものの、チェサピークの事業予算に比べればごくわずかな出費でしかない。飲食品提供サービスへの支払いなど、それよりもはるかに少ない。投資家の多くが懸念を抱いていたのは、多額の資金を投じて獲得したシェール層で成功を収められるかどうかもまだわからないのに、会社がマクレンドンを優遇しすぎていることだった。

マクレンドンへ過大な報酬が提供されたのはちょうど、世界恐慌以来最悪の不況の責任が誰にあるのかを国中が探し求めていた時期だった。多くの国民は、すでに裕福な経営幹部に与えられる過大な報酬こそが、市場や経済が悪化した一因だと考えていた。ちょうどそのころ、政府が救済した大手保険会社アメリカン・インターナショナル・グループの幹部に与えられた賞与をめぐり、新たな騒動が勃発していた。

それに投資家たちは、マクレンドンの株式売却により、チェサピークの株価の下落に拍車がかかったことに憤慨していた。株主たちはその年に特別配当など受けられなかったのに、マクレンドンだけ特別賞与を受ける理由がわからなかった。

投資家のジェフリー・ブロンチックは二〇〇九年四月二三日、チェサピークの取締役会への書簡にこう記し、役員たちの運営方針にうんざりしていると述べている。「チェサピークの総会議案書ほど恥ずべき文書は見たことがない。これを一ページにまとめられるなら、適切なコーポレート・ガバナンスの完全崩壊を示すほぼ完璧な事例として、額に入れてオフィスの壁に飾っておきたいぐらいだ」[*2]

オクラホマシティでチェサピークの年次総会が開催された際には、マクレンドンを応援する投資家もいたが、多くはマクレンドンや役員に厳しい言葉を浴びせた。批判に答えようとしていたマクレンドンが二の句を告げなくなる場面もあった。

「あなたは自分の成功に酔うあまり欲やエゴに支配され、全財産を失ったんだ」。テキサス州フォートワースの投資家ジャン・ファーシングはそう言い、手持ちのチェサピーク株を売り払うつもりだと述べた。*3

チェサピークの株主は次から次へと訴訟を起こした。株主の一人だったニューオーリンズ従業員退職年金基金が起こした訴訟では、同基金がマクレンドンの過大な報酬について、「会社の価値を破壊し、そのチャンスを奪う個人救済措置」だと主張している。

だがマクレンドンは、こうした非難をまるで気にしていないようだった。友人の話によれば、妻との絆《きずな》が強く、そこに慰めや支えを見出していたらしい。また、あり余るほどの自信や前向きな考え方が功を奏したのかもしれない。それに、七五〇〇万ドルもの賞与もあった。

しかしマクレンドンのそばで働いていた人々の話によると、気にしていないように見えるだけで、実際には数々の非難に深く心を痛めていたという。チェサピークの役員だったマクスウェルは言う。「そんなそぶりは見せないが、実に傷つきやすい男だよ。気にしていても心のなかだけにとどめ、弱みを見せようとしない。後になって打ち明けてくるだけでね」

バック・トゥ・ザ・フューチャー

二〇〇九年、マクレンドンが批判にさらされているさなかに事態は変わり始めた。アメリカ経済が底を打ったのだ。いまだ経済成長は弱く、失業率は高く、八月の一〇〇〇立方フィートあたりの天然ガス価格は三ドルを下まわっていた。だが株式市場が回復の兆しを見せ、金融システム崩壊の危機が去ったことに投資家たちは安堵《あんど》した。

それを受け、チェサピークの戦略会議の雰囲気も希望や熱意に満ちたものになった。間もなくマクレンドンは、同社の第三の「ビジネスモデル」を発表した。それはいわば、「バック・トゥ・ザ・フューチャー（未来に戻る）」計画とでも呼ぶべきものだった。かつて描いていた未来図に基づき、もう一度土地を買い集める計画だったからだ。

マクレンドンは悪夢の時期が終わるのを見据《す》え、仕事に戻る態勢を整えていたかのようだった。計画では、マーセラス・シェールの土地を拡大するだけでなく、オハイオ州、ニューヨーク州、ペンシルベニア州に広がるユーティカ・シェールなど、いまだ手をつけていない有望なシェール層の土地を手に入れ、イーグルフォード・シェールでもEOGに対抗して土地を確保する予定だった。そのほか、カンザス州中南部からオクラホマ州中北部にかけて広がる石灰岩層ミシシッピ・ライムや、ワイオミング州東部のナイオブララ・シェールも狙っていた。

マクレンドンが事態を楽観視していたのには、それなりの理由があった。いまだ誰も手をつけていないシェール層を地質学者たちが有望視しており、チェサピークが多額の投資をしていた土地を含め、既存のシェール層から大量の天然ガスの産出が見込めたからだ。それに、これら新たなガス井の産出が増加する一方で、その掘削費用は減少している。

アメリカ全土が住宅市場の崩壊に伴う景気悪化から立ち直ろうと四苦八苦しているなか、エネルギー業界は再び活力を取り戻しつつあった。ブライアン・バローの著書『*The Big Rich*（大金持ち）』によれば、世界恐慌の際にテキサス州東部で膨大な量の原油が発見され、「アメリカ人が誰も経験したことのないようなブーム」を巻き起こしたという。二〇〇九年当時のアメリカのフラッキング事業者にも、アメリカを経済崩壊の窮地から救える可能性があった。

二〇〇九年八月、天然ガスの貯蔵量が記録的な量に達すると、一〇〇〇立方フィートあたりの価格が三ドルまで下がり、七年ぶりに最低記録を更新した。過剰供給の原因としては、アメリカ経済の沈滞による需要の低下も考えられる。だが、一年前にアメリカにおよそ一六〇〇基あったガス井はそのころになると七〇〇基以下にまで減っていたのに、天然ガスの産出量はむしろ増加していた。これはつまり、シェール層などから以前より効率よく天然ガスを採取できるようになったことを意味している。

また、きわめて有望な掘削地点のなかには、天然ガスだけでなく原油を豊富に含んでいそうなところもある。原油を含んだ岩盤は、とりわけ魅力的だった。というのは、中国などの新興市場で石油需要が高まり、二〇〇九年初めには一バレルあたり四〇ドル強だった原油価格が、二〇一〇年初めには八〇ドル近くに達しようとしていたからだ。

金融危機後に再びシェール層に注目したのはマクレンドンだけではない。ウォーターキーパー・アライアンスを設立し、石炭利用に強硬に反対していたロバート・F・ケネディ・ジュニアなどの環境活動家も、シェール層に着目していた。ケネディは二〇〇九年七月、《フィナンシャル・タイムズ》紙の論説コラムにこう記している。「過去二年の天然ガス生産革命によりアメリカに天然ガスが満ちあふれ、環境に致命的な悪影響を与える石炭への依存度を短期間のうちに大幅に削減できるようになった。アメリカには再生可能エネルギーが豊富にあり、最近では太陽光・地熱・風力発電テクノロジーも成熟している。いずれは環境に優しい安価なエネルギーだけでほとんどのエネルギー需要を満たせるようになる。この新たなエネルギー経済に変わるまでの短い期間、天然ガスはその間をつなぐ橋渡し燃料となるだろう」（だがケネディは後に、天然ガスの採取に利用されるフラッキングに反対を表明するようになる）

チェサピークが土地の取得に熱をあげていた一、二年前には、ボブ・シンプソン率いるXTOエナジーなどの新興企業しかライバルはいなかった。ところがこのころになると、どの企業も同じ土地を求めて値を競り上げるようになったため、チェサピークはそれを超える額を支払わざるを得なくなった。二〇〇八年の金融危機以前、ヘインズビル・シェールの土地の価格は一エーカーあたり一〇〇〇ドルほどだったが、いまでは一エーカーあたり四〇〇〇ドルになろうとしていた。チェサピークはまたしても借金に頼って土地取得にあてたため、負債総額は一二三億ドルにまでふくらんだ。

二〇〇九年末、一〇〇〇立方フィートあたりの天然ガス価格は五・五〇ドルを超えるところまで戻った。価格がここまで上がれば、既存のガス田を利用するだけでなく、新規のガス田を掘削しても多額の利益をあげられる。シェール層によっては、天然ガス価格が四ドル程度あれば利益になるところもある。マクレンドンが、こうしたうまみのある土地を放っておくはずがない。

チェサピークのある役員は言う。「ガス価格が戻ってきたので、もう大丈夫だろうと思った。すると、そこら中の土地が欲しくなった」

ウォードの新計画

トム・ウォードが新たに設立した会社サンドリッジ・エナジーでも、二〇〇八年七月に六六ドルだった株価が、二〇〇九年一月には六ドルにまで下落した。

同社の取締役会のメンバーは、ウォードら経営陣が会社を安全な方向へ導き、投資家の関心を呼び戻すためにどうするつもりなのかを知りたがっていた。なかには、きわめて神経質になっている役員もいた。もう前年一〇月のような一触即発の状況はこりごりだったからだ。そのときには、あと数時間で資金不足に陥るところだった。

オクラホマ州のエネルギー業界のベテランであるダン・ジョーダンは、取締役会の席でウォードを積極的に擁護し、こう主張した。もう少しウォードに時間をやれば、何らかの手を打ってくれる。「みなさんはご存じないだろうが、トムは追い詰められたときにこそ本領を発揮する。きっと何とかしてくれる。(中略)いまにわかるよ」

数十年もの間ウォードやマクレンドンと仕事をしてきたジョーダンは、二人を信頼できる理由をこう説明している。「二人ともアドレナリン中毒だからね。すべて計算ずく、リスクが大好きなんだ。(中略)崖の縁《ふち》までは行くが、絶対に落ちない」

二〇〇九年二月、ジョーダンが予想していたとおり、ウォードは新たな計画を提示した。マクレンドンらはいまだ天然ガスの価値を信じていたが、ウォードはそのころになると、こうした考えは間違っていると思うようになった。新たなシェール層に大量の資金が投じられているため、数年どころか数カ月で天然ガスの供給は過剰になると判断したのだ。EOGのマーク・パパと同じ考え方である。

そこでウォードは、サンドリッジの事業を石油にシフトさせる必要があると訴えた。石油は天然ガスよりも容易に、世界中どこにでも輸送できるため、原油価格はアメリカ国内の需給動向ではなく世界全体の需給動向に左右される。それにアメリカのシェールオイル生産が急増するはっきりした証拠はなく、アメリカの原油生産が世界の石油供給にさほど影響を及ぼすとは思えない。これらを考慮すると、石油に賭けたほうが安全だというわけだ。

だがウォードは、チェサピークを辞職する直前に難色を示していたように、バッケン・シェールの掘削は費用がかかりすぎると思っていた。そこでサンドリッジでは、「在来型」の石油鉱床に的を絞ることにした。シェール層よりも採取が容易な石灰岩などから成る岩石層である。最先端のシェール層の掘削はマクレンドンやハムやパパに任せ、自分たちは昔からの岩石層で利益をあげよう。ウォードはそう主張した。

間もなくサンドリッジは、いずれ価値がなくなると思われる天然ガス用の土地を売り払い、テキサス州のパーミアン盆地やミシシッピ・ライムなど、原油を豊富に含んでいそうな岩石層の土地を手に入れた。これらの土地は、一エーカーあたりわずか二〇〇ドルほどで購入できた。後には、テキサス州に本拠を置くアリーナ・リソーシズという石油会社を一〇億ドル以上で買収している。

だがサンドリッジの株価は、こうした戦略にもさほど反応を示さなかった。投資家たちは一年前、サンドリッジは第二のチェサピークになると確信していた。だがいまではもう、ウォードの計画でサンドリッジが石油大手になれるとは思っていなかった。

しかしウォードは、二〇〇八年の不意打ちのようなエネルギー市場崩壊から会社を救ったと確信しており、ウォール街もいずれは自分の新戦略を高く評価するようになると自信を抱いていた。だが、こうした仕事とは関係のないところで、衝撃的な事態が待っていた。

薬物依存

二〇〇九年一月中旬のある晩、トム・ウォードはストレスだらけの一日に疲労困憊《こんぱい》して帰途についた。サンドリッジの株価は依然として低迷しており、その再生戦略に頭を悩ませていたが、オクラホマ州エドモンド郊外にある自宅の玄関をひとたびくぐると、それまでの緊張はすぐに解けた。ウォードはたいてい、夕食に間に合うように帰宅していた。妻のシュリーは料理が得意なうえに、ウォードがそれまでに会った誰よりも陽気だった。市場がどれだけ混乱していようと、妻といれば心が和《なご》んだ。

だがその日、ウォードが帰宅してテーブルにつこうとすると、一八歳になる末っ子のジェームズに部屋へ呼び出された。話したいことがあるという。ウォードがジェームズの部屋に行くと、息子は悩みがありそうな落ち着かない顔をしている。やがてジェームズは、父親に助けを求めてきた。サボキソンを処方してくれる医師を紹介してほしいという。

ウォードには、息子の言っている意味がわからなかった。サボキソンという言葉に聞き覚えがなかったからだ。ジェームズは深い吐息をつくと、サボキソンとは、オキシコンチンという麻薬性鎮痛薬への依存症の治療薬だと説明した。

「おまえ、何か悩みを抱えているのか?」とウォードは息子に尋ねた。

「わからない」

愕然《がくぜん》としたウォードはジェームズを抱き締め、息子の話を理解しようとした。

それからしばらくして玄関のベルが鳴った。訪問者はマイク・ハリソンだった。かつて昼休みにウォードとバスケットボールを楽しんでいたメンバーの一人で、当時はサンドリッジのオフィスで雑用をしていた人物である。ハリソンは夜、会社の書類にサインをもらうためウォードの自宅に立ち寄ることがよくあった。

普段のウォードならそれにてきぱきと対応するのに、その日は違った。ハリソンがウォードの書斎に入っていくと、そこには見覚えのない上司の姿があった。ウォードは泣き崩れ、嗚咽《おえつ》で満足に話もできなかった。

ウォードはハリソンに何とかこう伝えた。「息子が大変なんだ。ジェームズの身に何かよくないことが起きている。それがつらい」

そう言われても、ハリソンはさほど衝撃を受けなかった。ジェームズが友人たちと、サンドリッジの講堂で開かれる日曜礼拝に遅れてやって来るのを見ていたからだ。ジェームズはその友人たちとよく、街のいかがわしい一画にたむろして煙草を吸っていた。

だが、何も知らなかったウォードは動揺するばかりだった。「うちの家族はいつも、ノーマン・ロックウェルの絵のようだったからね」とウォードは言う。

一カ月後、ジェームズは薬物治療施設に入った。

ウォードは、父や祖父がアルコール中毒に苦しんでいた暗い過去を思い出した。そして、息子が依存症になるまで何もしてやれなかったことを悔やんだ。息子の悩みについてもっと真剣に考えてやることも、依存症に十分注意するよう警告することもできなかった。後にこう述べている。「うちの家系が依存症に陥りやすいことを、きちんと話しておくべきだった」

ウォードは友人のグレッグ・デューイと話しているときにふと、こう語っている。この運命の変化を受けて自分は「謙虚」になった、それまでは「力と金」のことばかり考えていたように思う、と。

サンドリッジの通信・広報担当幹部で、社内牧師も務めていたデューイは言う。「トムの心のなかにうぬぼれが忍び込んできて、誰もが誘惑されるものに夢中になってしまった」

ウォードは正直に話してくれた息子をほめ、恐るべき依存症と闘う長く困難な道を歩み始めた勇気を称賛した。これを機に、熱心な共和党支持者だったウォードは、改めて依存症患者に共感を寄せるようになった。実際、多くの元依存症患者が運転免許証を取得できず、職を得るのに苦労している事実を知ると、彼らにやり直しの機会を与えようと、自社で元薬物依存症患者を二〇名以上採用している。

反対運動

マーセラス・シェール上にあるペンシルベニア州ディモックでは、掘削に対する疑念が高まりつつあった。実際にどれだけの現地住民が掘削に不安を抱いていたのか判断するのは難しい。土地の賃貸料を受け取れることに感謝している住民も大勢いた。それだけの収入があれば、日々の暮らしに苦労していた土地所有者たちも、農場や資産を手放さないですむ。だがそんな人ばかりではない。掘削がもたらす騒音や土砂にうんざりしている住民もいれば、フラッキング水に含まれる化学物質で飲み水が汚染されるのではないかと心配する住民もいた。

やがてペンシルベニア州の住民とニューヨーク州の住民が協力し、掘削反対運動を展開し始めた。ニューヨーク州では、《ビンガムトン・プレス&サン・ブリティン》紙のトム・ウィルバーをはじめ、メディアがテリー・エンゲルダーらに厳しい質問を浴びせるようになった。坑井から地表に逆流してくるフラッキング水に放射性物質が含まれているのではないか、といった質問である。こうした懸念がふくらむと、やがて同州では大量の水を用いたフラッキングが一時停止された。

一方ペンシルベニア州では、雄弁でテレビ映りもいいディモックの住人ヴィクトリア・スウィッツァーが、美しい木造枠組みの自宅周辺の騒音がひどくなったことに業《ごう》を煮やし、こうした掘削やフラッキングがいかに環境を破壊するかをメディアに訴えた。

二〇〇九年の元日には、ある事件が勃発した。ディモックにあるノーマ・フィオレンティーノの自宅の裏庭で爆発が起き、飲料用に使っていた井戸のポンプが粉々に砕けてしまったのだ。ペンシルベニア州の環境保護局は、その地域で活動していたガス生産会社カボットによる天然ガス掘削が原因だと発表した。また、さらなる苦情を受けて調査を行なった結果、カボットの掘削活動によりメタンガスが地下水に入り込み、その地域の少なくとも九軒の飲料水が汚染されたとの判断を示した。[*4]

ライターのシーマス・マグロウによれば、この地域で爆発や水質汚染の苦情が発生したのはちょうど、アメリカ全体が住宅市場の崩壊やそれに伴う不況に直面し、その責任をなすりつけ合っていた時期だった。なかには、見境なく資金を借りた側に責任があると主張する者もいたが、大半の人々は、いい加減に融資していた金融業者、貪欲な大企業、それらと共謀していた政府当局者を非難していた。そのため、天然ガスの掘削現場でも、同じような企業や官僚が共謀し、またしても罪のない市民に害を及ぼそうとしているという主張が受け入れられやすかったのではないかという。

フィオレンティーノ家の井戸の爆発事故が報道されると、ジョシュ・フォックスという若い映画監督がディモックを訪れ、現状の調査や取材を始めた。現場にヴェラ・スクロギンスが現れたのも、そのころである。

スクロギンスはロングアイランドで長らく教師を務めていたが、一八年ほど前に、ディモックの近くにある一八八〇年代に建設された農場に引っ越してきた。時間を持て余していた彼女はそのころから、現地の採石産業に苦情を訴える活動を展開していた。

たとえば、採石業者についてこう述べている。「私が散歩やサイクリングを楽しんでいる道路に業者のトラックが置いてあったりして、それが本当に嫌だった。うるさい音を立てていい場所なんかない。ここはアメリカなんだから、権利を主張しないとね」

騒音はこの仕事につきものだからどうしようもないと業者が訴えると、スクロギンスはそんな主張をはねつけ、それなら騒音を起こさない別の仕事を探せと言い返した。

こうしてスクロギンスは、採石業者の騒音をある程度低減させることに成功した。だがいま、掘削業者のせいでボトル入りの飲料水に頼るしかなくなったという話を友人から聞き、またしても反対運動を展開する必要があることを痛感した。そこで、もともと子どもや孫の写真やビデオを撮るのが好きだった彼女は、現地の天然ガス掘削の様子をビデオカメラで記録した。そして、この地域の掘削問題に世間の関心を集めようと、そのビデオをメディアに持ち込んだ。

これらの運動により間もなく掘削に対する当局の審査が

始まるが、フラッキング事業者にはまだそれに対応する準備ができていなかった。

ハムの余裕

二〇〇九年三月三日、ハロルド・ハム率いるコンティネンタル・リソーシズの株式は、およそ一四ドルで取引されていた。二年近く前に新規株式公開したときよりも低い値である。原油価格はこの八カ月の間に七〇パーセント下落して、一バレルあたり四二ドルを切っており、現場作業員もバッケン・シェールから撤退しつつあった。

コンティネンタルはバッケン・シェールの土地を六〇万エーカー〔約二四〇〇平方キロメートル〕以上取得しており、このシェール層では最大規模の土地を賃借していた。同社の原油生産量は四年で一三〇パーセント増え、一日の産出量は三万三〇〇〇バレルに達している。だがバッケン・シェールの油井では、いまだ驚くべき成果が見られなかった。稼働最初の七日間でさえ一日の産出量は六〇〇バレル未満でしかなく、産出量が安定する前の「初期生産」段階で一日に一〇〇〇バレル以上産出する良質な油井に比べると、はるかに少ない。

そのためコンティネンタルは、コストがかかるノースダコタ州での掘削を削減せざるを得なくなった。原油価格の低迷により、それでは利益にならないからだ。一バレルあたりの原油価格が最低でも五、六〇ドルにならなければ、この地域での掘削を再び強化することはできない。だが、すぐに掘削を再開しなければ、コンティネンタルが賃借権を失ってしまうおそれもあった。賃借の条件として、数年以内の掘削が義務づけられており、その条件を満たさなければ、土地は所有者に返却されてしまう。

当時ハムは、《フォーブス》誌の記者にこう述べている。
「五〇ドル以下では利益率があまりに少ない。掘削すべきかどうか悩むよ」[*5]

ウォール街はいまだ、バッケン・シェールで多大な成果をあげようとしているコンティネンタルに疑念を抱いていた。RBCキャピタル・マーケッツのアナリスト、レオ・マリアーニは当時こう述べている。「コンティネンタルが取得した土地がどこまで成功するかまったくわからない。バッケン・シェールの開発はまだ始まったばかりだ。大半の土地はまだ試掘も行なわれていない」[*6]

だがハムは、自分が見込みのない夢想家だと思われることに慣れていた。六三歳になったいまでも、地元オクラホマ州イーニッドにあるアップルビー〔ファミリーレストラン〕でステーキディナーを楽しみ、仲間の常連客と同じように、追加注文したスコッチのダブルをあおっていた。まだ数十億ドルもの資産があったため、こうした懐疑派の意見を無視できる余裕があったのだ。

実際、《フォーブス》誌の記者に続けてこう語っている。アメリカは、自国で掘削を進める意思を失ってしまったかのようだ。ダウ・ジョーンズ工業株三〇種平均は一年で四五パーセント以上下落し、エネルギー産業も瀕死の状態にある。だが、バッケン・シェールの状況はいずれ改善する。自社のスタッフか、ほかの会社の誰かが、掘削技術や掘削方法をさらに洗練させてくれるものと信じている、と。

切迫した問題

そもそも当時のハムには、ウォール街の懐疑派以上に対処しなければならない切迫した問題があった。キーストーンXLというパイプラインが建設され、カナダ産のタールサンド原油をアメリカに毎日八〇万バレル以上供給する計画があるという。それが実現すれば、原油価格はいっそう下がるおそれがある。オクラホマ州のベテラン政治家ミッキー・トンプソンは、その対応策を検討しようとハムの自宅にやって来ると、こう言った。「アメリカはカナダ産の原油まみれになる」

「この計画を止めるために何か手を打たないと」。ハムはそう応じ、このパイプライン・プロジェクトをつぶそうと政治家や環境活動家に協力を求めた。

ハムはまた、オーブリー・マクレンドンやT・ブーン・ピケンスなど、天然ガスを環境に優しい国産燃料として推進している人たちが、その利用を拡大する計画を着々と進めている事態にも不安を感じていた。たとえば、長らく石油業界で活躍した後にヘッジファンド・マネジャーに転身したピケンスは、天然ガスではなく風力でアメリカの電力をまかなうアイデアを積極的に売り込んでいた。それにより余った天然ガスを、商業用トラックにこれまで利用されてきたディーゼル燃料に代わる輸送用燃料として使用すれば、原油の需要を大幅に減らせる。そのため、二〇億ドルをかけてテキサス州北部に風力タービンを設置し、そこに世界最大規模の風力発電基地をつくるという。

ハムは、ピケンスの計画はうまくいかないと主張した。それを実現するには、政府が多額の資金を費やしてアメリカの送電網を再整備しなければならないからだ。それに、この計画により原油需要が減少すれば、コンティネンタルが原油から得られる利益に悪影響が出る。

ハムはピケンスに電話を入れ、その計画を取り下げさせようとこう訴えた。「ブーン、あなたの計算は間違っているよ」

だがピケンスは計画を進め、マクレンドンも公然と天然ガスの推進を訴えた。そこでハムも、原油生産を擁護するため、国産石油を支持する立場を公に訴えることにした。それまでハムは、注目を避けることで土地の賃借を有利に進めてきた。また友人の話によれば、数年にわたりスピーチの質を向上させようと努力してきたが、それでも公の場でのスピーチは苦手だったという。

しかしハムは、アメリカがエネルギー自給の一歩手前まで来ていることを市民が理解しさえすれば、ノースダコタ州での掘削を支援する声が高まり、原油の掘削業者に不利になる法整備なども行なわれなくなるのではないかと考えた。それに、国産石油への期待を高めることができれば、ノースダコタ州の住宅や道路、パイプラインなどのインフラに企業や公共機関が投資するようになり、バッケン・シェールでの掘削事業に役立つかもしれない。

そこでハムはまず、あるチャリティイベントでエクソンのCEOであるレックス・ティラーソンに声をかけ、アメリカ国内での原油掘削を推進する広報活動への参加を求めた。だがティラーソンはこの活動に関心を示さず、ハムを苛立たせただけだった。

突然の利益

ところがしばらくすると、こうした懸念に早急に対応する必要もなくなった。キーストーンXLパイプラインの運営会社であるトランスカナダが、カナダ産原油だけでなくアメリカ産原油の輸送にも合意した。それなら、コンティネンタルがバッケン・シェールから原油を輸送するのに利用することも可能になる。そして何より、アメリカの経済が回復の兆しを見せ、原油価格が上昇を始めた。ハムはすぐに掘削リグをノースダコタ州に戻し、チームに掘削を再開させた。

やがてコンティネンタルのスタッフは、バッケン・シェールの掘削にまつわるパズルの最後のピースを探し当てた。試行錯誤の末、およそ三〇段階のフラッキングにより、膨大な量の原油が採取できることを発見したのだ。三〇段階より少なくすれば、採取できる原油が少なすぎ、三〇段階より多くすれば、コストがかかりすぎて割に合わない。この発見によりコンティネンタルの油井は一日に一〇〇〇バレル以上産出するようになった。

ジャック・スタークは当時をこう回想する。「さほどよくもなかった土地が、突如として利益をあげるようになった。そんな土地がほかにも山ほどあった」

バッケン・シェールの価値は、「良」程度から一躍「優良」になった。

シェール革命の本格化

二〇〇九年初め、シェニエール・エナジーの株価はすでにわずか三ドルだったが、シャリフ・スーキは事態がさらに悪化するのではないかと案じていた。

エネルギー業界のある会議でスーキは、ＥＯＧのＣＥＯマーク・パパやデボン・エナジーの会長ラリー・ニコルズの様子がどこかおかしいことに気づいた。二人とも、天然ガス価格はいずれ回復すると楽観的な見通しを語っていた。だがスーキには、二人が何となくぼんやりしているように見えた。楽観的な言葉とは裏腹に、表情が曇っている。まるでパパもニコルズも、まだ表沙汰になっていない悪いニュースを知っているかのようだ。「二人の態度を見ていると、自分が何かを見落としているような気がした。不安げな表情をしていたからね」とスーキは言う。

会社に戻ったスーキは、アメリカにあるすべてのガス田の産出量をまとめるようスタッフに命じた。また、掘削会社ベイカー・ヒューズが運営するウェブサイトで、アメリカで稼働している掘削リグの数を確認した。すると、稼働しているリグの数は減っているのに、天然ガスの産出量は急増していることに気づいた。つまり、掘削業者が目標地点を正確に見定める能力や、水平掘削でそこまで到達する能力が、以前よりも向上している。シェール革命が本格化しているのだ。

「驚いたよ」とスーキは言う。

これで、天然ガス生産業者があれほど不安げな表情をしていた理由がわかった。水平掘削技術やフラッキング技術の向上により、シェール層で多大な成果があがっている。そのため天然ガスが供給過剰になり、価格が下落していくのではないかと心配しているのである。

それなら、投資家たちがスーキやその会社に背を向けているのも納得できた。アメリカ国内に安価な天然ガスがこれほど大量にあるのに、外国産の天然ガスを輸入する施設を多額の費用をかけて建設する必要などあるはずがない。LNG輸入の波が押し寄せるなどと期待するのはばかばかしく思えた。実際、ルイジアナ州の施設の近くでは、無数の野鳥がさえずり、数多くの牛が鳴いているばかりで、新設したターミナルにやって来たLNGタンカーは五隻にも満たない。シェニエールはいまだ、そのターミナルの処理能力の半分も使用していなかった。

これでうまくいくわけがない。スーキはそう思った。

だがオフィスでは、以前からの自信に満ちた楽観的な態度を崩さないようにした。従業員の信頼を失いたくなかったからだ。記者や投資家たちにも、天然ガス価格は間もなく回復し、輸入天然ガスの需要は高まると言い続け、取締役会にも疑念を伝えることはなかった。会社が窮地に陥っていることを役員たちに伝えれば、それにどう対処するつもりなのかと尋ねられるに違いない。だがその時点では、スーキに何のアイデアもなかった。

マクレンドンからの提案

ところが、それからしばらくして、業界のイベントを通じて面識があったオーブリー・マクレンドンから電話があった。マクレンドンは少し雑談をしてから、思いがけない質問を投げかけてきた。

「サビンパスでは液化もできるの?」。つまり、シェニエールの施設では、天然ガスを液化天然ガスに変えることもできるのか、ということだ。アメリカへの輸入ではなく、アメリカからの輸出を考えてのことだろう。

「検討してみるよ」とスーキは答えた。そのときは、マクレンドンが自分にすばらしいアイデアを提供してくれていることに気づかなかった。

帰宅すると早速試算してみたが、結果は芳《かんば》しくなかった。一〇〇〇立方フィートあたりの天然ガス価格は四ドル強であり、一バレルあたりの原油価格は四〇ドル前後だった。これほど原油が安いのに、外国企業がわざわざアメリカの天然ガスを買うとは思えない。

だが、マクレンドンのこの質問はスーキの頭を離れなかった。コーヒーをいれに行こうと廊下を歩いているマーケティング部長デイヴィス・テムズを見かけると、スーキはオフィスから呼びかけてこう言った。「昨日誰から電話があったと思う？　オーブリー・マクレンドンだ。何の話だったか聞いて驚くなよ。輸出したらどうだって言うんだ」

「ありえないね！」とテムズは応じた。

そしてスーキとくすくす笑うと、自分のオフィスに戻っていった。彼らは、アメリカに天然ガスを輸入するために会社を興《おこ》したのであって、その事業をすべて投げ出して輸出に舵《かじ》を切るつもりはまったくなかった。

「ばかげていると思ったんだ」とテムズは言う。

だがしばらくするとテムズは、スーキがマクレンドンとの会話を自分に伝えたのは、自分にそのアイデアを検討させるためだったことに気づいた。実際、スーキはマクレンドンの電話を受ける前から、天然ガスの輸出について考えを巡らせていた。だがそのころは、原油や天然ガスの価格がどちらへ向かうかわからなかったため、輸入事業からの転換を考えるのは時期尚早だと思っていた。


電話から一カ月余り過ぎたころ、マクレンドンらチェサピークの幹部が、スーキとシェニエールの戦略企画部長メグ・ジェントルを、チェサピーク本社に招待した。飛行機で移動する途中、スーキとジェントルは笑いながらこんな話をしていた。マクレンドンが二人をオクラホマシティに呼び寄せる理由はわからないが、カリスマ性のある業界幹部との面会を断るわけにはいかない、と。

やがて面談が始まると、スーキはマクレンドンに、アメリカへの天然ガス輸出を望んでいる外国企業との契約を進める計画や、ＬＮＧの処理の仕組みについて説明した。一方マクレンドンは、自社のビジネスの細かい点についてスーキの助言を求めた。

そんな話のさなか、マクレンドンがいきなり驚くべき提案を口走った。「わが社のために輸出ターミナルをつくってもらえないだろうか？」。マクレンドンは、産出量が急増している天然ガスをさらに売り込む方法を探し、何とかして天然ガス価格を上昇させようとしていた。さらに、外国市場に天然ガスを輸出するターミナルの建設にはいくらぐらい必要かとも尋ねてきた。

スーキは、天然ガスをＬＮＧ化して輸出できるようサビンパスの施設を改修するのにかかる費用については試算したことがないと答えた。そのときまで、輸出など無理だと思っていたからだ。

帰りの飛行機のなか、スーキとジェントルはこの提案が気になって仕方がなかった。大手天然ガス生産会社の幹部が、アメリカには輸出したほうがいいほど天然ガスが大量に余っていると言っている。それならば近い将来、シェール層の掘削によりアメリカに安価な天然ガスがあふれるのはほぼ確実だろう。天然ガスを輸入しようとしている企業にとっては最悪のニュースだ。

シェニエールはすでにトタルやシェブロンと、アメリカでの販売用に輸入したLNGを再ガス化する契約を結んでいる。だが、このまま手をこまねいているわけにはいかない。スーキは本社に戻ると早速、天然ガスの輸出に向けた調査を始めるようスタッフに命じた。いずれ輸出に事業を転換するのなら、どの企業よりも早いほうがいい。かつてのパートナーのマイケル・スミスなど、天然ガスの輸入に取り組んでいる他企業も、天然ガスの供給が増えるにつれ、輸出に利があると考えるようになるかもしれない。

だが一見したところ、ターミナルの改修には法外な費用がかかりそうだった。確かに、すでにプラントを建設しているため、輸出する天然ガスの液化・精製に必要なタービンなどの設備を収容するプラントを、改めて建設する必要はない。それに、輸入用に処理能力を増強したものの十分に活用されていないため、余ったタンクや船舶の碇泊所《ていはくじょ》を輸出に利用することもできる。

それでも、輸出へのハードルはあまりに高いように思えた。これまでどの企業もエネルギーの輸出などしてこなかったのに、規制当局はシェニエールのような小企業にそれを認めてくれるだろうか？　瀕死の状態にある企業が何十億ドルもの資金を工面して、天然ガスの液化に必要なタービンなどの設備を備えた施設を一つでもつくれるだろうか？　そんな輸出施設を完成させるまでに四年以上かかるかもしれないのに、それまでシェニエールは持ちこたえられるだろうか？

そのためスーキは取締役会に、マクレンドンとの会談の詳細を伝えなかった。スタッフが規制当局に輸出事業への転換を打診していることも話さなかった。アメリカから天然ガスを輸出するなどという考えは、あまりにばかげているような気がした。アメリカはほんの一年ほど前まで、天然ガスを手に入れる方法を探し求めていた。それがいままでは、輸出するほどあり余っているというのか？

「どのくらいの費用がかかるかわかり、うまくいく見込みがあると確信できるまでは、取締役会に伝えたくなかった」とスーキは言う。

当時シェニエールの役員たちは、スーキやそのアイデアに愛想を尽かしていた。ブラックストーン傘下のGSOも、ジョン・ポールソンのヘッジファンドも、機会があれば資金を引き上げたいと思っていた。スーキがまた向こう見ずなアイデアを出せば、それを黙って認めるつもりなどないだろう。細部が煮詰まっていないアイデアとなれば、なおさらだ。

スーキはこう述べている。「役員たちは、私がさまざまなアイデアを検討していることは知っていたが、もう私を信頼していなかった。温かい友好的な関係などなかった」

四月、まだ迷っていたスーキはアスペンに帰り、旧友のジェフ・タスカーに悩みを訴えた。

「もうへとへとだよ。いちばんの問題は、私が状況を読み間違えたことだ。何もかもうまくいかない」

「アメリカの天然ガス生産が急増するなんて、わかるわけないだろ？」。タスカーは、スーキに自信を取り戻させようとそう言った。

「まあね。だが読み間違えたことに変わりはない」。スーキは意気消沈した様子でそう言うだけだった。

妄想じみた楽観

だが二〇〇九年後半になるころには、スーキの気分も上向いてきた。新興市場の需要が増えたおかげで原油価格が再び上昇に転じ、一バレルあたり八〇ドルに迫っていた。だが天然ガスの価格はほんの少し上がっただけで、一〇〇〇立方フィートあたり五・五〇ドルほどだった。

そこでスーキは、グローバルに事業を展開する大手建設会社ベクテルに、輸出に向けたサビンパス・ターミナルの改修にどれぐらいの費用がかかるか見積もりを依頼した。見積もりがなければ、これほど費用のかかるプロジェクトの許可を取締役会に求めることもできないと考えたからだ。

見積もりが出るのを待つ間に、スーキは生来の楽観主義を取り戻し、輸出事業への転換に自信を抱くようになった。だが、ジェントルやテムズなどの幹部たちは、スーキよりはるかに懐疑的だった。輸出に希望を抱くスーキに水を差したくはなかったが、賛成していないことは紛《まぎ》れもなく態度に現れていた。

スーキは言う。「彼らが成功を確信していないことは知っていた。誠実に私を支援してくれてはいたが、私の頭を疑っていたことぐらい見ればわかる」

二〇〇九年一二月初旬、シェニエールの株価はわずか一・九〇ドルまで下落した。コーヒーのラージさえ買えない額であり、取締役会や投資家たちからの風当たりはいっそう強くなった。そのころスーキは、株主でもあるヘッジファンド、ポールソン&カンパニーの上級幹部シェルー・チョウドリーにこう訴えた。天然ガス輸入事業は全面的にうまくいっていないが、新たな戦略がある。自分を信頼してほしい、と。だがチョウドリーは、納得していない様子でこう言うだけだった。

「あなたの楽観主義は妄想じみている」

第一四章

誰もが自分の粘り強さを過小評価している。

――シャリフ・スーキ

EOG、秘密を明かす

秘密を明かすときが来ていた。

エンロンから独立しEOGリソーシズを率いてきたマーク・パパは、二年半もの間、極秘裏にテキサス州南部の土地の取得を進めていた。EOGの地質学者やエンジニアはみな、イーグルフォード・シェールに膨大な量の原油が埋蔵されていると確信していた。サンアントニオの南のメキシコ国境付近からオースティンの北に至るまで、およそ六四〇キロメートルにわたり広がるシェール層である。

EOGがイーグルフォード・シェールで最初の油井を掘削する二〇〇九年一月まで、パパもそのチームも、この土地で成功を収められるかどうか半信半疑だった。だが、その最初の油井は、一日あたりおよそ七〇〇バレルの初期生産を達成した。EOGのヒューストン本社は歓喜に沸《わ》くとともに、少なからず安堵《あんど》した。同年九月下旬にはさらに別の油井が掘削され、今度は一日におよそ一七〇〇バレルもの原油を産出した。彼らの予想は正しかったのだ。

パパとEOGの社長ビル・トーマスは、さらなる土地の取得に邁進《まいしん》した。こうして二〇一〇年四月までに、二億ドル以上の資金を投じて五〇万エーカー〔約二〇〇〇平方キロメートル〕以上の土地を手に入れた。一エーカーあたりおよそ四二五ドルである。

パパは、イーグルフォード・シェールの掘削現場を訪れることも、バッケン・シェールの掘削を監督することも、ほとんどなかった。ハロルド・ハムは頻繁《ひんぱん》にノースダコタ州を訪れ、コンティネンタルの掘削現場に足繁《あししげ》く通ったが、パパは現場のスタッフに仕事を任せ、自分は遠隔地から支援するだけで満足していた。そのためたいていの日は、腕を組んで会社の次の戦略でも考えながら、オフィスのロビーや廊下を歩いていた。パパは、一家のなかの優しいおじのように思慮深く、落ち着いていた。ワイシャツの胸ポケットにペンをはさんでいるその姿は、むしろ石油エンジニアのようであり、仕事におのれの人生を賭けているCEOには見えなかった。

パパはハロルド・ハムとあまり共通点がなかったが、オーブリー・マクレンドンやチェサピークとはそれ以上に違っていた。EOGの幹部フロアは、チェサピークの若々しく活気のあるフロアとは違い、図書館のように静かだった。

また、EOGが二〇〇九年に、決算や配当支払いなどの報告以外のプレスリリースを発表したのは、一回だけだった。一方、チェサピークの広報部は同年、プレスリリースを二〇回以上発表している。その内容は、会社が受けた賞、会社が明らかにした新たな戦略、ジム・クレイマー〔著名投資家〕が司会を務めるCNBCのビジネス番組へのマクレンドンの出演など、多岐に及ぶ。

業界関係者の大半は、EOGが何に多額の資金を投じているのかをよく把握しておらず、イーグルフォード・シェールにそれほど価値があるとも思っていなかった。だがパパは気にしていないようだった。パパのオフィスの壁には、セオドア・ルーズベルトが一九一〇年にパリ大学で行なった有名な演説『競技場に立つ者』の一節が掲げられていた。そこにはこう記されている。「批評家に価値はない。(中略)名声は、実際に競技場に立ち、血と汗と泥にまみれる者に訪れる」

二〇一〇年春になるころには、EOGはイーグルフォード・シェールで一〇の油井を掘削しており、もはや極秘裏《ごくひり》に事業を進める必要はなくなった。投資家や大衆に本当のことを話すときが来た。「もうデータを公にしてもいいと思った」とパパは言う。

四月七日、EOGはヒューストンのフォー・シーズンズ・ホテルでアナリスト向けの説明会を開催し、ウェブ放送を通じてウォール街のアナリストや投資家にも現状を伝えることにした。パパは演壇から聴衆に向け、EOGが取得した土地について説明し、会社が喜ばしい発展を遂げている事実を報告した後、衝撃的なニュースを伝えた。EOGが取得したイーグルフォード・シェールの土地には九億バレルもの原油が埋蔵されており、いずれバッケン・シェールに匹敵する油田になると告げたのだ。

聴衆の間にどよめきが起きた。スマートフォンを取り出してものすごい勢いでメールを打ち始める者もいれば、ノートパソコンを開く者もいた。会場から駆け出していく者もいる。

「早速取引を始めたのがわかったよ。実に劇的な光景だった」とパパは言う。

パパは聴衆に向け、さらにこう続けた。現地の報告によれば、バッケン・シェールの油井でも大量の原油が採取されており、パーシャル油田はアメリカ本土四八州で最大規模の産出量を誇る油田になろうとしている。画期的な変化が起こりつつある、と。

「非在来型の岩石層から水平掘削で産出される原油により、北アメリカのこの産業は一変する」。早々に席を立って株式の購入に向かった人々を除く聴衆に、パパはそう述べた。

EOGの株価は、それから数時間のうちに一〇〇ドルの大台を超え、翌日には一〇七ドル近くにまで達した。わずか数日でおよそ一〇パーセントの上昇である。これにより同社の市場価値は、一年前から八〇パーセント増の二七〇億ドルになった。

EOGはこの発表により、エネルギー業界での優位を確立しただけではない。エネルギーを豊富に含有《がんゆう》しているのはバッケン・シェールだけに限らないことも証明してみせた。いまやアメリカ各地のシェール層で、世界のエネルギー体制を揺るがすほどの原油や天然ガスが採取され始めている。

大手の参入

そのころになると、石油・天然ガス業界の大企業も遅ればせながら、アメリカでエネルギー革命が進行しつつあることに気づいた。アメリカはもはや、外国産石油に依存しなくてもよくなる可能性さえあった。そうとわかれば、手遅れになる前にこの市場に参入する必要がある。二〇一一年から二〇一二年にかけて、イギリスのBP、ノルウェーのスタトイル、フランスのトタルいずれもが、ペンシルベニア州、オクラホマ州、テキサス州、アーカンソー州などのシェール層の買収、利権獲得、合同事業に数十億ドルもの資金を注ぎ込んだ。中国海洋石油集団やイタリアのエニ、オーストラリアのBHPビリトンも同様である。

アメリカのエネルギー大手も、自分の家の裏庭に潜《ひそ》む宝を見逃していたことに気づき、故国に戻って取引に奔走《ほんそう》した。まるで都会に出てきた大学生が、故郷に残してきたガールフレンドに外国人が言い寄っているとの噂を聞きつけ、あわてて故郷に帰ってガールフレンドの気を引こうとしているかのようだった。

バーネット・シェールの真上に本社を構えていたエクソンモービルも、ここに至ってようやく、これまでの遅れを大幅に取り戻そうと、アメリカ各地のシェール層に巨額の資金を投じ始めた。その一環として、シェール層の土地をチェサピークと奪い合ってきたボブ・シンプソンの会社XTOエナジーを、三一〇億ドルで買収した。エクソンにとっては、この一〇年で最大の取引である。これによりエクソンは、アメリカ最大の天然ガス生産会社となった。

エネルギー企業大手は一般的に、新たな油田やガス田が開発されるのを待って、そこに手を伸ばす。新たな油田やガス田が、自社の資金や時間を費やすほどの価値があるかどうかを確かめたいからだ。今回、大手企業がアメリカに再び関心を寄せたのも、ジョージ・ミッチェルが二〇年前にシェール層に目をつけ、そこに事業を集中させた理由が、いまになってようやく理解できたからにほかならない。

それに、そのころになると、外国で原油や天然ガスの貯留層を探すコストが増大していた。また、オーブリー・マクレンドンの大学時代の友人ラルフ・イーズなど、銀行家が言葉巧みにシェール層を売り込んでいた点も忘れてはならない。

イーズの話によれば、大手石油企業を相手にこんな言葉でシェール層を売り込んでいたという。「ここを手に入れるのは、エンパイア・ステート・ビルを所有するようなものだ。こんなチャンスは二度とない。それを逃すのか」

売り込みが多少大げさになったことは、イーズも認めている。「一般的に私たちは売り手の代理を務めているから、ガスの価格は上がる一方だと買い手を説得しようとする。一方、買い手は大企業で、私たちよりはるかに知識が豊富なエコノミストを何千人と抱えている。それなら原則どおり、買い手側にリスク管理をしてもらえばいい」[*1]

この買収ブームで得をしたのは、早くからシェール層を掘削してきた探査会社を運営している人たちだった。ときには、予想外の利益を手に入れる者もいた。たとえば、ペンシルベニア州カーボンデールの炭鉱労働者の家庭に生まれたテレンス・ペグラがそうだ。ペグラは友人や家族から七五〇〇ドルを借りると、イースト・リソーシズという探査会社を始めた。二〇〇四年ごろまでは、ペンシルベニア州の在来型岩石層を垂直掘削して糊口《ここう》をしのいでいたという。当時掘削していた土地はマーセラス・シェールの真上にあったが、そこに大量の天然ガスが埋蔵されているとは誰も思っていなかったため、ペグラもシェール層に手をつけることはなかった。地元の人々からは、堅実に天然ガスを生産するだけのごく普通の業者だと思われていた。

ところが、マーセラス・シェールに大量の天然ガスが含まれていることが明らかになると、ペグラはすぐに手持ちの土地を拡大した。そして二〇〇九年、情報通の投資家たちの資金がその土地に集中するようになると、レバレッジド・バイアウト大手のKKRに自分の会社のおよそ三分の一を売却し、三億五〇〇〇万ドルもの大金を手に入れた。その一年後には、KKRとともにイースト・リソーシズ全体をロイヤル・ダッチ・シェルに四七億ドルで売り払い、ペンシルベニア州の話題をさらった。[*2]

ジョージ・ミッチェルも、二〇一〇年に売却を決意した。それまでミッチェルは、ジョー・グリーンバーグが経営するアルタ・リソーシズがマーセラス・シェール上の土地四万二〇〇〇エーカー〔約一七〇平方キロメートル〕を購入するのを資金面で支援してきた。その土地で掘削したガス井からは大量の天然ガスが産出されていたが、大手天然ガス企業のウィリアムズがその土地に五億ドルの値をつけて売却を求めてくると、その魅力的な申し出に抗しきれなくなった。こうしてジョージ・ミッチェルは、九〇歳になるその年に、またしても並外れた利益をあげた。

大手石油企業への売却などを通じて一夜にして億万長者になった人々の多くは、エネルギー業界で長年激務に耐えてきた自分への褒美《ほうび》として、こうして得た財産を個人的な楽しみに費やした。たとえばペグラは、およそ二億ドルでプロアイスホッケーチームのバッファロー・セイバーズを買収した。かつて両親から虐待を受けた人をよく従業員に雇っていたXTOエナジーのボブ・シンプソンも、もう一人の出資者とおよそ六億ドルでプロ野球チームのテキサス・レンジャーズを買収している。[*3]

二〇〇八年にバッケン・シェールでハロルド・ハムと土地取得合戦を演じたティム・ヘディントンは、かつて石油で財を成したマーヴィン・デイヴィスやハワード・ヒューズ同様、ハリウッドの大物となった。マーティン・スコセッシ監督の『ディパーテッド』や『アビエイター』、アカデミー賞を受賞した『ヒューゴの不思議な発明』や『アルゴ』などの映画やテレビ番組の製作に携《たずさ》わるかたわら、その後も新たな石油鉱床を探し続けている。

シェール長者

こうした企業幹部の行動はメディアをにぎわせたが、たまたま人気の高いシェール層の上に土地を持っていたために大金を手に入れた人々の物語も、同様に注目を集めた。数多くの農場・牧場経営者や土地所有者が、その土地の採掘権を賃貸して多大な財産を築き、「シェール長者」と呼ばれた。エネルギー業界の調べによれば、マーセラス・シェールの中心に位置するペンシルベニア州だけでも、二〇〇八年から二〇一〇年までの間に六〇億ドルが支払われた。*4 EOGの試算では、イーグルフォード・シェールの油井が寿命を迎えるまでにその地域の土地所有者に支払われる金額は、三〇〇億ドルを超えるという。

EOGの発表後、イーグルフォード・シェールへの関心は異常な高まりを見せた。二〇一〇年中に、EOGを追いかけようとおよそ三〇の企業が現地に押し寄せ、一〇〇〇以上の採掘許可証が発行された（ちなみに、二〇〇八年後半に発行された許可証は二六件のみである）。その結果、二〇〇八年にはほとんどゼロに近かった原油生産量は、一日あたり七万一〇〇〇バレルにまで急増した。*5

土地を所有していたために財産を成した人々のなかには、間一髪で窮地を救われたという人もいる。

ウィリアム・バトラー

ウィリアム（ビル）・バトラーは一九二六年、テキサス州南部の小さな町カベサの農場経営者の家庭に生まれた。兵役で海軍に入ると、指揮官から新たな名前を与えられ、終生そのニックネームで呼ばれることになった。指揮官からこう言われたのだ。「ここにはすでにビル・バトラーがいるから、おまえはバックと呼ぶことにする」。おそらくその指揮官は、頭韻《とういん》〔連続する単語を同じ音の子音または文字で始める技法〕が好きだったのだろう。

やがて兵役を終えたバトラーは、父親に家の仕事を継ぐ気はないと告げた。その生活はあまりに厳しそうだったからだ。バトラーは父親にこう言った。「どうしてもやりたくない仕事があるんだ。農場経営だよ」

バトラーは数年間、石油のパイプライン会社で働いたり、馬の調教や販売をしたり、州政府の牛検査官を務めたりした後、テキサス州ニクソンにあった牛の競売場を買い取った。それは、誰とでも気兼ねなくしゃべれる社交的なバトラーにはうってつけの仕事だった。

「肌の色が黒だろうが褐色だろうが、おれは気にしないんだ」とバトラーは言う。

もうけられる年もあれば、赤字になる年もあった。そのため、自分で一〇〇〇頭以上の牛を飼育して家計の足しにした。それこそが、自分が心から打ち込める仕事だった。家計に余裕があるときには土地を買い、株には手を出さなかった。仕事をしないとやっていけないため、休暇はほとんど取らなかった。それでも近隣の土地は買い続け、ニクソン周辺に五〇〇〇エーカー〔約二〇平方キロメートル〕以上の土地を手に入れた。

こうした土地の一部は牛の放牧に使われたが、土地の取得には別の意味もあったようだ。バトラーは訪問者が来ると、車でこれらの土地を案内し、はるか遠くまで広がる自分の土地を誇らしげに指差して言った。「向こうのほうまでおれの土地なんだ」。土地の取得は、この地域に暮らす人々に連綿と伝わる独立精神を反映しているのである。

「ずっと土地の価値を信じていた。投資するなら土地だといつも思っていた。土地は増えていくわけではないが、無数の価値を生み出してくれる」

バトラーはたいてい、こうした土地の買い取りのことを、取引が完了するまで妻のヴェラにも子どもたちにも話さなかったため、それがいさかいの原因になることもあった。

いずれにせよ、その土地の地下の岩石層に多大な価値があると思って買い取っていたわけではないという。「親父がよく言っていたよ。『石油はあるにはあるんだが、地下のものすごく深いところにある。とてもそこまでたどり着けない』」

二〇〇九年当時のニクソンは、人口わずか二〇〇〇人ほどで、家計所得は二万八〇〇〇ドルしかなく、いちばん近くの映画館まで行くのに三〇分もかかった。それでもバトラーは、持ち前の社交性と気前のよさで競売事業を発展させた。妻や二人の息子、その嫁も、競売の仕事や牛の世話を手伝ってくれた。

だがバトラーは、あまりに多くの人を信用するあまり、深刻な問題に巻き込まれることも多かった。たとえば、家族ぐるみで親しくしていた会計士の女性に、一〇〇万ドルを超える事業用の資金を盗まれた。そのうちの一五万ドルは葉巻入れに隠してあるのを見つけたが、残りの大半は、当時その会計士とつき合っていたメキシコ在住の牛のバイヤーの手に渡ってしまった。その後にいくらか戻ってきたものの、全額ではなかったという。

また、こんなこともあった。バトラーがギラン・バレー症候群（四肢《しし》に力が入らなくなる自己免疫疾患）と診断され、サンアントニオの病院に入院していると、地元の若い男二人が面会にやって来た。バトラーはこの二人に言いくるめられ、一部の土地の採掘権を譲渡する契約に署名してしまった。

この地域で原油掘削のための土地の賃貸借《ちんたいしゃく》が始まった二〇〇九年には、こんな事件も発生した。ある日、地元のある独身男性と朝食をとりながら話を聞いているうちに、やがてこの男が不憫《ふびん》になった。そこで、この男が油井や井戸を掘削することを条件に、自分の土地の一部を貸してやることにした。ところが男は間もなく、その土地の採掘権をコノコフィリップスに転売してしまった。コノコフィリップスは、その土地での掘削に関する合意については何も聞いていなかったらしい。

「石油ビジネスについては何も知らなかったからね」とバトラーは言う。

こうした事件や失敗があるたびに、バトラーは事業の継続資金を捻出《ねんしゅつ》するため、一部の土地や牛を売り払った。だがそれだけでは足りず、銀行や地元のシボレーのディーラーに頼み込み、何百万ドルもの借金を抱え込んだ。年を追うごとに状況は厳しくなり、銀行口座に一〇〇〇ドルしか残っていない時期もあった。

バトラーは八〇代に入っても週に七日働いた。新しいトラックがどうしても欲しかったが、そんな余裕はなかった。妻と三七年前に旅行に行って以来、休暇を取る暇さえなかった。

日照りが続いて干し草やえさの価格が高騰したときには、とりわけ大変だった。「かつかつの生活だったよ。借金の支払いをするのがやっとだった」

二〇一〇年に八四歳になると、バトラーは将来を心配するようになった。もはや中年になった息子二人はまじめに働いていたが、数百万ドルもの借金があるこの事業を続けていけるかどうかはわからない。「寝ても覚めても、息子たちがどうなるかということばかり考えていた。私がその当時耐えていたプレッシャーに息子たちが耐えられるとは思えなかった」

やがて妻のヴェラが神経衰弱に陥り、救急車を呼ぶ事態が何度も起きた。その後は緊張状態を緩和するため、毎晩弱いザナックス〔依存性の高い抗不安薬〕を服用するようになった。

「私は心配性なの。うちは借金まみれだから」とヴェラは言う。

二〇一〇年のある日、立派な枝角《えだつの》を持つシカの剥製《はくせい》を飾った小さなみすぼらしいオフィスでバトラーが電話をしていると、訪問客がドアをノックした。その男は、大手石油会社コノコフィリップスの代理人だと名乗ると、バトラーの土地の一部を賃借《ちんしゃく》して油井を掘削したいと申し出た。

バトラーはソファに座ったその男に「いくら払ってくれるんだ?」と尋ねた。かつて黄色だったソファは色あせ、ところどころ破れている。

「二年契約で一エーカーあたり五〇ドル支払います」。コノコフィリップスの地権交渉人はそう答えた。

するとバトラーは憤然として言った。「私に言わせれば、この土地はそれ以上の価値がある。一〇〇ドル出してくれるなら貸す」

実際のところバトラーは、自分の土地の当時の価値がどれぐらいなのか知らなかったが、要求するならそれぐらいが切りがよくてちょうどいいと思ったようだ。後の話によれば、「一〇〇ドルもらえれば助かると思った」という。

コノコフィリップスの代理人は、それなら取引に応じてくれるほかの土地所有者を探しに行くと言ってオフィスを出ていった。だがバトラーはひるまなかった。五分ほどしてバトラーの気が変わらないことが明らかになると、地権交渉人は戻ってきてバトラーの言い値での取引に応じた。

二人は契約の細部を詰め、バトラーは一〇〇〇エーカー〔約八平方キロメートル〕の土地を賃貸《ちんたい》することに同意した。価格は一エーカーあたり一〇〇ドルの前払い、合計二〇万ドルである。また、油井からあがる今後の収入の一部も受け取れることになった。

バトラーは表面的には、コノコフィリップスの代理人に冷静に対処しているように見えたが、内心では興奮に震《ふる》えていた。地権交渉人が立ち去るとすぐに電話を取り、いま起きたことを妻に伝えた。

「衝撃的だった。この世の終わりがもうすぐ訪れるのかと思ったよ」とバトラーは言う。

だがそれから一時間もしないうちに、近所の男二人がやって来た。そのうちの一人は、やはり地権交渉人の訪問を受けたらしく、こう尋ねた。「本当に一エーカー一〇〇ドルで土地を貸したのか？　それでいいと思ったのか？」

「ああ、おれはそれでいいよ」とバトラーは答えた。

バトラーが二〇万ドルの小切手をヴェラに手渡すと、彼女をそれをテーブルの上に置いた。二人は信じられないといった面持ちでそれを見つめた。バトラーはその後、残りの三〇〇〇エーカー〔約一二平方キロメートル〕もほかの石油会社に賃貸した。

やがて掘削が始まると、バトラーの土地の真下に極上の石油鉱床があることが明らかになり、多額の小切手が舞い込んできた。その土地で原油生産が始まった最初の年には、油井が一つしか掘削されていなかったにもかかわらず、一〇〇万ドルを超える小切手が送られてきた。二〇一二年には、その額がおよそ三〇〇万ドルに達した。そのためバトラーは、債権者に五〇万ドル単位の小切手を書留郵便で送り、ついには地元の銀行から借りていたすべての借金を完済した。すると間もなく、ヴェラの症状も緩和した。

「借金がなくなったからもう大丈夫」とヴェラは言う。

バトラーの推計によれば、二〇一三年初めには手持ちの土地の価値が四〇〇〇万ドルを超えた。これには、すでに現金化した小切手や銀行口座にある一〇〇万ドルは含まれていない。

「少しも借金がないなんて生まれて初めてだ。こんなうまい話があっていいのかね」とバトラーは言う。

だがバトラーもその家族も、浮かれてビバリーヒルズに引っ越した成金たちとは違い、その財産を使ってカリフォルニア州などに移り住むようなまねはしなかった。バトラーはむしろ、多大な収入の一部を使って、まんまとはめられた際に売却せざるを得なくなった土地を買い戻した。かつての失敗を帳消しにしたかったのだろう。

ただし息子たちには、それぞれの家族のためにこの財産を使うよう勧めた。息子の一人にこう語っている。「このお金を何かに使ったらいい。どのみちアメリカ人の懐《ふところ》に入るんだ。だが絶対に全部は使うなよ。無尽蔵にあるわけじゃないからな」

やがてまたコノコフィリップスの代理人がやって来て、バトラーの土地の油井は産出量が豊富なため、あと四〇年は生産を続けられるだろうと告げると、バトラーは切ない気持ちになった。「ただ一つ残念なのは、こんな幸運に恵まれるのが四〇年遅かったことかな。おれももう年だ。こんなお金をもらって何をすればいいのかね」

バトラーには一つだけやりたい贅沢があった。いつかドライバーを雇って、ワイオミング州まで連れていってもらいたいという。

「それが自分への褒美《ほうび》だよ」とバトラーは言う。

映画『ガスランド』

二〇一〇年初め、ジョシュ・フォックスという若い映画監督が、『ガスランド』という映画でデビューを果たした。アメリカ全土を歩きまわり、コロラド州やワイオミング州、テキサス州の掘削地のそばに住んでいた人々を訪れるドキュメンタリー映画である。フォックスの生家はペンシルベニア州の田舎にあり、かつて一〇万ドルでその土地を賃借したいとの申し出を受けたことがあった。そのため、フラッキングの安全性について確かめたくなったのだという。

この映画には、掘削により被害を受けたとされる人間や動物の怖ろしい物語が紹介されている。フォックスの取材を受けた人たちは一様に、近所でガス井の掘削が行なわれたせいで、地下水がメタンガスで汚染されたと主張する。その証拠として、こんな驚くべきシーンがある。ある土地所有者がキッチンの蛇口をひねり、火のついたマッチをそこに近づけると、爆発するように燃えあがるのである。それは、ガス井掘削が危険なことを示す確かな証拠のように見えた。

映画はさらに、このままではフラッキングにより、ニューヨーク市の主たる水源であるデラウェア川流域まで汚染されかねないと訴えている。これを受け、それまでシェールガス生産にさほど関心を抱いていなかった同市のメディア関係者の間に不安が広がった。

だが大半の科学者によれば、『ガスランド』はフラッキングの危険を正確に描写しているわけではなく、ただフラッキングに反対しているだけだという。確かに、原油や天然ガスの掘削は、うるさいうえに汚らしい。一部の地元住民がそれに腹を立てるのも無理はない。だが実際のところ、メタンガスは一般的に、過大な量を摂取しないかぎり毒性はないと考えられている。それに、自然状態でも地下の浅いところに存在し、以前からアメリカ各地の井戸や泉に溶け込んでいることが知られており、それが蛇口が燃えあがる原因となっている可能性もある。

エネルギー業界はこの映画への対応に苦慮した。マーセラス・シェールを発見したレンジ・リソーシズは、一部のガス井のフラッキングに使っている化学物質の名称を公表するようにしたが、ほかの掘削業者の大半はいまだ、フラッキング水の成分の公表には消極的だ。また、映画の主張が科学に基づいたものではないことを証明しようと、業界幹部数名が連名で公式の報告書を公開したが、刺激的な映画を手軽に見られるというのに、石油大手が作成した報告書を読もうとする人などいない。それに、石油業界は政治やメディアに影響力を行使していることで有名だが、シェール革命を率いてきたのは中小企業が多く、一般大衆に対応してきた経験が比較的少ない。二〇一〇年四月、石油大手BPがメキシコ湾で操業している石油掘削施設で事故が発生し、史上最大規模の原油が海に流出すると、掘削業者への不信感はさらに高まった。映画『ガスランド』はその後アカデミー賞にノミネートされ、フラッキングに対する世論の形成をさらに促すことになる。

「フラック・ユー！」

そのころになると、フラッキングで使用される化学物質が、ペンシルベニア州などのガス井付近で生活を営む住人や動物に害を及ぼしているのではないかという懸念も広がっていた。業界幹部は、フラッキング水に特に危険なものは入っていないと訴えた。だが掘削業者たちは、詳細は企業秘密だと主張し、混合液の成分を公表しようとはしなかったため、住民の不安は募る一方だった。

ディモックでも、ガス井が環境汚染を引き起こしていると主張できる明確な根拠はいまだなかった。だが、フラッキング用化学物質を含む逆流水に不安を感じないではいられない事例もあった。石油サービス企業のシュルンベルジェやチェサピークが掘削していたルイジアナ州のガス井近くでは、一九頭の牛が死んでいる。

二月下旬、マクレンドンはマサチューセッツ州ケンブリッジに向かい、ハーバード大学の学生や教授にスピーチを行なった。講演内容は、「アメリカにクリーンエネルギーの未来をもたらす」天然ガスについてである。ところが質疑応答の時間になると、ある若い女性が大声を張り上げた。

「掘削のせいでペンシルベニア州の市民が死んでいる！」

マクレンドンはこう言い返した。「本当に？　ペンシルベニア州で何人死んでいるんですか？」

すると女性は「あなたのほうがご存じでは？」と答えた。

別の女性も、チェサピークのガス井ではないが、複数のガス井付近の地下水から、ヒ素やベンゼンなどの危険な化学物質が検出されたと述べた。

マクレンドンは気まずい状況に陥ったが、ひるむことなくこう主張した。すでに全国民の三〇〇人に一人、およそ一〇〇万人のアメリカ人がチェサピークとの賃貸借契約に署名している。彼らは言うまでもなくフラッキングに賛同しており、被害を受けてもいない、と。

だが一部の聴衆は、それに納得しているようには見えなかった。マクレンドンが演壇を去ろうとすると、ある学生が「最低！」と叫んだ。「フラック・ユー！」と言う声もあった〔「ファック・ユー」と「フラッキング」をかけている〕。

コンティネンタル、躍進

二〇一〇年になると、ノースダコタ州やモンタナ州のバッケン・シェールから産出される原油の量が急増した。一日の産出量は二二万五〇〇〇バレルに達し、そのうちのおよそ一〇パーセントをハロルド・ハムのコンティネンタル・リソーシズが占めていた。五年前には、バッケン・シェールからの一日の産出量はわずか三〇〇〇バレルだった。

コンティネンタルはそのころまでに、一つの掘削パッドで四つの油井を掘削する技術を開発していた。このマルチウェル掘削を利用すれば、バッケン・シェールからもその直下のスリー・フォークス層からも、同時に石油を採取できる。この技術革新により、原油生産はさらに増加した。

原油価格は二〇一〇年を通じて上昇を続け、年初には七九ドルだったが、年末には九〇ドルを超えた。これに伴い、年初には四三ドルだったコンティネンタルの株価も、年末には五九ドル近くまで上がった。

だがハムは、コンティネンタルの株価を見ないようにしていた。手持ちの株式の値が上がり、自分が数十億ドル規模の資産家になりつつあることは知っていたが、同僚にも一切そんな話はしなかった。同僚たちがバッケン・シェールでの成果をウォール街に伝えようとしているのは知っていたが、株価にばかり気をとられてほしくなかったからだ。

「生産に集中してほしかった」とハムは言う。

コンティネンタルは二〇一〇年末までに、バッケン・シェール上に確保した土地を、八五万六〇〇〇エーカー〔約三五〇〇平方キロメートル〕にまで増やした。二〇一〇年九月には、ハムが初めてビジネス系ケーブルテレビCNBCの番組に出演し、バッケン・シェールで大量の原油が発見されつつあるという話をしたが、番組の司会者はあまり信用していない様子だった。

実際、《ニューヨーク・タイムズ》紙で金融コラムも執筆している司会者のアンドリュー・ロス・ソーキンは番組内でこう尋ねている。「その原油を採取できるようになるのは、どれぐらい先の話なんですか？　成果が見込めるのはいつなんでしょう？」

そのころはまだ、《ウォール・ストリート・ジャーナル》紙や《ニューヨーク・タイムズ》紙、《ワシントン・ポスト》紙などの主要紙は、この地域に関する情報をほとんど伝えていなかった。コンティネンタルの大躍進を報じていなかったのは言うまでもない。

だが、コンティネンタルの探査部門の上級幹部だったジャック・スタークは、自分がスピーチをすればコンティネンタルに対する見方を一変させられると思った。そこで二〇一一年二月、スタークは大規模な業界会議である北米採鉱《さいこう》博覧会でのスピーチのため、ヒューストンに向かった。その手には、コンティネンタルのチームが試算したバッケン・シェールの原油埋蔵量の最新の見積もりを携えていた。

コンティネンタルは当時、多段階フラッキングを採用した最新の油井で、一日に一〇〇〇バレルの原油を産出していた。さらに、スリー・フォークス層をそれ以上に有望な鉱床と見なし、掘削を強化しているところだった。

「さほどよくもなかった土地が、突如として利益をあげるようになった」とスタークは言う。

それでもスタークは緊張していた。一〇〇〇人を超える聴衆の前でスピーチをした経験がなかったうえ、これからスピーチしようとしている内容に聴衆の多くが懐疑的だったからだ。

業界の専門家らを前に、スタークはコンティネンタルの最新の見積もりとして、バッケン・シェールから回収できると思われる原油の量を提示した。その量とは、二四〇億バレルである。スタークには、この数字に聴衆がどう反応しているかわからなかった。強い照明を当てられていたため、最前列より奥がよく見えなかったからだ。だが最前列の聴衆は、頭を横に振っていた。なかには、ばかにしているような表情をしている者もいる。

　政府機関は当時、アメリカ全体の原油埋蔵量は一九〇億バレル程度であり、バッケン・シェールにはせいぜい四三億バレルしかないと報告していた。それなのにスタークは、ノースダコタ州とモンタナ州の岩石層だけで、二〇〇億バレルの原油と、原油四〇億バレル分に相当する天然ガスが回収可能だと述べている。アラスカ州のプルドー湾の石油埋蔵量の二倍近くに及ぶ量である。

　スタークは後にこう述べている。「自分にもとんでもない数字に見えた。そのおかげで大変な目にあったよ」

　原油の埋蔵量の非現実的な見積もりほど、エネルギー業界のベテランたちが嫌うものはない。それを考えると、不安はさらに高まった。だがスタークは、聴衆の疑念を解こうと、こう訴えた。「これが大変な数字だということはよくわかっている。だが実際に、それだけの埋蔵量がある」

　翌日、CNBCのジム・クレイマーが番組でこのニュースを紹介すると、コンティネンタルの株式への関心が高まり、間もなく株価は一気に七〇ドルを超えた。

「アメリカは、二一世紀のサウジアラビア」

　これを機にハムは、アメリカがエネルギー自給に近づいていることをメディアや政府関係者に頻繁に訴えるようになった。またノースダコタ州政府に、原油の産出量を増やせるようバッケン・シェール地域のインフラ整備を希望するとともに、石油生産業者への増税やフラッキングへの規制を極力控えるよう要請した。ハムが公の場に姿を見せるようになったのは、そのためでもある。

　だがハムは、コンティネンタルがこれだけの成果をあげているにもかかわらず、いまだアメリカの油田が十分に評価されていないと感じており、複数のメディアにこう述べている。「アメリカは、二一世紀の石油・天然ガス業界のサウジアラビアになれる」

　自分の言葉を信じてくれる人がほとんどいないことに、ハムは苛立たしい思いをした。二〇一一年秋にはホワイトハウスに招かれ、ビル・ゲイツやウォーレン・バフェットらとディナーをともにした。いずれもハム同様、ギビング・プレッジ〔ゲイツとバフェットが始めた寄付啓蒙活動〕の一環として、資産の半分以上を慈善団体に寄付すると約束していた人たちである。やがてハムがオバマ大統領に話をする順番がまわってくると、ハムはこう述べた。石油・天然ガス産業で「革命」が進行中であり、いずれはＯＰＥＣから輸入している原油を国産でまかなえるようになる、と。

ところがハムによれば、オバマ大統領はその話にあまり感銘を受けているようには見えなかった。大統領はハムにこう告げたのだ。今後数年はまだ石油や天然ガスが必要だが、「いずれは環境に優しい代替エネルギーに移行していかなければならない」

政府に対するハムの不満は募る一方だった。そのころから、採掘許可証の発行にも時間がかかるようになった。同年にはバッケン・シェール地域の鳥二八羽を殺した容疑で、司法省がコンティネンタルを含む石油会社数社を起訴した。だが、コンティネンタルが殺したとされたのは、チャイロツキヒメハエトリ一羽だけだった。この告訴は後に取り下げられたが、それでもハムの苛立ちは収まらなかった。

「希少な鳥でさえないんだ。そこら辺に無数にいる鳥だよ」[6]

その一方でハムは、メディアや政治家と話をする際には、自分の会社にとってあまり都合のよくない数字の公表を控えていた。たとえば、プロパブリカ〔非営利の独立系報道機関〕が検証した資料によれば、コンティネンタルはノースダコタ州で二〇〇九年から二〇一二年末までの間に、どの企業よりも多い七五万七〇〇〇リットル以上の原油を流出させたという。数万リットルもの塩水や原油で二つの川を汚染したとして、罰金を科されたこともある。これらは、アメリカで急増するエネルギー生産の負の側面と言える[7]（コンティネンタルの主張によれば、原油の流出率は、産出量一〇〇〇バレルあたり〇・一バレル程度にまで低下しているという）。

ノースダコタの石油ブーム

二〇一〇年になると、突如発生した石油ブームで一旗揚げようと、国内からも海外からも多くの人がノースダコタ州ウィリストンに集まってきた。そのなかには、野心にあふれる起業家もいれば、深刻な不況から抜け出して生活を再建しようとする者もいた。そんな希望を抱いてウィリストンにやって来た人々のなかに、エリザベス（リズ）・アイリッシュがいた。

それまでリズは、オレゴン州グランツパスで住宅ローン銀行の支店長を務めていた。グランツパスとは、太平洋にもカリフォルニア州のレッドウッド国立公園にも車で一時間ほどで行ける、人口三万四〇〇〇人ほどの美しい町である。

リズはトラック運転手のマシュー（マット）と一九歳で結婚しており、大学には行かなかった。それでも、社交的で気さくな彼女は出世街道をひた走り、やがて一二万ドル近い年収を稼ぐようになった。二〇〇八年には、三四歳にして部下を七人も抱える地位につき、その前途は洋々たるものに見えた。

アイリッシュ夫妻は、三六万五〇〇〇ドルで近くの町に家を買っていた。果樹やモクレンの木に囲まれたその家は、二人の娘が通う小学校の向かい側にあった。

だがやがて、金融危機が訪れた。

地元の不動産市場は崩壊し、リズの収入は激減した。二〇〇九年の年収は四万ドルを切った。二〇一〇年になると、夏までに五〇〇〇ドルも稼げなくなった。それまで貯金をあまりしていなかった夫妻にとっては、月々の支払いにも困る額だ。一家は間もなく家を失い、数千ドル分もの請求書を前に途方に暮れた。

リズは言う。「私がしてきた仕事はどれも不動産関係だった。（金融危機のせいで）私がそれまで暮らしてきたお気楽な世界が崩れたの。ショックだった」

二〇一〇年のある日、ツイッターをチェックしていたリズは、ノースダコタ州の急発展を報じる《ニューヨーク・タイムズ》紙の記事に目をとめ、そのリンクをクリックした。記事にはこう記されていた。同州西部ウィリストンの近くにあるバッケン・シェールという岩石層から、原油が大量に産出されている。そのため、同州全体の失業率は三パーセント前後なのに、ウィリストンでは一パーセントにも満たない。現地の油井では、フラッキング作業に四〇〇万リットル近い水を使用している。それを運ぶのに油井一基あたりおよそ二〇〇〇回のトラック輸送が必要になるため、トラック運転手の需要が急増しており、年収一〇万ドル以上も夢ではない、と。

新たな生活設計に頭を悩ませていたリズは、この記事を見て希望を抱いた。早速、「ノースダコタ」や「トラック輸送」といったキーワードでグーグル検索を行ない、ウィリストンのトラック輸送会社に電話を入れた。

すると電話先の経営者の男がこう告げた。「景気は上り調子だ。あなたが見聞きしたことは全部本当だよ。ただ、家を見つけるのが大変だけどね」

リズは、その会話の前半だけを確認すると後半は無視し、夫に尋ねた。

「どう思う？　どこまで本当かわからないけど、行ってみる？」

グランツパスには親族が暮らしており、二人もできればそばにいたかった。だが、そのあたりの失業率は一〇パーセントに達しており、とても未来があるようには思えなかった。

「ここよりひどいことはないだろう」とマットは答えた。

リズがインターネット・サイトを通じて夫の履歴書を送付すると、すぐに会社側から連絡があった。マットは面接のため、ピックアップトラックに乗ってウィリストンに向かった。

バッケン・シェールの産油活動の中心地となっていたのはウィリストンだったが、その地域の真の拠点として機能していたのは、その町のウォルマートだった。人気のストリップクラブ二軒や入口に行列ができるレストラン《アップルビー》を除けば、そこがこの町でいちばんにぎわっていた。最近になって急速に発展した町だけに競合するスーパーはほとんどなく、商品は飛ぶように売れた。スタッフの時給も二二ドルと高額だった。商品は箱から出さなくても、箱さえ開けて置いておけば、客が勝手に取っていった。夜に店の通路を眺めると、まるで略奪にあっているように見えることさえあった。

ウォルマートの駐車場でさえ、小さな町では見られないほど多くのドラマがあった。マットがオレゴン州から二二時間かけてやって来てこの駐車場に車を入れると、そこにはトラックや自家用車やキャンピングカーが無数にあった。いずれも、近くの油田や舗装《ほそう》がはがれた道路を走ったときについた汚れが、分厚い層になってこびりついている。地元のメディアの報道によれば、数週間どころか数カ月間もこのウォルマートの駐車場に滞在している人もいるという。もちろんそこには、水道もなければ下水の設備もない。暖房や電気もないため、身を切るように寒い日が続くウィリストンの冬を過ごすには辛い場所だ。

（ウォルマートはそれから数年後、駐車場を通るのが怖いという女性客の苦情を受け、駐車場で寝泊まりしている人たちを追い払った。だが、ウォルマート側にできる治安対策など限られている。二〇一三年夏には、駐車場で女性が脚を撃たれる事件が起きた）

駐車場は、さまざまな地域の人々でごった返していた。カウボーイハットをかぶり、汚れたブーツにジーンズをたくし込んだテキサス州民もいれば、ピックアップトラックで生活している東海岸の油田作業員もいた。現地のノースダコタ州民は、こうした新参者に腹を立てながらも、町の様子が一変したことを喜んだ。それまでウィリストンは、バスケットボールの伝説的コーチであるフィル・ジャクソンが高校時代を過ごした場所という程度の知名度しかなかった。

ウィリストンはもともと、移住者の波が押し寄せることなどまるでなさそうな町だった。気候は厳しく、氷点下の気温が続く冬は身を切るような風や豪雪に見舞われ、夏は蒸し暑い。スポーツチームもなければ、特有の文化もない。サウスダコタ州にはラシュモア山（岩に彫られた巨大な四人の大統領の彫像で有名）があるが、そんな名所もない。

実際、石油ブームが起きるまで、ノースダコタ州は一九三〇年代以降に人口が減少した唯一の州だった。ある時期には州政府が、州名から「ノース（北）」を取って「ダコタ州」という名称に変えてはどうかと検討したこともあった。そのほうが多少暖かい感じがして魅力的に見えると考えてのことだ。

だが、近隣の油井で産出量が急増すると、そんな心配は不要になった。さまざまな推計によれば、二〇一〇年までの一〇年間で、ウィリストンの人口は二倍以上に増えた（一時的な労働者が多数を占めていたため、正確な数値はわからない）。町が急速に発展すると、現地の住民たちは、GPSに頼る来訪者を見て大笑いした。新たな道路が次から次へとできるため、ナビゲーションシステムなど何の役にも立たないからだ。

ウィリストンの発展は、石油ブームに沸《わ》いたほかの町の発展とさまざまな点で類似している。実際、一八五九年にエドウィン・ドレイクがアメリカ最初の油井を掘削してから数年のうちに、ペンシルベニア州西部ではさまざまな町が急成長を遂げた。たとえば、家族経営の農場が一軒あっただけの場所が、わずか九カ月の間に、人口一万五〇〇〇人を擁するピットホールという町になった。だが、もっと産出量の多い油井がほかの地域で見つかるようになると、この町も一八八〇年代末には事実上消滅してしまった。ブライアン・バローの著書『*The Big Rich*』にも、一九三〇年代にテキサス州東部で石油が発見されると、それまでのんびりとしていたその地域の小村が一変したと記されている。「ホテルがいっぱいになると、町の人々は自宅の部屋を貸した。その部屋もいっぱいになると、新たにやって来た人々はテントを買った。テントもなくなると、野原で雑魚寝《ざこね》した」

二〇一〇年までにウィリストンに集まってきた人々のなかには、イラク戦争やアフガニスタン戦争に従軍した兵役経験者もいた。彼らはどの会社でも優先的に採用された。逆境に慣れているうえ、フラッキング作業に使う爆発物の扱いに習熟しており、現場でチームの一員として活動した経験もあるからだ。また、レストランの開店を目指す日本人ビジネスマンや新たなホテルへの投資をもくろむ資産家など、世界各国から起業家もやって来た。ラスベガスでカイロプラクターをしていたスティーヴン・アレクサンダーという男は、患者の多くがノースダコタ州に引っ越してしまったため、自分もバッケン・シェール地域に移住し、デジタルX線機器や診療室などを備えた長さ一七メートルに及ぶRV車の製造に二〇万ドルを費やしたという。*8

ウィリストンには職を選ばない人も押し寄せてきた。大学でインテリアデザインの学位を取得したミネソタ州出身の三五歳の女性マルキータ・ライトは、ウィリストンにやって来ると、まったく異なる四つの仕事を経験した。ウォルマートのスタッフ、酒屋のレジ係、郵便配達員、ストリッパーである。ストリッパーのときには、一晩で一〇〇〇ドル以上稼ぐこともあったらしい。

「ウィリストンは金鉱みたいなところね。ショッピングモールがないから、すぐに貯金できるの」とライトは言う。

マットはと言えば、ウォルマートの駐車場に着いたその場で、フラッキング用の水を運ぶ仕事に採用された。ウォルマートからリズに電話してこう言ったという。「こんなことってあるのかな？　映画みたいだ」

大半の家庭では、夫が単身でバッケン・シェール地域に行き、家族に給料を送るという生活形態をとった。そのため推計によると、ウィリストンの男性の人口は女性の人口の二倍にもなった（ラスベガスの売春婦が実入りのいい仕事を求めて週末にウィリストンに通うようになった理由も、そこにある）。

だがリズとマット夫妻は、別々に暮らすことを望まなかった。リズはむしろ、生活を一新したがった。二〇一〇年夏、リズとマットは前年の税の還付金を受け取ると荷物をまとめ、二人の娘と二匹のダックスフントとともにノースダコタ州に引っ越し、新たな生活を始めた。

天然ガスの輸出？

シャリフ・スーキは相変わらず、ある計画に取り組んでいると言うだけで、それがどんな計画なのかを投資家たちに明かそうとはしなかった。

シェニエールの株式は、二〇〇九年末から二〇一〇年初めにかけて三ドル前後で取引されており、もはや大半の投資家から見放されていた。同社はこれまで、アメリカに天然ガスを輸入する計画に数十億ドルを投じてきた。だがいまやアメリカには、天然ガスがあふれている。実際二〇一〇年には、シェール層から四兆八六〇〇億立方フィート〔約一四〇〇億立方メートル〕もの天然ガスが産出されることになる。二〇〇八年の産出量二兆二五〇〇億立方フィート〔約六四〇億立方メートル〕の二倍以上である。

シェニエールはそれでも、以前の輸入契約によりトタルやシェブロンから収入を得ていたため、破産の危機が間近に迫っているわけではなかった。だが、年間五〇〇〇万ドルもの支出があるうえ、二〇一二年には一〇億ドルもの負債の返済期限が来る。

取締役会は言い争いが絶えなくなり、投資家は苛立ちをあらわにした。ブラックストーン・グループ傘下のＧＳＯも、ジョン・ポールソンのヘッジファンド会社ポールソン＆カンパニーも、いまだシェニエールの大株主だったが、両社とも現状を快く思っていなかった。

取締役会に参加していたＧＳＯの幹部ドワイト・スコットは、ある会議の席でスーキに訴えた。「シャリフ、何らかのプランが必要だ」

「いろいろなプランに取り組んでいるところですよ」とスーキが答えると、

「どんな？」とスコットが聞き返す。

だがスーキは、まだ詳細は明かせないと告げるだけだった。スーキに厳しい質問を浴びせていた元ＣＩＡ長官のジョン・ドイッチなど、取締役会の役員たちは、そんな答えではとても納得できなかった。

ブラックストーンとポールソンが、会社の経営権を譲るならシェニエールの債務の一部を肩代わりしてもいいと申し出たこともある。だがスーキは、この取引を拒否した。ロープ際に追い詰められながらも、あきらめようとはしなかった。ここでシェニエールから離れ、別の事業を始めることもできる。だがスーキは、パンチを打たれながら相手が消耗するのを待っているボクサーのように、役員にこう訴えた。

「策はある。（輸入がうまくいかないのなら）別の手がある。状況は必ず好転する」

ある大口投資家は、当時を振り返ってこう述べている。「実際のところシャリフには、会社を売却する以外のプランがなかった。私たちにとってはそれが問題だった」

ブラックストーンがいまだシェニエールから手を引かないでいると、やがてシェニエールの取締役会に参加するブラックストーンの幹部たちを批判する声があちこちからあがるようになった。たとえば、ブラックストーン幹部のジェイソン・ニューは、年金基金など同社の顧客から、ほかのヘッジファンドはシェニエールを最高の「空売り案件」だと見なしているという話を聞かされた。つまり、シェニエールの株価が上がる可能性はまずないということだ。顧客の話によれば、ほかのヘッジファンドは、シェニエールの破産に多額の資金を賭けているという。

だがニューは、あくまでもシェニエールを支持してこう答えた。「まあ、合理的に考えても意見が違うことはある」。ニューもシェニエールの現状には不満を抱いていたが、顧客にはそれを隠していた。

シェニエールに多額の資金を投じていたある投資家によれば、スーキの異例の経歴も、投資家や役員の懸念を高めるマイナス材料になったらしい。

ある役員はこう述べている。「シャリフがテキサス州ミッドランドの出身だったら、役員たちもスーキの言葉を受け入れやすかったはずだ。だがシャリフはレバノン人であり、文化が違う。よくこんな言葉を聞いたよ。『あの男がどこの出身か知っているだろう？　メッザルーナのオーナーだった男だぞ！』」メッザルーナとは、O・J・シンプソンの事件により悪い意味で有名になってしまったロサンゼルスのレストランである。

一方、スーキらシェニエールの幹部たちは水面下で、天然ガスを輸出する計画に取り組んでいた。幹部たちはみな、天然ガスを液化して輸出できるようルイジアナ州のターミナルを改修することは可能だと確信していた。

その年の春、スーキら幹部は大手建設会社ベクテルから、プラントの改修コストに関する見積もりを受け取った。ベクテルの判断によれば、輸出するLNG一トンにつき、およそ四五〇ドルのコストがかかるという。つまり、「トレイン」と呼ばれる液化・精製ユニットを四基備えた天然ガス輸出ターミナルへと改修しようとすれば、八〇億ドル以上の費用が必要になる。シェニエールはこの四基のトレインで、年間一八〇〇万トンの天然ガス輸出を目指していた。

こんな見積もりを提示されれば、普通の人間はひるむものだ。資金調達コストなどの諸経費も含めれば、工面しなければならない額は一二〇億ドルにまでふくらむ。それに、世界的な経済危機の影響で、金融市場はいまだ不安定な状態にある。

だがスーキはどこからどう見ても、普通の人間とは違った。スーキに自慢できる才能があるとすれば、それは、必要とあれば数十億ドル単位の資金さえ工面できる才能だった。さほど難しいことではない、スーキはそう思った。

「お金の工面なら、できるという自信があった」という。

ほかの幹部たちも、ベクテルの見積もりを見ると小躍《こおど》りせんばかりに喜んだ。確かに見積もり額はとてつもなく高かったが、思っていたよりは安かったからだ。ベクテルの見積もりが正しければ、シェニエールは天然ガスの輸出で利益をあげられる。スーキも幹部たちもそう判断した。

既存の投資家たちはこれまでの損失に不満を抱いており、もうこれ以上我慢できない状態にある。ベクテルは初期見積もりを出しただけで、最終的にはコストが三〇パーセント増しになる可能性もあると説明していたが、そんなことを気にしてはいられない。

二〇一〇年四月、スーキは取締役会に新たな事業案を提示した。自信たっぷりにこう告げたのだ。「わが社には多大な利点がある。すでにターミナルも、貯蔵タンクもある。（中略）あとは液化施設だけだ。（中略）契約も許可証も手に入れられると思う」。そして、最終的には一日に二〇億立方フィート〔約五七〇〇万立方メートル〕を輸出できるようにしたいと語った。アメリカ国内の天然ガス生産量のおよそ三パーセントにあたる量である。スーキはそう言うと、反応を探るように会議室を見まわした。

だが、ここ数カ月に及ぶ対立のせいで、誰もスーキの計画に大した反応を示さなかった。一部の役員はすでに、この新たな戦略に感づいていた。ほかに考えられる選択肢はさほどなかったからだ。またそれ以外の役員も、スーキのこれまでの駆け引きや会社の現状にうんざりしていた。そのため、何らかの意見を述べたり、反対を表明したりする気にもなれなかったのだ。

それに、シェニエールの数十億ドルに及ぶ負債を返済する期日が迫っており、大半の投資家や役員は、この機会を逃したら苦境を打開できるチャンスはないと思っていた。当時役員を務めていたある人物は言う。「取締役会は、ヘイルメアリー・パス〔アメリカンフットボールで、ゲーム終盤に最後の賭けとして行なわれるロングパス〕を仕掛けるしかないと思っていた。まさに、自陣五ヤードでフォースダウン残り二五ヤードといった状況だよ。（中略）みな疲れきっていたんだ。シェニエールのような小企業は、エクソンやシェブロンより先に輸出市場を狙うしかなかった。こういう大企業は、ワシントンの規制当局とのコネもあるからね」

二〇一〇年六月、シェニエールは天然ガスの輸出事業を始める意向を公に表明した。だが投資家たちは一様に無関心だった。すでにシェニエールを見放している投資家は多く、株価が大きく変動することはなかった。

スーキがジョン・ポールソンに電話で自分のアイデアを説明すると、ポールソンは親しげに前途を祝福してはくれたものの、それにあまり期待してはいなかった。そのときポールソンはスーキにこう言ったという。ポールソンの会社がシェニエールに投資した額が損失なく戻ってくるようなことがあれば「奇跡だ」と。

業界関係者は輸出事業に舵《かじ》を切るというアイデアをばかにし、幹部たちをからかった。顧客への売り込みを担当していたマーケティング部長のデイヴィス・テムズは、輸出戦略を打ち出すなんて「やけになっている」ようにしか見えないと言われた。

二〇一一年初めになってもシェニエールの株価は七ドルにも達しておらず、ルイジアナ州のターミナルはほとんど稼働していなかった。だが同社はすでにエネルギー省から、アメリカの自由貿易相手国へ天然ガスを輸出する許可を受けており、中国などそのほかの国への輸出についても間もなく許可を得られそうな状況にあった。スーキがワシントンの有力者とコネがある元政治家らに協力を求め、許可を与えるよう働きかけたのが功を奏したようだ。

そのころになると、ヨーロッパやアジアでの天然ガス価格が、アメリカでの価格（四・三五ドル）の倍も高くなり、アメリカから安価な天然ガスを輸出する絶好のチャンスが巡ってきた。シェニエールは、輸出用に施設を改修することさえできれば、市場を独占できた。当時アメリカには、天然ガスを冷却・液化して巨大貨物船で輸出できる施設は、三〇年前にアラスカ州に建設されたターミナル一つしかなかったからだ。

スーキは、早ければ二〇一五年にも天然ガスの輸出を始められると確信していた。シェニエールはすでに、オーブリー・マクレンドン率いるチェサピーク・エナジーから、ルイジアナ州のターミナルに輸出用天然ガスを大量に送ってもらう約束をとりつけていた。

二〇一一年一月下旬には楽観的にこう述べている。「掘って掘って掘り続ければ、必ず何か見つかる」

だが、一つ大きな問題が残っていた。新たな施設への改修や、それに伴う資金調達コストなどの諸経費をまかなうには、一〇〇億ドルから一二〇億ドルを工面しなければならない。だが世界的な金融危機を受け、銀行は貸出を抑制しており、投資家も多くはいまだ資金不足の状態にある。スーキがそれだけの資金を手に入れられるかどうかは依然としてわからなかった。

投資銀行オッペンハイマーの上級石油アナリストのファデル・ゲイトは、当時《ニューヨーク・タイムズ》紙にこう語っている。「スーキは基本的にスリルが好きなのかもしれない。だが、アメリカのＬＮＧターミナルから天然ガスを輸出する日が来る可能性は、七月のニューヨークに雪が降る可能性より少ない」[*9]

その年、シェニエールの株式は九ドル未満で取引を終えた。投資家たちはいまだ、スーキのこの天才的発想に疑いの目を向けていた。

第一五章

チェサピーク、再拡大

チェサピーク・エナジーは再び資産の増強へと舵を切っていた。

二〇一〇年を通じ、オーブリー・マクレンドンは新たな土地の取得を積極的に進めた。コロラド州とワイオミング州にはナイオブララ・シェールがあった。オクラホマ州とテキサス州にはウッドフォード・シェールやグラニット・ウォッシュがあった。

いずれの土地もきわめて魅力的だった。もちろん、マクレンドンやチェサピークがその土地を所有する必要はない。利用さえできればよかった。

だが、チェサピークが抱えられる負債の量には限界がある。そこでマクレンドンは、投資銀行ジェフリーズのヒューストン支局の幹部ラルフ・イーズに、土地取得に必要な数十億ドルの資金を手に入れるアイデアを提示した。

「新たな資金が必要なときは、アジアに目を向けよう。アジアには資金があり、エネルギーが不足している」。マクレンドンは大学時代からの友人であるイーズにそう言った。アジアの企業や政府系ファンドの資産が増加していることをよく知っていたのだ。

二人はアジアに渡り、突如生産量が急増したアメリカの新たな油田やガス田の利権を売り込んだ。二〇一〇年には、瞬く間にイーグルフォード・シェールの土地六〇万エーカー〔約二四〇〇平方キロメートル〕を一二億ドルで取得すると、その利権の三分の一を中国海洋石油集団に二二億ドルで売却した。

チェサピークやそのライバル企業が賃借していた土地の大半には、「生産保持」条項がついていた。つまり企業は、三～五年以内にその土地で坑井を掘削しなければならない（その間も土地所有者に使用料を支払うことになる）。この義務を満たせなければ、土地賃借取引で一エーカーあたり二万ドルもの契約金を土地所有者に支払っていたとしても、その土地を利用する権利を失う。[*1] さらに、原油や天然ガスの生産が始まれば、土地所有者に使用料として、その油井やガス井からの収入の一部を支払わなければならない。たいていは、収入の一五～二〇パーセントである。

つまり、一掘削単位である三二〇エーカー〔約一・三平方キロメートル〕を取得するためには、六四〇万ドルほどの契約金の支払いが必要になる。これは、その土地に一つか二つ坑井を掘削する権利を獲得するための手数料にすぎない。だがこの前払い金を支払った以上、期限内に坑井を掘削できずにその土地を手放してしまうような事態は、絶対に避けなければならない。だからこそ、天然ガスの価格が低迷していようが、ただちに掘削が行なわれることになる。

実際、二〇一〇年五月に開かれたアナリストとの電話会議の席で、チェサピークの最高財務責任者であるマーク・ロウランドはこう述べている。「わが社のガス井掘削の半分以上、いや三分の二から四分の三は、仕方なく掘削していると言っていい。天然ガス価格以外の事情によるものだ」。チェサピークの掘削により、アメリカではただでさえ供給過剰になっている天然ガスの供給がさらに増え、天然ガス価格はいっそう低下した。

それでもマクレンドンは、ミシシッピ・ライムの土地取得を強化する決定を下した。オクラホマ州北部からカンザス州南部にかけて広がる、原油を豊富に含む石灰岩層である。この決定を受け、チェサピークの取締役会の一部のメンバーが不安を表明すると、マクレンドンはチェサピークの大規模な土地取得活動をこれで最後にすると約束した。マクレンドン自身も、会社の負債が企業価値の五〇パーセントを超えている事態を憂慮していた。

取締役会の役員の一人チャールズ・マクスウェルは言う。「私たちはこう言ったんだ。その土地が、オーブリーが言う半分ほどの値打ちしかないのなら、その決定を考え直す必要がある。だがその土地は、黄金のリンゴのように見える。そんなものがまた見つかるかどうかわからないのなら、その土地を手に入れておけ、とね。（中略）それにオーブリーの（多額の支出を伴う土地取得はこれで最後にするという）約束に嘘はないように思えた」

二〇一〇年一〇月、ジェフリー・ブロンチックがチェサピーク本社で開かれるアナリスト向け説明会に出席するため、オクラホマシティにやって来た。一年ほど前に、チェサピークの総会議案書を「恥ずべき文書」と断罪した投資家である。その説明会では、マクレンドンら幹部たちが、二〇〇名ほどの投資家や株式アナリストに会社の戦略を説明することになっていた。

ブロンチックはチェサピーク本社に来ると、巨大なフィットネスセンターやプール、設備の充実した託児センター、豪勢なケータリングサービスなど、そのあまりに華やかな雰囲気に愕然《がくぜん》とした。会社の資金が途方もなく浪費されているように見えたのだ。「こんな大学に行きたかったよ」。ロサンゼルスの投資会社リード・コナー&バードウェルの同僚にそんなジョークを言っている。また、壁に掛かっている古地図を見つけたときには、「おれの金がこれに使われた」と愚痴をこぼした。これは以前、マクレンドンの古地図コレクションをチェサピークが買い取った事実を指している。

だがマクレンドンが、これからいかに支出を減らし、手持ちの主要な土地からの「収穫」を進めていくのかを説明し始めると、ブロンチックの疑念は徐々に消えていった。マクレンドンが以前の教訓を糧に、気持ちを入れ替えつつあるように思えたのだ。気分がよくなったブロンチックは、会場を出ると同僚にこう言ったという。「この会社の株価がなんで二一ドルなんだ？ ものすごい株の話が聞けてよかった」

このころからマクレンドンは自信を取り戻し、今度は、自分の趣味であるボートに会社を巻き込むようになった。まずは、干上がって雑草が生い茂っていたオクラホマシティ内のある川床《かわどこ》を、オリンピック級のボート競技場に整備すると、同僚に自慢げにこう述べた。オクラホマシティは、アメリカ南西部のボート競技の中心地になる。ここには、ハーバード大学やプリンストン大学のチームが使っている東海岸のボート場にはない利点がある。練習ができなくなるような悪天候の日は、東海岸よりオクラホマシティのほうが少ない、と。

次いで、三〇〇万ドルを費やしてボートハウスを設置し（そのうちの一五〇万ドルはマクレンドンが拠出している）。さらにその近くに七〇〇万ドルをかけてガラス張りのチェサピーク・フィニッシュライン・タワーを建設した。また、オリンピック出場が期待される若者一〇人を雇い入れ、およそ三万五〇〇〇ドルの年収プラス諸手当を支給し、経理部門や広報部門に配属させた。二〇一〇年一二月のある日曜日には息子を連れ、ボート選手五人とサンディエゴに旅行に出かけたが、そのときの旅行費用三万四〇〇〇ドルもチェサピークが一時的に立て替えている。*2

反対運動の広がり

マクレンドンは相変わらず、フラッキングにまつわる健康不安に対して攻撃的な姿勢を取っていた。まるで、大衆がフラッキングに反対している（実際のところ、大半の人は知識がほとんどないまま反対していたのだが）ことなど知らないか、大して気にしていないかのようだった。二〇一二年三月には、《ローリング・ストーン》誌にこう述べている。「私たちは以前からフラッキングをしている。それなのに、何をいまさら大騒ぎすることがある？　キノコ雲でもできたか？　（中略）一本脚の犬でも生まれたか？」

マクレンドンは、適切に行なっているかぎりフラッキング作業に本来危険などないと言いたかったのかもしれない。だが、そうでない場合もあった。一年前の《ニューヨーク・タイムズ》紙の報道によれば、高濃度の放射性物質を含む廃水が、そんな物質の処理など考慮されていないペンシルベニア州の下水処理プラントに流れ込み、その処理後の水が、飲料水を供給している河川に放出されている事例があったという。さらにその記事には、環境保護局のコンサルタントが執筆した論文をもとに、下水処理プラントのなかには掘削廃水に含まれる汚染物質を除去できないものがあるとも記されていた。

（この記事が発表された後、ペンシルベニア州環境保護局の長官代理が声明を発表し、同州の七つの河川で調査を行なったところ、放射性物質の量は「正常値」か平均以下だったと述べている）*3

やがてフラッキングに対する審査が行なわれるようになったのは、意外な形で誕生した利益団体の働きによるところが大きい。二〇一二年五月、ニューヨーク州のシドニーという村に住む五〇人ほどの住民が、地元の狭い図書館に集まり、その地域を通過するパイプラインの建設計画を阻止する方法を議論していた。すぐそばのペンシルベニア州にあるマーセラス・シェールから天然ガスを送るためのパイプラインである。

住民たちは、パイプラインが何らかの理由で爆発し、近隣に被害をもたらすのではないかと懸念していたのだが、不安はそれだけではなかった。パイプラインが建設されれば、天然ガスの掘削もそれに続く。そうなれば、自分たちの土地のすぐそばでフラッキングが行なわれることになる。

シドニーの住民はそんな事態を怖れていた。その夜の集会の来賓《らいひん》講演者はヴェラ・スクロギンスだった。かつて地元の採石業者を相手に闘い、その当時はディモックなどの被害を世界各国のメディアに訴えていた、ペンシルベニア州在住の元教師である。スクロギンスはその晩、新たな仲間としてクレイグ・スティーヴンスを連れてきた。髪を短く刈り込み、いかつい体格をした、いかにもまじめそうな中年の男性である。首に空気清浄機をつけている。

その日集まっていたのは、白髪交じりの男ばかりだった。ほとんどが、はっきりとしたもの言いをする博識で思慮深い中年かそれ以上の高齢者である。かつてマンハッタンのアッパーウェストサイドで小学校の教師をしていたようにも、一度か二度グレイトフル・デッドと一緒にツアーをまわったことがあるようにも見える。

スクロギンスとスティーヴンスは、パイプライン建設を阻止する運動を組織するコツや、メディアを利用する方法をシドニーの住民に教えた。その会議が終わろうとするころ、髪をポニーテールにまとめ、大きなフレームの眼鏡をかけた毛むくじゃらの男が、部屋の前のほうに歩み出てきた。それまで住民たちは、そんな男が最後列におとなしく座り、ゆっくりあごひげをしごきながら話を聞いていたことにまるで気づかなかった。男は全員の注目を集めるなか、住民たちに向けて話を始めた。

スクロギンスとスティーヴンスの話によれば、男は「いまここで信じられないような話を耳にした」と述べると、自分の家族はみなこの地域を愛しており、ぜひフラッキング反対運動を世に広める手助けをしたいと申し出たという。

会議の後、住民たちはこの男がショーン・レノンだったことを知った。いまは亡きジョン・レノンの息子である。間もなく、ショーン・レノンとその母オノ・ヨーコは、俳優のマーク・ラファロやスーザン・サランドンなどの有名人とともに、ニューヨーク州での天然ガス掘削を阻止する運動を始めた。

こうした有名人は間違いなく大義のために行動していた。だがスクロギンスに言わせると、この活動に参加したおかげで彼らの経歴はさらに輝かしいものになったという。スクロギンスは、著名人や世界各国のメディア関係者をバスに乗せてこの地域をまわり、環境被害を受けたとされる場所へ案内した。「この運動のおかげで、ショーンの音楽への関心が高まった。マーク・ラファロもアカデミー賞にノミネートされ、『アベンジャーズ』にも出演できた」

いずれにせよこの広報活動は、ニューヨーク州でのフラッキングの一時停止を継続するよう州政府に圧力をかけると同時に、掘削活動への国民の関心を高めるのに役立った。その一方で、業界関係者の宣伝活動に多大な打撃を与えることになった。

マクレンドン、業界最上層に返り咲く

二〇一〇年の暮れ、億万長者の投資家カール・アイカーンが、チェサピークの株式のおよそ六パーセントを購入したと発表した。アイカーンは、いわゆる「もの言う株主」だった。つまり、自分が株式を大量に購入した会社の経営陣に対して、株価が上がるような行動を強く求めるタイプの株主だということだ。

数週間後、アイカーンからマクレンドンに、チェサピークが負債を抱えすぎていることを指摘する連絡があった。マクレンドンは、この連絡が意味するところを理解すると、すぐさま負債の削減のため五〇億ドル分の資産を売却する計画を公表した。そのなかには、中国最大の海底油田開発会社である中国海洋石油集団にワイオミング州の土地の利権の三分の一を売却する取引も含まれていた。

すると二〇一一年二月には、チェサピークの株価が三五・六一ドルにまで上がった。二〇〇八年の金融危機後では最高の値である。チェサピークはさらに、投資家に求められるがまま、アーカンソー州のガス田をオーストラリアのBHPビリトンに四七億五〇〇〇万ドルで売却する計画を公表した。

だが、間もなくアイカーンはチェサピーク株をすべて売却し、およそ五億ドルの利益を手に入れた。売り抜ける際にはマクレンドンに電話を入れ、巨額の利益を獲得させてくれたことに感謝を述べたという。その後、マクレンドン自身には自ら進んで債務を削減するつもりがないことが明らかになると、取締役会の不安は高まった。

新たに取締役会の役員になったルイス・シンプソンは、

二〇一一年のある会議でマクレンドンにこう述べた。ちなみにシンプソンは、かつて保険大手ガイコの投資ポートフォリオを運用していた経験がある。「あなたは、天然ガス価格がいずれ回復し、負債に対処できるようになるという前提に立っている。だが、あなたの言うとおりの方向に進まなければ、大変なことになる」

だがマクレンドンは、「調査はしている。問題ない」と言う。

シンプソンは安心できなかった。実際、後にほかの役員に、マクレンドンの采配《さいはい》にはうんざりしていると述べている。ある会議では、こんな発言もしている。「オーブリーを排除すべきだと思う。会社の文化を変えないといけない」

マクレンドンを困らせてやろうと、ＥＯＧやコンティネンタルの株式がチェサピークの株式よりはるかに成績がいいのはなぜかと問い詰めたこともある。

だがマクレンドンは「バッケン・シェールで幸運に恵まれたからだよ」と答えるだけだった。

シンプソンはこれほど不安視していたものの、ほかの役員たちはマクレンドンを支持した。ある役員はこう述べている。「あの男はこの会社を、天然ガス生産量一九位から二位にまで発展させたんだ。そんなことができる人物はほかにいない！」

その数カ月の間にマクレンドンは、ペンシルベニア州からオハイオ州、ウェストバージニア州に広がるユーティカ・シェールに興味を抱き、石油にも天然ガスにも恵まれていそうなこの土地の購入を指示していた。そのころにはすでに二〇億ドルを投じ、その地域の土地一二五万エーカー〔約五一〇〇平方キロメートル〕を確保していた。

そこは間違いなく最高の土地になる、そうマクレンドンは請け合った。二〇一一年一〇月にオハイオ州コロンバスで開催された会議では、ユーティカ・シェールには五〇〇〇億ドルの価値があると聴衆に語った。「一兆ドルの半分と言ったほうがいいかな。そのほうが多い感じがする」。そしてさらにこう続けた。「（ユーティカ・シェールは）開拓以来最大の経済的衝撃をオハイオ州にもたらす[*4]に違いない」

チェサピークは、エクソンに次ぐアメリカ第二の天然ガス生産会社となり、エクソンよりはるかに多くのガス井を掘削する存在となった。オーブリー・マクレンドンはついに、この業界の最上層に返り咲いたのだ。二〇一一年秋、マクレンドンはオクラホマシティの《ディープ・フォーク・グリル》である記者を接待した際、ステーキやフライ、自身のコレクションから提供した一万ドル相当のワインを楽しみながら、天然ガスによるチェサピークの業績をこう称《たた》えた。

「わが社は、OPECの影響下からアメリカを解放し、数百万人のアメリカ市民の雇用を回復し、一ガロン四ドルのガソリンからアメリカ大衆を救済するものを見つけた。そんなうまい話があるわけないって？　ときにはそんなこともあるんだよ」

　チェサピークはそのころになると、ウェストバージニア州の面積とほぼ同じ一三七〇万エーカー〔約五万五〇〇〇平方キロメートル〕の土地を賃借し、一日あたり三〇億立方フィート〔約八五〇〇万立方メートル〕の天然ガスを産出していた。ハロルド・ハムのコンティネンタルは五〇〇人ほどの従業員しか抱えていなかったが、チェサピークは一万二〇〇〇人のスタッフを擁し、四五〇〇人もの地権交渉人がアメリカ各地で次の有望な土地を探していた。

　その結果、過去五年で土地所有者に九〇億ドルもの契約金を支払ってきてはいたものの、その年には二〇億ドルもの利益をあげることになる。《フォーブス》誌の推計によれば、マクレンドンの個人資産は一二億ドルを超えた。古地図を会社に売却した件については株主との法廷闘争が三年にわたり続いていたが、それを買い戻しても十分にお釣りが来るほどの資産である。

　同誌の記事にはこうある。「マクレンドンは間違いなく、石油業界でもっとも称賛され、もっとも怖れられている男である」。その一方で、マクレンドンを「無鉄砲」とも表現している。*5

変調

マクレンドンは生来の陽気な性格のため、そのころから雲行きが怪しくなっていることに気づいていなかった。二〇一一年末の一〇〇〇立方フィートあたりの天然ガス価格は三ドルを切り、この一年で三〇パーセントも下落した。こんな低価格では、シェール層によってはいくら掘削しても利益をあげられない。たとえば、ルイジアナ州のヘインズビル・シェールの場合、天然ガス価格が三・五〇ドル程度でなければ利益にならなかった。バーネット・シェールでは、四・五〇ドルは必要になる。

　だがチェサピークは、土地を失うのを避けるため掘削を続けた。同社の株価は五カ月で三分の一下落し、二二ドルで二〇一一年の取引を終えた。このことは、マクレンドンがいくら誇らしげに大々的な計画を推進しようが、会社の運命が天然ガス価格に縛《しば》られていることを如実《にょじつ》に物語っていた。

　記録的な暖冬だったこともあり、二〇一二年一月になっても天然ガス価格は下落を続け、一〇〇〇立方フィートあたりおよそ二・五〇ドルにまで下がった。この一二年間で最低の値である。アメリカでの天然ガス生産量が急増している責任の一端は、マクレンドン自身にあった。だが、自分たちが助長しているこの現象にもっとも驚いているのは、ほかならぬマクレンドンやそのスタッフたちだった。

　二〇〇八年に二一兆立方フィート〔約五九〇〇億立方メートル〕だったアメリカの天然ガス生産量は、二〇一二年には二五兆立方フィート〔約七一〇〇億立方メートル〕以上にまで増えた。四年前にシェール層から採取されていた天然ガスは三兆立方フィート〔約八五〇億立方メートル〕ほどだったが、二〇一二年にはそれが一〇兆立方フィート〔約二八〇〇億立方メートル〕を超えた。チェサピークが産出する天然ガスも、二〇〇八年から二〇一二年までの間に、七七五〇億立方フィート〔約二二〇億立方メートル〕から一兆一〇〇〇億立方フィート〔約三一〇億立方メートル〕に増えている。シェール層での水平掘削やフラッキングが、それだけの成果をあげたのだ。

　二〇一二年一月には、バラク・オバマ大統領も一般教書演説で、アメリカには「一〇〇年分」を超える天然ガスが埋蔵されており、活況を呈している天然ガス産業が数十万もの雇用を生み出すだろうと述べている。

　だが、チェサピークは同じ月に、ガス井の掘削への支出を半分に削減し、イーグルフォード・シェールやユーティカ・シェールなどでの原油生産を増やす方向へ事業を転換すると発表した。また後には、掘削と債務削減のための資金として、二〇一二年末までに九〇億ドルを調達する予定だとも述べている。

　マクレンドンは相変わらず楽天的で、天然ガス価格はいずれ回復すると考えていた。価格が低迷している原因の一端は記録的な暖冬にあるため、もっと寒くなれば価格が上がる可能性はある、と。

　同僚にも「こんな状態は長くは続かない」と話していた。だが、二〇一二年四月一九日、天然ガス価格は一・九一ドルまで下落した。役員たちは「かなりの恐怖感」を抱いたという。

そのころマクレンドンは、新たに別の悩みも抱えていた。マクレンドンが運営する法人が、ＥＩＧグローバル・エナジー・パートナーズというプライベートエクイティ会社から一〇億ドル以上の融資を受けていたことが明らかになったのだ。チェサピークがガス井を掘削するごとにその二・五パーセントの権益を受け取っていたマクレンドンは、この資金を使って権益に伴うコストをまかなっていたという。マクレンドンに権益を与えるこの特典は、何も秘密にされていたわけではない。メディアとのインタビューでマクレンドン自身がそれに触れており、有価証券報告書にも記載されている。だがそれまでは、この特典を問題視する投資家はほとんどいなかった。だがロイターが融資のニュースを伝えると、そんな特典を与えるのは気前がよすぎるのではないかと考える投資家も出てきた。

だがそれ以上に問題なのは、マクレンドンがＥＩＧから一〇億ドルもの資金を借りている一方で、チェサピークが数億ドル相当の資産をＥＩＧに売却しようと交渉していた点にある。マクレンドンやＥＩＧに近い人物によれば、ＥＩＧがマクレンドンへの融資の条件を甘くした事実はないという。だが、チェサピークの土地の価値を知っており、なおかつそれほど多額の小切手を切ることができる会社など、数が限られている。だからこそマクレンドンはＥＩＧに頼ったのかもしれない。

いずれにせよマクレンドンが、自身の会社から資産を買い取ろうとしている企業から多額の借金をしているという事実には、問題があるように思われた。そのため、やがて証券取引委員会がこの資産買取契約の調査を始めた。この調査は、本稿を執筆している二〇一三年八月現在もまだ続いている。

この融資をめぐる非難の声が高まると、それまでずっとマクレンドンに経営を白紙委任してきたチェサピークの取締役会も放ってはおけなくなり、一週間後には、チェサピークと取引のある企業とマクレンドン個人との金融取引を調査すると発表した。また、ガス井の権益を与える特典を二〇一四年に廃止することも決定した。[*6]

マクレンドンへの非難はそれだけにとどまらなかった。その後さらに、数年前にマクレンドンとトム・ウォードが自分たちの資金を投資するために設立・支援していたヘッジファンド会社の詳細がニュースで報じられた。次いで《ウォール・ストリート・ジャーナル》紙の記事により、複数の銀行がマクレンドンに融資する見返りに、チェサピークの株式の引受やその財務顧問の地位といった実入りのいい仕事をもらっていたことが明らかになった。

批判が高まり、チェサピークの株価が下落すると、マクレンドンはもの笑いの種になった。あるブロガーはマクレンドンに、たび重なる非難から身を守るため「ジョージ・コスタンザ戦法」を試してみてはどうかと提案した。これは、コメディドラマ『となりのサインフェルド』の次のような有名なエピソードに由来している。コスタンザは、清掃作業員の女性と机の上でセックスしているところを見つかってクビを言いわたされる。だがコスタンザは、それがだめだとは知らなかったと主張し、こう弁明する。「それが悪いことなのか？　しちゃいけないことなのか？　おれはいままでいろんな職場で働いてきたが、どこでもみんなやっていたよ」

二〇一二年五月、天然ガス価格がいまだ二・五〇ドル前後から上がらず、チェサピークの株価がおよそ一七ドルまで下がると、株主たちは落ち着いていられなくなった。やがて、チェサピークの大口株主である運用資産三四〇億ドルの投資信託会社サウスイースタン・アセット・マネジメントのO・メイソン・ホーキンスなどの主張により、マクレンドンは会長を辞職せざるを得なくなった。ほんの数カ月前まで多大な権力を行使し、それなりの尊敬を勝ち得ていた人物にとっては、意外な展開である。

それでもまだ最高経営責任者の地位にあったマクレンドンは五月半ば、嵐のなかでも冷静さを保つよう数百人の管理職に訴えた。

「一度深呼吸してみるといい。私は大丈夫だ。あなたがたも大丈夫だ。私たちは、前例のないほど激しい批判の嵐にさらされている。（中略）この一カ月、最悪の敵にも望みはしないような経験をしてきた」

マクレンドンは、チェサピークの株価を回復する方法はまだあると思っていた。カール・アイカーンがチェサピークに再び興味を抱いているという噂を聞いていたからだ。そこで早速、ニューヨークにいるこの億万長者との面会を手配した。

アイカーンは、業績の悪い企業によく圧力をかけることで知られていた。友人の投資家ウィルバー・ロスもかつて、アイカーンは「脅しをかけるのがことのほかうまい」と述べている。[*7] だがアイカーンは、マクレンドンに多大な敬意を抱いていたうえ、一年余り前の株取引ですでにひともうけさせてもらっていたため、ほかの投資家よりはマクレンドンに好意を寄せていた。そこで、会社を改革して利益をあげるのに理想的な状況だからというよりは、株価が驚くほど安いからというだけの理由で、二〇一二年に再びチェサピークの株式を購入した。

それでもアイカーンは、西五三番街のミュージアム・タワー内にある広さ一三〇〇平方メートルの自宅でマクレンドンと食事をしながら、チェサピークの経営方針を変える必要があるのではないかと言明した。このときの会話をよく知る人物によれば、アイカーンはマクレンドンにこう言ったという。「まあ、資産を売却するしかないな。きみの手腕は認めるが、ここは売却するしかあるまい」

マクレンドンは、会社の借入の削減に向けて努力すると約束した。当時、チェサピークのバランスシートには一三〇億ドル以上の負債があった。複数の格付会社によれば、債務の総額はおよそ二四〇億ドルに及んでいたという。

間もなく、アイカーンがチェサピークの株式の七・六パーセントを取得したことを公表すると、チェサピークの株価は多少上がった。だが、財政難はマクレンドン個人にも及んだ。有価証券報告書によれば、マクレンドンは六月、自分がこれまで取得していた石油・ガス資産を担保に、資産家のジョージ・カイザーから融資を受けた。[*8] またニュース報道によると、プロバスケットボールチームのオクラホマシティ・サンダーの二〇パーセントの所有権を担保に、ほかからも融資を受けた。[*9] これらのほか、チェサピークが掘削するガス井の権益を得る見返りに支払わなければならない掘削コストをまかなうため、二〇一一年末までに抱え込んだ借金が八億四六〇〇万ドルもあった。[*10]

いつもは陽気なマクレンドンも、さすがにふさぎ込むようになった。チェサピークのある幹部は言う。「徐々に追い詰められていった。あの陽気さが影を潜め、何かを考え込んでいるかのようにうなだれて歩いていたよ」

六月、チェサピークはユーティカ・シェールで再起を図ろうと、その地域の掘削を強化した。だが、マクレンドンのような楽観論者が期待していたほどの原油は出ず、投資家たちの不満はいっそう募った。

ある大口投資家は言う。「資産の売却もスムーズには進んでいなかった」

間もなくO・メイソン・ホーキンスとアイカーンの主

張により、チェサピークの取締役会の役員九人のうちの四人が、二人の意向を代表する人物に交代させられた。これにより、一年前に会社の負債についてマクレンドンを責めたガイコの元幹部ルイス・シンプソンと合わせ、マクレンドンに不満を抱く役員が九人中五人となった。

　もはやチェサピークにおけるマクレンドンの余命は、いくばくもなかった。

ウォードへの批判

二〇一〇年から二〇一一年にかけて、天然ガスの価格は下落の一途をたどった。その一方で、原油の価格は正反対の動きを見せ、一バレルあたり七九ドルから九九ドルにまで上昇した。

　これにより、トム・ウォードの評価も上がった。ウォードは二〇〇八年の暮れに、サンドリッジ・エナジーの中心事業を天然ガスから石油へとシフトしていた。二〇〇九年後半には、テキサス州西部のパーミアン盆地で操業していたフォレスト・オイルの油井を買い取り、二〇一〇年四月には、アリーナ・リソーシズという石油会社を一六億ドルで買収した。ライバル企業はコンティネンタルやＥＯＧに追いつこうとして、緻密なシェール層の原油掘削ばかりに熱を上げていたが、ウォードはもっと安く手に入れられる在来型の油井に狙いを絞っていた。そのほうが有利な取引ができると考えたからだ。

　さまざまな策も弄《ろう》した。二〇一〇年から二〇一一年にかけて、サンドリッジは新たに取得した土地をまとめて売却して多大な利益をあげた。また、手の込んだ共同事業を提案したり株式を販売したりして資金を集めた。

　サンドリッジはまた四億ドルを投じ、オクラホマ州北部からカンザス州南部にかけて広がるミシシッピ・ライム上の土地二〇〇万エーカー〔約八一〇〇平方キロメートル〕を取得した。そこはもはや掘り尽くされた感のある油田地帯だったが、ウォードにはいまだ可能性のある魅力的な土地に見えた。原油価格が一バレルあたり一〇〇ドル近くになっているいま、水平掘削や多段階フラッキングを利用したり、水を除去して原油を余すところなく採取する最新技術を採用したりして産出量を増やせば、十分に利益をあげられると思えたからだ。

　しかし、収益や可採《かさい》埋蔵量は日増しに増え、ミシシッピ・

ライムでも成功を収めつつあったにもかかわらず、投資家の関心は依然として低いままだった。サンドリッジの株価は、二〇一一年四月には一三ドルまで回復したものの、その年の終わりにはおよそ八ドルまで下落した。チェサピーク同様、大株主たちは気が気ではなかった。二〇〇七年の取引初日には三二ドル、二〇〇八年には六八ドルもの値をつけていたのに、二〇一一年の終値はそこから九〇パーセントも下落している。

株主が懸念していたことはほかにもあった。ウォードが、サンドリッジの手持ちの株式の一部を売却していたのだ。二〇一〇年一〇月には六〇〇万株を売り払い、三五〇〇万ドル以上を手に入れている。有価証券報告書によれば、二〇〇九年の第一四半期《しはんき》の終わりにはサンドリッジ株を三二〇〇万株ほど保有していたが、二〇一二年の同時期にはそれが二四〇〇万株余りにまで減少していた。会社は、報酬の一環としてウォードに株式を提供していたが、ウォードはそれを上まわる量の株式を売却していたことになる。一部の投資家は、ウォードの利害と会社の利害の足並みがそろっていないことに不安を覚えた。

だがウォードは、その行為のどこに問題があるのかわからなかった。二〇一二年初めにはいまだ、全株式のおよそ六パーセントにあたる一億九〇〇〇万ドル相当のサンドリッジ株を保有していたからだ。それでも株価が低迷を続けると、投資家たちは不満を口にするようになった。

サンドリッジは比較的小規模な会社で、二〇一一年末時点での市場価値は三五億ドルにも満たなかったが、それでもウォードは、大手石油企業の経営者並みの報酬を受け取っていた。二〇一〇年と二〇一一年の報酬を合わせると、アメリカのエネルギー業界幹部としては最高レベルの四七〇〇万ドルにもなる。

ところがウォードはこう思っていた。サンドリッジは大手エネルギー企業に飛躍できる段階に来ている。だが大手石油企業と互角に張り合うためには、人材の雇用・確保に資金を惜しみなく投じる必要がある。その点で自分には、高額の報酬を受け取るにふさわしい価値がある。この二年の間に、会社のために六〇億ドル以上の資金を工面してきたからだ。また、ここで会社を辞め、プライベートエクイティ会社の支援を得て新たなベンチャー企業でも興《おこ》せば、もっと多くの報酬を手に入れられる。ミシシッピ・ライムの価値を再発見したのは自分であり、サンドリッジを離れて独自にその地域を掘削すればもっと稼げるはずだ。それに、当時は天然ガスに狙いを定めていた数多くの大企業が苦境に陥っていたが、自分が石油への事業転換を進めたおかげで、サンドリッジはいまだ成長を続けているという自負もある。

だがそう主張しても、大口投資家たちは納得しなかった。ゴールドマン・サックスの元幹部が運営するマウント・ケレット・キャピタル・マネジメントというニューヨークのヘッジファンドの幹部たちは、掘削にコストのかかる土地になぜそれほどの資金を投じるのかと問いただした。その幹部の一人であるノーマン・ルイは、「そんなに土地があっても手に余る」のではないかと訴えた。しかしウォードは、カンザス州やオクラホマ州への進出は利益になると答えるだけだった。

マウント・ケレットは二〇一一年後半までにサンドリッジ株の五パーセント以上を取得し、ウォードに匹敵する大株主となっていた。同社は常々ウォードに気をつかい、公の場で不満を口にすることは控えていたが、もはや我慢の限界に達しつつあった。

二〇一二年二月には、ウォードが株主たちを驚かせる行動に出た。メキシコ湾で原油を掘削しているダイナミック・オフショア・リソーシズという会社を一三億ドルで買収すると発表したのだ。サンドリッジはこれまで陸上の油井のみに狙いを定めており、ウォードもキャリアを通じて国内の掘削にのみ取り組んでいた。それなのに突然、成熟した海底油田を扱う会社を、大金をはたいて買収するというのである。

この取引が報じられると、サンドリッジの株価は一一パーセント下落した。公表の九〇分後には、マウント・ケレットの幹部であるノーマン・ルイと、その同僚であるマーカス・モトローニがウォードに電話をかけてきた。

ルイは苛立ちを隠さずこう言った。「こんなことをする理由がわからない。メキシコ湾で操業した経験もないのに」

するとウォードは穏やかにこう説明した。大量の原油を産出する資産を安値で買い取った。この取引により、キャッシュフローに対する負債の比率は減少する、と。この比率は、融資する会社にとって重要な指標となる。

それでもマウント・ケレットの幹部は納得せず、メキシコ湾での操業はアメリカ本土での掘削より難しく、時間もかかると主張した。

だがウォードは、「よく考えてからかけ直してくれ」と言って電話を切ってしまった。

二〇一二年夏になると、またしてもサンドリッジの株価が下がり、六ドル強にまで落ちた。それでも、会社の業績は四半期ごとの収益予想を常に上まわり、カンザス州やオクラホマ州のミシシッピ・ライムの油田はかなりの量の原油を産出していた。

ただしその油田の産出量は、当初ウォードが期待していたほどではなかった。そのため、二〇一七年まで「キャッシュフローが黒字化」しないかもしれないと発表すると、株主は不満を漏らした。

そのしばらく前の二〇一一年後半、ゴールドマン・サックスの人気トレーダーだったディナカール・シンが運用するヘッジファンド、TPGアクソン・キャピタルが、サンドリッジの株式を独自に購入していた。二〇一二年春、シンらはサンドリッジの株式をさらに買い増すかを検討するため、マンハッタンのミッドタウンにあるTPGアクソンのオフィスにウォードを招待した。その場でシンはウォードを質問攻めにし、ウォードは以前のパートナーのマクレンドンのように強引な運営をするのかと尋ねた。

するとウォードはこう答えた。「ディナカール、オーブリーとは親しくしているが、二人のやり方はまったく違う」

それこそ、シンが求めていた答えだった。それでもウォードが去ると、シンはサンドリッジの経営状況について詳しく調査するよう部下に指示した。部下が報告してくる内容は、投資家に公表されている情報がほとんどだった。それでも情報収集を続けていると、机に積まれる資料が増えるにつれ、シンの怒りは増していった。

確かにウォードは、本人が主張していたように、サンドリッジの油井やガス井の権益を所有していなかった。その点ではマクレンドンとは違う。だがそれは、二〇〇八年の金融危機の際に、その権益をサンドリッジに六七〇〇万ドルで売却していたからにほかならない。この取引を審査した外部の第三者によれば、その売却額は油井やガス井の本来の価値よりも低かったという。だがシンにはそれが、サンドリッジの貴重な資金を無駄に使用しているように見えた。

シンはまた、サンドリッジの二億五〇〇〇万ドルもの年間経費が、こんな小規模の企業にしては多すぎるのではないかと思った。シンの部下が収集した情報によれば、ウォードの個人口座の会計を担当する人物にさえ、一〇〇万ドルもの支払いがある。

シンはこれらの情報を見て、ある同僚にこう述べている。

「あの男は信じられないほど貪欲《どんよく》だ」

二〇一二年一一月、サンドリッジの株式の四・五パーセントを所有していたシンの会社は、次のような結論に至った。サンドリッジはかなりの資産を蓄積してはいるが、その株価を上げるにはウォードを更迭《こうてつ》するしかない。また、それを実現するには、シンが苛立ちを抱えている原因を公にするしかない。

シンはサンドリッジの取締役会に書簡を送り、ウォードと一部の役員を更迭するよう求めた。「トム・ウォードの信頼性は大きく損なわれており、もはやその役職を維持できる立場にない。サンドリッジの株価の実績は悲惨以外の何ものでもない」

一一月一四日、ウォードは書簡の提案について議論するため、シンのオフィスを再び訪れた。シンやそのスタッフは最初、ウォードがわざわざ再訪してくれたことに感謝するとともに、実に紳士的かつ丁重な態度で議論を始めたことに感銘を受けた。だが、議論は瞬く間に激化した。セントラルパークのグレートローン〔公園中心にある広い芝生エリア〕を見わたせる大会議室で、シンは不満を次から次へとまくしたてた。正面に座るウォードに、およそ四五分にわたり怒りをぶちまけた。サンドリッジの株価はここ数年ひどい状態にある。会社の戦略は何の役にも立っておらず、負債はふくらむばかりだ。それなのにウォードは過大な報酬を手にしている。

その場に居合わせた複数の人物の話によれば、シンは声を荒げてこう言ったという。「トム、どれもこれもひどい事実ばかりだ」

シンがウォードを解雇すべき理由を一つひとつ説明している間、ウォードは黙って耳を傾けていた。ほんの数年前には、ウォードは優れた先見の明の持ち主だと見なされていた。マクレンドンとともに、天然ガスの需要が増えることを予想し、国内のガス田を新たに開発したと、オクラホマシティでもどこででももてはやされていた。アメリカから数世代分もの天然ガスを生み出そうとする事業の一翼《いちよく》を担《にな》い、アメリカのエネルギー復興の基礎を築いた人物だった。それなのに五三歳になったいま、エネルギー業界で働いた経験もないヘッジファンド・マネジャーからこう言われていた。サンドリッジがこれほど低迷している最大の原因は自分にある。自分が創業した会社から手を引いてくれないか、と。

その場にいた人物の話によれば、シンが話を終えても、ウォードは何の感情も示さなかったという。支出のペースを落としていくと少し口にしただけだった。

ウォードは、批判にまるで動じていないように見えた。ある電話会議では、株式アナリストからこう言われた。「チェサピークのマクレンドンはきわめて貪欲な人物のようだが、あなたはそのマクレンドンと同じ道をたどっているように見える。（中略）あなたの取り分を少なくすれば、会社はもっとよくなるのでは？」

それにウォードはこう答えた。「私がこれまで以上の報酬を受け取るという選択肢もあるんじゃないかな？ 私はそう思う。だからこそ、役員や株主からこの地位を任されているんだ」

ある記者には、メールでこう述べている。「私がその気になれば、ほかのことをしてもっとお金を稼ぐこともできる。この業界で、ほとんどの人ができなかったことを成し遂げたんだから」

だが間もなく、サンドリッジのこれまでの取引の詳細が明らかになった。有価証券報告書によれば、会社はウォードやその関連会社や家族に、およそ二八〇〇万ドルを支払っていた。たとえば、サンドリッジはウォードの息子トレントが経営する会社から土地を賃借していた。また土地記録によれば、サンドリッジがカンザス州の土地を賃借する数カ月前に、ウォードの関連会社がその近隣の土地の採掘権を取得していた。

こうした支払いがすべて公になると、ウォードは反論した。家族は、ミシシッピ・ライムでいち早く足場を築こうとする会社の支援をしてくれた。それに、問題のある賃借契約は、サンドリッジが賃借した土地の一パーセントにも満たず、取締役会もそれを認めている。また、ウォードがこの地域の価値を心から信じていたのだから、家族の会社がサンドリッジと同じ地域の土地を取得するのは当然だ。[*11]

「私が土地の使用料を受け取っていたとしても、それはサンドリッジとは何の関係もない。私が数年前に取得した土地で、たまたまサンドリッジが掘削をしているだけだ」

だが、批判は高まる一方だった。TPGアクソンやマウント・ケレットだけでなく、カリフォルニア州教職員退職年金基金も批判に同調した。TPGアクソンがサンドリッジの役員の交代を求める運動を展開すると、やがて株主たちも、この件について三月一五日に投票を行なうことを検討し始めた。二〇一二年末、サンドリッジの株式は六ドル強で取引を終え、ウォードが生き残れる見込みはさらに薄くなった。

この状況への対処を議論する社内会議の席で、八〇〇人の従業員を前に、ウォードは開き直りとも宿命論的とも取れるこんな言葉を口にしている。「投票で負けたとしても、そんな結果を受け入れる筋合いはない。私はきちんと自分の務めを果たしている。（中略）きっと来年もまだここにいるはずだ」

供給過剰

実際のところ、投資家たちの批判は、ウォードの報酬や取引に向けられたものではなかった。多額の報酬を受け取っていた石油業界の幹部は、ウォードだけではない。それにシン自身も、ヘッジファンドの運用で多大な報酬を手にしていた。本当の問題は、二〇〇八年の金融危機後にウォードが株価の回復を果たせなかった点にあった。そのために、高額の報酬やそのほかの行為が槍玉《やりだま》にあげられたのだ。

ウォードもマクレンドン同様、アメリカにはまだ原油や天然ガスが豊富にあるという点に人生を賭けていた。二〇一二年までは本当に、誰も予想していなかったほどのエネルギーが産出され、マクレンドンもウォードもその先見の明を称賛された。ウォール街の投資家も、アメリカの油田やガス田に取り組む山師たちを支援し、記録的な速さで土地を買い集める彼らに多額の資金を提供した。このエネルギー革命の初期段階の間は、コストがいくらかかろうと、有望な土地を買い集め、可採埋蔵量を増やしていけばそれでよかった。

だが二〇一二年ごろになると、マクレンドンやウォードら新時代のパイオニアたちが勝負を賭けた新たな土地は、予想していたほどすぐには利益をあげられないことが明らかになった。投資家たちには、投資の見返りを受け取る権利がある。だがマクレンドンもウォードも、いまだ利益をあげる道筋を構築している途中だった。これは、初期のインターネット会社の状況と似ている。これらの会社の株価は、将来的な収益が見込める革新的なアイデアや戦略を提示すると急騰したが、そんな収益を実現するにはまだかなりの時間がかかることがわかると下落した。それと同じように石油業界のイノベーターたちも、ウォール街の投資家の口調が変わり、速《すみ》やかな成果を要求するようになると、一転して苦境に陥った。

天然ガスの価格が一〇〇〇立方フィートあたり五、六ドルを超える状態が続いていれば、マクレンドンも、他社に先駆けて有望なシェール層の土地を大量に取得した天才と思われていたかもしれない。しかし、これほど天然ガス価格が下がった主な原因は、チェサピークなどのパイオニア企業が天然ガスの生産を拡大した点にあった。マクレンドンはおそらく、これほどの生産があるとは思っていなかったのだろう。

アメリカでの生産拡大の影響に気づかなかったエネルギー業界の有力者は、マクレンドンだけではない。エクソンモービルの会長レックス・ティラーソンも、二〇一二年にこう述べている。「(天然ガス価格の下落のため) われわれはみな無一文になっている。まったく利益が出ていない」

だが、アメリカの天然ガス供給が増加するきっかけをつくったのは、ティラーソンではなくマクレンドンだ。それにエクソンモービルは、堅固《けんご》なバランスシートを持っている。一方チェサピークは、マクレンドンの指揮により蓄積された債務に疲弊し、天然ガス価格の下落やそれに伴う収益の減少に対処するだけの余力がなかった。

マクレンドンは、天然ガスの供給が過剰になる事態に備えていなかった。それはまるで、かつてアメリカの開拓地一帯にリンゴの種を植えてまわったというジョニー・アップルシードが、実際にリンゴの木が足元に生えてきたのを見てびっくりしているようなものだった。

アイリッシュ一家

シェール革命の進展には、リズ・アイリッシュもマクレンドン並みに驚いていた。

アイリッシュ一家は、二〇一〇年にノースダコタ州ウィリストンに引っ越した。リズの夫のマットはそこで、州内のさまざまな油井にフラッキング用の水を運ぶトラック運転手として働き始めた。リズも、新生活に期待して新たな仕事を探した。

だが、まずは住宅問題を解決しなければならなかった。

急増する需要に供給が追いつかず、地域全体で住宅価格が高騰していた。アイリッシュ一家がウィリストンにやって来たころには、寝室が三つある家の毎月の家賃が三六〇〇ドル近くにもなっていた。家賃が上がるペースがあまりに速かったため、モンタナ州シドニーの牧師が日曜日の説教の際に、隣人から高額の家賃をむさぼり取らないよう訴えていたほどだ。ちなみにシドニーとは、ウィリストンから車で一時間ほどのところにある町で、その近くでも油井が掘削されていた。

この地域に引っ越してきた人々のなかには、雇用主から住宅を提供されたり、手ごろな資金で住宅を手に入れられるよう職場から補助金を受け取ったりする人もいれば、「マン・キャンプ」に落ち着く人もいた。マン・キャンプとは、共用のシャワーやトイレを備えた軍隊風の居住施設である。部屋は個室で、清潔でむだがなく、たいていはベッドや小さな机、冷蔵庫、フラットテレビがついていた。マン・キャンプによっては、立派な食堂やジム、洗濯室、ビデオゲーム室が付属しているところもあった。

こうしたマン・キャンプは、さほど荒れているわけではなかった。ほとんどの現場労働者は一二時間連続で働いて疲れており、帰ってきても大騒ぎなどしなかったし、管理者がアルコールを禁じていたからだ。だが、狭苦しい施設に大勢の男が一緒に暮らしていれば、ときには暴力沙汰《ざた》になることもあった。

アイリッシュ一家は、一軒家を手に入れることができなかったため、最初は長さ七メートルほどのトレーラーハウスに入った。もともとは、二〇〇五年のハリケーン・カトリーナの被害により居場所を失ったニューオーリンズ地区の住民を収容するために、連邦緊急事態管理庁（FEMA）が使用していたトレーラーである。マットの雇用主が貸してくれたのだが、とても長く住めるところではなかった。

そこで二〇一〇年一〇月、アイリッシュ一家はバッファロー・トレイルズというキャンプ場に停めてあるシングルワイド〔幅五・五メートル以下、長さ二七メートル以下のトレーラーハウスを指す〕のトレーラーハウスに引っ越した。だがそこは、家族が暮らすにはひどい場所で、トイレは午後九時から午前九時まで閉まっていたうえ、住民の大半が油井の長期労働者だった。毎月の家賃は一五〇〇ドルで、家主が四六時中会いにやって来たが、それでも一家は住むところが見つかって運がよかったと思っていた。

その一方で、仕事には恵まれた。ウィリストンに引っ越す前のマットの年収は二万ドル程度だったが、ウィリストンに来てからは、七〇〇〇ドルから一万五〇〇〇ドルを一月で稼ぐようになった。そのためリズは働かなくてもよかったが、キャンプ場にいたくなかったため職探しを始めた。しかし自分のスキルに合う職を見つけるのは難しく、アルバートソンズというスーパーのレジ係で我慢するほかなかった。

「私は女だし、地元の人間でもないから」。もっといい仕事を見つけられなかった理由をそう説明する。

オレゴン州に住んでいたころは雪がちらつくのを見たことがある程度だった一家にとって、ウィリストンでの最初の冬は驚きの連続だった。雪が三・五メートル以上積もり、体感温度がマイナス五四度を記録した日もあった。

「私は超がつくほどの楽天家だから、あそこでずっと暮らすつもりだった」とリズは言う。

だが、そんな冬が続くと、生活していくのも大変になった。猛吹雪のときには、四日間電気が使えなくなった。ある日、車で帰宅しようとすると、目の前には白い景色以外に何もなく、雪だまりに自分のフォードを突進させるしかなかった。

「道だと思うところを走るの」とリズは言う。

マットはかなりの稼ぎがあったが、冬のセミトレーラートラックの運転は大変だった。路面が凍結して走りにくいうえに、猛吹雪をくぐり抜けていかなければならない。運んでいる水を凍らせないように、火炎を噴射するブロートーチ〔バーナー〕を使用することもあった。

間もなく毎月の家賃が一七〇〇ドルに値上がりした。その一方で、マットの労働時間は減少した。新たなトラック運送会社が増え、競争が激しくなったからだ。それでもマットはまだ年間九万ドル以上を稼いでいたが、家庭の出費は想定していた以上に多かった。牛乳は一ガロン〔約三・八リットル〕五・六〇ドルもした。娘たちのために値の張る分厚いコートも欲しかった。発電機や除雪機も必要だった。

春になると、トラックが無数の土やちりを巻きあげることがわかった。住んでいるトレーラーも車もトラックも、いつも汚れていた。リズによれば、「きれいにしても、二時間でもとに戻ってしまう」らしい。

リズはやがて、もっといい仕事を見つけた。石油会社の幹部の個人秘書で、時給は二三ドルだった。リズは何ごとも前向きに考えようとした。だが、油井の現場労働者たちが寄ってたかって娘二人にちょっかいを出して夫妻を困らせた。街中《まちなか》で女性たちが耳にするような汚い言葉を投げかける者もいた。

不安を感じさせる経験はほかにもあった。ある日、黒と白のしまの服を着て、オレンジのクロックスをはいた男が、リズのそばをものすごい勢いで走り去っていった。どうやら地元の刑務所を脱け出してきたらしい。リズはすぐに警察に電話したが、オペレーターは関心がなさそうに「うちの管轄《かんかつ》ではありません」と言うだけだった。結局その男は、やぶの陰に潜《ひそ》んでいたところを発見された。

「漫画みたいな話ね」とリズは言う。

二〇一二年になると、マットは職を失った。掘削が効率的になったうえ、大半のフラッキング業務が終わってしまったため、運転手の需要が減ったからだ。それでもマットは燃料を運搬する仕事を見つけ、およそ六万ドルの年収を稼いだ。

だがやがて、家族にとって最後の一撃となる出来事が起きた。現在暮らしているキャンプ場にマン・キャンプを建設するため、家主から立ち退《の》きを通告されたのだ。まだ引っ越しの準備も整っていないうちから、ロシア人の油井作業員二人がトレーラーハウスに入り込み、キッチンテーブルで酒を酌《く》み交《か》わし始めた。

住む家がなくなったアイリッシュ一家は、ウィリストンで狭いアパートを借りた。毎月の家賃は二一〇〇ドルである。家賃がこれだけ高いと、貯金などほとんどできない。やがて夫妻は、バッケン・シェールを離れ、オレゴン州に戻ることにした。リズは以前の住宅ローン銀行に再就職した。故郷に戻ると、リズはウィリストンで暮らしていた間にそれまでの借金をある程度返済することができたため、ウィリストンでの経験が丸損だったわけではなかった。現在の二人には、住宅バブル時代に稼いでいたほどの収入はない。マットは、ウィリストンと同レベルの賃金を支払ってくれる仕事を見つけられないでいる。だが二人とも、オレゴン州に帰ってきてよかったと思っている。

二〇一三年になるころには、ウィリストンでの生活の質も向上してきた。街中を走るトラックが減ったため、渋滞が緩和された。KKRなどの投資会社が、競って新たな住宅の建設を始めた。市も七〇〇〇万ドルを投じ、プールやフィットネス施設、テニスやバスケットボールのコートなどを備えた遊興施設の建設に着手していた。

だがリズは、ウィリストンを離れたことに後悔はないという。「土地を持っていたり、会社を経営していたりする地元の人たちは、どんどんお金を稼いでいる。若い独り者なら、お金を稼ぐにはもってこいのところね。（中略）でも、寒いし、一人だし、がむしゃらに働かないといけない。いつまでもできることじゃない」

エピローグ

シャリフ・スーキ

いまだ建設されていないルイジアナ州のターミナルから天然ガスを購入してくれる顧客を求めて世界を飛びまわっていたシャリフ・スーキは、一年かけてようやく、自分の計画に賛同してくれる顧客を見つけた。

二〇一一年一〇月下旬、スーキは世界的なLNG貿易企業BGグループの上級幹部マーティン・ヒューストンと契約を結んだ。その契約によりBGグループは、シェニエールのターミナルを使って毎年三五〇万トンのLNGを処理する権利を獲得する見返りに、二〇年間にわたり毎年四億一〇〇〇万ドルをシェニエールに支払うことになった。同社は、ヨーロッパやアジアなどの顧客や企業に、アメリカの液化天然ガスを販売する計画を立てていた。

このような取引が成立した背景には、相手企業にこんな判断があったのだろう。アメリカの天然ガス価格は、今後二〇年にわたり国際天然ガス価格より安い状態が続くのは間違いない。それなら、かなりの割増料金を払ってでも安価なアメリカの天然ガスを手に入れておきたい、と。当時のアメリカの天然ガス価格は、一〇〇〇立方フィートあたり四ドル前後だった。

スーキはそのころまだ苦難の渦中《かちゅう》にあった。投資家たちは、スーキが施設の改修費用を調達できるかどうかを疑問視していた。それに、シェニエールは連邦エネルギー管理委員会から、サビンパスの改修工事を始める許可さえ受けていなかった。

投資家のなかには、待ちきれなくなる者もいた。ジョン・ポールソンのヘッジファンドはシェニエールの株式を売り払った。ブラックストーン傘下のGSOも、これ以上待ってもむだだと判断した。

GSOのある幹部は言う。「正直に言えば、もううんざりだった。さらに一〇〇億ドルを投じようというんだからね。シャリフはリスクが好きなんだ。だから、手を引くチャンスがあるときに手を引かないと」

スーキはその後も世界中を駆けめぐり、二〇一二年初頭にはさらに三件の取引を成立させた。そのころになると、エクソンモービルやシェブロンといった大手もアメリカからの天然ガスの輸出を検討していたが、シェニエールの規模が小さかったため、シェニエールが自社と競合することはないと思い込んでいた。

やがてスーキは、ターミナルの改修費用の一部を提供してくれる投資家を見つけた。当時ブラックストーン傘下のGSOはすでに、シェニエール株の乱高下を利用して売り逃げ、ある程度の利益をあげて喜んでいた。だが、ブラックストーンのプライベートエクイティ部門の幹部であるデヴィッド・フォーリーやショーン・クリムチャクは、逆にスーキのアイデアに賭けてみることにした。二〇一二年二月、ブラックストーンはシェニエールに二〇億ドルの資金を提供することに同意した。これだけあれば、トレイン二基の建設に着手できる。ちなみに「トレイン」とは、天然ガスを圧縮・冷凍・輸出するための処理ユニットである。

スーキはさらに各地をまわり、必要になる残りの資金を工面しようと世界中の投資家と交渉を続けた。そのころになると、アメリカのシェールガス・ブームが本格化しており、天然ガスの輸出は避けられないものになると考える投資家が、日増しに増えていた。二〇一二年五月には、シンガポール政府が運営する巨大投資会社テマセク・ホールディングスが、香港のプライベートエクイティ会社ＲＲＪキャピタルと手を組み、シェニエールに五億ドル近い資金を提供している。

ルイジアナ州のターミナルのトレイン四基のうち最初の二基を完成させるには五〇億ドルが必要だったが、残りの資金は銀行などの金融機関が融資してくれた。また政府から、改修を始める許可を得ることもできた。

スーキの計画がうまくいく可能性は高まるばかりだった。そこでスーキは、株式アナリストのファデル・ゲイトにスノーブーツを贈った。アメリカからの天然ガス輸出が実現するようなら「七月のニューヨークに雪が降る」だろうと言っていたからだ。

ゲイトが後に《ウォール・ストリート・ジャーナル》紙に語ったところによれば、少なくとも「サイズは合っていた」という。[*1]

こうして投資家もようやくスーキの言葉を信じるようになったため、二〇一三年の最初の三カ月の間に、シェニエールの株価は一八ドルから二五ドルに上昇した。残り二基のトレインの建設資金としてさらに五〇億ドルを調達することにも成功し、ターミナルからさらに多くの天然ガスを輸出することが可能になった。二〇一五年には、一日平均五億立方フィート〔約一四〇〇万立方メートル〕の天然ガスを輸出できるようになるという[*2]〔実際に輸出が始まったのは二〇一六年〕。

スーキは、手持ちの株式の価値が上がると、新たに手に入れた財産の一部を、かつて情熱を注いでいた場所に費やした。それまでもたびたび訪れていたアスペンの都心で新たな事業を始めようと、一四〇〇万ドル以上を投じて複数の商業ビルを購入したのだ。

だが、やがてガス輸出に反対を唱える声があがった。環境活動家は、中国やインドなどで利用されている環境に悪い石炭が天然ガスに置き換わると考え、天然ガス輸出を支持していたが、天然ガスを大量に利用するアメリカの企業は、一致協力して天然ガスの輸出阻止を政府に働きかけた。ダウ・ケミカルなど、天然ガスを製品の原料にしている化学製品企業は、アメリカ国内への供給が減れば天然ガス価格が上がり、企業や消費者のコストが増大するのではないかと懸念していた。

こうして天然ガス輸出の是非をめぐる国民的な議論が始まったが、スーキにもシェニエールにも大した影響はなかった。同社のサビンパス・ターミナルはすでに政府から、アメリカと自由貿易協定を結んでいない中国やインドなどを含め、世界中にLNGを販売する許可を取得している。政府がいまさら許可を取り消すとは思えなかった。

その当時、アメリカ本土四八州のなかで、連邦政府の輸出許可を取得していると同時に、そのための天然ガス供給契約を獲得している企業は、シェニエールしかなかった。二〇一三年五月には、マイケル・スミスのフリーポートLNGも、エネルギー省から天然ガスの輸出許可を受けたが、ほかにどれだけの企業が天然ガスの輸出に参加するのかはまだわからなかった。

二〇一三年七月、シェニエールの株価は三〇ドルに達し、この二年で二〇〇パーセント増を記録した。予定どおりにいけば、二〇一六年にはアメリカで最大の天然ガスの買い手になるという[*3]。

その夏、スーキは念願の長期休暇を取得すると、フランスのリゾート地サントロペに出かけた。そのころにはもう、《スポーツ・イラストレイテッド》誌の水着モデルだった妻とは別れていたため、旅行には三人の息子とその妻たちを連れていった。

壮大な港を一望できるポーチに座ってアイスコーヒーを飲んでいると、見覚えのある人物を見つけた。ニューヨークのあるヘッジファンドのマネジャーだ。二年前にシェニエールが生き残っていけるかどうかを不安視し、シェニエール株から手を引いた多くの投資家の一人である。その男はスーキに近づいてくると、天然ガスの輸出が間近に迫っていることに祝いの言葉を述べた。

その当時、スーキは三億ドル以上の資産を手にしていた。楽観主義が求められていないときでさえそれを貫き、何年も粘り強く奮闘してきたことに対する報酬としては、十分な額である。

「心から満足している」。これまでの長い旅路を振り返り、スーキはそう述べている。

マーク・パパ

二〇一二年、ＥＯＧリソーシズがテキサス州のイーグルフォード・シェールで産出する原油量は増加の一途をたどった。それにより、シェール層など緻密な岩石層から採取される原油量は一日あたりおよそ二二〇万バレルに至り、わずか一年の間に五〇パーセント以上も増えた。これは、アメリカの原油生産のおよそ三〇パーセントに相当する。
イーグルフォード・シェールでの増産を受け、アメリカ全体での一日あたりの原油生産量は一年の間に八〇万バレル近く増加し、六五〇万バレルに達した。これほどペースの速い増加は、アメリカ史上類例がない。[*4]
そのころ、ＥＯＧのＣＥＯマーク・パパは投資家に向け、こう語っている。「イーグルフォード・シェールでは、ただでさえ巨大な鉱床がさらに規模を拡大している。そうとしか思えない」
二〇一三年になると、事態はいっそうよい方向へ向かった。同年の最初の三カ月の間に、ＥＯＧは「モンスター級の油井」を二七も掘削した。モンスター級の油井とは、一日に二五〇〇バレル以上の初期生産がある油井を指す。それどころか、そのうちの九基は一日に三五〇〇バレルもの初期生産があった。もはやサウジアラビアの油田に匹敵する量である。ＥＯＧの見積もりによれば、六三万九〇〇〇エーカー〔約二六〇〇平方キロメートル〕に及ぶイーグルフォード・シェールから、二二億バレルの原油を回収できるという。

二〇一三年半ばには、アメリカ全体での一日の原油産出量が七五〇万バレルに達した。[*5] 生産が急増した理由としては、水平掘削や多段階フラッキングによるテキサス州のパーミアン盆地の油井の再活性化や、バッケン・シェールやイーグルフォード・シェールでの継続的な増産が挙げられる。

ノースダコタ州のバッケン・シェール地域同様、イーグルフォード・シェール地域も、土地を求めて人々が押し寄せたため、ほかでは類を見ないほど急速な発展を経験した。人口が三〇〇〇人にも満たないテキサス州南部の町ヨークタウンで不動産仲介業を営んでいたJ・E・ウルフ三世は言う。「もう大混乱だよ。この町で四三年間不動産を販売しているが、こんな経験は初めてだ」[*6]

二〇一三年夏には、EOGの株価が一五〇ドルに急騰し、同社の市場価値はおよそ四一〇億ドルとなった。アルミメーカーのアルコア、チョコレートメーカーのハーシー、およびサウスウエスト航空の市場価値をすべて足しても、この額には及ばない。

七月、六六歳になったマーク・パパは、会社の経営権をビル・トーマスに譲ることにした。シェール層からの原油採取をもっとも強硬に主張していた探査部門の上級幹部である。パパは二〇一三年末での引退を予定している。

「わが社はアメリカ経済に好影響をもたらし、OPECの石油に依存する割合を低下させつつある。最高の気分だ」とパパは言う。

ジョージ・ミッチェル

二〇一二年、ジョージ・ミッチェルはエネルギー業界の長老として畏敬《いけい》される存在になっていた。バーネット・シェールから天然ガスを採取しようと努力を重ねたミッチェルが、アメリカで一〇以上のシェール層が注目されるきっかけをつくったのだ。これらの岩石層からの天然ガス産出量は、二〇一二年には記録的なレベルに達し、アメリカ全体で産出される天然ガスのおよそ二五パーセントを占めるまでになった。また、ミッチェルが開発した技術は、こうしたシェール層からの原油採取にも道を開いた。原油生産の急増により、近い将来アメリカがエネルギー自給を実現できる可能性も高まった。

ミッチェルは晩年になっても、常識への抵抗を続けた。

息子やジョー・グリーンバーグとともにカナダの新たなシェール層に投資する一方で、クリーンエネルギーの研究に数百万ドルもの資金を提供した。ヒューストンのオフィスでインタビューした際には、黒いベルベットのスポーツジャケット姿で現れ、代替エネルギーの競争力を高めるため化石燃料への課税を支持すると語った。また、一部の掘削業者が環境を破壊していると述べ、掘削業者への厳しい規制を訴えた。

「巡回して山師のやつらを監視すれば、フラッキングの問題は対処できる。あいつらは環境のことなんか何も気にしていない。業界は一致団結して個々の事例に対処する必要がある」

ミッチェルは二〇一三年夏、九四歳でこの世を去った。彼ほどアメリカにも世界にも影響を及ぼしたアメリカ人はいないと言っても過言ではない。

ハロルド・ハム

二〇一二年夏、ハロルド・ハムは「ひと昔前の一攫千金《いっかく》物語」を実現するという夢をかなえた。そのころには全国的にも名を知られるようになっていた。

あるときからハムは、これまで見過ごされてきたアメリカの土地で原油を採取するという空想的な夢を抱いてきた。そしてこれまでに、バッケン・シェールの土地を九〇万エーカー〔約三六〇〇平方キロメートル〕以上取得し、上々の産出量に恵まれたその地域で最大の土地所有者となった。コンティネンタル・リソーシズはいまや、二〇一〇年の産出量の倍にあたる、一日あたり一〇万バレル以上の原油を産出しており、アメリカで九番目の規模を誇る石油生産企業となっていた。

「この土地はどんどんよくなっている」。その夏にハムはそう述べている。

二〇一二年九月下旬時点で、ハムは妻や五人の子どもたちとともに、コンティネンタルの株式の四分の三以上を所有しており、その価値は一一〇億ドルに及んでいた。そのころ、真の石油王になるさらなるステップとして、コンティネンタルの本社をイーニッドからオクラホマシティに移した。新たなハムのオフィスは、大きな牛革のマット、それとそろいの牛革の椅子、漆黒のパネルを張りめぐらせた壁を備え、デスクにはライフルが飾られていた。

莫大な財産を手にしていたにもかかわらず、ハムもその家族も、いまだあか抜けないところがあった。たとえば、その夏ハムは、訪問客をコンティネンタル本社のレストランに連れていった際、IDカードを持ってくるのを忘れ、自分のオフィスに戻るのに何度も人を呼ばなければならなかった。また、姉のファニーにマンションをプレゼントしようとしたことがあったが、姉はオクラホマ州の小村レキシントンにある小さな家から引っ越したくないとプレゼントを辞退した。その代わりに、自宅のトイレをリフォームしてもらったという。

だがハムは、さらなる名声を望んでいたらしい。連邦議会でエネルギーの自給について証言し、「理にかなった」環境規制、国有地での掘削、探査事業に有利な税制の継続を主張した。

「私は、わが国を愛する愛国者として、また、アメリカ市民に与えられたチャンスに感謝している一個人として、ここに来ました」。ハムは議会でそう言うと、数年前にはアメリカの石油の六〇パーセントを輸入に頼っていたが、現在はそれが四五パーセント未満にまで減少しており、この数字はさらに下がる可能性があると指摘した。

しかし、バラク・オバマ大統領がアメリカのエネルギー産業の発展に消極的だとわかると不満をあらわにし、その数カ月後には、共和党の大統領候補ミット・ロムニーを支持する「スーパーPAC《パック》〔政治資金管理団体〕」に一〇〇万ドル近い額を寄付した。すると間もなくロムニーのエネルギー顧問になり、世間の注目を集めるさまざまなイベントでロムニーとともに姿を見せるようになった。

ハムはまた、ビジネス系テレビ局の番組に定期的に出演し、アメリカの原油が引き起こした奇跡を称賛し、産出されるべき原油はもっとたくさんあると主張した。《タイム》誌の「世界でもっとも影響力のある一〇〇人」に選ばれ、同誌が主催するセミフォーマルなディナーパーティに出席した際には、妻のスー・アンとともに報道陣に笑顔を向けた。その年にはまた、オクラホマシティの高級住宅街ニコルズ・ヒルにある邸宅にロムニーや共和党への献金者七〇〇人を招待し、夫婦でイベントを催している。ちなみに、その近くにはオーブリー・マクレンドンの自宅もある。

ハムがアメリカに与えた影響は、一目瞭然と言っていいだろう。二〇一二年には、ノースダコタ州が原油生産量でカリフォルニア州やアラスカ州を抜き、テキサス州に次いで多い州となった。その年が終わるころには、バッケン・シェールから一日に七〇万バレル近い原油が採取されていた。これは、アメリカ全体の原油生産量のおよそ一〇パーセントに相当する。このシェール層は一日に一〇〇万バレルを産出する見込みがあると言われているが、世界中を探しても、それほどの産出量を誇る油田はほかに六つしかない。[*7]

だがアンディ・リンは、ハムがさらなる増産を望んでいることを知っていた。オクラホマシティのコンティネンタル本社に勤める二六歳の地質学者だったリンは、二年前からすでに掘削に最適の場所を見つけていた。本社からそう遠くないオクラホマ州中南部の土地である。

その地域では二〇世紀初頭に山師たちが石油を見つけており、マクレンドンやウォードなど、オクラホマ州出身のベテラン業者であれば誰でもそれを知っていた。だがリンらは、この地域の岩石層に水平掘削を適用すれば、もっと多くの原油を流出させることができると確信していた。

コンティネンタルの社長に就任していたジェフ・ヒュームはある日、会議の席でリンに尋ねた。「その土地の価値を本気で信じているのか？」

「ええ、本気です」

「そうか。だが、おまえの首がかかっているぞ」。ヒュームは冗談混じりにそう言った。

それ以来コンティネンタルのチームは、その土地を「アンディの首」と呼んだ。

コンティネンタルはひそかに、ウッドフォード・シェールの南部にあたるその地域の土地の賃借を始めた。そして二〇一二年秋には、およそ二〇万エーカー〔約八一〇平方キロメートル〕を確保するのに成功した。油井の掘削を始めると、リンが期待していた以上の成果があった。その岩石層は、バッケン・シェールを彷彿《ほうふつ》とさせるほど原油を豊富に含んでいた。

そこで二〇一二年一〇月の第一週、ハムは投資家やアナリスト向けに説明会を開き、この新たな発見を報告した。「アンディの首」という名称では具合が悪いため、説明会ではオクラホマ州中南部油層（ＳＣＯＯＰ層）という名称に改めた。これによりコンティネンタルの可採埋蔵量は、さらに一八億バレル増えるという。アンディの首は無事だったというわけだ。

このニュースを受け、コンティネンタルの株価が五パーセント以上上がると同時に、ライバル企業による近隣の土地の獲得競争が始まった。こうしてハムは、六六歳になって生まれ故郷に戻ってきた。いまは古巣のオクラホマ州でまた、アメリカで最後となるかもしれない有望なシェール層の掘削に取り組んでいる。

ハムはすでに、地下に埋蔵されている原油をアメリカの誰よりも多く所有しており、これ以上望みえない人生を謳《おう》歌《か》しているように見えた。

二〇一三年四月八日、ハムは旧友のミッキー・トンプソンとオクラホマシティのあるバーに座り、大学バスケットボール選手権の試合を見ていた。待ちに待ったルイビル大学とミシガン大学の試合である。ハムは上機嫌のはずだった。コンティネンタルの株価は一〇〇ドル近い最高値を記録しており、ハムの資産は間もなく一二〇億ドルを超えようとしている。

だがハムは、心ここにあらずといった感じで口数も少なかった。トンプソンはその理由を知っていた。ここ数年オクラホマシティには、ハム夫妻の仲がうまくいっていないという噂が広まっていた。数週間前には、妻のスー・アンが一年前にひそかに離婚訴訟を起こしていたことをコンティネンタルが発表した。夫妻がロムニーらを自宅に招いてイベントを主催した日の一〇日後である。

そのバスケットボールの試合があるころにはもう、ハムがすっかり変わってしまったことに友人たちは気づいていた。ハムは深刻な表情で黙り込むようになった。さまざまなメディアで離婚訴訟が報じられ、三年前にハムの浮気を妻が突き止めたという主張や、妻が自宅に隠しカメラを設置しているという噂に悩まされていたという。

ハムとも妻とも仲良くしていたトンプソンは、何とか友人の気分を引き立てようと、自分ほど夫婦関係のアドバイスに向いていない男はいないと冗談を言った。トンプソンは四度も結婚と離婚を繰り返していたからだ。「おれ以上に結婚が下手な男はいない」と言うと、ハムは笑顔を見せた。

ハムは妻と婚前契約を結んでいなかった。それにスー・アンは長らくコンティネンタルの上級幹部を務めていた。そのため専門家の話によれば、妻にはハムの財産の半分を請求する権利があるという。メディア関係者はハムの財産を計算し、目をまわした。スー・アンは少なくとも三〇億ドルは受け取ることになりそうだからだ。そうなれば、人気テレビ番組を持つ有名タレント、オプラ・ウィンフリーを超える富豪になる。この離婚は、ルパート・マードックやスティーヴン・ウィン、マイケル・ジョーダンの離婚を超え、史上最高額の慰謝料を伴うことになると予想された〔スー・アンは二〇一五年、およそ九億七五〇〇万ドルで離婚調停に同意した〕。

やがてこのニュースは、イギリスのタブロイド紙にまで取り上げられるようになり、夫妻が所有していた四つの不動産や、娘が出席した社交会デビューパーティについても詳細が報じられた。投資家たちは、この離婚によりコンティネンタルの株価が下がるのではないかと危惧した。スー・アンがハムの手持ちの株式の半分を受け取り、その一部を売却するおそれがあったからだ。ハムのウィニングランは、この離婚騒動により屈辱的な汚点を残すことになった。

ある記者がオクラホマシティの裁判所の外でハムを捕まえ、どんな様子か尋ねると、ハムは一言こう答えた。「あまりよくはないね」[*8]

オーブリー・マクレンドン

二〇一三年一月、ほとんどの関係者にとってオーブリー・マクレンドンの辞職は避けられないものになった。だが一人マクレンドンだけは、そう思っていなかった。

二〇一二年秋に二〇ドル強だったチェサピーク・エナジーの株価は、一七ドル弱でその年の取引を終えた。だがそれ以上に重視すべきは、サウスイースタン・アセット・マネジメントのO・メイソン・ホーキンスや富豪のカール・アイカーンなど、大口投資家たちがこぞって「オーブリーはマイナス要因だ」と確信していた点にある。二人とも、ウォール街がこの会社に懐疑的なのは、マクレンドンの経営をもはや信用していないからだと思っていた。

新たなメンバーを迎えた取締役会は、役員たちが納得できる以上の資本支出をマクレンドンが要求すると、それに反対した。一月の最終週には、新たに会長に就任したアーチー・ダナムを介して、マクレンドンに悪い知らせを伝えた。票決によりマクレンドンを、二三年前に自身が創業した会社から追放するとの結論に至ったため、速やかに辞職してもらいたい。[*9] これはいわばクーデターであり、マクレンドンになす術はない、と。

当時五三歳だったマクレンドンは、この知らせに衝撃を受けた。かつてないほど楽天的だったこの男は、いまだチェサピークの力を信じており、会社の業績を向上させて新たな役員たちを満足させることができると確信していたからだ。

チェサピークの役員に近い人物の話によれば、ダナムから辞職を求められると、マクレンドンは不満そうな表情を見せ、取締役会は自分を不当に扱っていると訴えた。会社のガス井に関する詳細を検証しようとした際に、取締役会がそれを認めなかったことがあったらしい。

会社がマクレンドンの辞職を公表すると、投資家たちは即座に反応した。チェサピークの株価は九パーセント上昇し、マクレンドンは最後の屈辱を味わった。

かつておよそ三〇億ドルあったマクレンドンの資産は、大幅に減少していた。二〇〇八年に株式を売却せざるを得なくなったうえ、会社のガス井の権益の価値が減少していたからだ。二〇一三年三月には、およそ四七〇〇万ドルもの解雇手当を受け取りながら、《フォーブス》誌の長者番付から脱落した。チェサピークのガス井の権益にまつわる山のような借金を差し引いた後に、マクレンドンの手元にどれだけの現金や資産が残るのか、友人たちにさえよくわからなかった。

だがマクレンドンは、四月に辞職する意向を固めると、第二の人生を楽しみにしているかのように見えた。従業員には、明るい口調のこんな手紙を送っている。この辞職は、取締役会との「考え方の違い」によるものであり、「摩擦《まさつ》もないまま友好的な形で会社を去ることになる」、と。

さらにこうも述べている。「わが社が成し遂げたことは、さまざまな意味で唯一無二のものであり、今後もずっと、あなたがたと過ごした時間に深い感謝の念を抱き続けることになるだろう」

マクレンドンは最後まで、借金や過大な出費を怖れず、アメリカでの新たな掘削のチャンスを追い続けた。借入金に基づいた貪欲《どんよく》な利益追求により発生した歴史的不況から誰もがはい上がろうとしていた当時、そのような方針は投資家の怒りを買った。

だがマクレンドンのおかげで、チェサピークはアメリカ第二の規模を誇る天然ガス生産会社になった。その株価は、マクレンドンが辞職するまでの数年間は低迷したが、それでも一九九三年〔株式公開した年〕以来二〇〇パーセント以上高い状態を維持してきた。それほどの成績をあげたライバル企業はほとんどない。

それ以上に重要なのは、マクレンドンがこれまで見過ごされてきたアメリカのシェール層からの天然ガス採取にこだわり続けた結果、アメリカの原油や天然ガスの生産量が一気に急増したことだ。世界中でエネルギー価格が高騰していた時期にアメリカのエネルギー費用が急減したのは、そのためでもある。

三月には、会社で送別会を兼ねたピクニックが催《もよお》された。マクレンドンは、しわくちゃの白いワイシャツの袖をいつものようにまくり上げ、カーキ色のズボンをはいてやって来ると、従業員たちの間を歩きまわって世間話に興じた。別れのスピーチの際には、涙をこらえながら、「この会社が（アメリカのエネルギー展望を一変させるのに）指導的役割を果たしたことが、何よりもうれしい」と語った。そして、スタンディングオベーションに包まれながらステージを去った。[*10]

トム・ウォード

二〇一三年になっても、トム・ウォードの運営に異を唱えてきたサンドリッジ・エナジーの投資家たちの状況には何の進展もなかった。あるとすれば、怒りがいっそう高まっただけだ。ヘッジファンド会社ＴＰＧアクソンのディナカール・シンは、そのころ友人たちに、ウォード追放はサンドリッジの株価を押し上げる以上の意味があると語っていた。また、ウォードは株主から資金を巻きあげているだけであり、このまま持ち逃げさせるわけにはいかないとも主張していた。


ある友人にはこう述べている。「そんなことがまかり通っていいわけがない」

シンの会社は、ウォードやサンドリッジの役員の更迭《こうてつ》を投票で決めるよう提案していたが、このような提案はあまり意味を持たない場合が多かった。株主はたいてい、投票を無視するか、単に現職の経営陣に投票するだけだ。

だがシンの提案は、ウォードが軽視していた株主たちの不満を表面化させるきっかけになった。ＩＳＳという有名な議決権行使助言会社が、「この取締役会の管理・監督には、明らかな失敗が無数にある」と述べ、過半数の役員の交代を投票で決めるよう推奨すると、ウォードが会社にとどまれる見込みはほとんどなくなった。

三月初旬、サンドリッジの幹部は、同社への関心を高めてもらおうと、投資家やアナリスト向けに開催している毎年恒例のイベントを主催した。ウォードは、間近に迫った投票やウォードの去就に誰もが注目していることを重々承知していたが、それを口にするつもりはなかった。

開会のスピーチでは、少々快活さを装ってこんなことまで言った。「予定より少々遅れて申し訳ない。この会社の取締役会のメンバーにならないかとオーブリーに打診していたものでね。いや冗談、冗談だよ」

その日、ウォードは結局、投資家やアナリストを納得させることはできなかった。そのころにはもう、辞職以外の選択肢はなくなっていた。だが、辞任の条件をめぐる交渉は決裂した。モルガン・スタンレーから銀行家チームを呼び寄せて解決策を探ったものの、それも無残な失敗に終わると、ウォードとサンドリッジの役員たちと投資家たちとの間で対立が深まった。

投票を二日後に控えたいま、ウォードはもう身動きがとれなくなっていた。自分が追い出されるのは、もはや時間の問題だった。

三月一三日水曜日、ある取引の成立を告げるプレスリリースが発表された。それは事実上、ウォードが辞任を認めたことを伝える報告書でもあった。プレスリリースのなかでウォードは、社長に通り一遍《いっぺん》の辞意を告げるのを認められただけだった。その社長も、間もなく辞任することになっている。もはやウォードは、自分が創業した会社で何の力も持っていなかった。六週間前には、オーブリー・マクレンドンもチェサピークを追放された。それと同じことがいま、自分の身にも起ころうとしていた。


マクレンドンとウォードは、わずか数年でアメリカを一変させた。新たなエネルギー鉱床を見つけようとする並外れた意欲に駆られ、ほかのフラッキング事業者とともに、アメリカの経済や地政学の進路を変えた。企業や消費者はエネルギー価格の低下を喜び、石油・天然ガス産業は発展し、エネルギーの自給が間近に迫っていた。

だが、結局二人は厳しい批判や中傷の的になった。夕陽のなかへ走り去っていくどころか、職を失ってしまった。

そのプレスリリースが発表されると、サンドリッジの株価は六パーセント上がった。マクレンドンの場合同様、投資家はウォードの辞任を好感したのだ。

数カ月後、ウォードはサンドリッジを去った。九〇〇〇万ドルに及ぶ解雇手当と、いまだ保有している一億五〇〇〇万ドル相当の株式はあったが、一気にあらゆる地位を失ったことに変わりはない。

ウォードは、いずれサンドリッジでの自分の業績が評価されるときが来ると述べつつも、こう語っている。「ここ数年間は辛かった。石を投げつけるのは簡単だからね」

プレスリリースが発表された直後、ウォードは仕事を終えて、オクラホマ州のすがすがしい夜に包まれた屋外へ出ると、黒のＢＭＷ－Ｘ６に乗り、数ブロック先にあるチェサピーク・エナジー・アリーナに向かった。そこで、オクラホマシティ・サンダーの重要な試合が行なわれることになっている。ウォードは会場に到着すると、下の息子のジェームズと、ウォード家で育ったフランク・アルバーソンとともに、バスケットゴールのすぐ後ろの最前列の席に座った。

全国放送されたこの試合でサンダーは、試合開始直後から相手のユタ・ジャズを猛攻撃した。ウォードは青いネクタイを緩め、楽しそうに観戦していた。サンダーの選手がダンクを決めたときには、息子に満面の笑みを見せた。肩の荷が下りたかのように、始終晴れやかな顔をしていた。

コートの反対側、向こうのバスケットゴールの下の特等席には、オーブリー・マクレンドンが妻と一緒に座っていた。しゃれたダークスーツに赤いネクタイをしている姿は、まるで新たな仕事の面接に行き、第二の人生を踏み出そうとしているかのようだ。実際、数週間前にはひそかに、ガラスとコンクリートでできた六階建てのビルのオフィススペースを借りる契約を交わしていた。チェサピークの本社から一・五キロメートルほどしか離れていないビルである。それどころか、新たな事業の資金を工面しようと、すでに投資家との交渉も進めていた。やはり天然ガスや原油を探査する事業だという。もちろん、狙うはアメリカ国内の岩石層だ。

やがてハーフタイムになると、マクレンドンはコート中央付近で旧友のウォードと顔を合わせ、情熱的に復帰プランを語った。

「復帰の準備は万端なのか？」とウォードが尋ねた。

するとマクレンドンは、にっこり笑ってこう返した。「ああ、もう少しだ」

あとがき

完璧は善の敵。

——ヴォルテール

環境問題

さまざまな山師や起業家、運に見放されていた夢想家たちが、開発が困難なシェール層などの掘削に勝負を挑んだ結果、アメリカに多大な利益がもたらされた。いや、その利益は世界に及んでいると言っても過言ではない。アメリカのシェールガス生産の急増により、アメリカの天然ガス価格は二〇一三年夏の時点で、アジアのおよそ三分の一、ヨーロッパの半分以下にまで下がった。その結果、アメリカの消費者や企業が自宅や会社の冷暖房にかける費用は減少している。製品の製造に天然ガスを利用している化学製品会社、プラスチック製品会社、肥料会社なども、その恩恵を享受《きょうじゅ》している。外国の企業がアメリカに移転したり、アメリカに工場を建設したりしているのもそのためだ。

こうしたエネルギー生産やその関連活動の拡大に伴い、二〇二〇年までに二〇〇万以上の雇用が生まれ、今後一〇～一五年にわたり年間経済成長率が一ポイント以上上昇する可能性がある。また、二〇一五年までにアメリカの貿易赤字が八五パーセント減少し、アメリカドルの価値が高まるのではないかとの期待もある。

だがその一方で、先駆者たちが原油や天然ガスを追い求めた結果、どのような弊害が生まれているのか？　フラッキングは、環境活動家が言うほど悪いものなのか？　シェール層などからエネルギーを採取し続けると、どんな影響があるのか？

その答えを一言で言えば、フラッキングは、口うるさい批判者たちが主張するほどの害をもたらしてはいないが、エネルギー業界が認める以上の害を及ぼしてはいる。いずれにせよ、掘削やフラッキングの影響の全容が明らかになるのは、何年も先のことだろう。

フラッキング反対運動を展開している人々の主張のなかでもっとも注目を集めているのが、近隣での掘削の結果、天然ガスの主成分であるメタンがさまざまな水系に紛れ込み、現地住民の健康を脅かしているというものだ。ジョシュ・フォックスが二〇一〇年に製作したドキュメンタリー映画『ガスランド』にも、コロラド州の土地所有者がキッチンの蛇口をひねり、そこに火のついたマッチをかざすと、火の玉となって燃え上がる驚くべきシーンがある。

このシーンは、近隣のガス井からメタンが漏れている疑いの余地のない証拠だと思われている。

だが、この批判は誇張されているようだ。

メタンは、地下の浅いところに存在する無色のガスで、一般的には過大な量を摂取さえしなければ無害だと考えられている。それに、自然状態で井戸や湧き水に浸《し》み込んでいることが知られており、近隣で天然ガスの採取が行なわれているかどうかにかかわらず、以前からさまざまな地域でそのような事実が確認されている。実際、ニューヨーク州やケンタッキー州、ウェストバージニア州には「バーニング・スプリングス（燃える泉）」という地名があり、それが古くからの現象だということを物語っている。

六〇歳になるジョイス・シラキュースは、ペンシルベニア州モントローズでジョイシーズというカフェを経営している。モントローズは、フラッキング問題の中心地であるディモックから一〇キロメートルほどのところにある町である。そのシラキュースの話によれば、まだそのあたりでフラッキングが行なわれていなかった一九六〇年代後半、小学校のトイレでよく友人たちと水道に火をつけて遊んでいたという。「このあたりの子どもはみな、蛇口に火をつけて育ったの。大したことじゃない」

フラッキングのせいというより、ガス井の密閉が甘いために飲料水にメタンが混じるケースはある。だが、二〇一三年にペンシルベニア州のマーセラス・シェール地域での掘削を検証したデューク大学の調査によれば、そのようなガス井はわずかしかないという。

フラッキングに反対する人たちはまた、フラッキングに使われる有害化学物質が近隣の水系に入り、その地域の人間や動物の健康を脅かしているとも主張している。だが実際のところ、フラッキング用化学物質が上昇して地下水に入り込んでいることが証明された事例は皆無といってよく、そんなことが起こるとは思えない理由もある。二〇一二年に会計検査院が作成した報告書によると、バーネット・シェール、マーセラス・シェール、ヘインズビル・シェールがある地域の帯水層《たいすいそう》〔地下水で満たされた、地下水取水の対象となり得る地層〕は、地下一二〇メートルから三七〇メートルまでのところにある。一方、その地域のシェール層は、地下一二〇〇メートルから四一〇〇メートルまでのあたりにある。大半の科学者の見解では、化学物質がこれだけの距離を移動することなど、絶対にないとは言いきれないにせよ、ほぼありえないという。

二〇一三年五月、ピッツバーグ大学の環境工学教授ラディサヴ・ヴィディックは《サイエンティフィック・アメリカン》誌にこう語っている。「地下水にフラッキング水が混じる確率より、宝くじが当たる確率のほうが高い」

とはいえ、掘削が行なわれている地域の水質が必ずしもいいわけではない。だが、水質が悪い原因を判断するのは難しい。ペンシルベニア州立大学が二〇一一年に行なった調査によると、掘削前に検査した井戸のおよそ四〇パーセントが、連邦政府が定める水質基準の少なくとも一つを満たしていなかった。大腸菌や濁《にご》り、マンガンなどのためである。[*1]

フラッキングにより地震が起きるのではないかという不安も、大げさすぎるようだ。一例を挙げれば、既存の断層面を滑《すべ》りやすくするおそれがあるのは、フラッキング作業そのものではない。むしろ、フラッキングの廃水を近隣の岩石層に注入して捨てる方法にこそ問題があるらしい。またこれまでは、ほかの採掘活動でも見られるような、局所的かつ軽微な揺れしか検知されておらず、大きな地震はない。こうした揺れであれば、地震探査を行なうか、注入圧力を調整することで回避できると思われる。

だが業界関係者は、すぐに言い逃れをして真摯《しんし》に対応しようとしないため、この事業の評判をさらに悪化させてきた。実際、フラッキング水に使われた危険な化学物質が漏れたり地表に流出したりした事例があったことが実証されている。ガス井が適切に密閉されていなければ、ガスや化学物質は坑井の外に漏れる。

先述のヴィディック教授も、マーセラス・シェール地域の集中下水処理施設から出た排水が流れ込むペンシルベニア州の河川で、汚染の証拠を確認している。坑井から突然ガスが噴出した際などに、フラッキング水が現地の河川に入り込むこともある。同州の環境規制当局によると、二〇〇八年から二〇一二年秋までの間に、ペンシルベニア州の少なくとも一六一の家庭・農場・教会・企業の水道が、石油・天然ガス開発による被害を受けた。ただし、苦情の大半は根拠のないものと見なされており、業界もそれ以降基準を改善しているという。[2]

どんな掘削作業であれ、坑井のケーシング〔掘削された裸坑に内枠をつけること〕やセメンチング〔ケーシングの内外のすきまをセメントで埋めること〕が悪ければ問題が発生することは言うまでもない。だが、フラッキングが行なわれている坑井は一般的に、フラッキングが行なわれていない坑井より高い圧力にさらされるため、いっそう不安が高まることになる。

なかなか解消されない不安はほかにもある。事業者は必ずしも、使用しているフラッキング水の全成分を公表する必要はない。そのような行為は企業秘密を暴露するに等しいという主張がまかり通っているためだ。二〇一一年以降、二〇以上の州でフラッキング水の大半の成分の公表が義務づけられたが、こうした規則には必ず例外がある。フラッキング水には無害な物質のほかに、酸や洗浄剤、有害化学物質が含まれている場合もあるため、住民が不安に思うのも無理はない。

また掘削作業は、近隣の町に激しい騒音や渋滞などの問題を引き起こす。フラッキングに大量の水が使われるため、普段よりトラックの行き来が大幅に増える。それに、シェール層の掘削はこれまでの石油・天然ガス掘削同様、大気の質に悪影響を及ぼす。輸送用のトラックがまき散らす土ぼこりや排気ガスのほか、ディーゼル駆動のポンプからの排出物も、健康への害になる。岩盤に開いた亀裂がふさがらないようにするためフラッキング水に混ぜられる珪砂《けいしゃ》も、肺にたまれば珪肺症《けいはいしょう》を引き起こすおそれがある。

実際に、掘削が衝撃的な影響を与えた事例がある。二〇一一年、ワイオミング州のガス田の近くにある人口二〇〇〇人ほどの田舎町パインデールの住民が、涙目、息切れ、鼻血などの症状を訴えるようになった。大気中のオゾン濃度が、ロサンゼルスなどの大都市で見られる最悪のレベルを超えるほど増加したからだ。

パインデールでスノーモービルの販売代理店を経営しているデビー・ミラーは言う。「ここなら一〇〇万年後でもそんな危険にさらされることはないと思っていたんだけどね」[3]

だが、こうした病気などのため、多くの人がフラッキング事業者に不愉快なイメージを抱いている一方で、その事業には環境にいい点もあると考える人もいる。天然ガスが供給過剰になったおかげで、天然ガス価格が下落した。そのためアメリカでは、エネルギー消費のかなりの割合が石炭から天然ガスへ移行した。これは環境にとってプラスになる。というのは、石炭ではなく天然ガスを利用して同じエネルギー量を生産すれば、温暖化の要因とされる二酸化炭素の排出量がおよそ半分になるからだ。さらに天然ガスは、スモッグの原因になる窒素《ちっそ》酸化物の排出量が少ないうえ、水銀や粒子状汚染物質も排出しない。

実際、エネルギー省のエネルギー情報局によれば、アメリカにおけるエネルギー関連の二酸化炭素排出量は、二〇〇五年から二〇一二年までの間に一二パーセント減少し、二〇一三年現在では一九九四年以来最低レベルにあるという。意外なほど数値が改善しているのは、長引く不況のためエネルギー需要が鈍化しているせいでもあるが、石炭ではなく天然ガスで発電する量が増えたためでもある。

ただし、フラッキング事業者を称賛する前に、一つ重要な事実を指摘しておく必要がある。ガス井や天然ガスのパイプラインでは、頻繁《ひんぱん》にメタンが漏れている。ちなみにメタンは、二酸化炭素よりもはるかに温室効果が高い。そのため、ガス井やパイプラインから漏れるメタンがあまりに多ければ、石炭から天然ガスへ移行したことによる二酸化炭素排出量の減少分が相殺《そうさい》され、さらに温暖化が進んでしまうおそれもある。一部の州では、ガス井の建設・掘削時にガスを逃がさないテクノロジーを採用するよう業者に義務づけているが、義務を果たそうとしない業者は多い。

では実際に、どれだけの量が漏れているのか？　科学者や環境活動家によれば、それを判断するのは難しい。環境保護局によるメタン漏出量《ろうしゅつりょう》の追跡だけでは不完全だという。環境防衛基金など、一部の民間団体がこの問題の調査に取り組んではいるが、まだ結果がわかる段階ではない。こうして見ると、シェール層開発がもたらすほとんどのリスクの規模が明らかになっていない。大半の調査が、掘削の長期的・累積的影響を追跡できていないからだ。

私が思うに、フラッキングに関する議論は、いくつかの点でエネルギーの使いどころを間違っている（しゃれを言っているわけではない）。アメリカ国民はいまだ、世界恐慌以来最悪の不況に苦しんでいる。それなのに、世界最大級のエネルギー田を見捨て、国内の有望地を掘削すれば見つかるであろう莫大な埋蔵物をあきらめ、ロシアやイランやカタールなどのエネルギー大国に資金を注ぎ込むよう訴えるのは、とても現実的とは言えない。

それよりも、石油や天然ガスの生産業者に、行動を改善するよう圧力をかけたほうがいい。その点では、すでにかなりの進歩が見られる。たとえば、掘削業者はフラッキング水を再利用するようになった。また、ペンシルベニア州の環境保護局の発表によれば、二〇一一年から二〇一二年までの間に汚染事例の報告が三分の二も減ったという。

だが、フラッキング作業についてはさらなる規制が必要だ。化学物質が帯水層に絶対に漏れないよう、適切な深さまでケーシングを行なって密封させることを義務づける、といった規制である。オハイオ州やテキサス州では、坑井のケーシングの管理や検査について広範なルールが定められているが、そのほかのルールは、大手掘削業者から見ても不十分なレベルにある。また、掘削に由来する大気汚染を抑制する連邦レベルのルールも欠かせない。

環境防衛基金のフレッド・クルップ代表は言う。「いずれの問題も完全に対処できる。だが、対処可能だからといって、いずれ対処されるようになるとは限らない。それを実現するには、州規制当局や業界や市民の行動が必要になる」

まだしばらく石油や天然ガスが必要なことは間違いない。事業者に原油や天然ガスの掘削をあきらめさせるのではなく事業者の行動を改善していこうとする理由は、そこにもある。世界の人口はいずれ一〇〇億人を突破する。その大半は、化石燃料が環境に及ぼす影響よりも、日々食べていけるかどうかを懸念している。それなら、さまざまなエネルギー源があったほうがいい。

近いうちに再生可能エネルギーで世界の需要の大半をまかなえるようになると思っている人はほとんどいないだろう。だが、石油や天然ガスの生産の急増により、風力や太陽光などのクリーンなエネルギーへの取り組みが遅れてしまうような事態は避けたい。化石燃料が豊富にあるこの時代がいつまで続くか、まだはっきりしないからだ。シェール層などの緻密な岩石層からの産出量は、急に減少することが知られている。ここ数年は著《いちじる》しい増加を見せているが、楽観主義者たちが期待するほど長くはこれほどの産出が続かないおそれもある。

いちばんいいのは、天然ガスで時間を稼いでいるうちに、再生可能エネルギーの市場シェアを大幅に増やしておくことだ。実際にそのような動きはある。アメリカでは二〇一二年、ソーラーパネルの設置数が七六パーセント増え、一二〇万世帯の電力をまかなえるようになった。ソーラーパネルの設置は記録的なペースで増えており、二〇一三年も同程度の伸びが期待されている。

喜ばしいニュースはほかにもある。アメリカでのエネルギー需要は減少が続いている。これはある意味では、アメリカでのエネルギー生産量の増加と同じぐらい意外な変化と言える。つい二〇〇六年までアメリカ人は、大型の自動車を好む傾向にあった。車も家と同じように、大きいに越したことはないというわけだ。環境やガソリン価格のことなどさほど心配する必要はなく、そんなことを考えるのはヨーロッパ的だとさえ思っていた。

ところが二〇〇七年、ジョージ・ブッシュ大統領が自動車のガソリン消費を減らす法律に署名したころから、エネルギー需要は減少傾向を示し始めた。ガソリン価格が一ガロン四ドルにまで高騰したため高燃費の車が敬遠され、親世代が乗っている車を若者が忌避するようになったこともあり、それから数年にわたり減少を続けた。

アメリカや世界全体におけるエネルギー需要の減少は、今後も続く可能性がある。会社や家庭のエネルギー効率は年を追うごとに向上している。アメリカの新車の平均燃費は、二〇一二年には一ガロンあたり二四マイルだったが、バラク・オバマ大統領が法制化した燃費効率基準により、二〇二五年までに一ガロンあたりおよそ五五マイルにまで上がるだろう。また、エドワード・モースらシティグループのアナリストによれば、中国の石油需要も低下しているという。どんな形であれ、世界的にエネルギー需要が低下すれば、環境にプラスの効果があるうえ、価格も抑えられる。

さらに最近では、完全電気自動車やハイブリッド車など、代替燃料車が人気を博しつつある。証券会社レイモンド・ジェームズの分析では、電気自動車は二〇一三年には一パーセントの市場シェアを獲得し、その後もシェアを増やし続けるという。そのほか、自動運転車が幅広く普及すれば、石油需要がさらに減る可能性もある。

ジョージ・ミッチェルの息子トッドはこう述べている。父の業績により再生可能エネルギーの発展が妨げられたのなら、父は世界に悪影響をもたらしたことになるが、父のおかげでイノベーターたちは、風力や太陽光などのクリーンエネルギーを発展させる時間を手に入れることができた、と。

ミッチェルは言う。「緻密なシェール層から炭化水素を採取したことで、石油・天然ガス開発の可能性やその経済に関するそれまでの前提がすべてひっくり返った。そのことが、数十年のうちに明らかになるだろう。だがそれがどれほど良い影響をもたらすかを理解するのは、いまの段階では難しい」

世界的な視点から——シェール革命は続く

予測はするな、特に未来のことは。
——ケイシー・ステンゲル〔メジャーリーグの著名監督。一八九〇～一九七五年〕

二〇一三年三月初旬、コンティネンタル・リソーシズの生産部門の上級幹部ジャック・スタークは、ヒューストンにあるホテル《ヒルトン・アメリカズ》の会議場の演壇の上に座っていた。会議場は、エネルギー業界の幹部数百人で満員である。

ほんの数年前には、業界幹部たちは誰も、スタークらコンティネンタル関係者の話になど興味を示さなかった。それがいまでは、CERAウィーク初日の討論会にスタークが招待されている。CERAウィークとは、エネルギー業界ではきわめて重視されている年次大会である。

スタークの横には、シュルンベルジェ、アパッチ、スタトイルといった大手石油会社の上級幹部が並んでいた。討論会のテーマは、ノースダコタ州のバッケン・シェールなど、緻密な岩石層からの原油生産の最新の動向についてである。この討論会は、その日のイベントのなかでもとりわけ注目を集めていた。スタークらコンティネンタルをはじめ、エネルギー業界を取り巻く状況は、それほど一変していた。

やがて討論会が終わると、スタークらパネリストの面々は大喝采《かっさい》を受けた。スタークは上機嫌で演壇を降りると、そのまま業界関係者が数百人集まっているメインホールへ向かい、話し相手になりそうな知り合いを探した。だが、顔見知りが一人もいない。中国や中東や南アメリカから来た幹部は大勢いるが、見知った顔が見つからない。ホールを隅から隅まで歩いてみたが、やはり知っている人物には会わなかった。もう一度探してみても、誰もいない。

間もなくして、ようやく一人だけ見つけた。だがその人物は、石油業界の幹部でもエンジニアでも地質学者でもなく、業界雑誌の記者だった。

スタークはそこで、シェール革命の未来を垣間見たのだ。それまで一〇年以上もの間、向こう見ずな山師たちはこのアメリカで、シェール層など開発が困難な岩石層から原油や天然ガスを採取する方法を見つけようと努力を重ねてきた。だがいまでは、世界各地のシェール鉱床からエネルギーを採取できるかどうかに焦点が移っていた。

外国にはアメリカの岩石層よりはるかに多くの原油や天然ガスを含む場所もあり、シェール革命を追い風に、全世界の経済や地政学が変わっていく可能性はある。だがその一方で、外国の岩石層ですぐに大量のエネルギーを採取するのは無理なのではないかとも言われている。いまのところはまだ、エネルギーに満ちた新時代が到来しているのはアメリカだけのようであり、アメリカ経済が独り勝ちする可能性もないとは言えない。

ヨーロッパ諸国は以前から、将来のエネルギーをどこから確保すればいいのか頭を悩ませていた。ヨーロッパ大陸のほとんどの国が天然ガスの純輸入国であり、その多くが、ロシアやアルジェリアといった国に依存している現状を不快に思っている。かつて価格紛争が起きた際に、これらの国が供給を止めたこともあったからだ。

この依存状況を終わらせられるのであれば、喜ぶのも無理はない。ある推計によれば、ヨーロッパ各地のシェール層には、四七〇兆立方フィート〔約一三兆立方メートル〕もの天然ガスが埋蔵されている。ヨーロッパで利用される天然ガスのおよそ三〇年分に相当する量である。ちなみにこの推計には、ロシアやウクライナは含まれていない。ロシアやウクライナにも、ほぼ同量の天然ガスがあるという。

だがヨーロッパは、アメリカよりはるかに人口密度が高いうえ、アメリカより環境団体の力が強い。フランスやブルガリアなどでは、環境への被害の懸念から、すでにフラッキングが禁止されている。また、掘削経験の豊富なスタッフが不足している点、パイプラインなどのインフラ整備が進んでいない点でも、ヨーロッパは不利な状況にある。実際、ヨーロッパで開発が進んでいないことは、証券会社レイモンド・ジェームズの報告を見ればわかる。二〇一三年現在、アメリカでは一七〇〇基の掘削リグが稼働しているのに、ヨーロッパではおよそ七〇基しか稼働していない。

ポーランドは、数世紀もの間ロシアに支配されていたため国民の独立意識が高く、シェール層の天然ガス資源の利用にきわめて熱心だった。二〇一三年初頭のポーランドの天然ガス価格がアメリカよりおよそ五〇パーセント高かったことも、ポーランドがシェール層掘削に期待を寄せる一因となった。

当初の予測では、ポーランドのシェール層で回収可能な確定天然ガス埋蔵量は一八七兆立方フィート〔約五兆三〇〇〇億立方メートル〕とも言われていた。現在の需要レベルであれば、今後三〇〇年にわたりポーランドの需要を満たせるほどの量である。ワルシャワやルブリンのあたりからバルト海沿岸部まで広がるシェール層は、ロシアを除くヨーロッパでは最大級の鉱床と考えられていた。

そのため二〇一〇年になると、エクソンモービルやコノコフィリップス、マラソン・オイルといった大手が、競い合うようにポーランドで土地の取得を始めた。ポーランド政府もこうした開発を助成し、国土の三分の一に及ぶ土地の探査を承認した。シェール層のガス井から最初の炎が噴き上がると、それは「希望の炎」と呼ばれ、カトリック教徒が大半を占める国民の宗教的なシンボルになった。ポーランドの外務大臣は、同国の北隣に位置する石油資源に恵まれた裕福な国ノルウェーを引き合いに出し、ポーランドは「第二のノルウェー」になると述べた。

ところが、ポーランドの天然ガスバブルはあっという間にしぼんでしまった。二〇一二年初頭になると、同国の埋蔵量の推計値は九〇パーセントも減少した。さらに、ポーランドのシェール層のなかでも最良とされる部分は、地下四九〇〇メートル以上ときわめて深いうえ、ケイ素の含有量がきわめて高く、採取が難しいことが判明した。

エクソンモービルやコノコフィリップスなどは、早々にポーランドから撤退した。そのような判断を下した背景には、世界最大のエネルギー大国であるロシアを刺激したくないという思惑もあったのかもしれない。一方、シェブロンなど一部の企業は、いまだポーランドのシェール層に取り組んでいるらしいが、二〇一三年春までに掘削されたガス井は五〇基にも満たない。

イギリスも、どこかの時点でシェール革命に参加する可能性が高い。そう考えられる理由は無数にある。たとえば、貴重な北海油田からの産出が近年著しく減少している。そのため二〇〇四年以降は天然ガスをノルウェーやオランダからの輸入に頼っており、重要なエネルギーの供給が次第に不安定化している。《フィナンシャル・タイムズ》紙の報道によると、二〇一三年三月には、あと六時間で在庫の天然ガスが枯渇する危機的状況に陥り、天然ガスの卸売価格が記録的なレベルにまで急騰したという。

二〇一一年の春には、ブラックプールという町で二度地震があり、それがフラッキング作業に関連するものだとわかると住民の間に深刻な懸念が広がり、それをきっかけにフラッキングが禁止された。しかし政府は、二〇一二年末にその禁止を解除すると、シェール層掘削を推進するための優遇税制措置を発表した。二〇一三年八月の《デイリー・テレグラフ》紙に掲載された記事のなかで、デヴィッド・キャメロン首相はフラッキングについてこう述べている。「この技術を推進しなければ、市民の家計を助け、この国の競争力を高める絶好の機会を失うことになる。それがなければ、厳しい国際競争を勝ち残れない」

とりわけランカシャー州は、シェール層掘削の拠点となる可能性を秘めている。産業革命の中心地となったリバプールからマンチェスターにかけての地域も、シェール層による産業復興を夢見ている。ロンドンの五〇キロメートルほど南の地域でも期待が広がっているという。

だが、これらの緻密な岩石層から大量の原油や天然ガスを採取できるようになるまでには、まだしばらく時間がかかるかもしれない。そもそも、イギリスのシェール層にどれだけの天然ガスが閉じ込められているかが、いまだはっきりしない。回収可能な天然ガス埋蔵量はわずか二六兆立方フィート〔約七四〇〇億立方メートル〕しかないと推計する専門家もいれば、一三〇兆立方フィート〔約三兆七〇〇〇億立方メートル〕以上、あるいは二〇〇兆立方フィート〔約五兆七〇〇〇億立方メートル〕に及ぶと主張する専門家もいる。二〇〇兆立方フィートもあれば、一〇〇年以上イギリスの家庭に電力を供給できる。[*4]

これまでのところ、イギリスで掘削を行なっている大手エネルギー会社はほとんどない。二〇一三年夏現在、イギリスでシェールガスを掘削している企業は、クアドリラ・リソーシズなどごくわずかである。クアドリラは、ペンシルベニア州の土地取得コストが高すぎるため、イギリスに拠点を移したという。現在は、石油大手BPのリストラを推進した元CEOジョン・ブラウン卿が代表を務めており、イギリスのシェール層に多大な期待を寄せている。

だが、ハードルは高い。アメリカの場合、採掘権は土地所有者にあるが、イギリスでは採掘権は国にある。そのため、岩盤の採掘許可契約がきわめて複雑になる。実際、クアドリラは二〇一三年現在、イギリスでガス井をまだ六基しか掘削できていない。またイギリスは、世界的に見ても人口密度がきわめて高い国であり、住民の不安は依然として根強い。二〇一二年後半、エネルギー業界のある幹部がリーズ大学で講演を行なった際には、反対派の一団が講演を妨害し、講演者に向けて窓越しに「フラック・オフ」と書かれた尻を見せた〔「うせろ」を意味する「ファック・オフ」と「フラック」をかけている〕。こうした住民の不安を反映した行動により掘削が遅れるおそれもある。二〇一三年八月にはクアドリラも、ロンドンの南にある村バルコムでの石油掘削活動を一時停止した。採油所に対する脅迫があったと地元警察から連絡があったからだ。ただし数日後には掘削を再開している。

二〇一三年に環境保護団体のグリーンピースが入手した、クアドリラの広報幹部とされる人物の声を録音したテープも、マイナス材料になった。そのテープのなかで幹部は、人口密集地域でも安全に掘削できることを訴えつつ、「私が何を言ってもくだらないたわ言にしか聞こえないんだろうがな」と述べていた。

イギリスはおそらく、環境問題さえ解決できれば、年々増える石炭への依存を減らすためにも、シェール層の掘削を推進することになるだろう。石炭は、天然ガスより環境に悪い。だがイギリスは、電力需要の四〇パーセント以上を石炭に頼っている。ちなみに二〇一一年は三〇パーセントだった。*5

実際、イギリスの石炭生産は減少しているのに、石炭の利用量は増えている。イギリスのエネルギー・気候変動省によれば、二〇一二年にはおよそ四五〇〇万トンもの石炭を輸入しており、一年で四〇パーセント近く増えたという。石炭利用はいずれは減ると思われるが、いまのところはまだ利用量も輸入量も増えている。

メキシコも、シェールガスの本格的な生産国になる可能性があると期待されている。というのも、アメリカと国境を接しており地質が似ているからだ。アメリカのエネルギー情報局によれば、メキシコには回収可能なシェールガスが五四五兆立方フィート〔約一五兆立法メートル〕もあり、世界で六番目の埋蔵量を誇るという。また、テキサス州南部で原油を量産しているイーグルフォード・シェールがメキシコ北部にまで広がっているため、メキシコの岩石層には大量のシェールオイルも埋蔵されている。メキシコはかつて石油輸出国だったが、いまではエネルギーの純輸入が増え、エネルギー業界での地位の低下を不安視していた。そのため政府は、シェール層の開発を積極的に推進している。

だがメキシコにも重大な問題がある。二〇一二年もひどい干ばつに苦しんだように、フラッキングに十分使えるほどの水資源がない。それに、国営エネルギー企業のペトロレオス・メヒカノス（ペメックス）には、シェール層を掘削するための経営資源がない。それなのに、アメリカの石油・天然ガス会社との協力も進んでいない。

外国のエネルギー企業がメキシコとの協力に消極的なのは、いくらシェール層を掘削しても、その油井やガス井の権益を手に入れることを認めてもらえないからだ（政府は、それを認める方向へ尽力していると言ってはいるが）。メキシコの天然ガス埋蔵量を証明する信頼できるデータがほとんどない点もネックになっている。

また、近くにあるアメリカのガス田から安価な天然ガスを簡単に輸入できるため、どうしても自国のシェール資源を開発しなければならないという切迫感に欠ける。これらの問題により、いまのところメキシコ側のシェール層で掘削された坑井は一〇基ほどしかなく、二〇一六年まで見てもわずかばかりの増加が見込める程度である。

一九三一年、アメリカの地質学者チャールズ・エドウィン・ウィーヴァーがアルゼンチンのネウケン州西部を訪れ、その地域に珍しく露出しているシェール層を調査した。乾燥したパタゴニア地方にある黒地に白いまだら模様のこの岩石層は、どこか牛の革に似ていた。そこでウィーヴァーは、この地層を「バカ・ムエルタ（死んだ牛）」と名づけた。

現在、このバカ・ムエルタを含むアルゼンチンのシェール盆地は、ほかのどの国のシェール層よりも大きな盛り上がりを見せている。専門家の話によれば、アルゼンチンには回収可能なシェールガスが八〇二兆立方フィート（約二三兆立方メートル）もある。これは世界第二位の埋蔵量であり、アルゼンチンの電力消費を五〇〇年も満たせるほどの量だという。さらに、シェールオイルの埋蔵量も二七〇億バレルと予想されており、こちらは世界第四位である。どうやらアルゼンチンの地層は、アメリカの潤沢な埋蔵量を誇る地層と似ているらしい。ＥＯＧリソーシズのマーク・パパもこう述べている。

「この岩石層は、イーグルフォード・シェールとよく似ているように見える」

アルゼンチンでは、国営のエネルギー企業ＹＰＦがスペインのエネルギー大手レプソルに買収されていたが、二〇一二年にクリスティーナ・キルチネル大統領がレプソルからYPFの株式の五一パーセントを没収して再国有化すると、外国からの投資が一気に冷え込んだ。だが、二〇一三年の夏にはシェブロンが、YPFと共同でアルゼンチンのシェール鉱床を開発する事業契約を結んでいる。その資金となる一五億ドルの大半は、シェブロンが提供するという。[*6]

それでも、アルゼンチンとレプソルとの紛争はいまだ続いており、今後も外国企業がアルゼンチンへの投資をためらうおそれは十分にある。それに、アルゼンチンのシェール層の掘削やフラッキングのコストが、アメリカのシェール層の倍に及ぶ可能性もある。パパはこう述べている。「まだ利益が出るかどうかを判断できる状況ではない。野球で言えばまだ一回だ」

ロシアにもまた、二八五兆立方フィート〔約八兆一〇〇〇億立方メートル〕もの天然ガスがあると推計されているほか、シベリア西部にバジェノフ・シェールというとてつもなく巨大な石油鉱床がある。このシェール層は、バッケン・シェールの八〇倍もの規模を誇り、その面積はアラスカ州とカリフォルニア州を合わせたよりも大きい。数千億バレルもの原油を供給できると言われているため、エクソンなどがこの地域で足場を築く手段を模索している。

だが、ロシアがシェール鉱床の開発に着手するのは、しばらく先になるかもしれない。ロシアにはまだ在来型エネルギーが豊富にあるため、シェール層に目を向ける必要がないからだ。

一方、再生可能エネルギーによる温暖化抑制を推進している熱心な環境活動家でさえ、シェール層の開発を応援したくなるのが、中国である。世界第二の経済大国となった中国は、石炭を燃やすのが国民的娯楽だとでも言わんばかりに石炭を消費しており、中国の電力生産の八〇パーセントを石炭が占めている。その結果、大気汚染がいつまでも改善されず、市民の平均余命を縮めている。

中国の温室効果ガス排出量はアメリカのおよそ二倍に及び、しかも年間八パーセント以上の割合で増えている。中国の石炭利用をやめさせなければ、地球温暖化を食い止めることなどとうていできない。だが、中国の石炭火力発電は、二〇二〇年までにインドの総発電能力の二倍に達するとも予想されている。そうなれば、中国が排出する温室効果ガスの割合はアメリカの四倍にもなる。気候変動に関する非営利団体バークレー・アースの創設者の一人エリザベス・ムラーによると、アメリカが何らかの形で排出量をゼロに抑えたとしても、中国の排出量がそれほど増加すれば、世界の排出量は四年で元のレベルに戻ってしまうという。

　そのためムラーらは、アメリカがもっと積極的に中国のシェール層開発を支援するよう要請している。アメリカのエネルギー情報局によれば、中国のシェールガスの確定埋蔵量は一一一五兆立方フィート〔約三二兆立方メートル〕と世界一であり、シェールオイルの埋蔵量も世界第三位だという。二〇一二年には中国国務院が、限定的ではあるが自国のシェール層への外国投資に門戸を開き、シェール層の掘削に高い関心を寄せた。また中国の企業も、アメリカのシェール層に数十億ドルもの投資を行ない、この事業のコツを学ぼうとしている。*7

　だが、シェールガスへの転換は容易ではない。中国の岩石層は天然ガス採取が難しく、各坑井のフラッキングにはアメリカの岩石層より多くの水が必要になる。これは、すでに水系《すいけい》が逼迫《ひっぱく》している中国では大きな問題になる。また中国には、パイプラインや関連サービス企業など、シェールガス生産を強化するために必要なインフラがない。中国のシェール層の大半が、開発が難しく地震を誘発しやすい山岳地帯にあることも悩みの種になっている。

　こうして見ると諸外国には、アメリカのエネルギー革命を牽引《けんいん》した重要な要素が欠けているのかもしれない。その要素とは、起業文化や、何年もの試行錯誤に耐えられる十分な動機である。これらは、シェール層の開発になくてはならないものだ。ジョージ・ミッチェルやハロルド・ハム、マーク・パパら向こう見ずな山師たちが粘り強く努力を続けられたのは、シェール層を経済的に活用できる方法を見つければ、並外れた富も名声も手に入ることがわかっていたからだ。政府が大きな社会的役割を担っているほかの国では、それほどの褒美《ほうび》が得られるとは限らない。

　それにアメリカには、パイプラインや地下の地質に関する詳細なデータベースなど、エネルギー関連の広範なインフラがある。そのほか、目新しい掘削に資金を提供してくれる発達した資本市場、どの国よりも多くの掘削リグや採取・貯蔵施設、経験豊富な労働力もある。*8

　またアメリカの法制度では、土地所有者が、その土地の地下の採掘権も、その採掘権を他人に賃貸する権利も持っている。そのため、動きの遅い政府が採掘権を所有している諸外国よりも、掘削を加速させることができた。加えてアメリカには、ノースダコタ州やテキサス州など、豊かなシェール層の多くが位置する地域の人口密度が低いという利点もある。

アプリやドローン、ラップ・ミュージックなど、アメリカがほかの国より優れていると思われる分野はいくつかある。フラッキングもこれまでのところ、アメリカ独自の利点がある分野と言えるのかもしれない。

世界中で石油や天然ガスの生産が急増するのはもう少しあとになるかもしれないが、シェール革命はすでに世界の地政学に影響を及ぼしつつある。

かつて、アメリカをはじめとする数十カ国の命運は、中東の石油を十分に手に入れられるかどうかにかかっていた。アメリカの外交政策は一九七〇年代以降、石油輸出国機構（OPEC）加盟国の禁輸措置に左右されるようになり、禁輸されるおそれがあれば、その地域の安定を守るために貴重な資源を費やさなければならなくなった。

もちろんアメリカは、石油だけのために中東の紛争に介入するようになったわけではない。だが、これまでのアメリカの指導者たちはみな、サウジアラビアなどの湾岸諸国からの原油の流れを止めないことが至上命題だったと認めている。

一九八〇年、当時大統領だったジミー・カーターは一般教書演説でこう述べている。「外部勢力がペルシャ湾岸地域を支配するようなことがあれば、アメリカの死活的利益を侵害する行為と見なす。そのような行為には、必要となるあらゆる手段で報復する。その手段には軍事力も含まれる」

実際、イラクがクウェートの油田を支配すると、アメリカは率先してイラクに侵攻した。石油生産のピークが過ぎ、あとは減少するばかりだという合意が形成されつつある時期にこの事件が起きたのは、決して偶然ではない。

オバマ政権下で第三代国家情報長官を務めたアメリカ海軍退役大将デニス・C・ブレアもこう述べている。「あの戦争は、イラクが石油を支配しすぎたために起きた。あの地域にアメリカが軍事介入するときには、常に石油が関係している。（軍事介入してきたのは）サウジアラビアなどの湾岸諸国が、生産の増減によって石油市場の調整役を担う国だったからだ」

二〇〇六年にはまだ、アメリカの世界的な影響力が陰りを見せていることに不安を感じている人々が無数にいた。アメリカはもはや、西側の民主主義国とは多くの価値観を共有していない中東諸国に頼るほかなかった。

ところがいまでは、そのような状況が一変し、アメリカの政治・軍事指導者の考え方も変わった。アメリカ国内での石油・天然ガス生産が爆発的に増加したため、二〇〇九年以降OPEC諸国からの石油輸入はおよそ二五パーセント減少した。二〇一三年現在、中東から輸入される石油は、アメリカ全体で消費される石油のおよそ八パーセントでしかない。あと数年もすれば、輸入量はごくわずかにまで減少するかもしれない。アメリカはいまや、ここ数十年では初めて、ガソリンなどの石油精製製品の純輸出国になっているほどだからだ。カナダのオイルサンド層からの原油生産が増えれば、輸入分はこの友好国から供給してもらい、中東諸国などに頼る必要もなくなるだろう。

つまり、今後のアメリカ経済は、サウジアラビアやロシア、イラン、トルクメニスタン、ベネズエラといったエネルギー生産国に依存しなくてもいいということだ。いずれも、しばしば西側諸国との関係を悪化させてきた国である。

アメリカは新たに手に入れたこのエネルギーにより、好きなように政策を実施できるようになると思われる。実際、イランの核兵器開発を阻止するため、イラン産原油のボイコットなど、イランへの制裁を強化できたのは、アメリカで産出される石油が増えたからにほかならない。

二〇一二年、ヒラリー・クリントン国務長官は国務省内にエネルギー局を創設し、エネルギーは今後の外交において重要な役割を果たすことになると述べた。アメリカは今後、不安定な非友好国へのエネルギー依存から同盟国を解放するため、同盟国のシェール資源開発を推進していくつもりなのかもしれない。

アメリカの石油生産がこのまま増え続ければ、アメリカは中東への関与を縮小していくことも考えられる。そうすれば、コストのかかる紛争を避け、アメリカの資金や人命を無駄にする機会を減らし、この不安定な地域で関係を改善していくこともできる。ブレア国家情報長官は言う。

「(中東への積極的関与により)石油の流れを維持することには成功したが、この地域で激しい怒りを買った。それが同時多発テロ事件を引き起こし、多くの犠牲を出す原因になった」

だがアメリカは今後も、この地域に幅広く関与していくに違いない。天然ガスとは違い、原油の価格は世界中の買い手や売り手により決定される。そのため、アメリカでの石油生産が増えたとしても、アメリカの原油価格を低く抑えることはできず、中東でまた紛争が起きれば、それを無視することはとうていできないからだ。石油が重要であるかぎり、中東は重要な場所であり続ける。それに、この地域の石油に頼っているアメリカの同盟国は、この地域の安定を維持するため、アメリカが中東への関与を続けることを願っている。

それでも、石油や天然ガスの供給が増える一方で予算の制約が増えれば、危険な地域で身動きができなくなるような状況を避けたり、中東の産油国の国益を考慮するのをためらったりする可能性はある。実際、アメリカはすでに、ホルムズ海峡周辺での空母船団の活動を縮小した。一九七〇年代後半以来イランとの火種になっていた、ペルシャ湾と国際石油市場とを結ぶ海峡である。

このエネルギー新時代には、ほかにも不確定要素が無数にある。中国など、中東の石油への依存度を高めている国が、この地域の安定を維持する役割をもっと担うよう求められることになるのかもしれない。だが、中国が国際舞台で求められる役割にどう対処していくのかは、いまだよくわからない。また、ロシアやイラン、ベネズエラといったこれまでのエネルギー大国が影響力を失うことに脅威を感じ、紛争を引き起こすおそれもある。

だがいずれにせよ、アメリカのシェール革命がもたらした変化により、アメリカがいっそう安定化し、ＯＰＥＣやロシアとの力関係が変化していくことは間違いない。

予想をはるかに超える規模のシェール革命は、家庭の暖房や照明、車の運転など、ほとんどの人にその影響を与えつつあり、偉大なアメリカがいまだ過去のものではないことを再確認させてくれた。だが、フラッキングに関する議論は現在も続いており、それに反感や敵意を抱く人々が、アメリカの未来について気がかりな問題を提起しているのは、前述のとおりである。

本来ならば石油や天然ガスではなく、代替エネルギーで飛躍的な発展がなされるべきだった。ブルッキングス研究所によれば、アメリカ政府は二〇〇九年から二〇一四年までのグリーンエネルギー推進計画に、一五〇〇億ドル以上の予算を割り当てていた。風力発電基地やソーラーパネルなど、再生可能エネルギーのための資金である。シリコンバレーやウォール街の投資家も、代替エネルギーに数十億ドルを投じていた。国際エネルギー機関によると、過去二〇年の間に世界全体で、再生可能エネルギー関連プロジェクトに二兆ドル以上の投資がなされたという。

だがこの投資は、ほとんど成果をあげていない。車は廃棄物や排泄物《はいせつぶつ》を燃料にしてはいないし、風力・太陽光発電はいまだ世界に電力を供給できる態勢を整えてはいない。

その一方で、フラッキング業者たちが政府の指示よりも市場の要望に従い、こともあろうに化石燃料に注目して劇的な成果をあげてしまった。この事実は、ビジネスの世界での飛躍的進歩がどのように成し遂げられるのかを改めて教えてくれる。ビジネスの世界では一般的に、政府の奨励策によりいきなり大発見が行なわれるのではなく、根深い疑念に直面しながらも少しずつ前進を重ねることによって突破口が切り開かれていく。

実際、ジョージ・ミッチェルのチームは、シェール層から十分な量の天然ガスを採取しようと、一七年にわたり失望の日々を過ごした。ハロルド・ハムの部下たちも、二〇〇七年になるまでバッケン・シェールから大量の原油を採取できなかった。シャリフ・スーキの会社も、天然ガスを輸出するアイデアを思いついたときには破綻寸前だった。彼らの仕事を見ていると、歴史を前に進めるうえで粘り強さや忍耐力が重要な役割を果たしていることがわかる。代替エネルギーの突破口もいずれは開けるのだろうが、そのためにはやはり試行錯誤や努力が必要になる。

シェール革命を牽引した人々が成功できたのは、創意、自信、裕福になりたいという熱意があったからだ。これらほどアメリカ人らしいものはない。実際、市場主導型のアメリカ経済がもたらす莫大な報酬により所得格差が拡大したことは否定できないが、それはまた、並外れた成果をあげてやろうという動機も生み出している。

過去二〇年間で最大のエネルギー鉱床二つを発見したのは、どちらもギリシャ移民の息子であるジョージ・ミッチェルとマイケル・ジョンソンだった。二人とも若いうちは苦労を重ねたが、七五歳の誕生日を迎えるころには多大な称賛を受けるほどの出世を果たし、アメリカンドリームの真の体現者となった。

アメリカはもはやイノベーションの優位性を失ったと言

われていた。だがシェール革命により、アメリカはいまだ、創意工夫の能力、リスクをいとわない姿勢、起業家精神を豊かに備えていることが証明された。歴史学者のニーアル・ファーガソンらは、西洋文明は衰退期に入ったと主張しているが、小規模なアメリカの町が再生を果たしている事例は数多くある。エネルギー業界で活躍する若者が六桁に及ぶ給料を稼いでいる姿を見れば、アメリカに潜在する回復力もまた、深刻な不況から回復しつつあることがわかるはずだ。

しかし残念なことに、最近のアメリカではほとんどの重要問題で国論が二分する傾向がある。アメリカのエネルギー産業復興も例外ではない。シェール層からのエネルギー生産については、環境を害するフラッキングは廃止すべきだという主張がある一方で、健康に関する当然の不安を一笑に付し、掘削の積極的な推進を求める人々もいる。

だがアメリカ人は、いまは見過ごされている中間の妥協点に向かって少しずつ進んでいく能力も備えている。白熱した議論が展開されているほかの政治的・社会的・経済的問題同様、この問題についても社会の大義のために協力する方法を見つけることだろう。

相も変わらぬ新たな時代

二〇一三年になっても、アメリカのシェール層は原油や天然ガスの産出を続けた。一日あたりの原油生産量はおよそ八〇〇万バレルに達し、この二五年で最高を記録した。天然ガスの生産量もわずか六年で二五パーセント増え、もはやアメリカがロシアを追い抜いて世界最大のエネルギー大国になろうとしている。新たな雇用が増え、天然ガス価格が低下し、原油価格が安定化したことで、アメリカの貿易赤字は減り、経済は活発化した。

だが、フラッキングの影響に関する懸念は解消されていない。ノースダコタ州では、多くの油井掘削地で放射性廃棄物が発見された。オハイオ州では、フラッキングが相次ぐ微小地震の原因になっていると判断し、州内の一部の地域でフラッキングを制限した。カンザス州などほかの州でも、石油や天然ガスの掘削活動と小さな揺れとの関係が検証されている。

フラッキングへの反発が高まっていることを示す事例はほかにもある。コロラド州では、三つの自治体がフラッキングを禁止した。二〇一三年九月にピュー・リサーチ・センターが実施した調査によれば、フラッキングに反対しているアメリカ人は、六カ月前の三八パーセントから四九パーセントに上昇しているという。

こうした批判に対処するため、フラッキング事業者は作業の詳細についてより多くの情報を提供するようになった。これは明るい兆しと言っていい。たとえば、エクソンモービルはこれまでの方針を改め、掘削活動に関する情報公開を進めると発表した。水や化学物質の使用量、道路への損害、掘削作業が大気の質に与える影響などである。石油・天然ガス会社へのサプライヤーの大手ベイカー・ヒューズも、フラッキング水に使う化学物質をようやく公表した。[*9]

解決策を見つけるのは大変だったが、二〇一四年春には州ごとに妥協案が成立した。ほとんどの地域で掘削の継続が許可されたが、環境保護のために規制も強化された。コロラド州ではアメリカで初めて、メタンの排出を厳しく取り締まる法令が制定された。ワイオミング州では、掘削地に近い井戸の水の検査にアメリカでもっとも厳しい条件が課されたほか、漏れのある坑井の補修や特定の大気汚染物質の測定が企業に義務づけられた。

さらにテキサス州では、地下水を保護するため、坑井の保全について厳格な基準が設けられた。カリフォルニア州では、土地所有者へのフラッキング作業の告知や、現地の地下水の検査を掘削業者に義務づける法律が定められた。またペンシルベニア州では、シェブロンやシェルなどの大手石油企業が環境団体や環境財団と、アパラチア地域の大気や水を保護する対策を策定する契約を結んだ。フラッキングによる汚染を最小限に抑えることを目標に、ほかの団体にも参加を呼びかけたという。[*10]

残念ながら、ほかの州ではこうした喜ばしいニュースはなく、対策への動きは遅い。連邦政府も、ほかの地域で同様の措置を講ずるようエネルギー企業に義務づけるつもりはないようだ。

厄介なことに、フラッキング問題でいがみ合っている当事者のなかには、いっそう態度を硬化させている者もいる。たとえばシエラ・クラブは、ほかの多くの環境団体と協力してペンシルベニア州の妥協案を非難し、「大きく開いた傷口にバンドエイドを貼るようなもの」と主張した。すると、それに負けじとばかりに、掘削擁護派のマーセラス・ドリリング・ニュース・ウェブというサイトが、こんな記事を掲載した。「(シェブロンやシェルが)環境保護論者にどこまでも譲歩する組織になりたいのなら、どうぞ遠慮なくそうして、自社を不利な状況に追い込めばいい。だが、それに従うよう他社に要求するようなまねはするな」[*11]

フラッキングの安全性を確保するには、ある程度の妥協が必要だ。だが、妥協案をまとめようとする人々もやはり、支援どころか厳しい批判を受けている。

「山師の時代」の終わり？

二〇一三年後半、シェール革命を牽引したフラッキング事業者たちは、歴史的な地位を確立したと思えたその瞬間に、足元の地盤が揺らぐのを感じた。国を一変させるため、あるいは大金を手に入れるため多大なリスクを背負ってきた、勇敢で向こう見ずな起業家たちにしてみれば、それはあまりに辛辣《しんらつ》な皮肉だった。

政治的な革命の場合、革命の先導者たちは革命後、日々の政治に長《た》けた人々に政権の座を奪われるケースが多い。シェール革命を牽引した現代の山師たちも同様に、経営状態の優れた巨大エネルギー企業にその座を奪われた。それまでアメリカの油田になど見向きもしなかったエクソンモービルやロイヤル・ダッチ・シェル、ＢＰなどの大手が、数十億ドルもの資金を投じてアメリカの土地を確保し、アメリカでの生産を拡大したのだ。山師たちの時代は終わった。それは、アメリカの有望な石油・天然ガス鉱床の採掘権を確保しようと小企業が争い合った歴史的な土地取得競争の終わりでもあった。

オーブリー・マクレンドンとトム・ウォードは、感謝の言葉もなく自分の会社から追い出された。多国籍企業が数百億ドルを注ぎ込んでアメリカからの天然ガス輸出計画に取り組むようになると、シャリフ・スーキが経営するシェニエール・エナジーの重要性は低下した。間もなく七〇歳になるハロルド・ハムは大手ライバル企業への身売りを期待され、ＥＯＧのマーク・パパは退職を目前にしていた。

だが、アメリカのエネルギー産業復興の物語は、このつまらない新たな時代に直面していた人々にさらなる驚きのエピソードを用意していた。マクレンドンは五四歳の誕生日が近づくと、一念発起して復活に乗り出した。相変わらず強情で自信にあふれていた彼は、以前の会社の本社から一・五キロメートルほどしか離れていないオクラホマシティの六階建てビルにオフィスを開設した。そして一〇余りのプライベートエクイティ会社に六ページにわたる手紙を送り、新たに設立した探査・生産会社に三〇億ドルの出資を求めた。新たな会社は、アメリカン・エナジー・パートナーズと命名された。やはりアメリカの土地にこだわり、相変わらず外国の土地には関心がないことを反映した名称である。

マクレンドンは何とかして投資家の関心を引こうと、その手紙にこう記した。アメリカのシェールガス・ブームの「発見」段階が終わったいま、機は熟している。「この産業の次の発展段階も同じように活力に満ち、投資家にさらなる利益をもたらす可能性がある。いまこそ行動するときだ」。こうした文言は、二〇〇七年にチェサピークの経営に行き詰まったころの言葉に似ていなくもない。

だがウォール街は鼻で笑うだけだった。一連の無責任な行動でチェサピークを首になって間もないのに、そんな大金を要求するなんて図々しいにもほどがある、と言う投資家もいた。それに、マクレンドンら新たな会社の経営陣は、新会社の利益に対して過大な分け前を要求するとともに、この種の取引ではありえないほどの経営権を求めていた。投資家たちが顔色を変えるのも無理はない。

それでもマクレンドンはやがて、自分の復活に賭けてもいいという投資家を数名見つけた。エクソンモービルの元CEOリー・レイモンドの息子ジョン・レイモンドが経営するヒューストンの会社や、コネチカット州グリニッチの有名プライベートエクイティ会社ファースト・リザーブの支援を得て、合計およそ一二億ドルの資金の調達に成功した。後にはほかの投資家も、マクレンドンの新会社にさらに数億ドルを提供することに同意している。

それを受け、マクレンドンはすぐさま仕事に取りかかり、チェサピーク時代に確保できなかったオハイオ州のユーティカ・シェールの土地を取得した。当時から、この斜陽化した工業地帯には大量の原油や天然ガスがあると踏んでいたからだ。マクレンドンが取得した新たな土地の大半は、ロイヤル・ダッチ・シェルなどの大手から、あるいはエクソンモービルやヘスの系列会社から購入したものだった。大手はいまだ、アメリカのシェール層の価値を完全には信用していなかったようだ。

だが間もなく、業界関係者は嫌々ながらマクレンドンの慧眼《けんがん》を認めざるを得なくなった。ユーティカ・シェールはまた想像していた以上に将来性があった。マクレンドンはまたしても、その地域の最良の土地の確保に成功したのだ。勢いづいたマクレンドンは、別の会社を設立してさらに資金を工面すると、パーミアン盆地やマーセラス・シェールなどでも掘削を始めた。二〇一四年夏までにマクレンドンが投資家から集めた資金は、一〇〇億ドルに及ぶ。業界内では、マクレンドンが間もなく新会社の株式を公開し、復帰の地盤を固めるのではないかとの噂も流れ始めた。

　そのころからマクレンドンは、かつての不健全な癖に再び手を染めるようになった。二〇一四年春には、テキサス州アーリントンのＡＴ＆Ｔスタジアムの特別観覧席の利用権を七五〇万ドルで取得した。それまでチェサピークが賃借していた、アメリカンフットボール・チームのダラス・カウボーイズのホームスタジアムの特別観覧席である。チェサピークはこの賃借料を負担に感じ、マクレンドン時代のこの負の遺産を手放したいと思っていたが、マクレンドンはこの価格がそれほど高くないと思ったようだ。こうしてマクレンドンは完全復帰を果たした。投資家の気を引き、アメリカのシェール層に賭け、遊興に大金を費やし、再びエネルギー業界トップの座を狙おうとしている。

　トム・ウォードも、サンドリッジ・エナジーから追放されると、復帰に向けた行動を始めた。その方法はマクレンドン同様、やはりかつての戦略に沿ったものだった。ウォードは、天然ガス価格が低迷しているいま、電気会社や輸送会社などが安い天然ガスをますます利用するようになっているため、天然ガス価格は間もなく回復に向かうと確信していた。そこで、相変わらず取引好きだった彼は、二〇一三年を通じて天然ガス価格の上昇に多額の資金を賭けた。

　すると、予想はみごとに当たった。二〇一四年の春には、一〇〇〇立方フィートあたりの天然ガス価格が五ドル近くまで上昇した。ほんの数年前の半分にも満たない数字ではあったが、それでも一年で五〇パーセントもの増加である。業界関係者にはほとんど知られていなかったが、ウォードはこのおよそ一年の間に一億ドルを超える取引利益をあげ、おそらくは天然ガスの価格回復により最大の恩恵を受けた人物となった。

　その後、ウォードはマクレンドン同様、タップストーン・エナジーという新会社を立ち上げ、サンドリッジ時代に注目していたカンザス州のミシシッピ・ライムの土地を購入した。ロイヤル・ダッチ・シェルが取得していた六〇万エーカー〔約二四〇〇平方キロメートル〕の土地である。シェルは、フラッキング事業者に追いつこうとするあまり、二〇一一年の土地取得ブームのピーク時に高値でこの土地を取得したことを後悔していたようだ。ウォードはその土地を手に入れると、そこで水平掘削を強化する計画を立て、サンドリッジとの直接対決に臨んだ。またしても、大手石油企業が撤退したところへ乗り込む形である。

　だがウォードは、そのほかの点では過去から決別したようだ。二〇一四年春には、バスケットボールチームのオクラホマ・サンダーの所有権をタルサの実業家ジョージ・カイザーに売却した。さほど熱心なバスケットボールのファンでもなかったため、もっと取引や掘削や慈善事業に身を捧げたいと思ったらしい。フラッキング事業者のなかにも、金銭を使い放題に使う姿勢を改めた人間が少なくとも一人はいたことになる。

　ＥＯＧは相変わらず、他社が無視してきたアメリカの土地で石油を探していた。投資家への説明によれば、新たにコロラド州やワイオミング州のシェール層に期待を寄せているという。[*12] また、バッケン・シェールから回収可能な原油量の見積もりを以前より大幅に増やし、この地域にもハロルド・ハム並みの期待を抱いている。ＥＯＧの株価は二〇一四年の前半の間に急騰し、会社の市場価値は六〇〇億ドルを超えた。シェール層の掘削に賭けたマーク・パパの判断に間違いはなかったということだ。

　シェール革命を牽引したフラッキング事業者たちが復帰の成功を喜んでいるころ、大手ライバル企業は予想外の苦戦を強いられていた。シェルは二〇億ドルもの評価損を受け、テキサス州南部のイーグルフォード・シェール地域の多大な権益を売却し、一〇万エーカー〔約四〇〇平方キロメートル〕以上の土地を取得していたこの地域から撤退すると発表した。ＢＰは、シェール層の掘削を中心とするアメリカでの事業を切り離し、新たに設立する小規模な会社にその事業を託すことにした。同社ＣＥＯのボブ・ダドリーによれば、「独立系事業者ともっと効果的に競争できるようにするため」だという。ＢＰはまた、一〇万五〇〇〇エーカー〔約四二〇平方キロメートル〕を取得していたオハイオ州北東部のユーティカ・シェール地域の掘削の中止を決定している。[*13]

　二〇一四年の推計では、活況を呈しているテキサス州のパーミアン盆地での生産の四〇パーセントが、アメリカ人山師たちが操業している油井から産出されており、アメリカの一日の原油生産量を八四〇万バレルまで押し上げているという。一方、シェブロンやエクソンモービルはその年の春、エネルギー生産量が減少していると述べ、投資家たちを落胆させている。ここでもまた、機敏に行動できるアメリカの新興企業が、大手ライバル企業を打ち負かしたことになる。

ロシア、ウクライナ領クリミア半島を併合

二〇一四年春、アメリカの油田やガス田から遠く離れたヨーロッパで緊張が高まった。ロシアがクリミアを併合し、新政権が成立したばかりのウクライナからその地の支配権を奪ったのである。ロシアの大統領ウラジーミル・プーチンが西側諸国の抗議を一笑に付すと、ロシアがヨーロッパにさらに圧力をかけてくるのではないかとの懸念が高まった。ヨーロッパは天然ガス供給のおよそ三〇パーセントを、ロシアの天然ガス大手ガスプロムに頼っていたからだ。

プーチンやロシアの圧力に対抗する方法は、一つしかないように思われた。アメリカ産の天然ガスの輸出である。だが、天然ガスの輸出に向けて動いている企業など、シャリフ・スーキ率いるシェニエール・エナジーしかなかった。そのシェニエールも、天然ガスの輸出を始めるのは二〇一五年後半からの予定だった。

わずか五年前、スーキはウォール街のある一流投資家に、「あなたの楽観主義は妄想じみている」と言われた。それがいまや、地政学的問題の救世主になろうとしていた。政治家や実業界の指導者らが、ロシアの力を弱めるため、天然ガスの輸出を早めるよう要請した。《ニューヨーク・タイムズ》紙も、社説で天然ガスを「外交ツール」と位置づけ、オバマ政権に輸出申請の「審査を加速」するよう求めた。天然ガスの輸出にはフラッキングが伴う事実には一言も触れなかった。[*14]

スーキには、自分の会社が注目を浴びたことを喜ぶ理由がほかにもあった。二〇一四年の前半、シェニエールの株価は七〇ドル近くまで上昇した。この二年で六五〇パーセント以上の増加である。スーキはすでに、手持ちの株式のおよそ一億ドル分を売却していたが、それでもまだ四億五〇〇〇万ドル分を超える株式を持っていた。報道によれば、そのうえさらに、二〇一三年には一億四二〇〇万ドルもの報酬を受け取ったという。そのほとんどは株式だったらし

いが、それにしてもアメリカでこれほどの報酬を得た企業幹部はほかにいない。

スーキは言う。「私の目的はいつも金もうけだった。だがときには、利益になると思ってやっていたことが社会の役に立つ場合もある。そんな立場にいられてラッキーだよ。(中略)いい気分だ」

一方、ハロルド・ハムの資産も、コンティネンタル・リソーシズの石油や天然ガスの生産が増えるにつれ、スーキの資産をはるかに上まわるペースで増加した。テクノロジー業界の大物さえ太刀打ちできないほど、その資産はみるみる額を増していった。有価証券報告書をもとにした推計によれば、二〇一四年にはハムの資産がおよそ一八〇億ドルに達したという。九カ月でおよそ六〇億ドルの増加である。

ハムは、ノースダコタ州のバッケン・シェールにはもっと多くの原油があると断言してはばからなかった。懐疑派たちが改めて懸念を表明しても、意に介する様子はなかった。実際、二〇一四年の第一四半期には、コンティネンタルの石油生産が年率で二五パーセント増え、利益も六〇パーセント増加している。[*15]

ハムは《フォーブス》誌の表紙にも登場した。同誌は、ハムをジョン・D・ロックフェラーになぞらえ、世界でもっとも裕福な二〇人に入ると称賛する記事を掲載した。

だがハムの私生活は相変わらず混乱が続いた。二五年連れ添った妻との離婚訴訟は、さまざまな議論を呼んだ。ジャーナリストを巻き込んだ醜い争いのなかで、ハムは数十億ドルもの小切手を切る必要があるのか、あるいは会社の権限を部分的に譲渡する必要があるのかといった問題が取り沙汰された。

離婚訴訟は、二〇一四年夏に裁判が行なわれる予定だ。ハムはこの訴訟を受け、今後の人生についてある決断を下した。《フォーブス》誌の記者に再婚の可能性はあるかと聞かれ、ハムはこう答えている。「絶対にない。二度としないよ」[*16]

謝辞

ジョージ・ミッチェル、ハロルド・ハム、マーク・パパなど、シェール革命を実現した人たちと一〇〇時間以上もの時間を過ごす機会に恵まれたことに感謝している。ニコラス・スタインスバーガー、ケント・ボウカー、ダン・スチュワード、ケン・ボウドン、テリー・エンゲルダー、マイケル・ジョンソン、ジェームズ・コチック、ジェームズ・ヘンリーなど、アメリカを一変させる下地をつくった人たちも、有益な情報を快く提供してくれた。

業界の監視人として重要な役割を果たしている評論家の方々も、気前よく時間を割いてくれた。エネルギー業界で働いている人やその影響を受けている人のほか、全国を巡り歩いているときに出会った無数の方々にも、感謝の気持ちでいっぱいだ。自分の見解やシェールオイルとオイルシェール（油頁岩《ゆけつがん》）の違いを説明してくれたり、不案内な土地で困っているときに地元のモーテルの場所を教えてくれたりした人たちである。

出版担当者のエイドリアン・ザックハイムはこの書籍に尽きることのない情熱を注ぎ、編集者のマリア・ガリアーノは専門的な知見や判断を提供してくれた。ブルース・ギフォードは制作管理を、ローランド・オットウェルは校閲を、イングリッド・スターナーは事実確認の手伝いを担当し、それぞれ一流の仕事をしてくれた。

モシェ・グリックにも心から感謝の意を表したい。フラッキングという言葉が浸透するかなり前から本書のアイデアを提示し、この仕事を続けるよう励ましてくれた。また、スコーブ&ハル・ラックス夫妻がいなければ、この書籍が日の目を見ることはなかった。二人はいつでも辛抱強く数々の質問に答え、原稿を精査してくれた。エド・モースやスコット・アンダーソンといった業界の専門家の方々からも、有益な意見をいただいた。

調査助手として並外れた仕事を根気よくこなしてくれたドニ・ブルームフィールドや、同じく調査助手として質の高い貴重な仕事をしてくれたレイチェル・ルイーズ・エンサインには頭が上がらない。そのほか、同僚や元同僚、友人、家族からの貴重な助言や批評もありがたかった。エズラ・ザッカーマン・シヴァン、ヴァネッサ・オコネル、ブラッド・レーガン、ロン・ポラック、エリック・ミールケ、カレン・リチャードソン、リアム・プレヴェン、クレイグ・カーミン、ドニ&エリック・ランディ、ジョシュ・マーカス、スージー・ヌスバウム、ハロルド・シマンスキー、アダム・ブラウアー、ロビン・シデル、ジョン・フィリップスといった面々である。

本書の執筆を承認してくれた《ウォール・ストリート・ジャーナル》紙の編集長ジェラード・ベイカー、および副編集長のレベッカ・ブルーメンスタインとマット・マリーにも感謝したい。同紙の金融・投資欄の編集者フランチェスコ・ゲレーラにも多大な支援をいただいた。

夜遅くまでいつも仕事につき合ってくれたマイルス・デイヴィス、ポール・ケリー、リアム・フィン、ニール・ヤング、キャスリーン・エドワーズ、サイモン&ガーファンクル、ヤズへの感謝も忘れてはならない。

母ロバータ・ザッカーマン、いまは亡き父アラン・ザッカーマンは、若者が望みうる最高の両親だった。二人の教えや愛情が、私を導き、私の背中を押している。

そして最後に、家族に感謝の言葉を述べたい。妻のミシェルはこのプロジェクトの間、多大な忍耐力や理解力を発揮し、十二分な支援を提供してくれた。本書を五〇〇ページ以内に収めるよう主張したのも妻である。それを聞けば、読者も妻に感謝したくなるだろう。また、世界一すばらしい二人の息子、ガブリエル・ベンジャミンとイライジャ・シェインに愛情と感謝を捧げたい。執筆中、二人はいつもそばにいてくれた。休憩したいときに二人としたキャッチボールは、行き詰まった脳の活性化に大いに役立った。本人たちは気づいていないだろうが、二人は私の毎日に喜びと幸せをもたらしてくれる存在だ。

原書刊行以後の関連事項

二〇一三年　七月　ジョージ・ミッチェル死去。九四歳
二〇一四年　三月　ロシアがウクライナ領クリミア半島を占拠。ロシアへの併合を宣言
二〇一五年一二月　シェニエール最高経営責任者のシャリフ・スーキ、もの言う株主カール・アイカーン主導の動きにより退任させられる
二〇一六年　二月　シャリフ・スーキ、シェニエールの同業となる企業テルリアンを創設
　　　　　三月　オーブリー・マクレンドン死去。猛スピードで車を運転中に車道脇の壁に衝突。事故の二日前、米司法省が同氏を不正入札で起訴すると発表。自殺説がささやかれる。五六歳
　　　　五月　サンドリッジ・エナジー、破産申請。その後ファンドの支援を得て再建模索
　　　　一〇月　サンドリッジ・エナジー、再上場
　　　　一二月　コンチネンタル・リソーシズ最高経営責任者のハロルド・ハム、トランプ大統領によりエネルギー政策顧問に指名される
　　　　　　　　ＯＰＥＣプラスが設立される。ＯＰＥＣ加盟一三カ国に、ロシアなど一〇カ国を加えた組織。アメリカのシェールオイルによって弱まったＯＰＥＣプラス構成国の価格支配力を、再度強化するための動き
二〇一九年　八月　米石油準大手オクシデンタル・ペトロリアム、パーミアン盆地にシェール資産を保有するアナダルコの買収を完了。大手シェブロンに競り勝った買収案件

二〇一九年一二月　中国の武漢市で、新型コロナウイルス感染症の第一例目の感染者が報告される。その後、世界的に感染が拡大

二〇二〇年　四月　二〇日、アメリカ産WTI原油の先物が、原油先物史上初めてマイナス価格を記録。最安値は一バレル＝マイナス四〇・三二ドル

六月　チェサピーク・エナジー、破産申請

七月　米石油大手シェブロン、シェール大手ノーブル・エナジーの買収を完了

二〇二一年　一月　米石油大手コノコフィリップス、シェール大手コンチョ・リソーシズの買収を完了

一月　デボン・エナジー（二〇〇二年にミッチェル・エナジーを買収したシェール大手）、同業WPXエナジーの買収を完了

二月　チェサピーク・エナジー、再上場

六月　米石油大手エクソン、環境対策の強化を主張するもの言う株主が推挙する四名のうち、三名が取締役に就任すると発表（取締役会メンバーは計一二名）

八月　アフガニスタンから米軍が撤退

一〇月　ヨーロッパで天然ガス価格が高騰。過去最高値を記録

原油先物価格が高騰。同月八日、アメリカ産WTI原油の先物価格が、七年ぶりに一バレル＝八〇ドルを超える

二〇二二年　一月　OPECプラス、増産を見送り。アメリカなどからの増産要請を拒否する形に

二月　二四日、ロシアがウクライナへ軍事侵攻開始

三月　上旬、アメリカ産WTI原油の先物価格が、一バレル＝一三〇ドルを超える。欧州天然ガスの翌月物の価格、ウクライナ侵攻前の二倍超に

解説　「シェール革命」がもたらした巨大な変化

（一財）日本エネルギー経済研究所　専務理事・首席研究員
小山　堅

本書は、Gregory Zuckerman, *The Frackers*, Portfolio/Penguin, 2014〔増補ペーパーバック版〕の全訳である。本書についての以下の「解説」は、この本の内容を改めて紹介したり、評したりしようとするものではなく、本書が取り上げている巨大なテーマ、「シェール革命」について、その位置づけを今日の国際エネルギー情勢の中で解説することを試みるものである。

もちろん、本書の主人公であり、原著のタイトルにもなっている「Frackers《フラッカーズ》」と呼ばれる人々――ジョージ・ミッチェルを始めとする挑戦者精神・起業家精神に富んだ、ダイナミズムに溢《あふ》れるビジネスマンたち――の存在や働きが無ければ、そもそもシェール革命は発生しなかったといえる。そして、もしシェール革命なかりせば、実際に発生した「革命」のBeforeとAfterで見られたような巨大な変化は、アメリカに、そしてアメリカのエネルギー市場に、さらには世界のエネルギー市場に、最終的には国際情勢・地政学全般に、起きなかっただろう。まさにFrackersたちの活躍とその功績が、激動を続ける二一世紀以降の世界のエネルギー情勢の最も重要な部分の一つを形作ってきたのである。したがって、本書を読むことは、その巨大な変化を引き起こしてきた偉人たちの、タフで生々しい物語の世界に入り込むことである。その物語そのものを楽しむことは読者に任せ、筆者はその偉人たちが図らずも引き起こした巨大な変化を語ってみたい。

「シェール革命」とは何だったのか

巨大な変化をもたらした「シェール革命」とは、そもそも何だったのか。米国の石油関係者にとっては既知であった膨大なシェール資源（石油及びガス）だが、それを経済的に採掘する技術・システムが存在しなかった時、それは単なる地下に存在する物質（資源）であり、経済的な意味を持たないものであった。しかし、水平掘削や水圧破砕法（フラッキング）等の先進技術の組み合わせとFrackersたちの野心的な挑戦が様々な課題を克服した結果、巨大な地下資源が、一気に有意の経済財に変わったのである。そしてその結果もたらされた、米国の石油・ガス生産の劇的な拡大こそが最も狭義の「シェール革命」と言える。しかし、一般的には、それに加えて、石油・ガス生産拡大によるエネルギー自給率の向上と輸出の開始、生産拡大による国内外のエネルギー価格への低下圧力発生、米国におけるエネルギー選択の変化とそれによる二酸化炭素排出の大幅減少、国際エネルギー市場におけるパワーバランスの劇的変化、石油・ガス産業の活況とエネルギー価格低下による米国経済浮揚《ふよう》効果、エネルギー・経済・地政学面における米国の国力増大、等、より幅広く多様で、巨大なインパクトを持った変化全体を指して「シェール革命」ということができるだろう。

近代石油産業が一九世紀後半に米国で誕生した後、米国は常に世界最大の生産量といざという時に増産可能な生産余力を持つ最重要の産油国であり続けてきた。ちょうど一九八〇年代から今日に至るサウジアラビアの役割を、かつては米国が一世紀近く担い続けてきたのである。二〇世紀は「石油の世紀」と呼ばれる時期であり、その石油からもたらされる国際政治・世界経済上の「パワー」をコントロールする最も重要な国家が米国であった。しかし、米国の石油需要が供給を上回る増加を続け、ついに一九六〇年代前半には石油生産が需要を下回り、米国は石油の純輸入国に転じた。第一次石油危機が発生した一九七三年の時点で、米国の石油の純輸入依存度は三七％に達していた。この間、急速に石油生産を増加させ、世界の石油供給の重心になったのが中東地域であり、産油国グループとしてのＯＰＥＣであった。

しかも、米国の石油生産は、一九七〇年に記録した一一三〇万B/D（B/Dは、一日あたりのバレル数。barrel per dayの略）をピークに、二〇〇〇年代の前半まで、長期的な減産傾向を辿《たど》ってきた。その間、アラスカ・プルドーベイ大油田の生産開始で、一九八〇年代の半ば頃まで一時的に増産となり持ち直しを見せたが、以降は再び減産が続いた。二〇〇六年の生産量は六九九万B/Dとなり、ピーク時から約四割減となった。この時点での米国の石油消費は約二一〇〇万B/Dであり、石油純輸入量は約一四〇〇万B/D、輸入依存度は六六％に達していた。当時、米国の石油生産は長期減産が続くことが主流の見方になっており、輸入依存度の上昇は不可避との見方が関係者の「常識」であった。

しかし、Frackersたちの大成功と活躍で米国の生産は奇跡的な復活を遂げた。米国の石油生産は二〇〇六年の六八三万B/Dを底に増加を始め、コロナ禍前の二〇一九年には二・五倍の一七〇七万B/Dに達した。

一方、天然ガスについても、米国は一九八〇年代前半まで世界最大の生産国であり、その後、旧ソ連あるいはロシアに一位の座を譲ったものの、二〇〇一年までは緩やかな増産傾向を辿った。だが、米国の天然ガス生産は二〇〇一年に五三一九億立方メートルでピークに達し、減産に入った。一九九〇年代の後半から二〇〇〇年代の前半、米国は急激にガスの輸入依存を高め、今後、世界最大のＬＮＧ輸入国になる、との見通しが米国内外で広まった。この見通しの下、米国ではＬＮＧ輸入基地建設ブームが起こったのである。

しかし、シェール革命はこの見通しも完全にくつがえした。米国のガス生産は、二〇〇五年の四八九四億立方メートルを底に、二〇一九年には一・九倍の九三〇〇億立方メートルにまで増加したのである。この急増で、米国は石油・天然ガス共に世界一位の生産量を誇る国になり、二位（石油はサウジアラビア、ガスはロシア）との差を大きく広げている。

これほどまでに生産拡大が急速に進んだ背景には、まさにFrackersたちの活躍がある。もともと膨大な資源が賦存《ふぞん》していたところに、技術進歩を活用して挑戦者精神に富んだ起業家が開発に挑み、その成功が一気に多数のシェール開発業者によって水平展開された。しかも、米国に張り巡らされていたパイプライン網の存在が生産された石油・ガスを直ちに市場に直結させる作用を持ったことも大きい。さらに米国の法制度の下では、地下資源が土地所有者に帰属するため、油田・ガス田の開発のロイヤルティ（使用料）がもたらす収益が、土地所有者をして開発を積極的に進めさせていこうとするインセンティブとなってきたのである。こうしてFrackersたちの大活躍とそれを支えるインフラや制度基盤の存在が相まって、未曽有の規模・速度での生産拡大が現実のものとなった。

米国が一九六〇年代に石油の純輸入国化して以来、そして特に一九七三年の石油危機で国際政治・世界経済・国際エネルギー市場における米国の地位と威信が大きく傷付けられてからというもの、米国は何とかしてエネルギー自給を再達成しようと様々なエネルギー政策上の取組みを実施してきた。もっとも有名なのは、石油危機の直後に発表されたニクソン大統領による新国家事業、「Project Independence」であろう。これを嚆矢《こうし》として、歴代の米国政権はエネルギー自給化とエネルギー安全保障強化をエネルギー政策の最重要の柱としてきた。しかし、前述した通り、現実には二一世紀初頭に至るまで米国の生産は減少し、自給どころか輸入依存度が一層増大してきたのである。

しかし、シェール革命で石油輸入依存度の低下が劇的に進むこととなった。驚くべきことに、石油の輸入依存度は二〇〇六年の六六%から、二〇二〇年には四%にまで一気に低下、ほぼ自給を達成した。天然ガスも同様で、二〇〇五年に二二%まで上昇していた純輸入依存度は急速に低下、二〇一一年には早くも純輸出国となって二〇一九年以降は自給率が一二〇%を大きく超える（国内消費を二割以上超える純輸出を実施）までに至っている。こうして、シェール革命が進行する中で、もはや米国はエネルギー輸入依存から生ずる様々な課題に苦しむ国では無くなった。むしろ、ガスも石油も国内に豊富に存在し、輸出すら拡大する国に、わずか一五年の間に転換してしまったのである。

米国のエネルギー安保観の変化――「不足」認識から「豊富」前提へ

この変化が、米国のエネルギー安全保障観にも大きな変化をもたらしたのは当然である。石油危機以降、米国政権のエネルギー政策には、輸入依存問題に基づくエネルギー安全保障対策がその骨格にあった。米国はエネルギーが不足した国であり、その弱点をどう克服するか、という意識が政策立案・実施の根底にあり続けてきた。しかし、シェール革命による生産の劇的拡大で、「不足」認識のくびきから米国は解き放たれた。むしろ国内に存在する膨大なシェール資源とそれに基づいた大量のエネルギー供給、すなわち「豊富」を前提としたエネルギー戦略が根本に据《す》えられるようになったのである。

前トランプ政権下においては、エネルギー政策の分野において、「Energy Dominance」という言葉がしばしば用いられた。この言葉の定義や解釈は様々可能であるが、筆者は根本的な理解として、シェール革命によって増大した米国の石油・ガスを中心としたエネルギー供給を、米国の国益最大化のために追求すること、という考えがあったものと考えている。これは、まさに「豊富」に立脚したエネルギー戦略であり、米国の国家戦略が「不足」から「豊富」に基づくものに一八〇度転換したことを端的に示すものであったといえる。その意味で、前トランプ政権のエネルギー政策は、シェール革命のもたらした巨大な果実を最大限活用しようとする、生々しいほどに現実的な政策であり、米国の変化を如実に物語るものだった。

国際エネルギー市場のバランスの変化

シェール革命がもたらした変化は、極めて多様で、巨大である。米国のエネルギー安全保障観を変えただけでなく、国際エネルギー市場の需給バランスやパワーバランスを変えてしまった。例えば、国際石油市場ではシェールオイルの大増産で世界の石油供給が過剰となり、原油価格を強く下押しする効果を持った。二〇一四年後半から始まった油価急落とその後の価格低迷をもたらした最大の原因は、米国の大増産だった。その油価急落に対応して始まったのがＯＰＥＣプラスの協調減産であった。従来のＯＰＥＣによる減産だけでは需給調整が十分に機能しないほどに供給過剰をもたらした主因である米国大増産に対応して、非ＯＰＥＣのロシアも減産に参加する枠組みが出来上がった。この新しい枠組みでの協調減産体制は、まさにシェール革命のインパクトに対応するために生まれたものといって良い。ＯＰＥＣプラスの産油国にとってみれば、米国のシェールオイルは、最も恐るべき競争相手となったのである。

米国の国内市場、CO_2排出量、経済成長への影響

大増産が価格低下をもたらしたのは、国際市場においてだけではない。米国の国内市場にもシェール革命はまさに巨大な影響を及ぼした。例えば、急激に拡大を続けた米国のガス生産は、輸出に向かう前に国内市場で急速にシェアを広げた。それは、生産拡大によって米国内で供給が過剰になり、米国の国内ガス価格が大幅に低下した結果もたらされた変化である。

最も顕著な変化は発電部門で生じた。米国では長く石炭が発電の約五割を占める最重要燃料であったが、ガス価格が大幅に低下すると石炭は価格競争に敗れ、急速に国内発電シェアを低下させた。現在では天然ガスが米国における最大の発電燃料となり、石炭のかつての地位を奪い取ることになった。このことは、米国における石炭からガスの転換を大きく促進し、その結果として米国のCO_2排出量が大幅に低下する効果をもたらした。米国のCO_2排出量は、二〇〇七年のピーク、五八・八億トンから、コロナ禍の影響の前、二〇一九年の四九・九億トンまで八・九億トン（一五％）も減少している。この減少をもたらしたのは、政府のエネルギー・気候変動政策などではなく、シェール革命の効果としての石炭から天然ガスへの転換である。

さらに、米国にとって、シェール革命の効用は輸入依存度の低減やCO_2排出削減に止《とど》まらず、経済成長への貢献という大きなプラス効果をもたらしている。すなわち、石油・天然ガスの大増産は、石油・ガス企業を始めと

する関連インフラ産業を含めた、幅広い投資の拡大および雇用の増大と消費活性化をもたらし、米国の経済成長を支える重要な要因になった。拡大する生産を基盤とした輸出ビジネスも活発化し、今や米国は世界の主要なLNG輸出国になるなど、新たなビジネス機会の提供とそれを通じた経済成長にも寄与した。二〇〇八年のリーマンショックで傷ついた米国経済立て直しが政権の最重要課題であったオバマ大統領は、当初は経済回復の起爆剤の一つとして、いわゆる「グリーン・ニューディール」の概念を重視していた。再生可能エネルギーなどの拡大や気候変動対策が新たな成長の源泉として米国経済の復興に寄与する、という期待に基づいたものである。しかし、現実に米国経済の回復・拡大に貢献したのは、グリーン・ニューディールではなく、上述してきたシェール革命の多様で巨大な効用であった。こうして、シェール革命は、米国の国力の包括的な強化に多大な貢献を行なうことになったのである。

今後の展開

コロナ禍を経て、バイデン政権の下での米国の石油・ガス産業は、また新たな市場環境に置かれている。コロナ禍による原油価格の著しい低下で、米国の石油生産は二〇二〇年に前年比でマイナスとなった。二〇二一年に入って徐々に生産は回復し、二〇二二年以降は再び拡大に向かうと見られているが、かつてのような急速・大幅な拡大は見られないのではないか、との見方も出ている。気候変動対策強化の下で、化石燃料の将来そのものに様々な不確実性が生じていると言っても良い。バイデン政権は、気候変動対策を政権の最優先課題と位置付け、前トランプ政権のように石油・ガスを明確に重視する政策とは一線を画している。むしろ、化石燃料全般に対して厳しい目を向ける姿勢が目立つ。しかし、同時に、シェール革命の成果である「豊富」が米国の国力と米国経済を支えていることは現実であり、その現実はバイデン政権内でも（立場の違いはあれ）無視はできないものである。気候変動対策を最重視しながらも、石油・ガスの持つ重要性を無視できないことは、二〇二一年後半に発生した世界的なエネルギー価格高騰の問題で、米国も改めて再認識させられることになったのではないか。また、ウクライナ情勢の緊迫で、欧州のロシア産ガスへの高い依存度に伴うエネルギー安全保障問題への懸念が大きく高まる中、米国のLNG輸出の戦略的な意味を米国内でも再認識する動きが強まっている点も注目される。こうした現状を考える時、やはり、米国の国力を支えている重要な分野の一つが石油・ガス部門であり、それを可能ならしめたのは、Frackersたちの取組みが先陣を切ってもたらしたシェール革命であることを思い返す必要がある。シェール革命が今後どのような展開をみせるのか、バイデン政権を始めとする今後の米国政府のエネルギー・気候変動政策の行方とその影響が注目されるが、その政策・市場環境の下で、Frackersたちの「後継者」がどのような対応をしていくのか、も重要なポイントになっていくだろう。

二〇二二年二月

15 Chester Dawson, "Continental Resources First-Quarter Net Income Rises 60% on Higher Oil Output," *Wall Street Journal,* May 8, 2014.

16 Christopher Helman, "Harold Hamm: The Billionaire Oilman Fueling America's Recovery," *Forbes,* April 16, 2014.

2012.

10 Asjylyn Loder, "McClendon Eating Healthy No Help in Bet Undermining Chesapeake," Bloomberg News, June 27, 2012.

11 Michael Erman, Anna Driver, and Brian Grow, "Insight: How SandRidge Energy's CEO Adapted the Chesapeake Playbook," Reuters, January 14, 2013.

エピローグ

1 Ben Lefebvre, "Gas Glut Favors Would-Be Exporter," *Wall Street Journal,* January 23, 2012.

2 Steven Mufson, "The Natural Gas Revolution Reversing LNG Tanker Trade," *Washington Post,* December 7, 2012.

3 Ben Lefebvre, "Cheniere CEO: Traders Needed as Natural Gas Appetite Grows," *Wall Street Journal,* March 7, 2013.

4 Tom Fowler, "U.S. Oil-Production Rise Is Fastest Ever," *Wall Street Journal,* January 18, 2013.

5 Jennifer Hiller, "EOG Resources: Eagle Ford Shale Is 'Steaming Ahead,' " *FuelFix,* May 16, 2013.

6 Frank Bass, "Eagle Ford Shale Boom Fuels 'Madhouse' in South Texas Counties," Bloomberg News, March 15, 2013.

7 John Kemp, "Is Bakken Set to Rival Ghawar?," Reuters, November 9, 2012.

8 Joshua Schneyer, Brian Grow, and Jeanine Prezioso, "Special Report: Lack of a Prenup Imperils Oil Billionaire's Fortune," Reuters, June 14, 2013.

9 Daniel Gilbert and Tom Fowler, "Chesapeake Investors Tired of the 'Aubrey Discount,' " *Wall Street Journal,* January 30, 2013.

10 Brianna Bailey, "Outgoing CEO McClendon Bids Chesapeake's Oklahoma City Workers Farewell," *Oklahoman,* March 28, 2013.

あとがき

1 Laura Legere, "Sunday Times Review of DEP Drilling Records Reveals Water Damage, Murky Testing Methods," *Scranton Times-Tribune,* May 19, 2013.

2 同上。

3 Mead Gruver, "Wyoming Air Pollution Worse Than Los Angeles Due to Gas Drilling," Associated Press, March 8, 2011.

4 Cassie Werber and Sarah Kent, "U.K. Increases Estimates of Shale-Gas Reserves," *Wall Street Journal,* June 27, 2013.

5 Mark Seddon, "The Long, Slow Death of the UK Coal Industry," *Guardian,* April 10, 2013; Andrew Bounds, "Coal No Longer King but Still Important," *Financial Times,* April 21, 2013.

6 Taos Turner and Daniel Gilbert, "Chevron, YPF Sign $1.5 Billion Shale-Oil Deal," *Wall Street Journal,* July 16, 2013.

7 Elizabeth Muller, "China Must Exploit Its Shale Gas," *New York Times,* April 12, 2013; Edward Wong, "Pollution Leads to Drop in Life Span in Northern China, Research Finds," *New York Times,* July 8, 2013.

8 The Boston Company, *End of an Era: The Death of Peak Oil,* February 2013.

9 Daniel Gilbert, "Exxon to Detail Fracking Risks," *Wall Street Journal,* April 4, 2014.

10 Kevin Begos, "Fracking Coalition Upsets Both Greens and Drillers," *Associated Press,* April 7, 2013.

11 Gilbert, "Exxon to Detail Fracking Risks."

12 Bradley Olson, "EOG Sees Rockies as North America's Next Hot Oil Field," Bloomberg News, May 6, 2014.

13 Bob Downing, "BP to End Utica Shale Drilling in Trumbull County Because of Poor Results," *Akron Beacon Journal,* April 29, 2014.

14 *New York Times* Editorial Board, "Natural Gas as a Diplomatic Tool," *New York Times,* March 6, 2014.

Overpaid for Leases," Bloomberg News, June 26, 2012.
8 Ben Casselman, "Credit Crunch and Sinking Prices Threaten Chesapeake Energy's Growth," *Wall Street Journal,* October 10, 2008.
9 Russell Gold, "Bad Call," *Wall Street Journal,* February 8, 2009.

第一三章

1 Ben Casselman, "Chesapeake Energy CEO Defends Stewardship," *Wall Street Journal,* June 13, 2009.
2 Ben Casselman, "Chesapeake Under Fire from Shareholders over CEO Pay," *Wall Street Journal,* April 28, 2009.
3 Casselman, "Chesapeake Energy CEO Defends Stewardship."
4 Laura Legere, "Nearly a Year After a Water Well Explosion, Dimock Twp. Residents Thirst for Gas-Well Fix," *Scranton Times-Tribune,* October 26, 2009.
5 Nathan Vardi, "The Last American Wildcatter," *Forbes,* February 2, 2009.
6 同上。

第一四章

1 Clifford Krauss and Eric Lipton, "After the Boom in Natural Gas," *New York Times,* October 20, 2012.
2 Peter Lattman, "K.K.R.'s Energy Billionaires Club," *New York Times,* November 25, 2011.
3 Shashana Pearson-Hormillosa, "Facetime with XTO Energy's Bob Simpson," *Dallas Business Journal,* June 28, 2009.
4 Russell Gold, "Oil and Gas Boom Lifts U.S. Economy," *Wall Street Journal,* February 8, 2012.
5 Selam Gebrekidan, "100 Years After Boom, Shale Makes Texas Oil Hot Again," Reuters, May 3, 2011.
6 Stephen Moore, "How North Dakota Became Saudi Arabia," *Wall Street Journal,* October 1, 2011.
7 Josh Harkinson, "Who Fracked Mitt Romney," *Mother Jones,* November/December 2012.
8 "Chiropractor Follows Patients to Oil Patch," *Talkin' the Bakken* magazine, June 2013.
9 Clifford Krauss, "U.S. Company, in Reversal, Wants to Export Natural Gas," *New York Times,* January 27, 2011.

第一五章

1 Clifford Krauss and Eric Lipton, "After the Boom in Natural Gas," *New York Times,* October 20, 2012.
2 John Shiffman, Anna Drive, and Brian Grow, "Special Report: The Lavish and Leveraged Life of Aubrey McClendon," Reuters, June 7, 2012.
3 Scott Detrow, "More on DEP Tests: Hanger Downplays Radiation Threat," WITF.org, March 7, 2011.
4 "McClendon Values Utica Shale at Half a Trillion Dollars, NGI Reports," BusinessWire, September 21, 2011.
5 Christopher Helman, "Billionaire Wildcatter, Risk Addict Aubrey McClendon Has Bet It All on Shale," *Forbes,* October 6, 2011.
6 Russell Gold, "Board Turns on Chesapeake's CEO," *Wall Street Journal,* April 26, 2012.
7 Max Abelson, "Icahn, Icahn! Son's $2.9 M. PH, Lawyer's $4.2 M. Condo," *New York Observer,* October 13, 2009.
8 Miles Weiss and Zachary Mider, "Chesapeake CEO Pledges Mementos for Billionaire Kaiser's Debt," Bloomberg News, June 13, 2012.
9 Christopher Helman, "The Sordid Deal That Created the Okla. City Thunder," *Forbes,* June 13,

(Skibbereen, Ireland: Inspire Books, 2012).

第一〇章

1 Asjylyn Loder, "McClendon Eating Healthy No Help in Bet Undermining Chesapeake," Bloomberg News, June 27, 2012.
2 Colin Campbell, ed. *Peak Oil Personalities: A Unique Insight into a Major Crisis Facing Mankind* (Skibbereen, Ireland: Inspire Books, 2012).
3 Steve Toon, "The Dash for Cash," *A&D Watch,* February 2008.
4 Jerry Shottenkirk, "Hard Work, Luck Make Billions for Oklahoma Executive," *Journal Record,* August 13, 2007.
5 Sean Murphy, "Volatile Gas Industry Takes Chesapeake on Roller Coaster Ride," Associated Press, November 20, 2005.
6 Christopher Helman, "The Sordid Deal That Created the Okla. City Thunder," *Forbes,* June 13, 2012.
7 John Shiffman, Anna Driver, and Brian Grow, "Special Report: The Lavish and Leveraged Life of Aubrey McClendon," Reuters, June 7, 2012.
8 Ana Campoy, "Natural-Gas Producers Cut Output," *Wall Street Journal,* September 6, 2007.
9 John J. Fialka, "Wildcat Producer Sparks Oil Boom on Montana Plains," *Wall Street Journal,* April 5, 2006.
10 Joe Carroll, "Peak Oil Scare Fades as Shale, Deepwater Wells Gush Crude," Bloomberg News, February 6, 2012; Daniel Yergin, *The Quest: Energy, Security, and the Remaking of the Modern World* (New York: Penguin Press, 2011)(『探求』).

第一一章

1 Christopher Helman, "In His Own Words: Chesapeake's Aubrey McClendon Answers Our 25 Questions," *Forbes,* October 5, 2011.
2 Joshua Schneyer, Jeanine Prezioso, and David Sheppard, "Inside Chesapeake, CEO Ran $200 Million Hedge Fund," Reuters, May 2, 2012.
3 Ryan Dezember, "Texas Oil Man Finds a New Groove," *Wall Street Journal,* June 15, 2012.
4 Margaret Cronin Fisk, "Chesapeake Loses Bid to Void Texas Oil, Gas Rights Award," Bloomberg News, September 12, 2012.
5 Clifford Krauss and Eric Lipton, "After the Boom in Natural Gas," *New York Times,* October 20, 2012.
6 Joe Carroll, "Exxon Quits 2nd-Biggest U.S. Gas Area Amid Price Drop," Bloomberg News, October 2, 2008.
7 Fareed Zakaria, "Why We Can't Quit," *Newsweek,* March 15, 2008.

第一二章

1 Christopher Helman, "In His Own Words: Chesapeake's Aubrey McClendon Answers Our 25 Questions," *Forbes,* October 5, 2011.
2 William D. Cohan, "The Man Who Walked Away from Goldman Sachs," *Fortune,* January 26, 2010.
3 Helman, "In His Own Words: Chesapeake's Aubrey McClendon Answers Our 25 Questions."
4 同上。
5 Russell Gold, "Margin Calls Spark New Wave of Sales," *Wall Street Journal,* October 14, 2008.
6 Joe Carroll, Jef Feeley, and Laurel Brubaker Calkins, "Chesapeake CEO Disavowed Role in 2008 Plunge, Sold Shares," Bloomberg News, June 27, 2012.
7 Jef Feeley, Laurel Brubaker Calkins, and Joe Carroll, "Chespeake's McClendon Said Company

5 David Zizzo, "Unusual Feature Lies Under Ames," *Oklahoman,* May 4, 2010.
6 Joshua Schneyer, Brian Grow, and Jeanine Prezioso, "Lack of a Prenup Imperils Oil Billionaire's Fortune," Reuters, June 14, 2013.
7 Eileen and Gary Lash, "Kicking Down the Well," American Association of Petroleum Geologists Web site, September 2011.
8 Bryan Burrough, *The Big Rich: The Rise and Fall of the Greatest Texas Oil Fortunes* (New York: Penguin, 2009); "H. L. Hunt Leaves $5 Billion — and Two Sets of Heirs to Claim It," *People,* December 16, 1974.
9 Ruth Sheldon Knowles, *The Greatest Gamblers: The Epic of American Oil Exploration* (Norman: University of Oklahoma Press, 1980).

第七章

1 James Norman, "Petrodollars," *Platts Oilgram News,* July 6, 1998.

第八章

1 Brian Grow and Anna Driver, "Chesapeake Board Member Lent Money to CEO McClendon," Reuters, April 27, 2012.
2 Shashana Pearson-Hormillosa, "Facetime with XTO Energy's Bob Simpson," *Dallas Business Journal,* June 28, 2009.
3 Bryan Gruley, "Wildcatter Finds $10 Billion Drilling in North Dakota," Bloomberg News, January 19, 2012.

第九章

1 Sean Murphy, "Volatile Gas Industry Takes Chesapeake on Roller Coaster Ride," Associated Press, November 20, 2005.
2 Asjylyn Loder, "McClendon Eating Healthy No Help in Bet Undermining Chesapeake," Bloomberg News, June 27, 2012.
3 Russell Gold and Daniel Gilbert, "The Many Hats of Aubrey McClendon," *Wall Street Journal,* May 7, 2012.
4 同上。
5 John Shiffman, Anna Driver, and Brian Grow, "Special Report: The Lavish and Leveraged Life of Aubrey McClendon," Reuters, June 7, 2012.
6 Ken Kolker, "Reserved for the Rich, or Preserved for All?," *Grand Rapids Press,* December 16, 2007.
7 Shiffman, Driver, and Grow, "The Lavish and Leveraged Life of Aubrey McClendon."
8 David Graham, "McClendon Gift Raises Eyebrows," *Chronicle* (Duke University), March 8, 2007.
9 Jerry Shottenkirk, "OKC-Based SandRidge Energy CEO Tom Ward Says He Has Much to Be Thankful For," *Journal Record,* January 8, 2007.
10 同上。
11 Eric Konigsberg, "Kuwait on the Prairie: Can North Dakota Solve the Energy Problem?," *New Yorker,* April 25, 2011.
12 同上。
13 John J. Fialka, "Wildcat Producer Sparks Oil Boom on Montana Plains," *Wall Street Journal,* April 5, 2006.
14 Luisa Kroll, "Harold Hamm on Diabetes," *Forbes,* October 11, 2010.
15 Joshua Schneyer, Brian Grow, and Jeanine Prezioso, "Special Report: Lack of a Prenup Imperils Oil Billionaire's Fortune," Reuters, June 14, 2013.
16 Colin Campbell, ed., *Peak Oil Personalities: A Unique Insight into a Major Crisis Facing Mankind*

11　同上。

第三章

1　Caleb Solomon and Robert Johnson, "Lone Star Legend: One Tycoon in Texas Still Is Dreaming Big, Even If It's Out of Style," *Wall Street Journal*, July 28, 1993.

2　Leonardo Maugeri, "Oil: The Next Revolution," Belfer Center for Science and International Affairs, Harvard Kennedy School, June 2012.

3　Daniel Yergin, *The Prize: The Epic Quest for Oil, Money and Power* (New York: Touchstone/Simon & Schuster, 1991)(『石油の世紀』).

4　Solomon and Johnson, "Lone Star Legend."

5　Gary Peach, "Estonia Eager to Teach World About Oil Shale," Associated Press, June 1, 2013.

6　Robert Johnson and Allanna Sullivan, "Mitchell Energy Picks William Stevens to Be Its President, Operations Chief," *Wall Street Journal*, December 13, 1993.

第四章

1　Ann Zimmerman, "A Lot of Gas," *Dallas Observer*, May 15, 1997.

2　Russell Gold, "The Man Who Pioneered the Shale-Gas Revolution," *Wall Street Journal*, October 23, 2012.

3　Dan Steward, *The Barnett Shale Play: Phoenix of the Fort Worth Basin; A History* (Fort Worth, TX: Fort Worth Geological Society/North Texas Geological Society, 2007).

4　Daniel Yergin, *The Quest: Energy, Security, and the Remaking of the Modern World* (New York: Penguin Press, 2011)〔『探求　エネルギーの世紀』ダニエル・ヤーギン著、伏見威蕃訳、日本経済新聞出版社、二〇一五年〕.

5　Daniel Yergin, "Stepping on the Gas," *Wall Street Journal*, April 2, 2011.

6　Jim Fuquay, "Q&A, George Mitchell, Founder of Mitchell Energy," *Fort Worth Star-Telegram*, April 2, 2008.

第五章

1　Jerry Shottenkirk, "OKC-Based SandRidge Energy CEO Tom Ward Says He Has Much to Be Thankful For," *Oklahoma Journal Record*, January 8, 2007.

2　Michael W. Sasser, "His Own Terms," *Oklahoma Magazine*, December 2012.

3　Jerry Shottenkirk, "Hard Work, Luck Make Billions for Oklahoma Executive," *Journal Record*, August 13, 2007.

4　Mary A. Fischer, "The FBI's Junk Science," *GQ*, January 2001.

5　David Geffen, "Jewish Black Gold?" *Jerusalem Post*, July 3, 2008.

6　Dan Piller, "A Tale of Two Fields: Giddings Offers a Lesson in How Quickly Things Can Change," *Fort Worth Star-Telegram*, March 7, 2006.

7　Gretchen Morgenson, "Pie in the Sky," *Forbes*, December 16, 1996.

8　Rich Robinson, "Oil Company Grows to Maturity," *Oklahoman*, July 21 2002.

第六章

1　Keith A. Eaton, "Harold Hamm: All Cattle and No Hat," *Distinctly Oklahoma*, November 2010.

2　同上。

3　Harold Hamm, "Birth of a Wildcatter," *Forbes*, December 24, 2012.

4　Steven Mufson, "For Oil Driller Harold Hamm, Bakken Boom Brings More Billions and a Chance to Dabble in Politics," *Washington Post*, August 12, 2012.

原　注

序

1　Stacey Vanek Smith, "North Dakota, Land of Jobs," Marketplace.org, October 18, 2011; Craig Karmin and Gregory Zuckerman, "A Boomtown Is Born in North Dakota," *Wall Street Journal*, November 14, 2012.

第一章

1　Laura Elder, "Billionaire Looks to Conservation," *Galveston County Daily News*, January 2, 2005.
2　Joseph W. Kutchin, "How Mitchell Energy & Development Got Its Start and How It Grew," self-published, January 1, 1998.
3　同上。
4　Diana J. Kleiner, "Smith, Robert Everett," Texas State Historical Association, *Handbook of Texas Online*.
5　Kutchin, "How Mitchell Energy & Development Got Its Start and How It Grew."
6　Elder, "Billionaire Looks to Conservation."
7　同上。
8　Kleiner, "Smith, Robert Everett."
9　Barbara Shook, "Cracking the Code on the Barnett Shale: How It Happened," *World Gas Intelligence*, July 8, 2009.
10　同上。
11　Ann Zimmerman, "A Lot of Gas," *Dallas Observer*, May 15, 1997.
12　Dan Steward, *The Barnett Shale Play: The Phoenix of the Fort Worth Basin; A History* (Fort Worth and North Texas Geological Societies, 2007).
13　Andrew Maykuth, "Tapping Shale, Seeking Sustainability: A Rare Oilman," *Philadelphia Inquirer*, August 29, 2010.

第二章

1　Robert P. Hauptfuhrer, "The Story of Oryx Energy Company: Continuity and Change," Oryx Energy Company, 1994.
2　Andrew Cassel, "Retirement Spurs Shift at the Helm of Sun Co.," *Philadelphia Inquirer*, November 7, 1986.
3　Daniel Yergin, *The Prize: The Epic Quest for Oil, Money and Power* (New York: Touchstone/Simon & Schuster, 1991)〔『石油の世紀　支配者たちの興亡』ダニエル・ヤーギン著、日高義樹・持田直武訳、日本放送出版協会、一九九一年〕.
4　G. B. Morey, *The Search for Oil and Gas in Minnesota,* Minnesota Geological Survey 6 (St. Paul: University of Minnesota Press, 1984).
5　"Horizontal Drilling Method Could Wring Lots of Oil Out of Old Fields," Reuters, October 7, 1989.
6　"Austin Chalk Getting Another Look," *Explorer,* July 2012, http://www.aapg.org/explorer/2012/07jul/austin_chalk0712.cfm〔リンク切れ〕.
7　"Oryx's Hauptfuhrer: Big Increase Due in U.S. Horizontal Drilling," *Oil and Gas Journal,* January 15, 1990.
8　Jack Willoughby, "Putting on Heirs," *Institutional Investor,* March 1, 1997.
9　"Can Oryx Energy Cap Its Gusher of Red Ink?," *BusinessWeek,* November 6, 1994.
10　Gregg Jones, "Gamble in the Gulf," *Dallas Morning News,* December 26, 1994.

ま行

や行

ら行

わ行

た行

な行

は行

さ行

か 行

索　引

英字

あ行

[著者]

グレゴリー・ザッカーマン (*Gregory Zuckerman*)

ウォール・ストリート・ジャーナル紙の特別ライター。ノンフィクション作家。著書に『史上最大のボロ儲け——ジョン・ポールソンはいかにしてウォール街を出し抜いたか』(邦訳 CCCメディアハウス)、『最も賢い億万長者——数学者シモンズはいかにしてマーケットを解読したか』(上下巻、邦訳ダイヤモンド社)など。前記2冊はいずれもベストセラーとなった。経済・金融ジャーナリストの最高の栄誉とされるジェラルド・ローブ賞を3度受賞。本書の原著は、フィナンシャル・タイムズ紙、エコノミスト誌、フォーブス誌の3紙誌によって"年間ベストブック"に選出された。妻と2人の息子とともにニュージャージー州に在住。

[訳者]

山田美明 (やまだ・よしあき)

英語・フランス語翻訳家。東京外国語大学英米語学科中退。訳書に、グレゴリー・ザッカーマン『史上最大のボロ儲け——ジョン・ポールソンはいかにしてウォール街を出し抜いたか』(CCCメディアハウス)、ジョセフ・E・スティグリッツ『スティグリッツ PROGRESSIVE CAPITALISM』(東洋経済新報社)、エマニュエル・サエズ+ガブリエル・ズックマン『つくられた格差——不公平税制が生んだ所得の不平等』(光文社)、レベッカ・クリフォード『ホロコースト最年少生存者たち——100人の物語からたどるその後の生活』(柏書房)、他多数。

[解説者]

小山 堅 (こやま・けん)

一般財団法人 日本エネルギー経済研究所 専務理事・首席研究員。著書に『国際エネルギー情勢と日本』(共著、エネルギーフォーラム)、編書に『シェール革命再検証』(エネルギーフォーラム)など。University of Dundee博士(Ph.D.)。

[図版クレジット]

Cliff Roe: 3(上); Baylor School of Medicine: 3(下); Chesapeake Energy Corporation: 4(上); 提供 Staplegun, Oklahoma City: 4(下); Washington Post/Getty Images: 5(上); Fernando Leon/Getty Images North America: 5(下); Polaris Images; 6(上); Daniel Acker/Bloomberg via Getty Images: 6(下);提供 Nicolle Fuller: 7(上);提供 Liz Irish: 7(下); Vern Whitten Photography: 8(上); Doug Duncan, USGS: 9(上); Wall Street Journal/Joe Shoulak: 10; freemap.jpの図を基に作成: 12-13(上);提供 USRA (usrigactivity.com): 13(下)

装幀　岩瀬 聡
DTP　菊地和幸

シェール革命

夢想家と呼ばれた企業家たちは
いかにして地政学的変化を引き起こしたか

発行日　2022年4月18日　第1刷

著者　グレゴリー・ザッカーマン
訳者　山田美明
解説　小山 堅
発行所　株式会社 楽工社
〒190-0011
東京都立川市高松町3-13-22春城ビル2F
電話 042-521-6803
www.rakkousha.co.jp

印刷・製本　大日本印刷株式会社
ISBN978-4-903063-93-5